21世纪高等学校机械设计制造及其自动化专业系列教材

机械设计课程设计

（第5版）

主　编　唐增宝　常建娥

副主编　侯玉英　张卫国　王　为　龙有亮　刘　银

华中科技大学出版社

中国·武汉

内容提要

本书是根据《高等学校机械设计系列课程教学基本要求及其研制说明》和《高等教育面向21世纪教学内容和课程体系改革计划》的精神，在总结第4版（2012年出版，由唐增宝、常建娥主编）使用经验的基础上修订而成的。

全书分为3篇，共20章。第1篇，机械设计课程设计指导（共8章），以常见的减速器为例，系统地介绍了机械传动装置的设计内容、步骤和方法；第2篇，设计资料（共10章），介绍了课程设计的常用标准、规范及资料；第3篇，减速器零、部件的结构及参考图例（共2章）。本书力求内容精练、资料新颖、图文并茂，并注意引导学生思考。

本书可作为高等学校机械类、近机类和非机类各专业机械设计课程设计的教材，也可供有关工程技术人员参考。

图书在版编目(CIP)数据

机械设计课程设计/唐增宝，常建娥主编. —5版. —武汉：华中科技大学出版社，2017.2(2024.8重印)

21世纪高等学校机械设计制造及其自动化系列教材

ISBN 978-7-5680-2608-6

Ⅰ.①机… Ⅱ.①唐… ②常… Ⅲ.①机械设计-课程设计-高等学校-教材 Ⅳ.①TH122-41

中国版本图书馆CIP数据核字(2017)第033142号

机械设计课程设计(第5版)
Jixie Sheji Kecheng Sheji

唐增宝　常建娥　主编

责任编辑：吴　晗
封面设计：原色设计
责任校对：刘　竣
责任监印：朱　玢

出版发行：华中科技大学出版社(中国·武汉)　电话：(027)81321913
武汉市东湖新技术开发区华工科技园　邮编：430223

录　　排：华中科技大学惠友文印中心
印　　刷：武汉市洪林印务有限公司
开　　本：787mm×1092mm　1/16
印　　张：15.75
字　　数：407千字
版　　次：2024年8月第5版第12次印刷
定　　价：49.80元

21世纪高等学校
机械设计制造及其自动化专业系列教材
编审委员会

21世纪高等学校
机械设计制造及其自动化专业系列教材

总　　序

“中心藏之，何日忘之”，在新中国成立60周年之际，时隔“21世纪高等学校机械设计制造及其自动化专业系列教材”出版9年之后，再次为此系列教材写序时，《诗经》中的这两句诗又一次涌上心头，衷心感谢作者们的辛勤写作，感谢多年来读者对这套系列教材的支持与信任，感谢为这套系列教材出版与完善作过努力的所有朋友们。

追思世纪交替之际，华中科技大学出版社在众多院士和专家的支持与指导下，根据1998年教育部颁布的新的普通高等学校专业目录，紧密结合“机械类专业人才培养方案体系改革的研究与实践”和“工程制图与机械基础系列课程教学内容和课程体系改革研究与实践”两个重大教学改革成果，约请全国20多所院校数十位长期从事教学和教学改革工作的教师，经多年辛勤劳动编写了“21世纪高等学校机械设计制造及其自动化专业系列教材”。这套系列教材共出版了20多本，涵盖了“机械设计制造及其自动化”专业的所有主要专业基础课程和部分专业方向选修课程，是一套改革力度比较大的教材，集中反映了华中科技大学和国内众多兄弟院校在改革机械工程类人才培养模式和课程内容体系方面所取得的成果。

这套系列教材出版发行9年来，已被全国数百所院校采用，受到了教师和学生的广泛欢迎。目前，已有13本列入普通高等教育“十一五”国家级规划教材，多本获国家级、省部级奖励。其中的一些教材（如《机械工程控制基础》《机电传动控制》《机械制造技术基础》等）已成为同类教材的佼佼者。更难得的是，“21世纪高等学校机械设计制造及其自动化专业系列教材”也已成为一个著名的丛书品牌。9年前为这套教材作序的时候，我希望这套教材能加强各兄弟院校在教学改革方面的交流与合作，对机械工程类专业人才培养质量的提高起到积极的促进作用，现在看来，这一目标很好地达到了，让人倍感欣慰。

李白讲得十分正确："人非尧舜，谁能尽善?"我始终认为，金无足赤，人无完人，文无完文，书无完书。尽管这套系列教材取得了可喜的成绩，但毫无疑问，这套书中，某本书中，这样或那样的错误、不妥、疏漏与不足，必然会存在。何况形势总在不断地发展，更需要进一步来完善，与时俱进，奋发前进。较之9年前，机械工程学科有了很大的变化和发展，为了满足当前机械工程类专业人才培养的需要，华中科技大学出版社在教育部高等学校机械学科教学指导委员会的指导下，对这套系列教材进行了全面修订，并在原基础上进一步拓展，在全国范围内约请了一大批知名专家，力争组织最好的作者队伍，有计划地更新和丰富"21世纪高等学校机械设计制造及其自动化专业系列教材"。此次修订可谓非常必要，十分及时，修订工作也极为认真。

"得时后代超前代，识路前贤励后贤。"这套系列教材能取得今天的成绩，是几代机械工程教育工作者和出版工作者共同努力的结果。我深信，对于这次计划进行修订的教材，编写者一定能在继承已出版教材优点的基础上，结合高等教育的深入推进与本门课程的教学发展形势，广泛听取使用者的意见与建议，将教材凝练为精品；对于这次新拓展的教材，编写者也一定能吸收和发展原教材的优点，结合自身的特色，写成高质量的教材，以适应"提高教育质量"这一要求。是的，我一贯认为我们的事业是集体的，我们深信由前贤、后贤一起一定能将我们的事业推向新的高度!

尽管这套系列教材正开始全面的修订，但真理不会穷尽，认识不是终结，进步没有止境。"嘤其鸣矣，求其友声"，我们衷心希望同行专家和读者继续不吝赐教，及时批评指正。

是为之序。

中国科学院院士　杨叔子

2009.9.9

第5版前言

由于国民经济的迅速发展，科学技术和设计水平的不断提高，我国许多国家标准和行业标准有了修订和更新，为了适应这些标准和技术规范的更新，本书根据教育部组织实施的《高等教育面向21世纪教学内容和课程体系改革计划》和《高等学校机械设计系列课程教学基本要求及其研制说明》的精神，按最新标准和规范及使用经验对本书第4版作了修订。具体修订如下：

(1) 根据最新国家标准和行业标准，对本书中的相应标准和技术规范作了更新。如常用工程材料、连接件和滚动轴承等。

(2) 修改了第4版图表中的疏漏、印刷错误和不妥之处。

参加本次修订的有：华中科技大学唐增宝（第1、2、3、5、14和15章）、张卫国（第20章图20-8～图20-11），武汉理工大学侯玉英（第6章、第20章图20-2和图20-7）、常建娥（第13、17和18章）、江连会（第19章的19.1节、第20章图20-1、图20-12～图20-22），广西大学龙有亮（第9章的9.1、9.3和9.4节，第10章）、李小周（第11章的11.1节）、王湘（第12章），中国地质大学刘银（第4、16章，第19章的19.2节，第20章图20-3和图20-4），湖北工业大学王为（第7、8章，第9章的9.2节和第11章的11.2节）、魏兵（第9章表9-4～表9-6中的图，第20章图20-5和图20-6）。唐增宝、常建娥任本书主编，侯玉英、张卫国、王为、龙有亮和刘银任本书副主编。

由于编者水平有限，书中难免有错误或不妥之处，敬请读者不吝指正。

编　者

2016年10月

第4版前言

近年来由于国民经济的迅速发展，科学技术和设计水平的不断提高，我国许多国家标准和行业标准有了修订和更新。为了适应这些标准和技术规范的更新，本书根据2009年《高等学校机械设计系列课程教学基本要求及其研制说明》的精神，按最新标准对本书第3版作了修订。具体修订工作如下。

(1) 根据最新国家标准和行业标准对本书中的相应标准和技术规范作了更新。如形位公差、表面粗糙度的标注方法，部分滚动轴承的外形尺寸、带传动、链传动、极限与配合、渐开线圆柱齿轮精度等。

(2) 根据新标准对书中所有零件图和装配图都作了相应的修改。

(3) 修改了原版文字、图表中的疏漏和印刷错误及不妥之处。

参加本次修订工作的有：华中科技大学唐增宝(第1、2、3、5、14和15章)、张卫国(第20章图20-8～图20-11)、饶芳(第5章图5-15和图5-22)，武汉理工大学侯玉英(第6章、第20章图20-2和图20-7)、常建娥(第13、17和18章)、江连会(第19章的19.1节、第20章图20-1、图20-12～图20-22)，广西大学龙有亮(第9章的9.1、9.3和9.4节，第10章)、李小周(第11章的11.1节)、韦立江(第12章)，中国地质大学刘银(第4、16章、第19章的19.2节、第20章图20-3和图20-4)，湖北工业大学王为(第7、8章、第9章的9.2节和第11章的11.2节)、魏兵(第9章表9-4～表9-6中的图，第20章图20-5和图20-6)。唐增宝、常建娥任本书主编，侯玉英、张卫国、王为、龙有亮和刘银任本书副主编。

由于编者水平有限，书中难免有错误或不妥之处，敬请读者不吝指正。

编　者

2011年9月

第3版前言

由于科学技术的迅速发展和设计水平的不断提高，近年来我国修订了大量的国家标准和行业标准，更新了技术规范和设计资料。为了适应这些标准和技术规范、资料的更新，本书根据教育部组织实施的《高等教育面向21世纪教学内容和课程体系改革计划》的精神，考虑了当前培养21世纪人才的需要，在总结第2版(1999年版，由唐增宝、何永然、刘安俊主编)使用经验的基础上修订而成的。具体修订工作如下。

(1) 更新了设计标准、规范和许多资料；

(2) 更新了全部减速器装配图和部分零件图；

(3) 修改了原版文字、图表中疏漏和印刷错误以及部分图中线条不规范等问题。

参加本次修订工作的有：华中科技大学唐增宝(第一、二、三、五章，第十二章表12-1～表12-8中的图和第十四、十五章)、张卫国(第二十章图20-8～图20-11)、饶芳(第五章图5-15和图5-22)，武汉理工大学侯玉英(第六章、第二十章图20-7)、冯雪梅(第二十章图20-2)、常建娥(第十三、十七、十八章，第十九章一，第二十章图20-1、图20-12～图20-22)，广西大学龙有亮(第九章一、三、四和第十章)、李小周(第十一章一)、韦立江(第十二章)，中国地质大学刘银(第四、十六章和第十九章二)、徐林红(第四章图4-7、图4-10、图4-12、图4-13，第十九章表19-18～表19-22中的图，第二十章图20-3、图20-4)，湖北工业大学王为(第七、八章，第九章二和第十一章二)、魏兵(第九章表9-4～表9-6中的图，第二十章图20-5、图20-6)。由唐增宝、常建娥任主编，侯玉英、张卫国、王为、龙有亮、刘银任副主编。

由于编者水平有限，书中难免有错误或不足之处，敬请读者不吝指正。

编　者

2006年4月

第2版前言

本书是在总结由刘安俊、何永然、唐增宝等主编的《机械设计课程设计》(1995年8月出版)使用经验的基础上,根据国家教委《关于"九五"期间普通高等教育教材建设与改革的意见》的主要精神修订而成的。在修订过程中,还根据国家教育部高教司印发的《高等工业学校机械设计课程教学基本要求》(1995年修订版),考虑了当前教学改革和培养跨世纪人才的需要,保持原有特色,在内容上做了适当的增加、精简和更新。具体做了如下的工作:

(1) 增加了新型传动件(如圆弧圆柱蜗杆、同步齿形带轮等)和常用的标准件内容;

(2) 更新了部分设计标准、规范和资料;

(3) 删去了结构上类似或重复的内容和课程设计中很少用到的内容;

(4) 更正了原版文字和图表中疏漏与印刷错误,以及部分图中线条不标准等问题。

参加本次修订的有:华中理工大学唐增宝(第一、二、三章,第十章一,第十六章)、张卫国(第二十章图20-8～图20-11),中国地质大学秦婉芳(第四章、第十九章二),武汉交通科技大学席伟光(第五章一、二、三之1～4及四中常见错误示例分析)、刘安俊(第五章三之6、四),武汉汽车工业大学刘金玉(第五章三之5)、侯玉英(第六章一、二,第二十章图20-6、图20-7)、李湘诲(第六章三、第二十章图20-1、图20-2),湖北工学院王为(第七、八章,第九章二),广西大学田世淳(第九章一、三、四,第十章)、陈树保(第十一章一)、禤保明(第十二章),中南工学院傅戈雁(第十一章二),华南理工大学伍丽娟(第十四章)、陈世雄(第十五章)、何永然(第十七章),武汉工业大学王晓绛(第十八章、第二十章图20-12、图20-16～图20-20、图20-22)、常建娥(第十三章、第十九章一、第二十章图20-13～图20-15、图20-21)、武汉冶金科技大学钮国辉(第二十章图20-3～图20-5)。本书由唐增宝、何永然、刘安俊任主编,由田世淳、侯玉英、王为、席伟光、常建娥任副主编。

本书承华中理工大学余俊教授审阅，提出了宝贵意见，谨致以衷心的感谢。

由于编者的水平和时间的限制，错漏之处在所难免，殷切希望广大读者对本书提出批评和改进意见。

编　者
1998 年 *6* 月

第1版前言

本书是根据国家教育委员会批准的《高等工业学校机械基础课程教学基本要求》中关于机械类、近机类以及非机类专业对机械设计课程设计的要求和在总结了中南地区十余所高等院校多年来的教学和教材使用经验的基础上，由“机械设计系列教材”编辑委员会组织编写的六本系列教材之一。

本书包括3篇(共20章)。第一篇，机械设计课程设计指导书(8章)，以常见的减速器为例，系统介绍了机械传动装置的设计内容、步骤和方法，重点突出，并充分利用插图列举常见正误结构示例，便于教学与自学；第二篇，设计资料(10章)，以满足机械设计课程教学与课程设计的需要为主选取内容；第三篇，减速器零部件结构及参考图例(2章)，选编了多种典型结构图，并作了示范分析，便于学生分析与思考及正确选择。

本书一方面作为“机械设计系列教材”之一，满足教学要求，在内容上力求简明扼要，严格精选，便于使用；另一方面也可作为简明机械设计指南，供有关工程技术人员参考。

本书全部采用了最新的国家标准和技术规范，以及标准术语和常用术语。

参加本书编写的有华中理工大学唐增宝(第一、二、三章)、张卫国(第二十章图20-9～图20-12)，长沙铁道学院赵辉(第三章三、四)，中国地质大学秦婉芳(第四章、第十九章二)、刘银(第十六章)，武汉交通科技大学席伟光(第五章一、二及三中1～4)、刘安俊(第五章三之6、四，第十二章)、周杰(第十二章的图、第二十章图20-20、图20-21)，湘潭大学韩利芬(第五章四中常见错误示例分析)，武汉汽车工业大学刘金玉(第五章三之5)、侯玉英(第六章一、二，第二十章图20-6～图20-8)、李湘诲(第六章三，第二十章图20-1、图20-2)，湖北工学院王为(第七、八章，第九章二)、周世棠(第十三章)，广西大学田世淳(第九章一、三、四，第十章)、陈树保(第十一章一)、禤保明(第十二章)，中南工学院傅戈雁(第十一章二)，华南理工大学伍丽娟(第十四章)、陈世雄(第十五章)、何永然(第十七章)，武汉工业大学王晓绛(第十八章、第十九章一、第二十章图20-13～图20-19)、常建娥(第十三、十四、十九章的部分工作),武汉冶金科技大学钮国辉(第二十章图20-3～图20-5)。本书由刘安俊、何永然、唐增宝任主编,田世淳、侯玉英、王晓绛、王为、席伟光任副主编。

全书由武汉工业大学周迪勋教授担任主审。在编写过程中承蒙参加编写的各院校的许多有关专家、学者的帮助和支持,他们提供了很多宝贵的意见和资料,在此一并致以衷心的感谢。

由于编者水平所限,书中难免有错误和不妥之处,诚恳地希望广大读者批评指正。

编　者

1995年1月

目　　录

第1篇　机械设计课程设计指导

第2篇 设计资料

第3篇　减速器零、部件的结构及参考图例

第 1 篇　机械设计课程设计指导

第 1 章　概　　述

1.1　课程设计的目的和内容

1. 课程设计的目的

机械设计课程设计是机械设计课程或机械设计基础课程的最后一个教学环节，同时也是第一次对学生进行全面的机械设计训练，其基本目的如下。

(1) 综合运用机械设计课程和其他有关先修课程的理论及生产实践的知识去分析和解决机械设计问题，并使学生所学知识得到进一步巩固和深化。

(2) 学习机械设计的一般方法，了解和掌握常用机械零部件、机械传动装置或简单机械的设计过程和进行方式，培养正确的设计思想和分析问题、解决问题的能力，特别是总体设计和零部件设计的能力。

(3) 通过计算和绘图，学会运用标准、规范、手册、图册和查阅有关技术资料等，培养机械设计的基本技能。

2. 课程设计的内容

课程设计的题目通常为一般机械装置(如结构简单的机械、机械传动装置和减速器等)的设计，其具体内容如下。

(1) 进行传动装置的总体方案设计，包括传动参数的设计计算及传动零件、轴、键和轴承等的设计计算等。

(2) 部件装配图(如减速器装配图)和零件工作图(如齿轮和轴等)的设计。

(3) 编写设计计算说明书。

要求每个学生完成：装配工作图 1 张，零件工作图 1～2 张，设计计算说明书 1 份。

1.2　课程设计的方法和步骤

1. 课程设计的方法

1）独立思考，继承与创新

任何设计都不可能是设计者独出心裁、凭空设想、不依靠任何资料所能实现的。设计时，要认真阅读参考资料，继承或借鉴前人的设计经验和成果，但不能盲目地全盘抄袭，应根据具体的设计条件和要求，独立思考，大胆地进行改进和创新。只有这样，才能做出高质量的设计。

2）全面考虑机械零部件的强度、刚度、工艺性、经济性和维护等要求

任何机械零部件的结构和尺寸，除了考虑它的强度和刚度外，还应综合考虑零件本身及整个部件的工艺性要求(如加工和装配工艺性)、经济性要求(如制造成本低)、使用要求(如维护方便)等才能确定。

3）采用“三边”设计方法

机械设计中，多数零件可以由计算(强度计算和刚度计算)确定其基本尺寸，再通过草图设计决定其具体结构和尺寸；而有些零件(如轴)则需先经初算和绘制草图，得出初步符合设计条件的基本结构尺寸，然后再进行必要的计算，根据计算的结果，再对结构和尺寸进行修改。因此，计算和画图互为依据，交叉进行。这种边计算、边画图、边修改的“三边”设计方法是机械设计的常用方法。

4）采用标准和规范

设计时应尽量采用标准和规范，这有利于加强零件的互换性和工艺性，同时也可减少设计工作量、节省设计时间。对于国家标准或部门规范，一般设计都要严格遵守和执行。设计中采用标准或规范的多少，是评价设计质量的一项指标。因此，课程设计中，凡有标准或规范的，应该尽量采用。

2. 课程设计的步骤

课程设计大致按如下步骤进行。

1）设计准备

了解设计任务书，明确设计要求、工作条件、设计内容和步骤；通过查阅有关设计资料，观看电教片和参观实物或模型等，了解设计对象的性能、结构及工艺性；准备好设计需要的资料、绘图工具；拟订设计计划等。

2）传动装置的总体设计和传动件等的设计

拟订和确定传动方案；选择电动机；分配传动比；计算各轴上的转速、功率和转矩；设计传动件；初算轴径；初选联轴器和滚动轴承。

3）减速器装配草图设计

绘制减速器装配草图；进行轴的结构设计和轴系部件设计；校核轴和键连接的强度以及滚动轴承的寿命；设计箱体和附件的结构。

4）完成减速器装配工作图

加深减速器装配图；标注主要尺寸与配合、零件序号；编写标题栏、零件明细表、减速器特性表及技术要求等。

5）绘制零件工作图

绘出零件的必要视图；标注尺寸、公差及表面粗糙度；编写技术要求和标题栏等。

6）编写设计计算说明书

写出整个设计的主要计算内容和技术说明。

第 2 章　机械传动装置的总体方案设计

机械传动装置总体方案设计的内容为确定传动方案、选择原动机(电动机)、合理分配传动比以及计算传动装置的运动和动力参数，为设计各级传动件和转动件创造必要的条件。

2.1　传动方案设计

机械传动装置位于原动机和工作机之间，用以传递运动和动力或改变运动方式，如图 2-1 所示。传动装置方案设计是否合理，对整个机械的工作性能、尺寸、质量和成本等影响很大，因此传动方案设计是整个机械设计中最关键的环节。

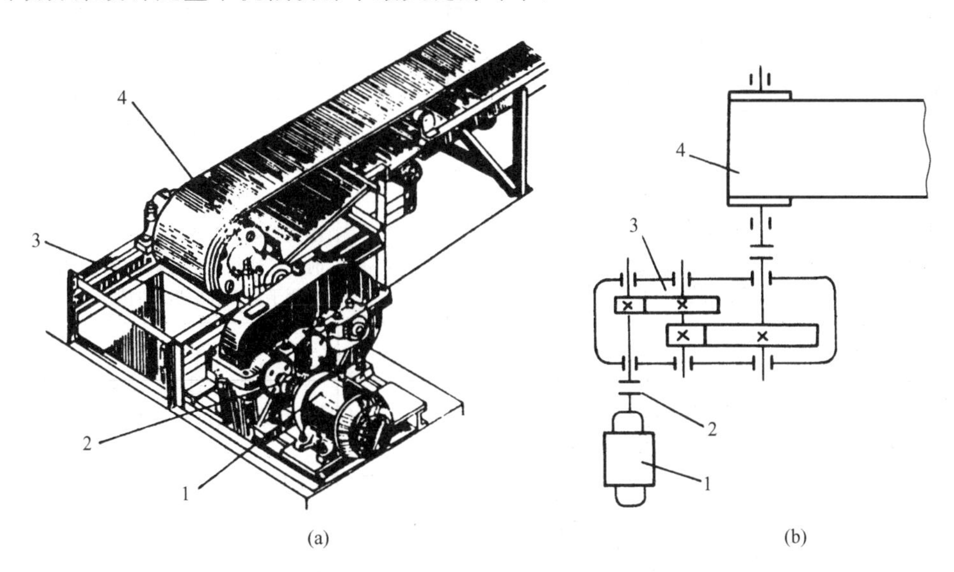

图 2-1　带式运输机传动装置及其简图

1—电动机；2—联轴器；3—减速器；4—输送带

1. 对传动方案的要求

合理的传动方案，首先应满足工作机的功能要求，其次还应满足工作可靠、传动效率高、结构简单、尺寸紧凑、质量轻、成本低廉、工艺性好、使用和维护方便等要求。任何一个方案，要满足上述所有要求是十分困难的，设计时要统筹兼顾，满足最主要的和最基本的要求。

2. 拟订传动方案

满足同一工作机的功能要求，往往可采用不同的传动机构、不同的组合和布局，从而可得出不同的传动方案。拟订传动方案时，应充分了解各种传动机构的性能及适用条件，结合工作机所传递的载荷性质和大小、运动方式和速度以及工作条件等，对各种传动方案进行分析比较，合理地选择。减速器在传动装置中应用最广，如表 2-1 所示为几种常用减速器的类型、特点及应用，可供合理选择减速器的类型时参考。

通常原动机的转速与工作机的输出转速相差较大，在它们之间常采用多级传动机构来减速。为了便于在多级传动中正确而合理地选择有关的传动机构及其排列顺序，以充分发挥各自的优点，下面提出几点原则，以供拟订传动方案时参考。

表 2-1 常用减速器的类型、特点及应用

类型		简图	推荐传动比	特点及应用
单级圆柱齿轮减速器		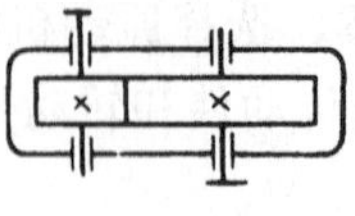	3～5	轮齿可为直齿、斜齿或人字齿，箱体通常用铸铁铸造，也可用钢板焊接而成。轴承常用滚动轴承，只有重载或特高速时才采用滑动轴承
双级圆柱齿轮减速器	展开式	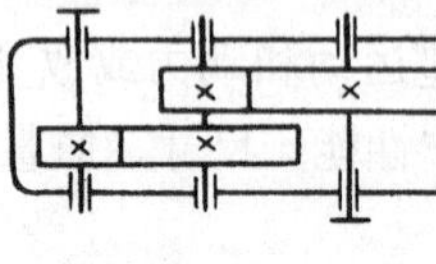	8～40	高速级常为斜齿，低速级可为直齿或斜齿。由于齿轮相对轴承布置不对称，要求轴的刚度较大，并使转矩输入、输出端远离齿轮，以减少因轴的弯曲变形引起载荷沿齿宽分布不均匀。结构简单，应用最广
	分流式	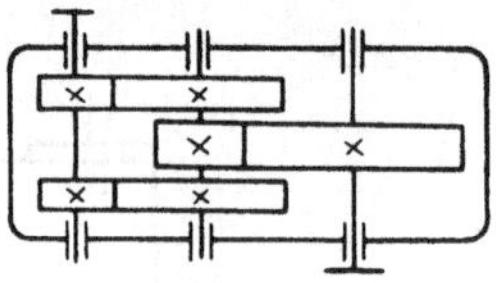		一般采用高速级分流。由于齿轮相对轴承布置对称，因此齿轮和轴承受力较均匀。为了使轴上总的轴向力较小，两对齿轮的螺旋线方向应相反。结构较复杂，常用于大功率、变载荷的场合
	同轴式	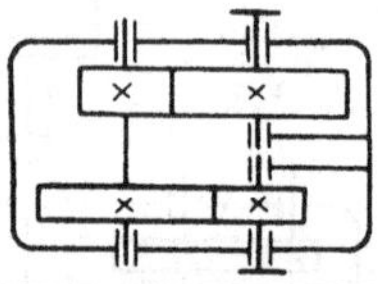		减速器的轴向尺寸较大，中间轴较长，刚度较差。当两个大齿轮的浸油深度相近时，高速级齿轮的承载能力不能充分发挥。常用于输入和输出轴同轴线的场合
单级锥齿轮减速器		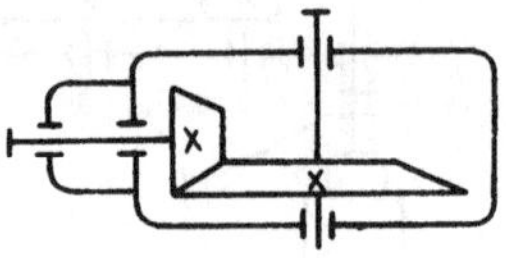	2～4	传动比不宜过大，以减小锥齿轮的尺寸，利于加工。仅用于两轴线垂直相交的传动中
圆锥-圆柱齿轮减速器		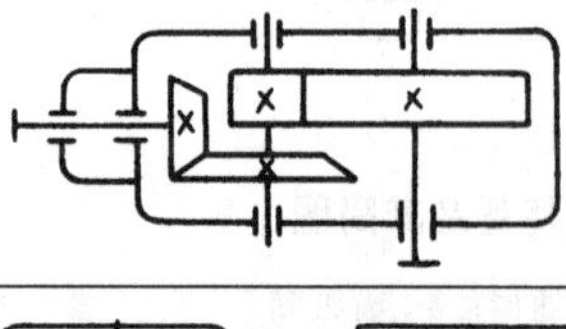	8～15	锥齿轮应布置在高速级，以减小锥齿轮的尺寸。锥齿轮可为直齿或曲线齿。圆柱齿轮多为斜齿，使其能将锥齿轮的轴向力抵消一部分
蜗杆减速器		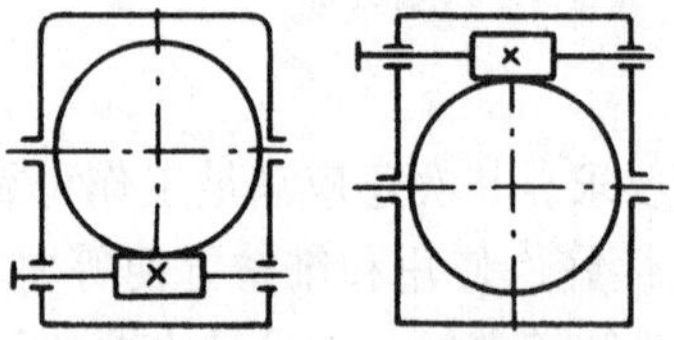	10～80	结构紧凑，传动比大，但传动效率低，适用于中小功率、间隙工作的场合。当蜗杆圆周速度 $v \leqslant 4 \sim 5$ m/s 时，蜗杆为下置式，润滑冷却条件较好；当 $v > 4 \sim 5$ m/s 时，油的搅动损失较大，一般蜗杆为上置式
蜗杆-齿轮减速器		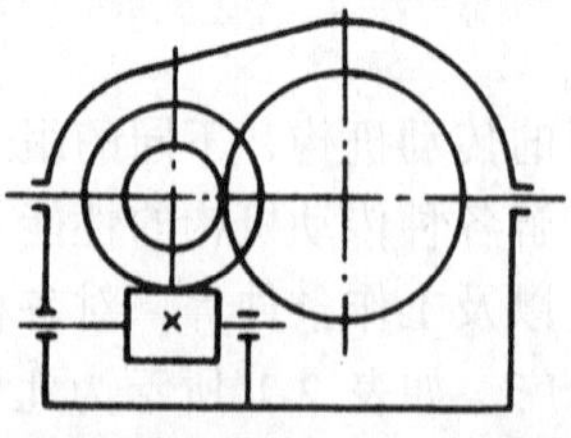	60～90	传动比大，结构紧凑，但效率低

(1) 齿轮传动具有承载能力大、效率高、允许速度高、尺寸紧凑、寿命长等特点，因此在传动装置中一般应首先采用齿轮传动。由于斜齿圆柱齿轮传动的承载能力和平稳性比直齿圆柱齿轮传动好，故在高速级或要求传动平稳的场合，常采用斜齿圆柱齿轮传动。

(2) 带传动具有传动平稳、吸振等特点，且能起过载保护作用。但由于它是靠摩擦力来

工作的，在传递同样功率的条件下，当带速较低时，传动结构尺寸较大。为了减小带传动的结构尺寸，应将其布置在高速级。

(3) 锥齿轮传动，当其尺寸太大时，加工困难，因此应将其布置在高速级，并限制其传动比，以控制其结构尺寸。

(4) 蜗杆传动具有传动比大、结构紧凑、工作平稳等优点，但其传动效率低，尤其在低速时，其效率更低，且蜗轮尺寸大、成本高。因此，它通常用于中小功率、间歇工作或要求自锁的场合。为了提高传动效率、减小蜗轮结构尺寸，通常将其布置在高速级。

(5) 链传动，由于工作时链速和瞬时传动比呈周期性变化，运动不均匀、冲击振动大，为了减小振动和冲击，故应将其布置在低速级。

(6) 开式齿轮传动，由于润滑条件较差和工作环境恶劣，磨损快、寿命短，故应将其布置在低速级。

根据各种传动机构的特点和上述选择原则及对传动方案的要求，结合本设计的工作条件，对初步拟订的方案进行分析比较，从中选择出合理的方案。此时选出的方案，并不是最后方案，最后方案还有待于各级传动比得到合理分配后才能决定。当传动比不能合理分配时，还须修改原方案。

2.2　选择电动机

选择电动机包括选择电动机类型、结构形式、功率、转速和型号。

1. 选择电动机的类型和结构形式

电动机的类型和结构形式应根据电源种类(如直流或交流)、工作条件(如环境、温度等)、工作时间的长短(如连续或间歇)及载荷的性质、大小、启动性能和过载情况等条件来选择。

工业上一般采用三相交流电动机。Y 系列三相交流异步电动机具有结构简单、价格低廉、维护方便等优点，故其应用最广。当转动惯量和启动力矩较小时，可选用 Y 系列三相交流异步电动机。在经常启动、制动和反转、间歇或短时工作的场合(如起重机械和冶金设备等)，要求电动机的转动惯量小和过载能力大，因此，应选用起重及冶金用的 YZ 和 YZR 系列三相异步电动机。电动机的结构有开启式、防护式、封闭式和防爆式等，可根据工作条件来选择。Y、YZ 和 YZR 系列电动机的技术数据和外形尺寸参见第 16 章。

2. 确定电动机的转速

同一功率的异步电动机有同步转速 3 000 r/min、1 500 r/min、1 000 r/min 和 750 r/min 等几种。一般来说，电动机的同步转速愈高，磁极对数愈少，外廓尺寸愈小，价格愈低；反之，转速愈低，外廓尺寸愈大，价格愈高。当工作机转速高时，选用高速电动机较经济。但若工作机转速较低也选用高速电动机，则此时总传动比增大，会导致传动装置结构复杂，造价较高。所以，在确定电动机转速时，应全面分析。在一般机械中，用得最多的是同步转速为 1 500 r/min 或 1 000 r/min 的电动机。

3. 确定电动机的功率和型号

电动机的功率选择是否合适，对电动机的正常工作和经济性都有影响。功率选得过小，不能保证工作机的正常工作或使电动机长期过载而过早损坏；功率选得过大，则电动机价格高，且经常不在满载下运行，电动机效率和功率因数都较低，造成很大的浪费。

电动机功率的确定，主要与其载荷大小、工作时间长短、发热多少有关。对于长期连续工作、载荷较稳定的机械(如连续运输机、鼓风机等)，可根据电动机的所需功率 P_d 来选择，而不必校验电动机的发热和启动力矩。选择时，应使电动机的额定功率 P_e 稍大于电动机的所

需功率 P_d，即 $P_e \geqslant P_d$。对于间歇工作的机械，P_e 可稍小于 P_d。

电动机所需的功率按如下方法计算。

若已知工作机的阻力(例如运输带的最大拉力)为 F (N)、工作速度(例如运输带的速度)为 v (m/s)，则工作机所需的有效功率为

$$P_w = Fv/1\,000 \quad \text{kW} \tag{2-1}$$

若已知工作机的转矩 T(N·m)和转速 n(r/min)时，则工作机所需的有效功率为

$$P_w = Tn/9\,550 \quad \text{kW} \tag{2-2}$$

电动机所需的功率为

$$P_d = P_w/\eta \quad \text{kW} \tag{2-3}$$

式中：η为传动装置的总效率。

$$\eta = \eta_1\eta_2\cdots\eta_n \tag{2-4}$$

式中：η_1，η_2，…，η_n 分别为传动装置中每对运动副或传动副(如联轴器、齿轮传动、带传动、链传动和轴承等)的效率。

表2-2给出了常用机械传动和轴承等的效率的概略值。

表2-2　机械传动和轴承等的效率的概略值

类　型		效率 η
圆柱齿轮传动	7级精度(油润滑)	0.98
	8级精度(油润滑)	0.97
	9级精度(油润滑)	0.96
	开式传动(脂润滑)	0.94～0.96
锥齿轮传动	7级精度(油润滑)	0.97
	8级精度(油润滑)	0.94～0.97
	开式传动(脂润滑)	0.92～0.95
蜗杆传动	自锁蜗杆(油润滑)	0.40～0.45
	单头蜗杆(油润滑)	0.70～0.75
	双头蜗杆(油润滑)	0.75～0.82
滚子链传动	开式	0.90～0.93
	闭式	0.95～0.97
V形带传动	—	0.95
滚动轴承	—	0.98～0.99
滑动轴承	—	0.97～0.99
联轴器	弹性联轴器	0.99
	齿式联轴器	0.99
运输机滚筒	—	0.96

计算总效率时，要注意以下几点。

(1) 表2-2中所列数值是概略的范围，由于效率与工作条件、加工精度及润滑状况等因素有关，当工作条件差、加工精度低、维护不良时，应取低值；反之，可取高值；当情况不明时，一般取中间值。

(2) 动力每经过一对运动副或传动副，就有一次功率损耗，故计算效率时，都要计入。

(3) 表2-2中的传动效率是指一对传动啮合效率，未计轴承效率。表中轴承的效率均指一对轴承而言。

根据电动机的类型、同步转速和所需功率，参照第16章电动机的技术参数确定电动机的型号和额定功率 P_e，记下电动机的型号、额定功率 P_e、满载转速 n_m、中心高、轴外伸轴径和

轴外伸长度，供选择联轴器和计算传动件之用。

2.3　计算总传动比和分配传动比

1. 计算总传动比

传动装置的总传动比 i，可根据电动机的满载转速 n_{m} 和工作机所需转速 n_{w} 来计算，即

$$i = n_{\mathrm{m}}/n_{\mathrm{w}} \tag{2-5}$$

总传动比 i 为各级传动比的连乘积，即

$$i = i_1 i_2 \cdots i_n \tag{2-6}$$

2. 传动比的分配

在设计多级传动的传动装置时，分配传动比是设计中的一个重要问题。传动比分配得不合理，会造成结构尺寸大、相关尺寸不协调、成本高、制造和安装不方便等问题。因此，分配传动比时，应考虑下列几项原则。

(1) 各种传动的每级传动比应在推荐值的范围内。表 2-3 列出了各种传动中每级传动比的推荐值。

表 2-3　各种传动中每级传动比的推荐值

传 动 类 型		i 的推荐值
圆柱齿轮传动	闭式	3～5
	开式	4～7
锥齿轮传动	闭式	2～3
	开式	2～4
蜗杆传动	闭式	10～40
	开式	15～60
V 形带传动		2～4
链传动		2～4

(2) 各级传动比应使传动装置尺寸协调、结构匀称、不发生干涉现象。例如，V 形带的传动比选得过大，将使大带轮外圆半径 r_{a} 大于减速器中心高 H(图 2-2(a))，安装不便；又如，在双级圆柱齿轮减速器中，若高速级传动比选得过大，就可能使高速级大齿轮的顶圆与低速轴相干涉(图 2-2(b))；再如，在运输机械装置中，若开式齿轮的传动比选得过小，也会造成滚筒与开式小齿轮轴相干涉(图 2-2(c))。

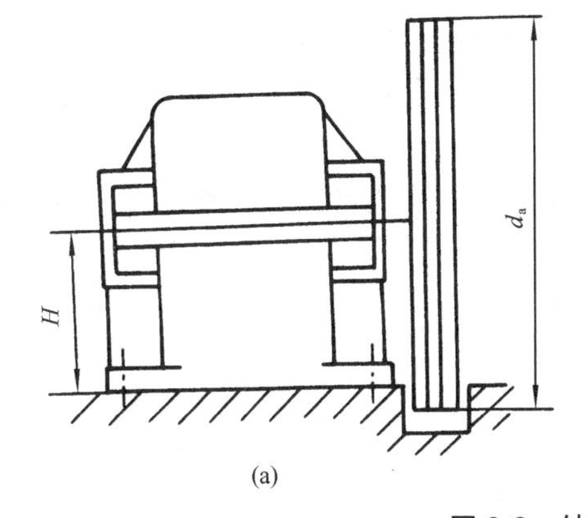

(a)

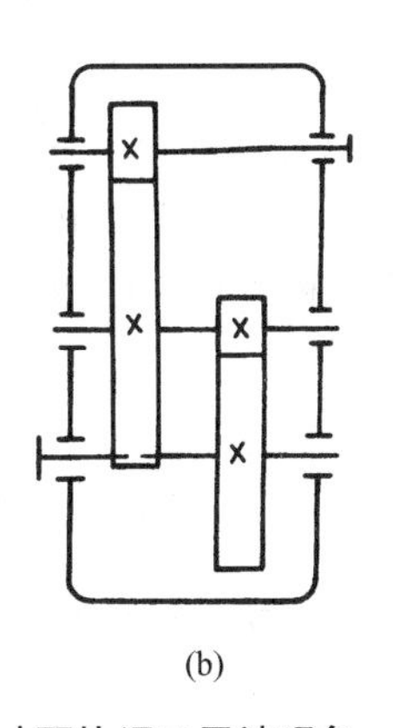
(b)

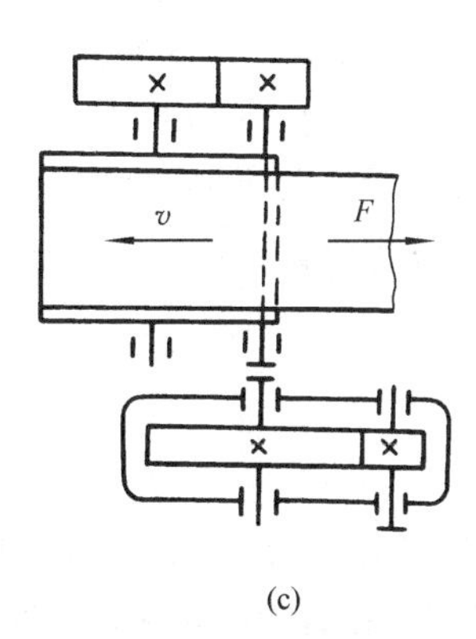

(c)

图 2-2　结构尺寸不协调及干涉现象

(3) 设计双级圆柱齿轮减速器时，应尽量使高速级和低速级的齿轮强度接近相等，即按等强度原则分配传动比。

(4) 当减速器内的齿轮采用油池浸油润滑时，为使各级大齿轮浸油深度合理，各级大齿轮直径应相差不大，以避免低速级大齿轮浸油过深而增加搅油损失。

3. 减速器传动比分配的参考值

根据上述原则，提出一些减速器传动比分配的参考值如下。

(1) 展开式双级圆柱齿轮减速器，考虑各级齿轮传动的润滑合理，应使两大齿轮直径相近，推荐取 $i_1=(1.3\sim1.4)i_2$，或 $i_1=\sqrt{(1.3\sim1.4)i}$，其中 i_1、i_2 分别为高速级和低速级的传动比，i 为减速器的总传动比。对于同轴式双级圆柱齿轮减速器，一般取 $i_1=i_2=\sqrt{i}$ 。

(2) 圆锥-圆柱齿轮减速器，为了便于大锥齿轮加工，高速级锥齿轮传动比取 $i_1=0.25i$，且使 $i_1\leqslant3$。

(3) 蜗杆-圆柱齿轮减速器，为使传动效率高，低速级圆柱齿轮传动比可取 $i_2=(0.03\sim0.06)i$。

(4) 双级蜗杆减速器，为了结构紧凑，可取 $i_1=i_2=\sqrt{i}$ 。

2.4 传动装置的运动和动力参数的计算

为了进行传动件的设计计算，应计算出各轴上的转速、功率和转矩。计算时，可将各轴从高速级向低速级依次编号为0轴(电动机轴)、Ⅰ轴、Ⅱ轴等，并按此顺序进行计算。

1. 各轴的转速计算

各轴的转速可根据电动机的满载转速和各相邻轴间的传动比进行计算。各轴的转速为

$$\begin{cases} n_{\mathrm{I}}=n_{\mathrm{m}}/i_{01} \quad \mathrm{r/min} \\ n_{\mathrm{II}}=n_{\mathrm{I}}/i_{12} \quad \mathrm{r/min} \\ n_{\mathrm{III}}=n_{\mathrm{II}}/i_{23} \quad \mathrm{r/min} \\ \vdots \end{cases} \tag{2-7}$$

式中：i_{01}、i_{12}、i_{23} 等分别为相邻两轴间的传动比；n_{m} 为电动机的满载转速。

2. 各轴的输入功率计算

计算各轴的功率时，有两种计算方法。

(1) 按电动机的所需功率 P_{d} 计算。这种方法的优点是设计出的传动装置结构较紧凑。当所设计的传动装置用于某一专用机器时，常用此方法。

(2) 按电动机的额定功率 P_{e} 计算。这种方法由于电动机的额定功率大于电动机的所需功率，故计算出各轴的功率比实际需要的要大一些，根据此功率设计出的传动零件，其结构尺寸也会较实际需要的大。设计通用机器时，可用此法。

在课程设计中，一般按第一种方法，即按电动机的所需功率 P_{d} 计算。各轴的输入功率为

$$\begin{cases} P_{\mathrm{I}}=P_{\mathrm{d}}\eta_{01} \quad \mathrm{kW} \\ P_{\mathrm{II}}=P_{\mathrm{I}}\eta_{12} \quad \mathrm{kW} \\ P_{\mathrm{III}}=P_{\mathrm{II}}\eta_{23} \quad \mathrm{kW} \\ \vdots \end{cases} \tag{2-8}$$

式中：η_{01}、η_{12}、η_{23} 等分别为相邻两轴间的传动效率。

3. 各轴的输入转矩计算

各轴的输入转矩为

$$\begin{cases} T_{\mathrm{I}}=9550P_{\mathrm{I}}/n_{\mathrm{I}} \quad \mathrm{N\cdot m} \\ T_{\mathrm{II}}=9550P_{\mathrm{II}}/n_{\mathrm{II}} \quad \mathrm{N\cdot m} \\ T_{\mathrm{III}}=9550P_{\mathrm{III}}/n_{\mathrm{III}} \quad \mathrm{N\cdot m} \\ \vdots \end{cases} \tag{2-9}$$

2.5 总体设计举例

图2-3所示的为带式运输机的传动装置。已知运输带的有效拉力 $F=6\,500$ N，带速 $v=$

0.45 m/s，滚筒直径 $D=350$ mm，载荷平稳，连续单向运转，工作环境有灰尘，电源为三相交流电(220 V/380 V)。试对此传动装置进行总体方案设计。

1. 传动方案的拟订

为了确定传动方案，可根据已知条件计算出工作机滚筒的转速为

$$n_w=60\times1\,000\,v/(\pi D)=[60\times1\,000\times0.45/(\pi\times350)]\ \mathrm{r/min}=24.57\ \mathrm{r/min}$$

若选用同步转速为 1 500 r/min 或 1 000 r/min 的电动机，则可估算出传动装置的总传动比 i 约为 60 或 40。根据这个传动比及工作条件可有图 2-3 所示的三种传动方案。对这三种传动方案进行分析比较可知：图 2-3(a)所示的方案因用带传动使传动装置的外形尺寸大；图 2-3(b)所示的方案因齿轮的转速高，减速器的尺寸小，链传动的尺寸也较紧凑；图 2-3(c)所示的方案减速器的尺寸也较小，但若开式齿轮的传动比较小，中心距较短，可能会使滚筒与开式小齿轮轴相干涉。从尺寸紧凑来看，应选用图 2-3(b)所示的方案；若对尺寸要求不高，则图 2-3(a)所示的方案也可采用；若总传动比较大，则选图 2-3(c)所示的方案为好。以下设计按图 2-3(b)所示的方案进行计算。

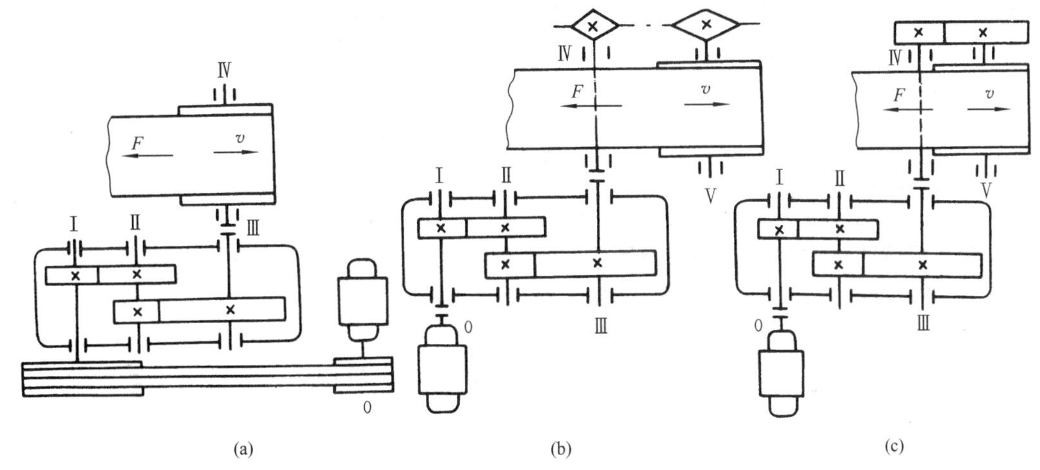

图 2-3　带式运输机传动方案

2. 电动机的选择

1）电动机类型的选择

电动机的类型根据动力源和工作条件，选用 Y 系列三相异步电动机。

2）电动机功率的选择

工作机所需要的有效功率为

$$P_w=Fv/1\,000=(6\,500\times0.45/1\,000)\ \mathrm{kW}=2.925\ \mathrm{kW}$$

为了计算电动机的所需功率 P_d，先要确定从电动机到工作机之间的总效率η。设η_1、η_2、η_3、η_4、η_5分别为弹性联轴器、闭式齿轮传动(设齿轮精度为 8 级)、滚动轴承、开式滚子链传动、滚筒的效率，由表 2-2 查得$\eta_1=0.99$，$\eta_2=0.97$，$\eta_3=0.99$，$\eta_4=0.92$，$\eta_5=0.96$，则传动装置的总效率为

$$\eta=\eta_1^2\eta_2^2\eta_3^5\eta_4\eta_5=0.99^2\times0.97^2\times0.99^5\times0.92\times0.96=0.774\,5$$

电动机所需功率为

$$P_d=P_w/\eta=(2.925/0.774\,5)\ \mathrm{kW}=3.776\ \mathrm{kW}$$

由第 16 章表 16-1 选取电动机的额定功率为 4 kW。

3）电动机转速的选择

选择常用的同步转速为 1 500 r/min 和 1 000 r/min 两种电动机。

4）**电动机型号的确定**

根据电动机所需功率和同步转速，查第 16 章表 16-1 可知，电动机型号为 Y112M-4 和 Y132M1-6。根据电动机的满载转速 n_m 和滚筒转速 n_w 可算出总传动比。现将此两种电动机的数据和总传动比列于表 2-4 中。

表 2-4　电动机的数据及总传动比

方案号	电动机型号	额定功率/kW	同步转速/(r/min)	满载转速/(r/min)	总传动比	轴外伸轴径/mm	轴外伸长度/mm
1	Y112M-4	4.0	1500	1440	58.63	28	60
2	Y132M1-6	4.0	1000	960	39.09	38	80

由表 2-4 可知，方案 1 中，虽然电动机转速高、价格低，但总传动比大。为了能合理地分配传动比，使传动装置结构紧凑，决定选用方案 2，即电动机型号为 Y132M1-6。查第 16 章表 16-2 可知，该电动机的中心高 $H = 132$ mm，轴外伸轴径为 38 mm，轴外伸长度为 80 mm。

3. 传动比的分配

根据表 2-3，取链传动的传动比 $i_3 = 3$，则减速器的总传动比为

$$i = 39.09/3 = 13.03$$

双级圆柱齿轮减速器高速级的传动比为

$$i_1 = \sqrt{1.3i} = \sqrt{1.3\times 13.03} = 4.116$$

其低速级的传动比为

$$i_2 = i/i_1 = 13.03/4.116 = 3.166$$

4. 传动装置的运动和动力参数计算

(1) 各轴的转速计算：

$$n_{\mathrm{I}} = n_m = 960\ \mathrm{r/min}$$

$$n_{\mathrm{II}} = n_{\mathrm{I}}/i_1 = (960/4.116)\ \mathrm{r/min} = 233.24\ \mathrm{r/min}$$

$$n_{\mathrm{III}} = n_{\mathrm{II}}/i_2 = (233.24/3.166)\ \mathrm{r/min} = 73.67\ \mathrm{r/min}$$

$$n_{\mathrm{IV}} = n_{\mathrm{III}} = 73.67\ \mathrm{r/min}$$

(2) 各轴的输入功率计算：

$$P_{\mathrm{I}} = P_d\eta_1 = (3.776\times 0.99)\ \mathrm{kW} = 3.738\ \mathrm{kW}$$

$$P_{\mathrm{II}} = P_{\mathrm{I}}\eta_2\eta_3 = (3.738\times 0.97\times 0.99)\ \mathrm{kW} = 3.590\ \mathrm{kW}$$

$$P_{\mathrm{III}} = P_{\mathrm{II}}\eta_2\eta_3 = (3.590\times 0.97\times 0.99)\ \mathrm{kW} = 3.447\ \mathrm{kW}$$

$$P_{\mathrm{IV}} = P_{\mathrm{III}}\eta_3\eta_1 = (3.447\times 0.99\times 0.99)\ \mathrm{kW} = 3.378\ \mathrm{kW}$$

(3) 各轴的输入转矩计算：

$$T_{\mathrm{I}} = 9\ 550P_{\mathrm{I}}/n_{\mathrm{I}} = (9\ 550\times 3.738/960)\ \mathrm{N\cdot m} = 37.185\ \mathrm{N\cdot m}$$

$$T_{\mathrm{II}} = 9\ 550P_{\mathrm{II}}/n_{\mathrm{II}} = (9\ 550\times 3.590/233.24)\ \mathrm{N\cdot m} = 146.992\ \mathrm{N\cdot m}$$

$$T_{\mathrm{III}} = 9\ 550P_{\mathrm{III}}/n_{\mathrm{III}} = (9\ 550\times 3.447/73.67)\ \mathrm{N\cdot m} = 446.842\ \mathrm{N\cdot m}$$

$$T_{\mathrm{IV}} = 9\ 550P_{\mathrm{IV}}/n_{\mathrm{IV}} = (9\ 550\times 3.378/73.67)\ \mathrm{N\cdot m} = 437.897\ \mathrm{N\cdot m}$$

将上述计算结果列于表 2-5 中，以供查用。

表 2-5　各轴的运动及动力参数

轴　号	转速 n/(r/min)	功率 P/kW	转矩 T/(N · m)	传动比 i
Ⅰ	960	3.738	37.185	4.116
Ⅱ	234.43	3.590	146.992	3.166
Ⅲ	73.67	3.447	446.842	1
Ⅳ	73.67	3.378	437.897	

第3章　传动零件的设计计算和轴系零部件的初步选择

传动装置主要包括传动零件、支承零部件和连接零件，其中决定其工作性能、结构和尺寸的主要是传动零件。支承零部件和连接零件都要根据传动零件的要求来设计。因此，一般应在传动方案选择妥当后先设计计算传动零件，确定其结构尺寸、参数和材料等，为设计减速器装配草图做好准备。

由传动装置计算得出的运动和动力参数及设计任务书给定的工作条件，即为传动零件设计的原始数据。

各传动零件的设计计算方法，均按《机械设计》或《机械设计基础》教材所述方法进行，本书不再重复。下面仅就传动零件设计计算的要求和应注意的问题作简要说明。

3.1　减速器外部传动零件的设计计算要点

传动装置除减速器外，还有其他传动零件，如传动带、传动链和开式传动齿轮等。通常先设计计算这些零件，在这些传动零件的参数确定后，外部传动的实际传动比便可确定。然后修改减速器内部的传动比，再进行减速器内部传动零件的设计。这样，会使整个传动装置的传动比累积误差更小。

课程设计时，对减速器外部传动零件只需确定其主要参数和尺寸，而不必进行详细的结构设计。

1. 普通V形带传动

设计普通V形带传动须确定的内容有：带的型号、长度、根数，带轮的直径、宽度和轴孔直径，中心距，初拉力及作用在轴上之力的大小和方向等。

在确定带轮轴孔直径时，应根据带轮的安装情况来考虑。当带轮直接装在电动机轴或减速器轴上时，应取带轮轴孔直径等于电动机轴或减速器轴的直径；当带轮装在其他轴(如滚筒轴等)上时，则应根据该轴直径来确定。带轮轮毂长度与带轮轮缘宽度不一定相等，一般轮毂长度按轴孔直径 d 来确定(参见第19章)，而轮缘宽度则由带的型号和根数来确定。

设计时，应检查带轮尺寸与传动装置外廓尺寸的相互关系。例如，电动机轴上的小带轮半径是否小于电动机的中心高；小带轮轴孔直径、长度是否与电动机外伸轴径、长度相对应；大带轮外圆是否与其他零件(如机座)相碰。

带轮直径确定后，应根据该直径和滑动率计算带传动的实际传动比和从动轮的转速，并以此修正减速器所要求的传动比和输入转矩。

2. 链传动

设计链传动须确定的内容有：链的型号、节距、链节数和排数，链轮齿数、直径、轮毂宽度，中心距及作用在轴上之力的大小和方向等。

为了使磨损均匀，链轮齿数最好选为奇数或不能整除链节数的数。为了防止链条因磨损而易脱链，大链轮齿数不宜过多。为了使传动平稳，小链轮齿数也不宜太少。为避免使用过渡链节，链节数应取偶数。

当选用单排链使链的尺寸太大时，应改选双列链或多列链，以尽量减小节距。

3. 开式齿轮传动

设计开式齿轮传动须确定的内容有：齿轮材料和热处理方式，齿轮的齿数、模数、分度圆直径、齿顶圆直径、齿根圆直径、齿宽，中心距及作用在轴上之力的大小和方向等。

在计算和选择开式齿轮传动的参数时，应考虑开式齿轮传动的工作特点。由于开式齿轮的失效形式主要是轮齿弯曲折断和磨损，故设计时应按轮齿弯曲疲劳强度计算模数，考虑齿面磨损的影响，应将求出的模数加大 10 %～15 %，并取标准值。然后计算其他几何尺寸，而不必验算齿面接触疲劳强度。

由于开式齿轮常用于低速传动，一般采用直齿。由于工作环境较差、灰尘较多、润滑不良，为了减轻磨损，选择齿轮材料时应注意材料的配对，使其具有减摩和耐磨性能。当大齿轮的顶圆直径大于 400～500 mm 时，应选用铸钢或铸铁来制造。

由于开式齿轮的支承刚性较差，齿宽系数应选小些，以减小载荷沿齿宽分布不均。

齿轮尺寸确定后，应检查传动中心距是否合适。例如，带式运输机的滚筒是否与小开式齿轮轴相干涉，若有干涉，则应将齿轮参数进行修改重新计算。

3.2 减速器内部传动零件的设计计算要点

在减速器外部传动零件完成设计计算之后，应检查传动比及有关运动和动力参数是否需要调整。若需要，则应进行修改。待修改好后，再设计减速器内部的传动零件。

1. 齿轮传动

设计齿轮传动须确定的内容有：齿轮材料和热处理方式，齿轮的齿数、模数、变位系数、齿宽、分度圆螺旋角、分度圆直径、齿顶圆直径、齿根圆直径、结构尺寸等；对圆柱齿轮传动还有中心距；对锥齿轮传动，还有锥距、节锥角、顶锥角和根锥角等。

齿轮材料及热处理方式的选择，应考虑齿轮的工作条件、传动尺寸的要求、制造设备条件等。若传递功率大，且要求尺寸紧凑，可选用合金钢或合金铸钢，并采用表面淬火或渗碳淬火等热处理方式；若一般要求，则可选用碳钢或铸钢或铸铁，采用正火或调质等热处理方式。当齿轮顶圆直径 d_a<400～500 mm 时，可采用锻造或铸造毛坯；当 d_a>400～500 mm 时，因受锻造设备能力的限制，应采用铸铁或铸钢铸造。当齿轮直径与轴径相差不大时，对于圆柱齿轮，若齿轮的齿根至键槽的距离 $x<2.5m_n$，对于锥齿轮，若 $x<1.6m_t$，则齿轮和轴做成一体，称为齿轮轴(参见第 19 章图 19-10 和图 19-15)。同一减速器中的各级小齿轮(或大齿轮)的材料尽可能相同，以减少材料牌号和简化工艺要求。

齿轮传动的计算准则和方法，应根据齿轮工作条件和齿面硬度来确定。对于软齿面齿轮传动，应按齿面接触疲劳强度计算齿轮直径或中心距，验算齿根弯曲疲劳强度；对于硬齿面齿轮传动，应按齿根弯曲疲劳强度计算模数，验算齿面接触疲劳强度。

对齿轮传动的参数和尺寸，有严格的要求。对于大批生产的减速器，其齿轮中心距应参考标准减速器的中心距；对于中、小批生产或专用减速器，为了制造、安装方便，其中心距应圆整，最好使中心距的尾数为 0 或 5。模数应取标准值，齿宽应圆整；而分度圆直径、齿顶圆直径、齿根圆直径等不允许圆整，应精确计算到小数点后三位数；分度圆螺旋角、节锥角、顶锥角、根锥角应精确计算到“″”；直齿锥齿轮的锥距 R 不必圆整，应计算到小数点后三位数。齿轮的结构尺寸，参考本书第 19 章给出的经验公式计算确定，但尽量圆整，以便于制造和测量。

2. 蜗杆传动

设计蜗杆传动须确定的内容有：蜗杆和蜗轮的材料，蜗杆的热处理方式，蜗杆的头数和模数，蜗轮的齿数和模数、分度圆直径、齿顶圆直径、齿根圆直径、导程角，蜗杆螺纹部分长度，蜗轮轮缘宽度和轮毂宽度及结构尺寸等。

由于蜗杆传动的滑动速度大，摩擦和发热剧烈，因此要求蜗杆蜗轮副材料具有较好的耐磨性和抗胶合能力。一般是根据初步估计的滑动速度来选择材料。当蜗杆传动尺寸确定后，要检验相对滑动速度和传动效率与估计值是否相符，并检查材料选择是否恰当。若与估计有较大出入，应修正重新计算。

蜗杆模数 m 和分度圆直径 d_1 应取标准值，且 m、d_1 与直径系数 q 三者之间应符合标准的匹配关系。

连续工作的闭式蜗杆传动因发热大，易产生胶合，应进行热平衡计算，但应在蜗杆减速器装配草图完成后进行。

3.3　初算轴的直径

联轴器和滚动轴承的型号是根据轴端直径确定的，而且轴的结构设计是在初步计算轴径的基础上进行的，故先要初算轴径。轴的直径可按扭转强度法进行估算，即

$$d=C\sqrt[3]{P/n}$$

式中：P 为轴传递的功率(kW)；n 为轴的转速(r/min)；C 为由轴的材料和受载情况确定的系数。若轴的材料为 45 钢，通常取 $C=106\sim117$。C 值应考虑轴上弯矩对轴强度的影响，当只受转矩影响或弯矩相对转矩较小时，C 取小值；当弯矩相对转矩较大时，C 取大值。在多级齿轮减速器中，高速轴的转矩较小，C 取较大值；低速轴的转矩较大，C 应取较小值；中间轴取中间值。对其他材料牌号的轴，其 C 值参阅有关教材。

初算轴径还要考虑键槽对轴强度的影响。当该轴段截面上有一个键槽时，d 增大 5%；有两个键槽时，d 增大 10 %。然后将轴径圆整为标准值。

上述计算出的轴径，一般作为输入、输出轴外伸端最小直径；对中间轴，可作为最小直径，即轴承处的轴径；若作为装齿轮处的轴径，则 C 应取大值。

若减速器高速轴外伸端用联轴器与电动机相连，则外伸端轴径应考虑电动机轴及联轴器毂孔的直径尺寸，外伸端轴径和电动机轴直径应相差不大，它们的直径应在所选联轴器毂孔最大、最小直径的允许范围内。若超出该范围，则应重选联轴器或改变轴径。此时推荐减速器高速轴外伸端轴径，用电动机轴直径 D 估算，$d=(0.8\sim1.2)D$。

3.4　选择联轴器

选择联轴器包括选择联轴器的类型和型号。

联轴器的类型应根据传动装置的要求来选择。在选用电动机轴与减速器高速轴之间连接用的联轴器时，由于轴的转速较高，为减小启动载荷，缓和冲击，应选用具有较小转动惯量和具有弹性的联轴器，如弹性套柱销联轴器等。在选用减速器输出轴与工作机之间连接用的联轴器时，由于轴的转速较低，传递转矩较大，又因减速器与工作机常不在同一机座上，要求有较大的轴线偏移补偿，因此常选用承载能力较高的刚性可移式联轴器，如鼓形齿式联轴器等。若工作机有振动冲击，为了减小振动、缓和冲击，以免影响减速器内传动件的正常工作，则可选用弹性联轴器，如弹性柱销联轴器等。

联轴器的型号应根据计算转矩、轴的转速和轴径来选择，要求所选联轴器的许用转矩大

于计算转矩，还应注意联轴器毂孔直径范围是否与所连接两轴的直径大小相适应。若不适应，则应重选联轴器的型号或改变轴径。

3.5　初选滚动轴承

滚动轴承的类型应根据所受载荷的大小、性质、方向，轴的转速及其工作要求进行选择。若只承受径向载荷或主要是径向载荷而轴向载荷较小，轴的转速较高，则选择深沟球轴承。若轴承承受径向力和较大的轴向力或需要调整传动件(如锥齿轮、蜗杆蜗轮等)的轴向位置，则应选择角接触球轴承或圆锥滚子轴承。由于圆锥滚子轴承装拆调整方便、价格较低，故应用最多。

根据初算轴径，考虑轴上零件的轴向定位和固定，估计出装轴承处的轴径，再选用直径系列为轻系列或中系列的轴承，这样可初步定出滚动轴承型号。至于选择得是否合适，则有待于在减速器装配草图设计中进行滚动轴承寿命验算后再行确定。

第 4 章　减速器的结构与润滑

减速器一般由箱体、轴系部件和附件三大部分组成。图 4-1 中标出了组成减速器的主要零部件名称、相互关系及箱体部分尺寸。

4.1　箱体

箱体是减速器中所有零件的基座，是支承和固定轴系部件、保证传动零件的正确相对位置并承受作用在减速器上载荷的重要零件。箱体一般还兼作润滑油的油箱，具有充分润滑和很好密封箱内零件的作用。

为保证具有足够的强度和刚度，箱体要有一定的壁厚，并在轴承座孔处设置加强肋。加强肋做在箱体外的称为外肋，如图 4-1 所示，由于其铸造工艺性较好，故应用较广泛。加强肋做在箱体内的称为内肋，内肋刚度大，不影响外形的美观，但因它阻碍润滑油的流动而增加损耗，且铸造工艺也比较复杂，所以应用较少。

为了便于轴系部件的安装和拆卸，箱体大多做成剖分式，由箱座和箱盖组成，取轴的中

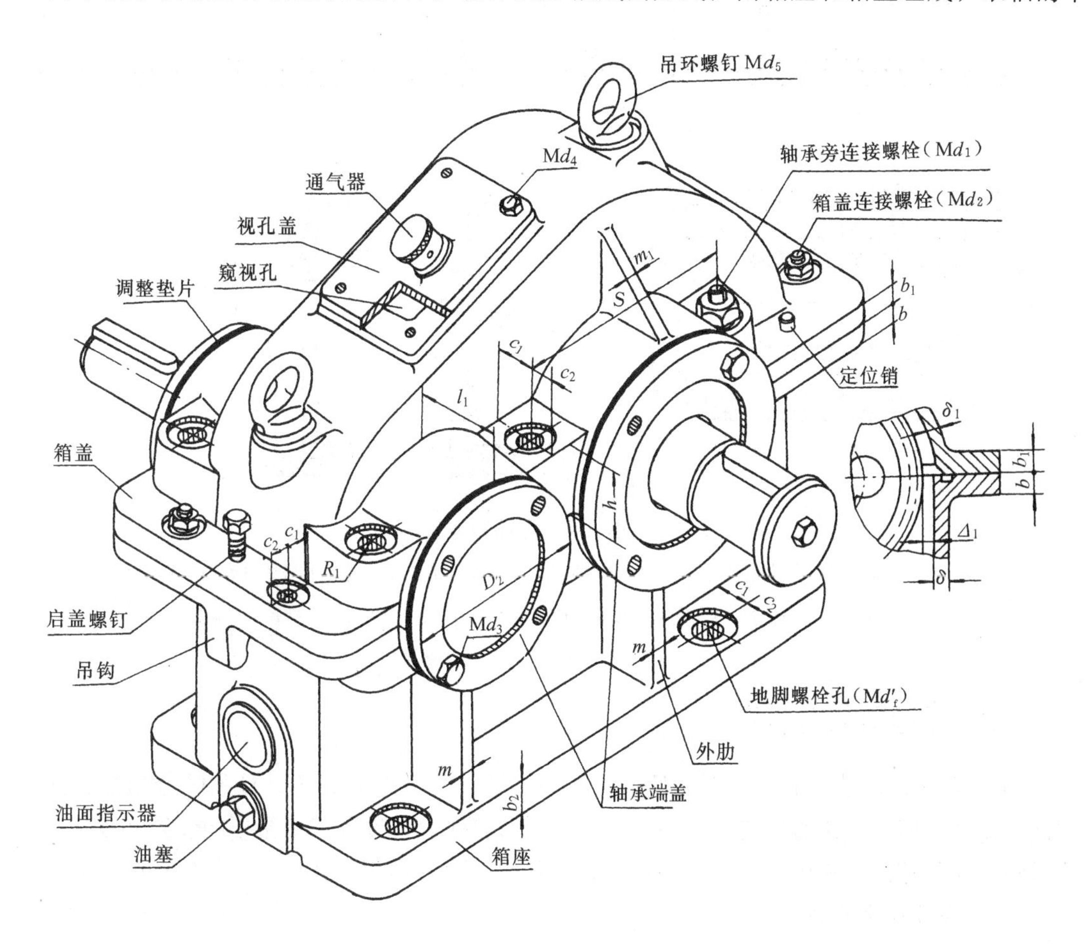

图 4-1　单级圆柱齿轮减速器

心线所在平面为剖分面。箱座和箱盖采用普通螺栓连接，用圆锥销定位。在大型的立式圆柱齿轮减速器中，为便于制造和安装，也有采用两个剖分面的。对于小型的蜗杆减速器，可用整体式箱体。整体式箱体的结构紧凑、质量较轻，易于保证轴承与座孔的配合要求，但装拆和调整不如剖分式箱体方便。

箱体的材料、毛坯种类与减速器的应用场合及生产数量有关。铸造箱体通常采用灰铸铁铸造(图 4-1)。承受振动和冲击载荷的箱体，可用铸钢或高强度铸铁铸造。铸造箱体的刚性较好，外形美观，易于切削加工，且能吸收振动和消除噪声，但质量较大，适合于成批生产。对于单件或小批生产的箱体，可采用钢板焊接而成(图 4-2)。这种箱体箱壁薄、质量轻、材料省、生产周期短，但要求制造技术较高。

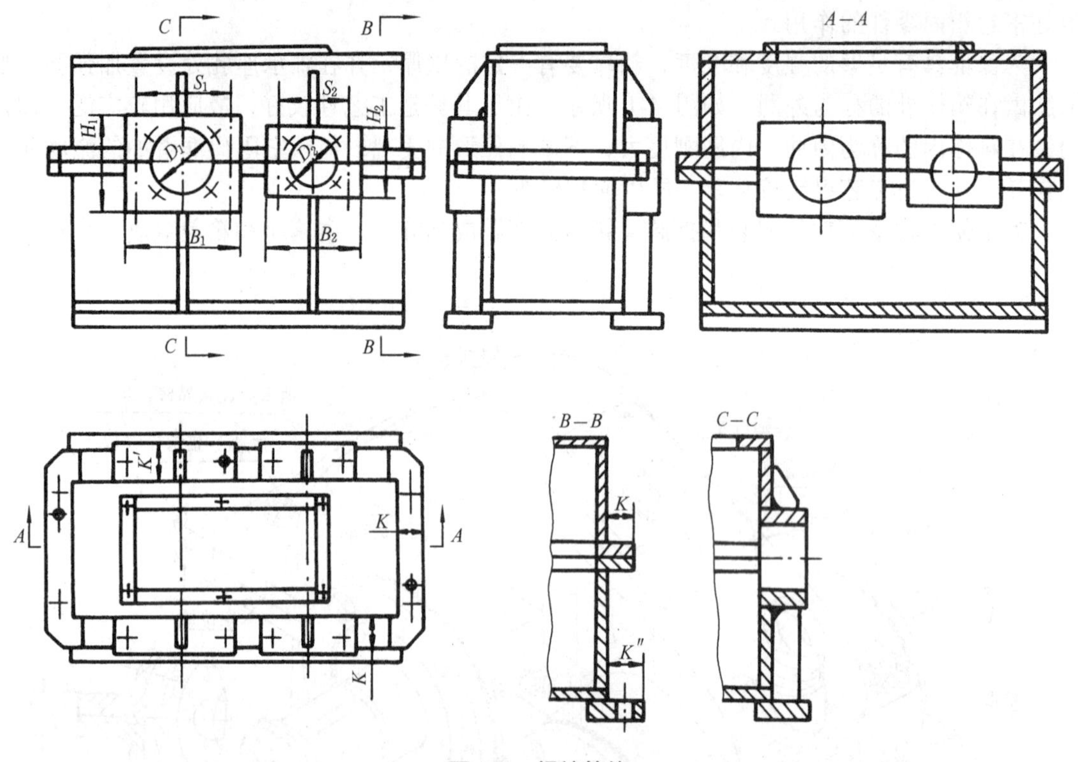

图 4-2　焊接箱体

H_i=D_i+(5～5.5)d_3，　S_i≈H_i，　B_i=S_i+2c_2，　(i=1，2)；　d_3—轴承端盖螺钉直径；

c_2—由表 5-1 确定；　K、K'、K''按相应的螺栓直径由表 5-1 中的 c_1+c_2 或 l_1+l_2 来确定；

δ'=(0.7～0.8)δ，　δ 由表 5-1 来确定

4.2　减速器的附件

为了保证减速器能正常工作和具备完善的性能，如方便检查传动件的啮合情况、注油、排油、通气和便于减速器的安装、吊运等，减速器箱体上常设置某些必要的装置和零件，这些装置和零件及箱体上相应的局部结构统称为附件(参见图 4-1 及第 14 章)。现将附件作如下分述。

1. 窥视孔和视孔盖

窥视孔用于检查传动件的啮合情况和润滑情况等，并可由该孔向箱内注入润滑油，平时由视孔盖用螺钉封住。为防止污物进入箱内及润滑油渗漏，盖板底部垫有纸质封油垫片。

2. 通气器

减速器工作时，箱体内的温度和气压都很高，通气器能使热膨胀气体及时排出，保证箱体内、外气压平衡，以免润滑油沿箱体接合面、轴外伸处及其他缝隙渗漏出来。

3. 轴承端盖

轴承端盖(简称轴承盖)用于固定轴承外圈及调整轴承间隙，承受轴向力。轴承端盖有凸缘式和嵌入式两种。凸缘式端盖用螺钉固定在箱体上，调整轴承间隙比较方便，密封性能好，用得较多。嵌入式端盖结构简单，不需用螺钉，依靠凸起部分嵌入轴承座相应的槽中，但调整轴承间隙比较麻烦，需打开箱盖。根据轴是否穿过端盖，轴承端盖又分为透盖和闷盖两种。透盖中央有孔，轴的外伸端穿过此孔伸出箱体，穿过处需有密封装置。闷盖中央无孔，用在轴的非外伸端。

4. 定位销

为了保证箱体轴承座孔的镗削和装配精度，并保证减速器每次装拆后轴承座的上、下半孔始终保持加工时的位置精度，箱盖与箱座需用两个圆锥销定位。定位销孔是在减速器箱盖与箱座用螺栓连接紧固后，镗削轴承座孔之前加工的。

5. 油面指示装置

为指示减速器内油面的高度是否符合要求，以便保持箱内正常的油量，在减速器箱体上设置油面指示装置，其结构形式参见第 14 章。

6. 油塞

为了更换减速器箱体内的污油，应在箱体底部油池的最低处设置排油孔。平时，排油孔用油塞堵住，并用封油圈以加强密封。

7. 启盖螺钉

减速器在安装时，为了加强密封效果，防止润滑油从箱体剖分面处渗漏，通常在剖分面上涂以水玻璃或密封胶，因而在拆卸时往往因黏结较紧而不易分开。为了便于开启箱盖，设置启盖螺钉，只要拧动此螺钉，就可顶起箱盖。

8. 起吊装置

起吊装置有吊环螺钉、吊耳、吊钩等，供搬运减速器之用。吊环螺钉(或吊耳)设在箱盖上，通常用于吊运箱盖，也用于吊运轻型减速器；吊钩铸在箱座两端的凸缘下面，用于吊运整台减速器。

4.3　减速器的润滑

减速器的传动零件和轴承必须要有良好的润滑，以降低摩擦，减少磨损和发热，提高效率。

1. 齿轮和蜗杆传动的润滑

1）润滑剂的选择

齿轮传动、蜗杆传动所用润滑油的黏度根据传动的工作条件、圆周速度或滑动速度、温度等分别按第 15 章表 15-1、表 15-2 来选择。根据所需的黏度按表 15-3 选择润滑油的牌号。

2）润滑方式

(1) 油池浸油润滑。

在减速器中，齿轮的润滑方式根据齿轮的圆周速度 v 而定。当 $v \leqslant 12$ m/s 时，多采用油池浸油润滑，齿轮浸入油池一定深度，齿轮运转时就把油带到啮合区，同时也甩到箱壁上，借以散热。

齿轮浸油深度以 1～2 个齿高为宜。当速度高时，浸油深度约为 0.7 个齿高，但不得小于

10 mm。当速度较低(0.5～0.8 m/s)时，浸油深度可达 1/6～1/3 的齿轮半径(图 4-3)。

在多级齿轮传动中，当高速级大齿轮浸入油池一个齿高时，低速级大齿轮浸油可能会超过最大深度。此时，高速级大齿轮可采用溅油轮来润滑，利用溅油轮将油溅入齿轮啮合处进行润滑(图 4-4)。

采用锥齿轮传动时，宜把大锥齿轮整个齿宽浸入油池中(图 4-5)，至少应浸入 0.7 个齿宽。

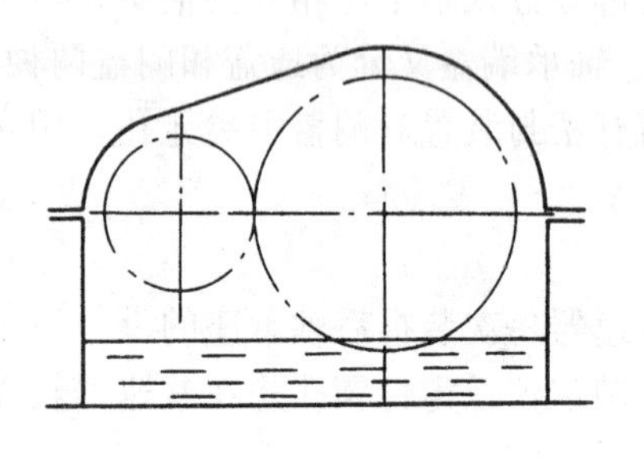

图 4-3　油池润滑

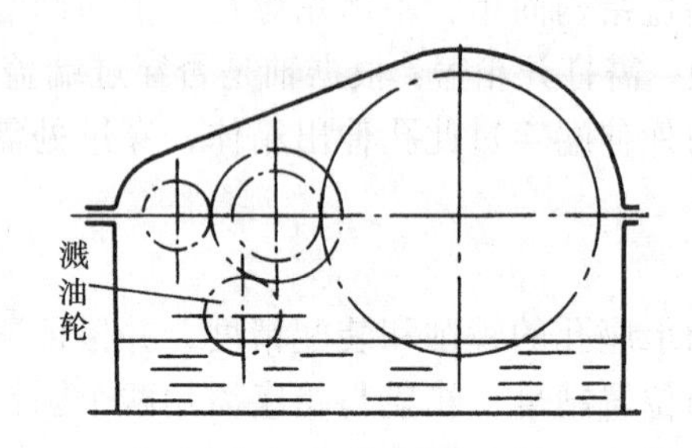

图 4-4　采用溅油轮的油池润滑

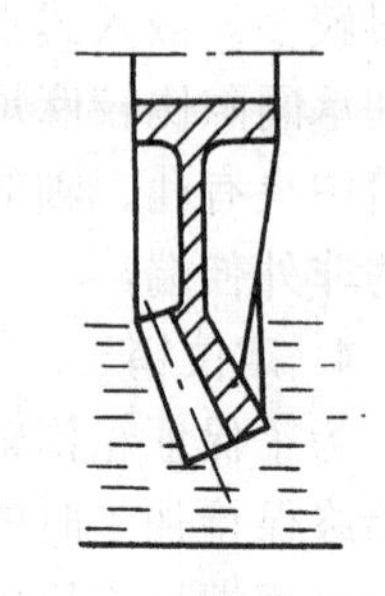

图 4-5　锥齿轮的油池润滑

采用上置式蜗杆减速器时，将蜗轮浸入油池中，其浸油深度与圆柱齿轮相同(图 4-6(a))。采用下置式蜗杆减速器时，将蜗杆浸入油池中，其浸油深度为 0.75～1 个齿高，但油面不应超过滚动轴承最下面滚动体的中心线(图 4-6(b))，否则轴承搅油发热大。当油面达到轴承最低的滚动体中心而蜗杆尚未浸入油中，或浸入深度不够时，或因蜗杆速度较高，为避免蜗杆直接浸入油中后增加搅油损失，一般常在蜗杆轴上安装带肋的溅油环，利用溅油环将油溅到蜗杆和蜗轮上进行润滑(图 4-7)。

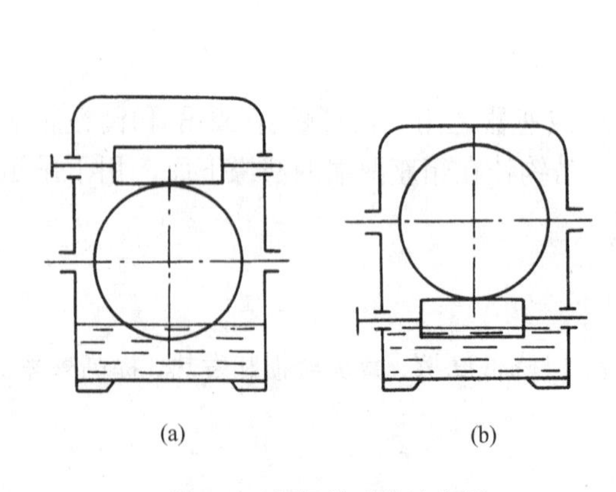

图 4-6　蜗杆传动油池润滑

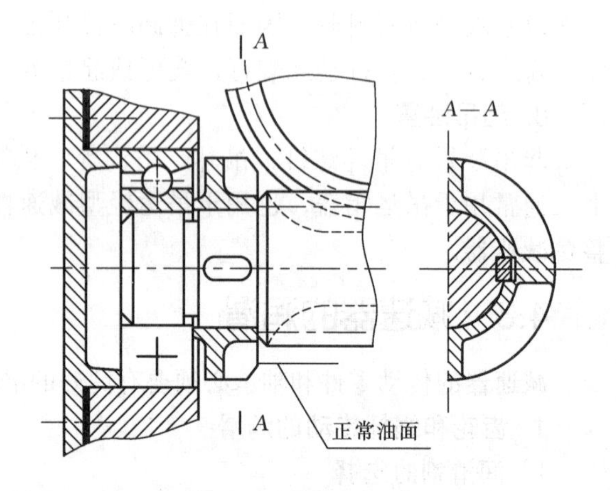

图 4-7　采用溅油环润滑

(2) 压力喷油润滑。

当齿轮圆周速度 $v>12$ m/s，或上置式蜗杆圆周速度 $v>10$ m/s 时，就要采用压力喷油润滑。这是因为：圆周速度过高时，齿轮上的油大多被甩出去，而到不了啮合区；速度高时搅油激烈，不仅使油温升高，降低润滑油的性能，还会搅起箱底的杂质，加速齿轮的磨损。故采用喷油润滑，用油泵将润滑油直接喷到啮合区进行润滑(图 4-8 和图 4-9)。

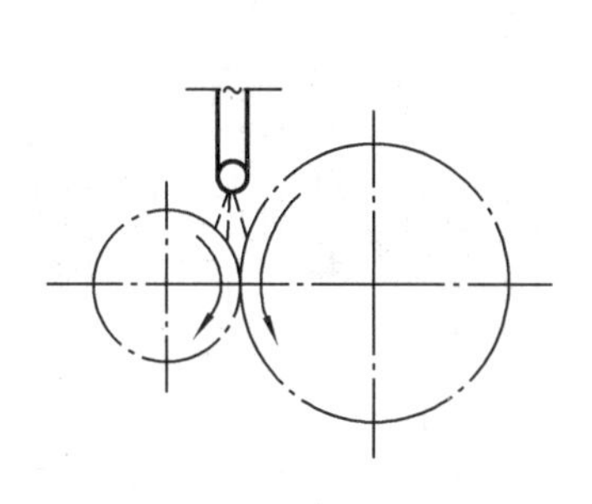

图 4-8　齿轮喷油润滑

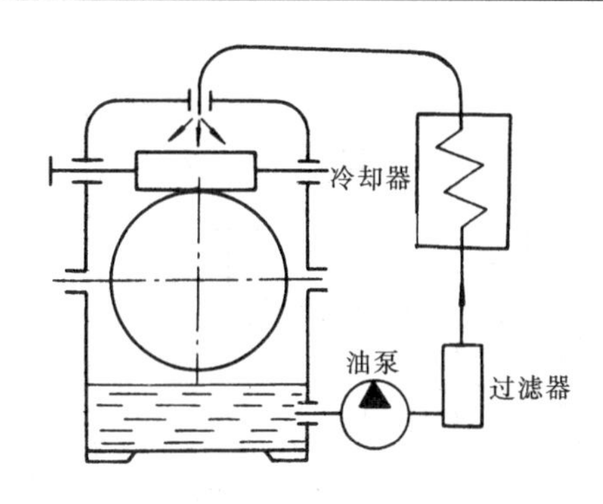

图 4-9　蜗杆喷油润滑

2. 滚动轴承的润滑

1) 润滑剂的选择

减速器中滚动轴承可采用润滑油或润滑脂进行润滑。若采用润滑油润滑，可直接用减速器油池内的润滑油进行润滑。若采用润滑脂润滑，润滑脂的牌号根据工作条件参见第 15 章表 15-4 进行选择。

2) 润滑方式

(1) 润滑油润滑。

① 飞溅润滑。减速器中当浸油齿轮的圆周速度 $v>2\sim3$ m/s 时，即可采用飞溅润滑。飞溅的油，一部分直接溅入轴承，一部分先溅到箱壁上，然后再顺着箱盖的内壁流入箱座的输油沟中，经轴承端盖上的缺口进入轴承(图 4-10)。输油沟的结构及其尺寸如图 4-11 所示。当 v 更高时，可不设置油沟，直接靠飞溅的油润滑轴承。上置式蜗杆减速器因蜗杆在上，油飞溅比较困难。因此，若采用飞溅润滑，则需设计特殊的导油沟(参见图 20-9)，使箱壁上的油通过导油沟进入轴承，起到润滑的作用。

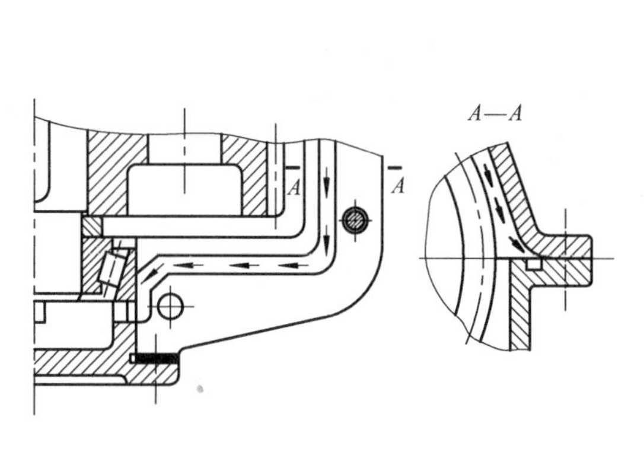

图 4-10　输油沟润滑

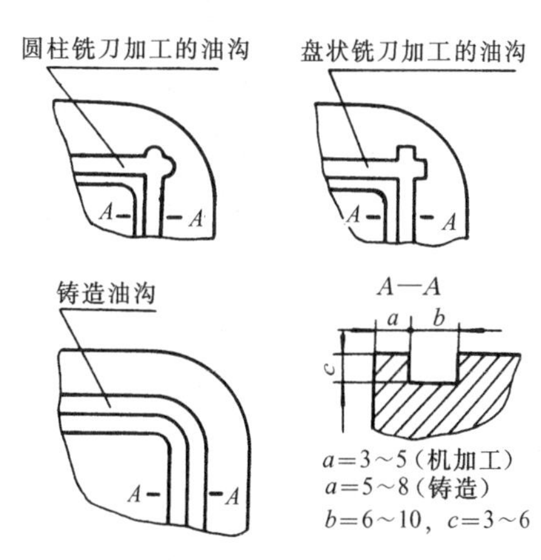

图 4-11　输油沟结构及其尺寸

② 刮油润滑。下置式蜗杆的圆周速度即使大于 2 m/s，但由于蜗杆位置太低，且与蜗轮轴在空间呈垂直方向布置，飞溅的油难以进入蜗轮的轴承座内，此时轴承可采用刮油润滑。如图 4-12(a)所示，当蜗轮转动时，利用装在箱体内的刮油板，将轮缘侧面上的油刮下，油沿输油沟流向轴承。图 4-12(b)所示为将刮下的油直接送入轴承的方式。

③ 油池润滑。下置式蜗杆的轴承常浸在油池中润滑，此时油面不应高于轴承最下面滚动体的中心，以免搅油损失太大。

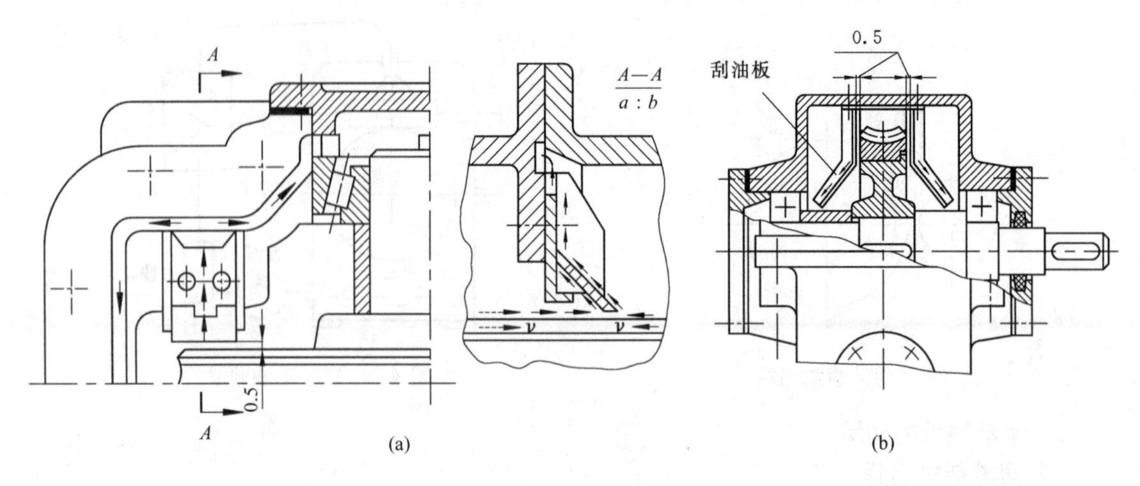

图 4-12　刮油润滑

(2) 润滑脂润滑。

齿轮圆周速度 v <2 m/s 的齿轮减速器的轴承，下置式蜗杆减速器的蜗轮轴轴承，以及上置式蜗杆减速器的蜗杆轴轴承常采用润滑脂润滑。采用润滑脂润滑时，通常在装配时将润滑脂填入轴承座内，每工作 3～6 个月需补充一次润滑脂，每过一年，需拆开清洗更换润滑脂。为防止箱内油进入轴承，使润滑脂稀释流出或变质，在轴承内侧用挡油盘封油(图 4-13)。填入轴承座内的润滑脂量一般为：对于低速(300 r/min 以下)及中速(300～1 500 r/min)轴承，不超过轴承座空间的 2/3；对于高速(1 500～3 000 r/min)轴承，则不超过轴承座空间的 1/3。

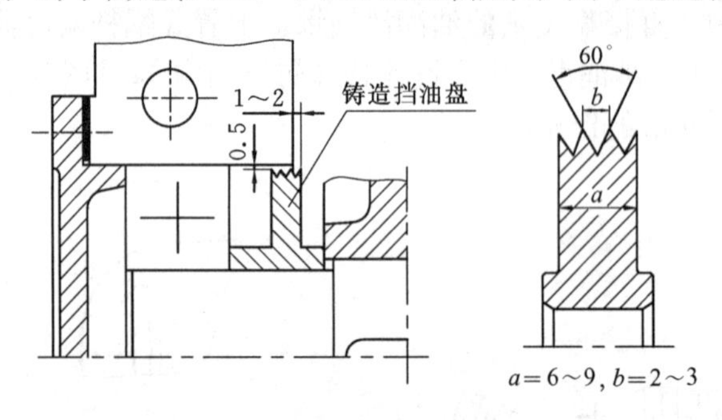

图 4-13　挡油盘

第5章　减速器装配图设计

5.1　概述

装配图是表达各零部件结构形状、相互位置与尺寸的图样，也是表达设计人员构思的特殊语言。它是绘制零部件工作图及机器组装、调试、维护的主要依据。

设计装配工作图时，要综合考虑工作条件、强度、刚度、加工、装拆、调整、润滑、维护等方面的要求。设计内容既多又复杂，有些地方还不能一次确定。因此，常采用边画、边算、边改的“三边”设计方法。

减速器装配图的设计通过以下步骤完成：第一步，设计减速器装配图的准备；第二步，减速器装配草图设计；第三步，减速器装配工作图设计。

5.2　设计减速器装配图的准备

在设计装配草图前，必须做好以下工作。

1. 必要的感性与理性知识

(1) 做好减速器装拆实验，观看减速器的结构及加工工艺录像，仔细了解减速器各零部件的相互关系、位置及作用。初步了解减速器加工工艺过程。

(2) 认真阅读第2~4章内容和有关资料。至少要能读懂一些典型减速器装配工作图。

2. 有关设计数据的准备

(1) 齿轮传动主要尺寸，如中心距及齿轮的分度圆直径、齿顶圆直径、轮缘宽度和轮毂长度等。

(2) 电动机的安装尺寸，如电动机中心高、外伸轴直径和长度等。

(3) 联轴器轴孔直径和长度，或链轮、带轮轴孔直径和长度。

(4) 根据减速器中的传动件的圆周速度，确定滚动轴承的润滑方式(参见第4章)。

3. 箱体结构方案的确定

根据工作情况确定减速器箱体的结构。一般用途的减速器箱体采用铸铁制造，对受较大冲击载荷的重型减速器箱体可采用铸钢制造，单件生产的减速器可采用钢板焊接而成。通常齿轮减速器箱体都采用沿齿轮轴线水平剖分式的结构。对蜗杆减速器也可采用整体式箱体的结构。图5-1至图5-3及第4章图4-1所示为常见的铸造箱体结构图，图4-2所示为焊接箱体结构图，其各部尺寸按表5-1所列公式确定。

4. 选择图样比例和视图布置

(1) 选择比例尺。一般可优先采用1∶1或1∶2的比例尺。

(2) 选择视图。一般应有三个视图才能将结构表达清楚。必要时，还应有局部剖面图、向视图和局部放大图。

(3) 合理布置图面。根据减速器内传动零件的尺寸，参考类似结构的减速器，估计所设计减速器的轮廓尺寸(三个视图的尺寸)，同时考虑标题栏、明细表、技术特性、技术要求等需要的空间，做到图面的合理布置(图5-4)。

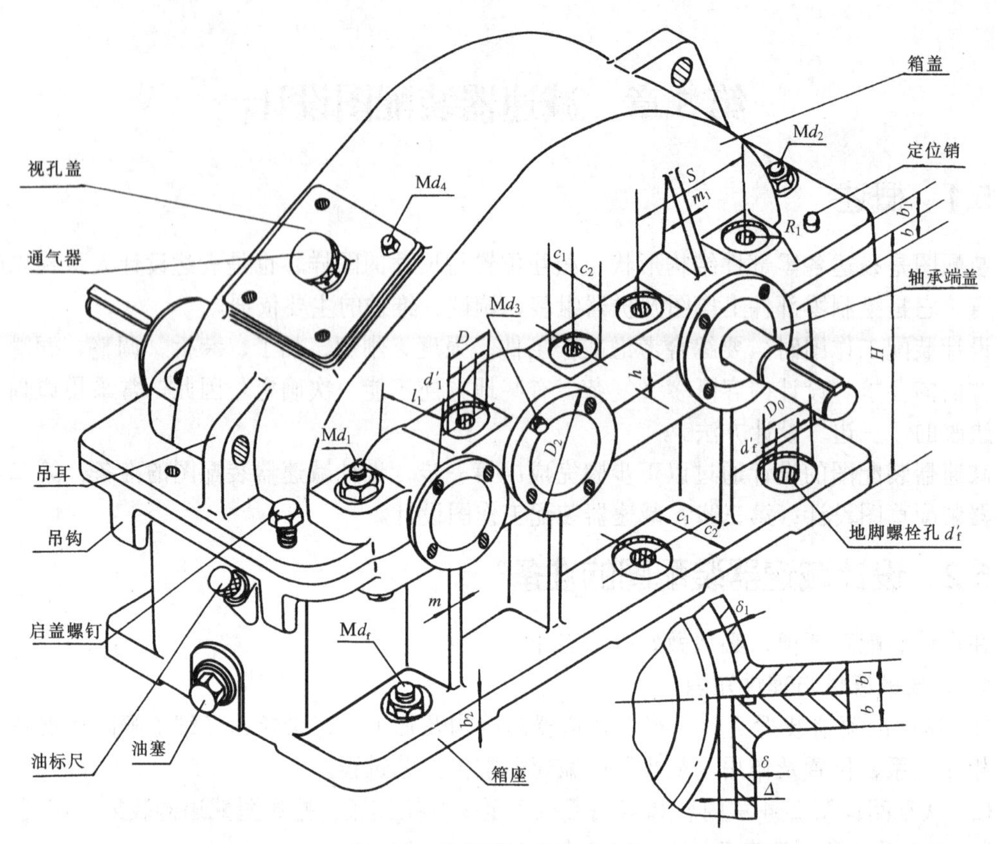

图 5-1　双级圆柱齿轮减速器

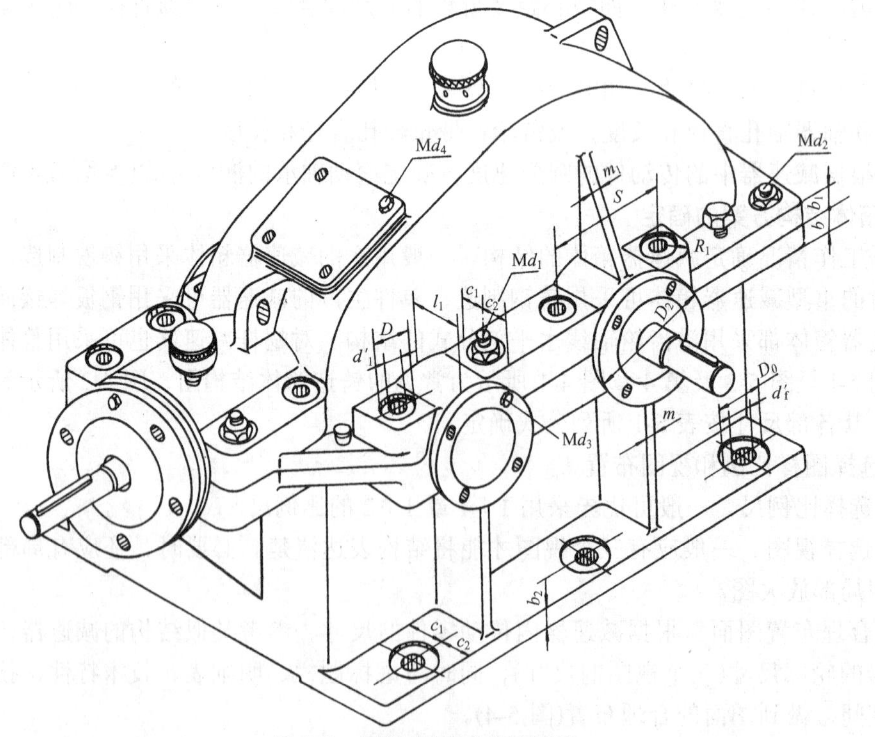

图 5-2　圆锥-圆柱齿轮减速器

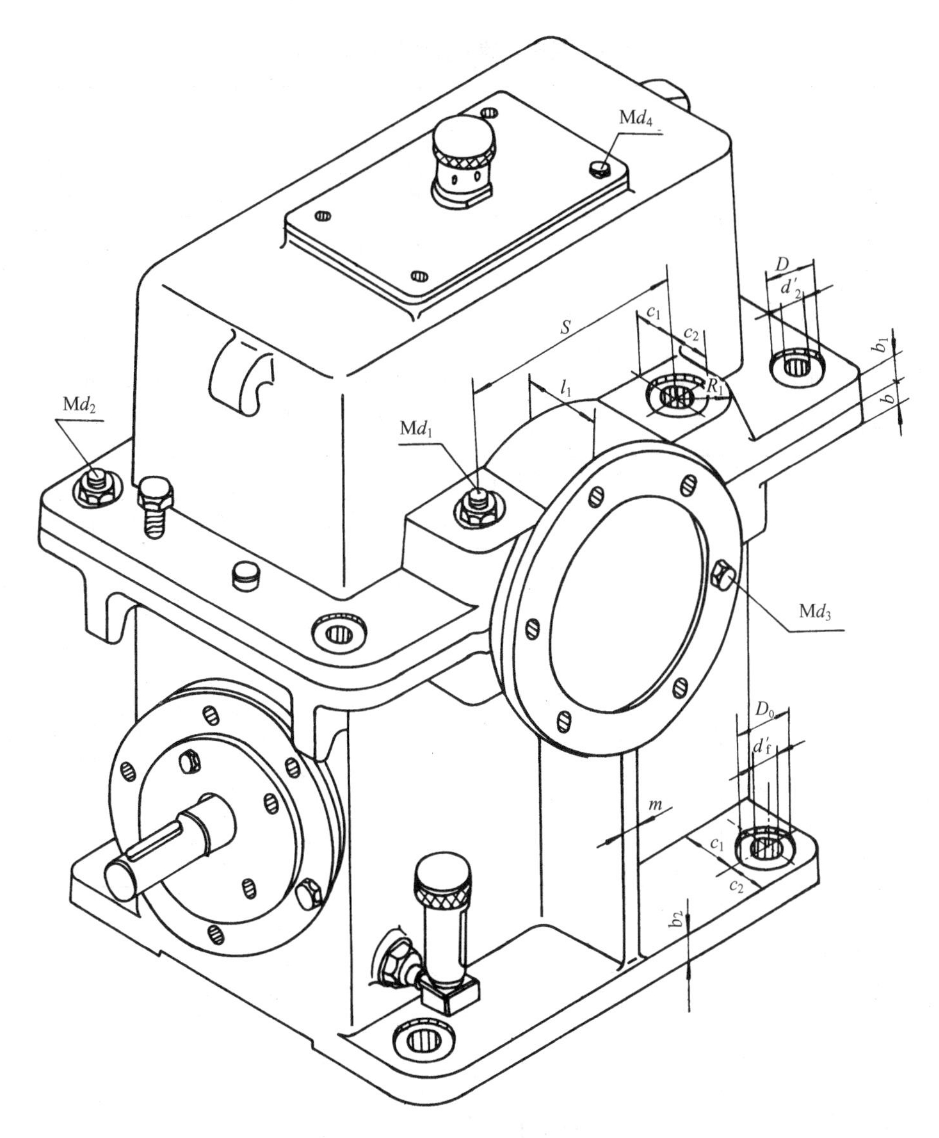

图5-3 蜗杆减速器

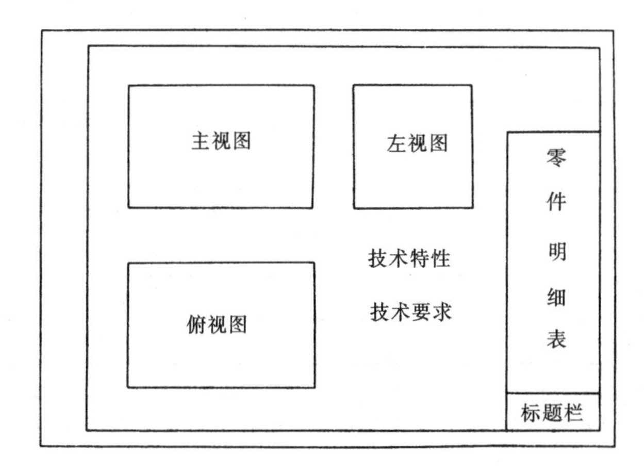

图5-4 图面布置

表 5-1　减速器铸造箱体的结构尺寸

<table>
<tr><th colspan="2" rowspan="2">名　　称</th><th rowspan="2">符　　号</th><th colspan="7">结构尺寸/mm</th></tr>
<tr><th colspan="4">齿轮减速器</th><th colspan="3">蜗杆减速器</th></tr>
<tr><td colspan="2">箱座(体)壁厚</td><td>δ</td><td colspan="4">$(0.025\sim0.03)a+\Delta\geqslant 8$*</td><td colspan="3">$0.04a+3\geqslant 8$</td></tr>
<tr><td colspan="2">箱盖壁厚</td><td>δ_1</td><td colspan="4">$(0.8\sim0.85)\ \delta\geqslant 8$</td><td colspan="3">蜗杆上置：$(0.8\sim0.85)\ \delta\geqslant 8$
蜗杆下置：$\approx\delta$</td></tr>
<tr><td colspan="2">箱座、箱盖、箱底座凸缘的厚度</td><td>b, b_1, b_2</td><td colspan="7">$b=1.5\delta$，$b_1=1.5\delta_1$，$b_2=2.5\delta$</td></tr>
<tr><td colspan="2">箱座、箱盖上的肋厚</td><td>m, m_1</td><td colspan="7">$m\geqslant 0.85\delta$，$m_1\geqslant 0.85\delta_1$</td></tr>
<tr><td colspan="2">轴承旁凸台的高度和半径</td><td>h, R_1</td><td colspan="7">h 由结构要求确定(图 5-12)，$R_1=c_2$(c_2 见本表)</td></tr>
<tr><td colspan="2">轴承盖(即轴承座)的外径</td><td>D_2</td><td colspan="7">凸缘式：$D+(5\sim5.5)d_3$ (d_3 见本表，D 为轴承外径)
嵌入式：$1.25D+10$ (D 为轴承外径)</td></tr>
<tr><td rowspan="11">地脚螺钉</td><td rowspan="7">直径与数目</td><td rowspan="7">d_f
n</td><td>蜗杆减速器</td><td colspan="6">$d_f=0.036a+12$，n=4</td></tr>
<tr><td rowspan="3">单级减速器</td><td>a(或 R)</td><td>～100</td><td>～200</td><td>～250</td><td>～350</td><td>～450</td></tr>
<tr><td>d_f</td><td>12</td><td>16</td><td>20</td><td>24</td><td>30</td></tr>
<tr><td>n</td><td>4</td><td>4</td><td>4</td><td>6</td><td>6</td></tr>
<tr><td rowspan="3">双级减速器</td><td>a_1+a_2(或 $R+a$)</td><td></td><td>～350</td><td>～400</td><td>～600</td><td>～750</td></tr>
<tr><td>d_f</td><td></td><td>16</td><td>20</td><td>24</td><td>30</td></tr>
<tr><td>n</td><td></td><td>6</td><td>6</td><td>6</td><td>6</td></tr>
<tr><td>通孔直径</td><td>d'_f</td><td colspan="2"></td><td>15</td><td>20</td><td>25</td><td>30</td><td>40</td></tr>
<tr><td>沉头座直径</td><td>D_0</td><td colspan="2"></td><td>32</td><td>45</td><td>48</td><td>60</td><td>85</td></tr>
<tr><td rowspan="2">底座凸缘尺寸</td><td>c_{1min}</td><td colspan="2"></td><td>22</td><td>25</td><td>30</td><td>35</td><td>50</td></tr>
<tr><td>c_{2min}</td><td colspan="2"></td><td>20</td><td>23</td><td>25</td><td>30</td><td>50</td></tr>
<tr><td rowspan="7">连接螺栓</td><td>轴承旁连接螺栓直径</td><td>d_1</td><td colspan="7">$0.75d_f$</td></tr>
<tr><td>箱座、箱盖的连接螺栓直径</td><td>d_2</td><td colspan="7">$(0.5\sim0.6)d_f$，螺栓的间距 l=150～200 mm</td></tr>
<tr><td>连接螺栓直径</td><td>d</td><td>6</td><td>8</td><td>10</td><td>12</td><td>14</td><td>16</td><td>20</td></tr>
<tr><td>通孔直径</td><td>d'</td><td>7</td><td>9</td><td>11</td><td>13.5</td><td>15.5</td><td>17.5</td><td>22</td></tr>
<tr><td>沉头座直径</td><td>D</td><td>13</td><td>18</td><td>22</td><td>26</td><td>30</td><td>33</td><td>40</td></tr>
<tr><td rowspan="2">凸缘尺寸</td><td>c_{1min}</td><td>12</td><td>15</td><td>18</td><td>20</td><td>22</td><td>24</td><td>28</td></tr>
<tr><td>c_{2min}</td><td>10</td><td>12</td><td>14</td><td>16</td><td>18</td><td>20</td><td>24</td></tr>
<tr><td colspan="2">定位销直径</td><td>d</td><td colspan="7">$(0.7\sim0.8)d_2$</td></tr>
<tr><td colspan="2">轴承盖螺钉直径</td><td>d_3</td><td colspan="7">$(0.4\sim0.5)d_f$(或按第 14 章表 14-1 选取)</td></tr>
<tr><td colspan="2">视孔盖螺钉直径</td><td>d_4</td><td colspan="7">$(0.3\sim0.4)d_f$</td></tr>
<tr><td colspan="2">吊环螺钉直径</td><td>d_5</td><td colspan="7">按减速器重量确定(参见表 14-13)</td></tr>
<tr><td colspan="2">箱体外壁至轴承座端面的距离</td><td>l_1</td><td colspan="7">$c_1+c_2+(5\sim8)$</td></tr>
<tr><td colspan="2">大齿轮顶圆与箱体内壁的距离</td><td>Δ_1</td><td colspan="7">$\geqslant 1.2\delta$</td></tr>
<tr><td colspan="2">齿轮端面与箱体内壁的距离</td><td>Δ_2</td><td colspan="7">$\geqslant\delta$(或$\geqslant 10\sim15$)</td></tr>
</table>

*注：1. a 值：对圆柱齿轮传动、蜗杆传动为中心距；对锥齿轮传动为大、小齿轮节圆半径之和；对多级齿轮传动则为低速级中心距。

2. Δ与减速器的级数有关：单级减速器，取$\Delta=1$；双级减速器，取$\Delta=3$；三级减速器，取$\Delta=5$。

3. 0.025～0.03：软齿面为 0.025；硬齿面为 0.03。

4. 当算出的δ_1、δ_2值小于 8 mm 时，应取 8 mm。

5.3　减速器装配草图设计

1. 设计内容

进行轴的结构设计，确定轴承的型号、轴的支点距离和作用在轴上零件的力的作用点，进行轴的强度和轴承的寿命计算，完成轴系零件的结构设计及减速器箱体的结构设计。

2. 初绘减速器装配草图

本阶段设计的内容，主要是初绘减速器的俯视图和部分主视图。下面以圆柱齿轮减速器为例说明草图的绘制步骤。

1）画出传动零件的中心线

先画主视图的各级轴的轴线，然后画俯视图的各轴线。

2）画出齿轮的轮廓

先在主视图上画出齿轮的齿顶圆，然后在俯视图上画出齿轮的齿顶圆和齿宽。为了保证啮合宽度和降低安装精度的要求，通常小齿轮比大齿轮宽5～10 mm。其他详细结构可暂时不画出(图 5-5)。双级圆柱齿轮减速器可以从中间轴开始，中间轴上的两齿轮端面间距为 8～15 mm。如中间轴上小齿轮也为轴齿轮，可将小齿轮在原来的基础上再加宽 8～15 mm，作为大齿轮轴向定位的轴肩。然后，再画高速级或低速级齿轮(图 5-6)。

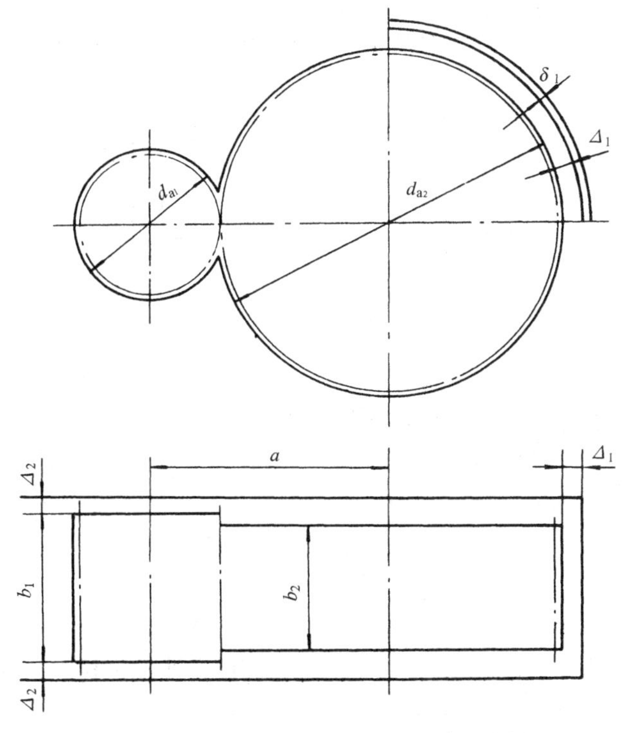

图 5-5　单级圆柱齿轮减速器内壁线绘制

3）画出箱体的内壁线

先在主视图上，距大齿轮齿顶圆$\Delta_1 \geqslant 1.2\delta$ 的距离画出箱盖的内壁线，取δ_1 为壁厚，画出部分外壁线，作为外廓尺寸。然后画俯视图，按小齿轮端面与箱体内壁间的距离$\Delta_2 \geqslant \delta$ 的要求，画出沿箱体宽度方向的两条内壁线。沿箱体长度方向，只能先画出距低速级大齿轮齿顶圆$\Delta_1 \geqslant 1.2\delta$ 的一侧内壁线。高速级小齿轮一侧内壁涉及箱体结构，暂不画出，留到画主视图

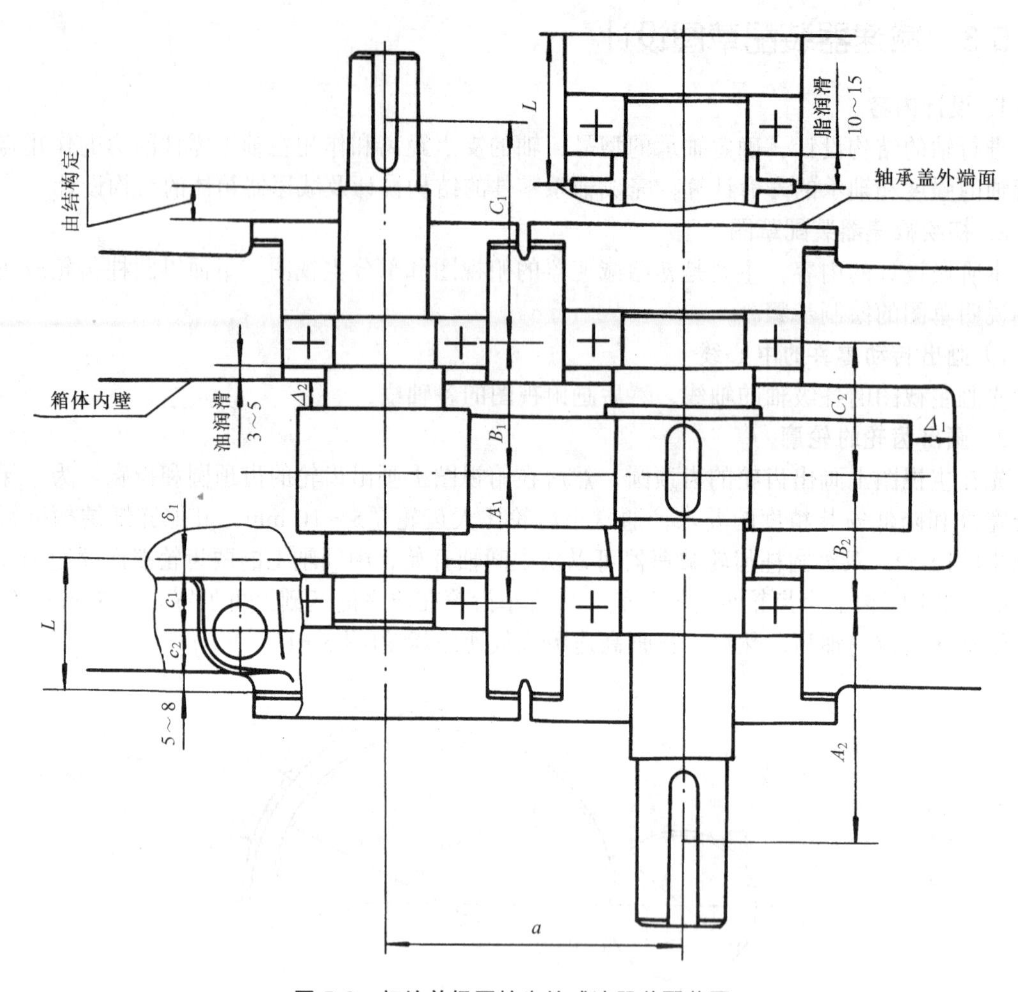

图 5-6　初绘单级圆柱齿轮减速器装配草图

时再画(图 5-5 至图 5-7)。

4）确定轴承座孔宽度 L，画出轴承座的外端线

轴承座孔宽度 L 一般取决于轴承旁连接螺栓 Md_1 所需的扳手空间尺寸 c_1 和 c_2，c_1+c_2 即为凸台宽度。轴承座孔外端面需要加工，为了减少加工面，凸台还需向外凸出 5～8 mm。因此，轴承座孔总宽度 $L=[\delta_1+c_1+c_2+(5\sim8)]$ mm(图 5-6、图 5-7)。

5）轴的结构设计

轴的结构主要取决于轴上零件、轴承的布置、润滑和密封。同时要满足轴上零件定位正确、固定牢靠、装拆方便、加工容易等条件。一般，轴设计成阶梯轴，如图 5-8 所示。当齿轮直径较小，对于圆柱齿轮，当 $x\leqslant2.5m_n$ 时(参见图 19-10)，对于圆锥齿轮，当 $x\leqslant1.6m_t$ 时(参见图 19-15)，齿轮与轴做成一体，即做成齿轮轴，其结构如图 5-9 所示。轴的结构设计，通过以下步骤来完成。

(1) 轴的径向尺寸的确定。

以初步确定的轴径为最小轴径，根据轴上零件的受力、安装、固定及加工要求，确定轴的各段径向尺寸。轴上零件用轴肩定位的相邻轴径的直径一般相差 5～10 mm。当滚动轴承用轴肩定位时，其轴肩直径在滚动轴承标准中查取。为了轴上零件装拆方便或加工需要，相邻轴段

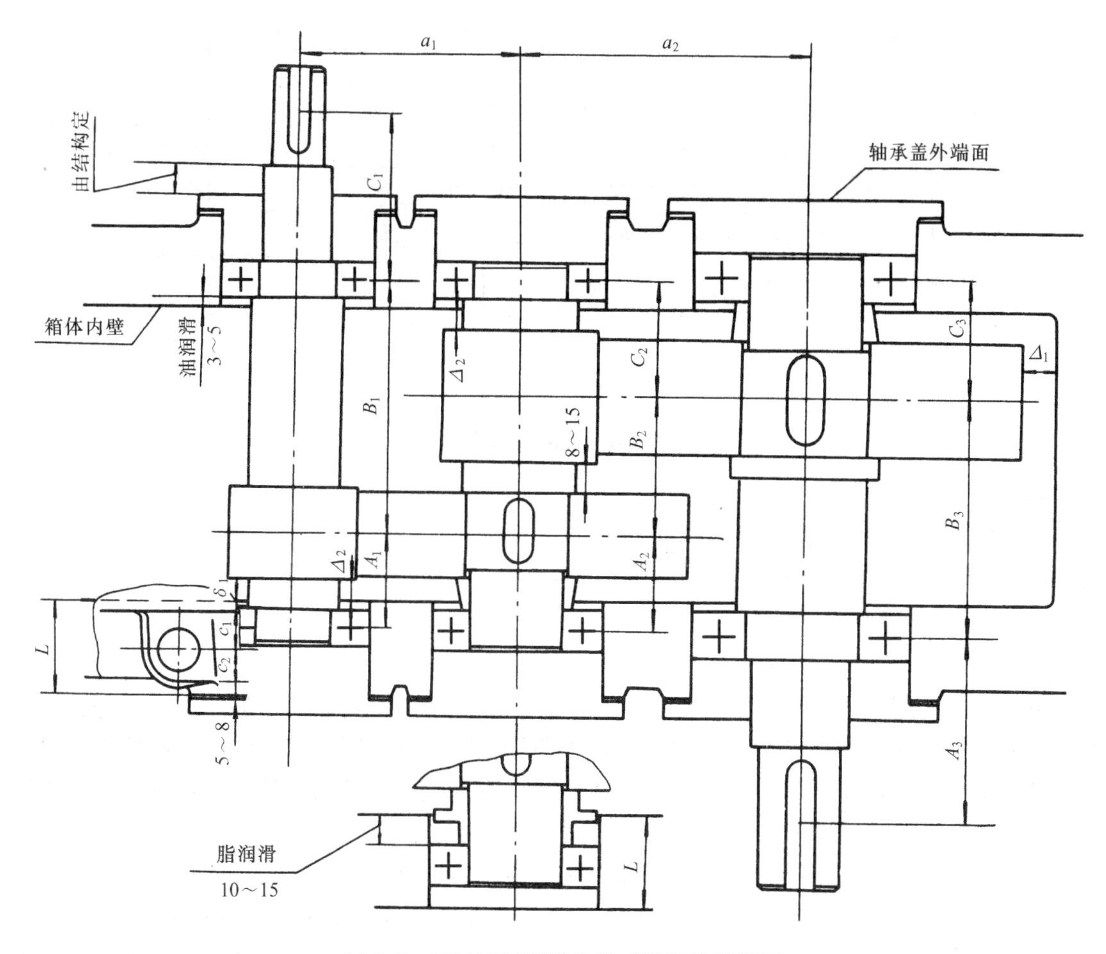

图 5-7　初绘双级圆柱齿轮减速器装配草图

直径之差应取 1～3 mm。轴上装滚动轴承、传动件和密封件等处的轴段直径应取相应的标准值。

需要磨削加工或车制螺纹的轴段，应设计相应的砂轮越程槽或螺纹退刀槽。

(2) 轴的轴向尺寸的确定。

轴上安装零件的各段长度，根据相应零件轮毂宽度和其他结构需要来确定。不安装零件的各轴段长度可根据轴上零件相对位置来确定。当用套筒或挡油盘等零件来固定轴上零件时，轴端面与套筒端面或轮毂端面之间应留有 2～3 mm 的间隙，即轴段长度小于轮毂宽度 2～3 mm(如图 5-8 中 d_4 右端处)，以防止加工误差使零件在轴向固定不牢靠。当轴的外伸段上安装联轴器、带轮、链轮时，为了使其在轴向固定牢靠，也需同样处理。

轴段在轴承座孔内的结构和长度与轴承的润滑方式有关。轴承用油润滑，轴承的端面距箱体内壁的距离为 3～5 mm；轴承用脂润滑，为了安装挡油盘，轴承的端面距箱体内壁的距离为 10～15 mm。

轴上的平键的长度应短于该轴段长度 5～10 mm，键长要圆整为标准值。键端距零件装入侧轴端距离一般为 2～5 mm，以便安装轴上零件时使其键槽容易对准键。

轴的外伸长度与轴上零件和轴承盖的结构有关。在图 5-8 中，轴上零件端面距轴承盖的距离为 B。如轴端安装弹性套柱销联轴器，B 必须满足弹性套和柱销的装拆条件。如采用凸缘式轴承盖，则 B 至少要等于或大于轴承盖连接螺钉的长度。如果当轴端零件直径小于轴承盖螺钉布置直径，或用嵌入式轴承盖时，则外伸轴的轴向定位端面至轴承盖端面的距离可取

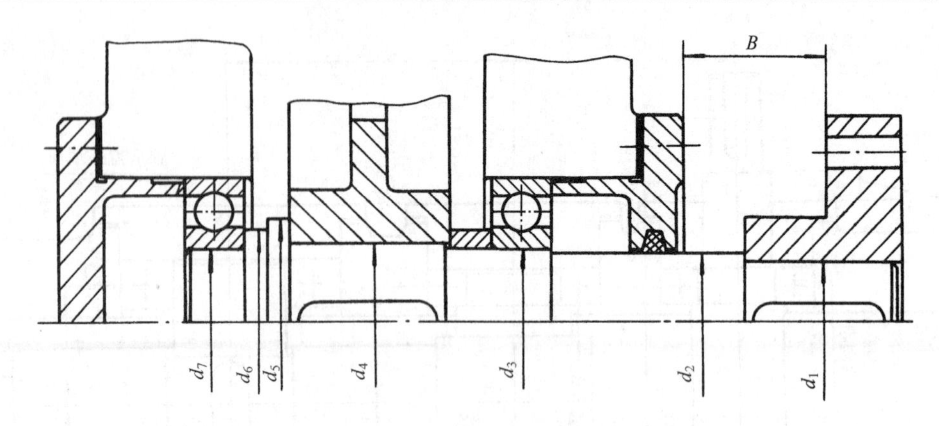

图 5-8　阶梯轴的结构

5～10 mm。

6）**画出轴、滚动轴承和轴承盖的外廓**

按以上步骤可以初步绘出减速器装配草图(图 5-6、图 5-7)。

3. 轴、滚动轴承及键连接的校核计算

1）**轴的强度校核**

根据初绘装配草图的轴的结构，确定作用在轴上的力的作用点。一般作用在零件、轴承处的力的作用点或支承点取宽度的中点，对于角接触球轴承和圆锥滚子轴承，则应查手册来确定其支承点。确定了力的作用点和轴承间的支承距离后，可绘出轴的受力计算简图，绘制弯矩图、转矩图及当量弯矩图，然后对危险剖面进行强度校核。

校核后，如果强度不够，应增加轴径，对轴的结构进行修改或改变轴的材料。如果已满足强度要求，而且算出的安全系数或计算应力与许用值相差不大，则初步设计的轴结构正确，可以不再修改。如果安全系数很大或计算应力远小于许用应力，则不要马上减小轴径，因为轴的直径不仅由轴的强度来确定，还要考虑联轴器对轴的直径要求及轴承寿命、键连接强度等要求。因此，轴径大小应在满足其他条件后，才能确定。

2）**滚动轴承寿命的校核计算**

滚动轴承的类型前面已经选定，在确定轴的结构尺寸后，轴承的型号即可确定。这样，就可以进行寿命计算。轴承的寿命最好与减速器的寿命大致相等。如达不到，至少应达到减速器检修期(2～3 年)。如果寿命不够，可先考虑选用其他系列的轴承，其次考虑改选轴承的类型或轴径。如果计算寿命太大，可考虑选用较小系列轴承。

3）**键连接强度校核**

键连接强度校核，应校核轮毂、轴、键三者挤压强度的弱者。若强度不够，可增加键的长度，或改用双键、花键，甚至可考虑通过增加轴径来满足强度的要求。

4. 完成减速器装配草图

1）**轴系零件的结构设计**

(1) 画出箱体内齿轮的结构。对于齿轮轴，可根据齿轮直径大小采用图 5-9 所示的结构。图 5-9(b)和图 5-9(c)所示的结构，只能用于滚齿方法加工齿轮的情况下。齿轮的结构尺寸参见第 19 章。

(2) 画出滚动轴承的结构。滚动轴承的简化画法参见第 9 章表 9-4。

(3) 画出套筒或轴端挡圈的结构。

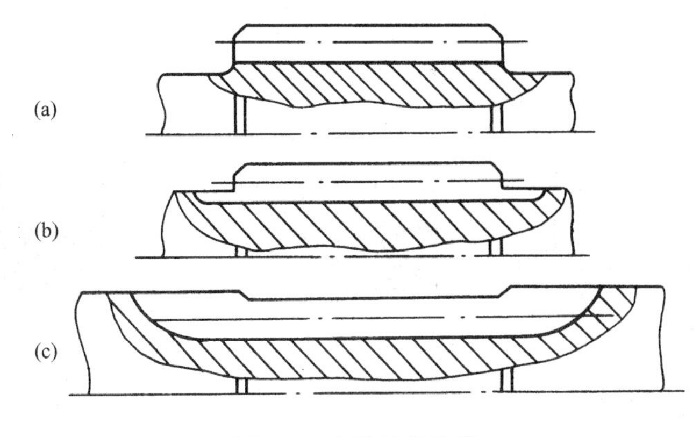

图 5-9　齿轮轴的结构

(4) 画出挡油盘。当滚动轴承采用脂润滑时，轴承靠箱体内壁一侧应装挡油盘(参见图 4-13)。当滚动轴承采用油润滑时，若轴上小斜齿轮直径小于轴承座孔直径，为防止齿轮啮合过程中挤出的润滑油大量冲入轴承，轴承靠箱体内壁一侧也应装挡油盘。挡油盘有两种形式：一种是用 1～2 mm 钢板冲压而成的，另一种是铸造而成的(图 5-10)。

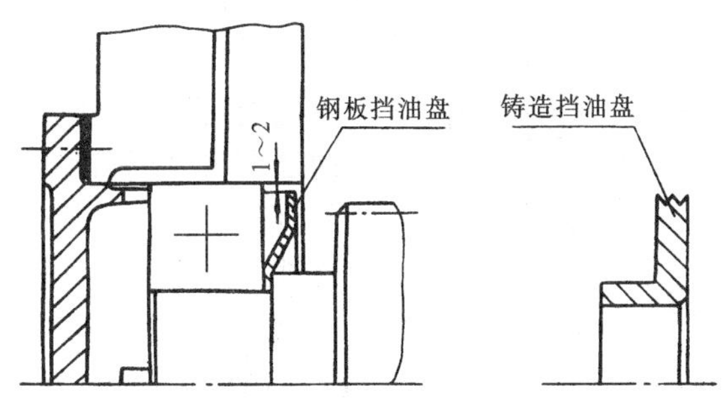

图 5-10　挡油盘的安装

(5) 画出轴承盖。根据表 14-1、表 14-2 所示的轴承盖的结构尺寸，画出轴承透盖或闷盖。按工作情况选用凸缘式或嵌入式轴承盖。

(6) 画出密封件。根据密封处的轴表面的圆周速度、润滑剂种类、密封要求、工作温度、环境条件等来选择密封件。当 v <4～5 m/s 时，较清洁的地方用毡圈密封(图 5-8)；当 v <10 m/s 且环境有灰时，可用 J 形密封(图 5-11)，速度高时，用非接触式密封(参见图 20-5)。采用 J 形橡胶油封时，应注意安装方向：当以防止漏油为主时，油封唇边对箱体内(图 5-11(a))；当以防止外界杂质侵入为主时，油封唇边对箱体外(图 5-11(b))。当用两个油封相背安装时，防漏油、防尘性能均佳(图 5-11(c))。

2）减速器箱体的结构设计

(1) 箱体壁厚及其结构尺寸的确定。

铸造箱体壁厚与结构尺寸由表 5-1 确定。焊接箱体壁厚为铸造箱体壁厚的 0.7～0.8 倍，且不小于 4 mm；其他各部分的结构尺寸参见第 4 章图 4-2 和表 5-1 来确定。

(2) 轴承旁连接螺栓凸台结构尺寸的确定。

确定轴承旁连接螺栓位置：为了增大剖分式箱体轴承座的刚度，轴承旁连接螺栓距离应尽量小，但是不能与轴承盖连接螺钉相干涉，一般 $S = D_2$(图 5-12)，D_2 为轴承盖外径。用嵌入式轴承盖时，D_2 为轴承座凸缘的外径。两轴承座孔之间，装不下两个螺栓时，可在两个轴承

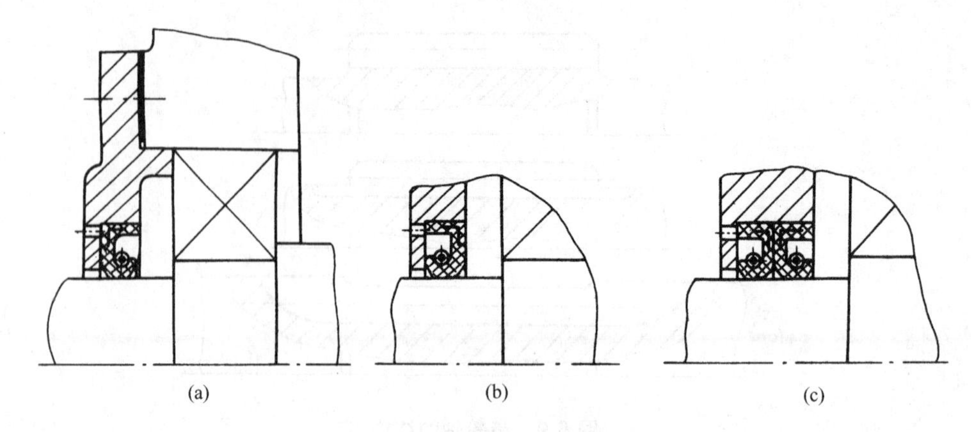

图 5-11　J 形橡胶油封的安装

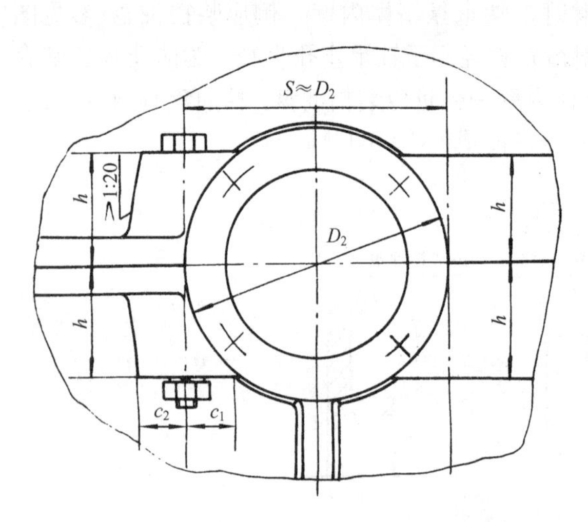

图 5-12　轴承旁连接螺栓凸台的设计

座孔间距的中间装一个螺栓。

确定凸台高度 h：在最大的轴承座孔的那个轴承旁连接螺栓的中心线确定后，根据轴承旁连接螺栓直径 d_1 确定所需的扳手空间 c_1 和 c_2 值，用作图法确定凸台高度 h。用这种方法确定的 h 值不一定为整数，可向大的方向圆整为 R_{20} 标准数列值。其他较小轴承座孔凸台高度，为了制造方便，均设计成等高度。考虑铸造拔模，凸台侧面的斜度一般取 1∶20 (图 5-12)。

(3) 确定箱盖顶部外表面轮廓。

对于铸造箱体，箱盖顶部一般为圆弧形。大齿轮一侧，可以轴心为圆心，以 $R = d_{a2}/2+\Delta_1+\delta_1$ 为半径画出圆弧作为箱盖顶部的部分轮廓。在一般情况下，大齿轮轴承座孔凸台均在此圆弧以内。而在小齿轮一侧，用上述方法取的半径画出的圆弧，往往会使小齿轮轴承座孔凸台超出圆弧，一般最好使小齿轮轴承座孔凸台在圆弧以内，这时圆弧半径 R 应大于 R'(R' 为小齿轮轴心到凸台处的距离)。用 R 为半径画出小齿轮处箱盖的部分轮廓(图 5-13(a))(圆心可以不在轴心上)。当然，也有使小齿轮轴承座孔凸台在圆弧以外的结构(图 5-13(b))。

在初绘装配草图时，在长度方向小齿轮一侧的内壁线还未确定，这时根据主视图上的内圆弧投影，可画出小齿轮侧的内壁线。

画出小齿轮、大齿轮两侧圆弧后，可作两圆弧切线。这样，箱盖顶部轮廓就完全确定了。

(4) 确定箱座高度 H 和油面。

箱座高度 H 通常先按结构需要来确定，然后再验算是否能容纳按功率所需要的油量。如果不能，再适当加高箱座的高度。

减速器工作时，一般要求齿轮不得搅起油池底的沉积物。这样，要保证大齿轮齿顶圆到油池底面的距离大于 30～50 mm，即箱体的高度 $H \geqslant d_{a2}/2+(30\sim50)\ \text{mm}+\delta+(3\sim5)\ \text{mm}$，并将其值圆整为整数(图 5-14)。

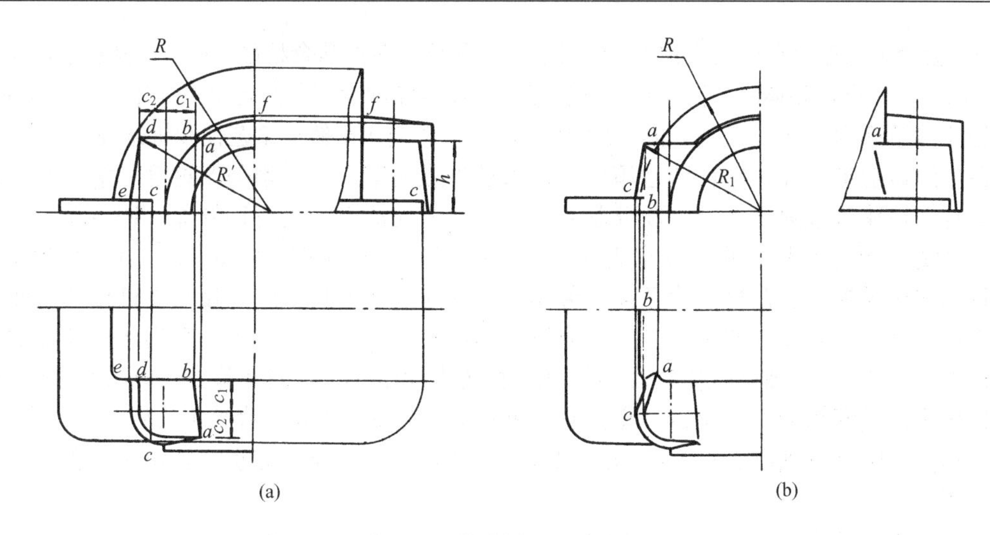

图 5-13　小齿轮一侧箱盖圆弧的确定及凸台三视图

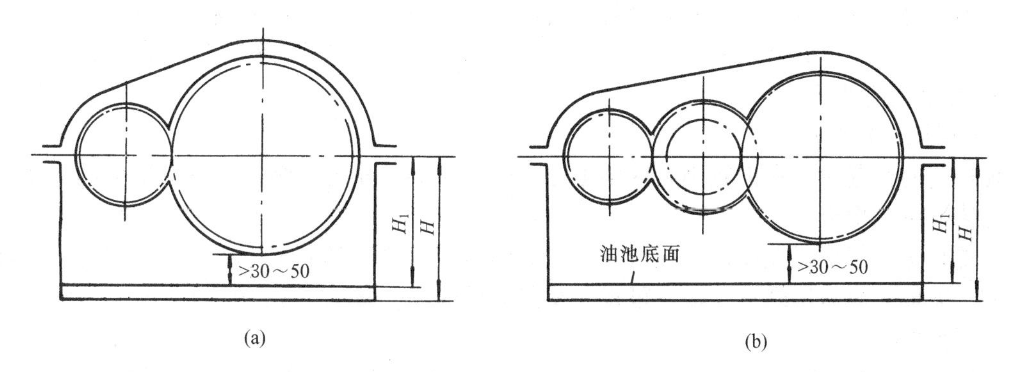

图 5-14　箱座高度的确定

对于圆柱齿轮传动，圆柱齿轮浸入油中至少应有一个齿高，且不得小于 10 mm，这样就能确定最低油面。考虑到油的损耗，还应给出一个最高油面，一般中小型减速器至少要高出最低油面 5～10 mm。

油面确定后，便可算出减速器的储油量 V，这个 V 应满足 $V \geqslant [V]$。如 $V < [V]$，则应加高箱座高度 H。$[V]$可以这样确定：对于单级减速器，每传递 1 kW 功率，需油量为 0.35～0.7 L(油的黏度低时取小值，油的黏度高时取大值)；对于多级减速器，按级数成比例增加。

(5) 输油沟的结构确定。

当轴承利用齿轮飞溅起来的润滑油润滑时，应在箱座连接凸缘上开输油沟。输油沟的结构参见第 4 章图 4-11。开输油沟时还应注意，不要与连接螺栓孔相干涉。

(6) 箱盖、箱座凸缘及连接螺栓的布置。

为防止润滑油外漏，凸缘应有足够的宽度。另外，还应考虑安装连接螺栓时，要保证有足够的扳手活动空间。

布置凸缘连接螺栓时，应尽量均匀对称。为保证箱盖与箱座接合的紧密性，螺栓间距不要过大，对中小型减速器不大于 150～200 mm；布置螺栓时，与别的零件间也要留有足够的扳手活动空间。

(7) 箱体结构设计还应考虑的几个问题。

① 足够的刚度。箱体除有足够的强度外，还需有足够的刚度，后者比前者更为重要。若刚

度不够，会使轴和轴承在外力作用下产生偏斜，引起传动零件啮合精度下降，使减速器不能正常工作。因此，在设计箱体时，除有足够的壁厚外，还需在轴承座孔凸台上下，作出刚性加强肋。

② 良好的箱体结构工艺性。箱体的结构工艺性，主要包括铸造工艺性和机械加工工艺性等。

箱体的铸造工艺性：设计铸造箱体时，力求外形简单、壁厚均匀、过渡平缓。在采用砂模铸造时，箱体铸造圆角半径一般可取 $R \geqslant 5$ mm。为使液态金属流动畅通，壁厚应大于最小铸造壁厚(最小铸造壁厚参见第 9 章表 9-15)。还应注意铸件应有 1∶10～1∶20 的拔模斜度。

箱体的机械加工工艺性：为了提高劳动生产率和经济效益，应尽量减少机械加工面。箱体上任何一处加工表面与非加工表面要分开，不使它们在同一平面上。采用凸出还是凹入结构应视加工方法而定。轴承座孔端面、窥视孔、通气器、吊环螺钉、油塞等处均应凸起 3～8 mm。支承螺栓头部或螺母的支承面，一般多采用凹入结构，即沉头座。锪平沉头座时，深度不限，锪平为止，在图上可画出 2～3 mm 深，以表示锪平深度。箱座底面也应铸出凹入部分，以减少加工面。

为保证加工精度，缩短工时，应尽量减少加工时工件和刀具的调整次数。因此，同一轴线上的轴承座孔的直径、精度和表面粗糙度应尽量一致，以便一次镗成。各轴承座的外端面应在同一平面上，而且箱体两侧轴承座孔端面应与箱体中心平面对称，便于加工和检验。

3）减速器附件设计

(1) 窥视孔和视孔盖。

窥视孔的位置应开在齿轮啮合区的上方，便于观察齿轮啮合情况，并有适当的大小，以便手能伸入进行检查。

窥视孔平时用盖板盖住，盖板可用铸铁、钢板或有机玻璃制成。盖板与箱盖之间应加密封垫片。盖板与箱盖用螺钉连接。窥视孔及其盖板的尺寸参见第 14 章表 14-4。

(2) 通气器。

通气器通常装在箱顶或窥视孔盖板上。它有通气螺塞和网式通气器两种。清洁的环境用通气螺塞，灰尘较多的环境用网式通气器。通气器的结构和尺寸参见第 14 章表 14-9 至表 14-11。

(3) 起吊装置。

起吊装置包括吊耳或吊环螺钉和吊钩。吊环螺钉或吊耳设在箱盖上。吊耳和吊钩的结构尺寸参见第 14 章表 14-12。吊环螺钉是标准件，按起吊重量由表 14-13 选取其公称直径。

(4) 油面指示器。

油面指示器的种类很多，有杆式油标(油标尺)、圆形油标、长形油标和管状油标。在难以观察到的地方，应采用杆式油标。杆式油标结构简单，在减速器中经常应用。油标上刻有最高和最低油面的标线。带油标隔套的油标，可以减轻油搅动的影响，故常用于长期运转的减速器，以便在运转时，测油面高度。间断工作的减速器，可用不带油标隔套的油标。设置油标凸台的位置要注意，不要太低，以防油溢出，油标尺中心线一般与水平面呈 45° 或大于 45°，而且注意加工油标凸台和安装油标时，不与箱体凸缘或吊钩相干涉。减速器离地面较高，容易观察时或箱座较低无法安装杆式油标时，可采用圆形油标、长形油标等。各种油面指示器的结构尺寸参见第 14 章表 14-5 至表 14-8。

(5) 放油孔和螺塞。

放油孔应设置在箱座内底面最低处，以能将污油放尽。箱座内底面常做成 1°～1.5° 倾斜面，在油孔附近应做成凹坑，以便污油的汇集而排尽。螺塞有六角头圆柱细牙螺纹和圆锥螺纹两种。圆柱螺纹油塞，自身不能防止漏油，应在六角头与放油孔接触处加油封垫片。而圆锥螺纹能直接密封，故不需加油封垫片。螺塞直径可按减速器箱座壁厚 2～2.5 倍选取。

螺塞及油封垫片的尺寸参见第 14 章表 14-14 和表 14-15。

(6) 起盖螺钉。

起盖螺钉安装在箱盖凸缘上，数量为 1～2 个，其直径与箱体凸缘连接螺栓直径相同，长度应大于箱盖凸缘厚度。螺钉端部应制成圆柱端，以免损坏螺纹和剖分面。

(7) 定位销。

两个定位销应设在箱体连接凸缘上，相距尽量远些，而且距对称线距离不等，以使箱座、箱盖能正确定位。此外，还要考虑到定位销装拆时不与其他零件相干涉。定位销通常用圆锥定位销，其长度应稍大于上、下箱体连接凸缘的总厚度，使两头露出，以便装拆。定位销为标准件，其直径可取凸缘连接螺栓直径的 0.8 倍。定位销的结构尺寸参见第 11 章表 11-31。

4）完善装配草图

完成各个视图，各视图零件的投影关系要正确。在装配工作图上，有些结构如螺栓、螺母、滚动轴承、定位销等可以按机械制图国家标准的简化画法绘制。

为了表示清楚各零件的装配关系，必须有足够的局部剖视图。

完成后的双级圆柱齿轮减速器装配草图如图 5-15 所示。

5）减速器装配草图的检查和修改

一般先从箱内零件开始检查，然后扩展到箱外附件；先从齿轮、轴、轴承及箱体等主要零件检查，然后对其余零件检查。在检查中，应把三个视图对照起来，以便发现问题。应检查以下内容。

(1) 总体布置是否与传动装置方案简图一致。

(2) 轴承要有可靠的游隙或间隙调整措施。

(3) 轴上零件的轴向定位：轴肩定位高度是否合适。用套筒等定位时，轴的装配长度应小于零件轮毂长度 2～3 mm。

(4) 保证轴上零件能按顺序装拆。注意轴承的定位轴肩不能高于轴承内圈高度。外伸端定位轴肩与轴承盖距离应保证轴承盖连接螺钉装拆或轴上零件装拆条件。

(5) 轴上零件要有可靠的周向定位。

(6) 当用油润滑轴承时，输油沟是否能将油输入轴承。当用脂润滑轴承时，是否安装挡油盘，透盖处是否有密封。

(7) 油面高度是否符合要求。

(8) 齿轮与箱体内壁要有一定的距离。

(9) 箱体凸缘宽度应留有扳手活动空间。

(10) 箱体底面应考虑减少加工面，不能整个表面与机座接触。

(11) 装螺栓、油塞等处要有沉头座或凸台。

5. 锥齿轮减速器装配草图设计特点

锥齿轮减速器装配草图的设计内容及设计步骤与圆柱齿轮减速器大致相同，但它还具有自身的设计特点，设计时应予以注意。

现以单级锥齿轮减速器为例，说明其设计特点和步骤。

1）确定锥齿轮减速器箱体尺寸

设计锥齿轮减速器时，参见图 5-2，按表 5-1 查取铸造箱体的有关结构尺寸。

2）布置大小锥齿轮的位置(图 5-16)

(1) 首先在俯视图上画出两锥齿轮正交的中心线，其交点 O 为两分度圆锥顶点的重合点。

(2) 根据已计算出的锥齿轮的几何尺寸画出两锥齿轮的分度圆锥母线及分度圆直径 $EE_1(EE_1 = d_1)$，$EE_2(EE_2 = d_2)$。

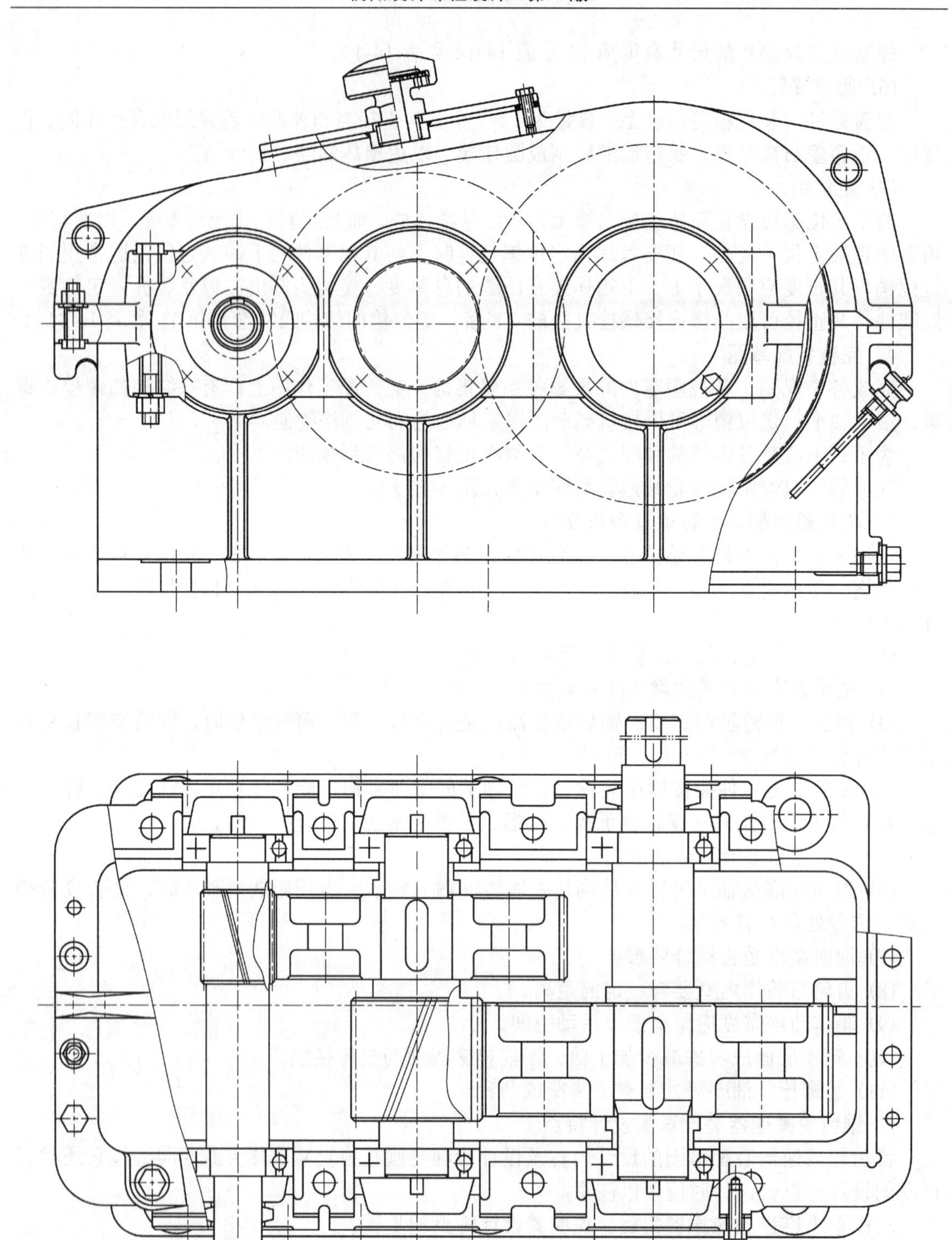

图 5-15　双级圆柱齿轮减速器装配草图

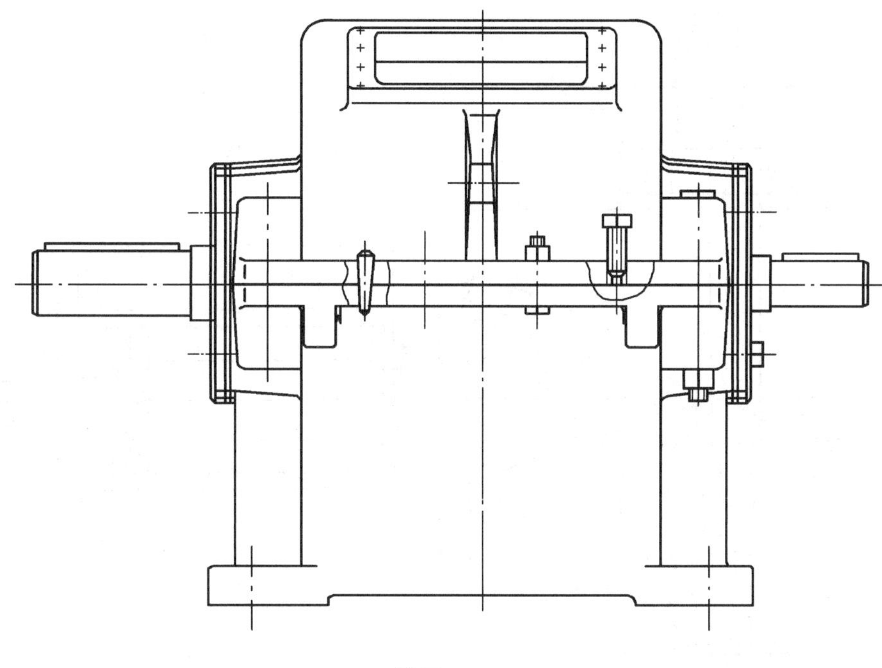

续图 5-15

(3) 过点 E_1、E、E_2 分别作分度圆锥母线的垂线，并在其上截取齿顶高 h_a 和齿根高 h_f，作出齿顶和齿根圆锥母线。

(4) 分别从点 E_1、E、E_2 沿分度圆锥母线向点 O 方向截取齿宽 b，取轮缘厚度 $\delta=(3\sim4)m\geqslant10$ mm。

(5) 初估轮毂宽度 $l=(1.6\sim1.8)B$，待轴径确定后再按结构尺寸公式修正。

3）确定箱体的内壁线(图 5-16)

大、小锥齿轮轮毂端面与箱体内壁的距离为 Δ_2，大锥齿轮齿顶圆与箱体内壁的距离为 Δ_1，Δ_1、Δ_2 值参见表 5-1。大多数锥齿轮减速器，以小锥齿轮的中心线作为箱体的对称面。这样，箱体的四条内壁线都可确定下来。

4）小锥齿轮轴的部件设计

(1) 确定悬臂长度和支承距离(图 5-16)。

小锥齿轮大多做成悬臂结构，悬臂长度 $l_1=\overline{MN}+\Delta_2+c+a$。式中，$\overline{MN}$ 为小锥齿轮齿宽中点到轮毂端面的距离，由结构而定；c 为套杯所需尺寸，取 8～12 mm；a 值查滚动轴承标准(参见第 12 章)。

为了保证轴的刚度，小锥齿轮轴的两轴承支点距离 l_2 ($l_2=O_1O_2$)不宜过小，一般取 $l_2=(2\sim2.5)\,l_1$。

(2) 轴承的布置。

小锥齿轮轴的轴承通常采用圆锥滚子轴承或角接触球轴承，支承方式一般为两端固定。轴承的布置方案有正装和反装两种。两种方案中，轴承的固定方法不同，轴的刚度也不同，反装轴的刚度较大。

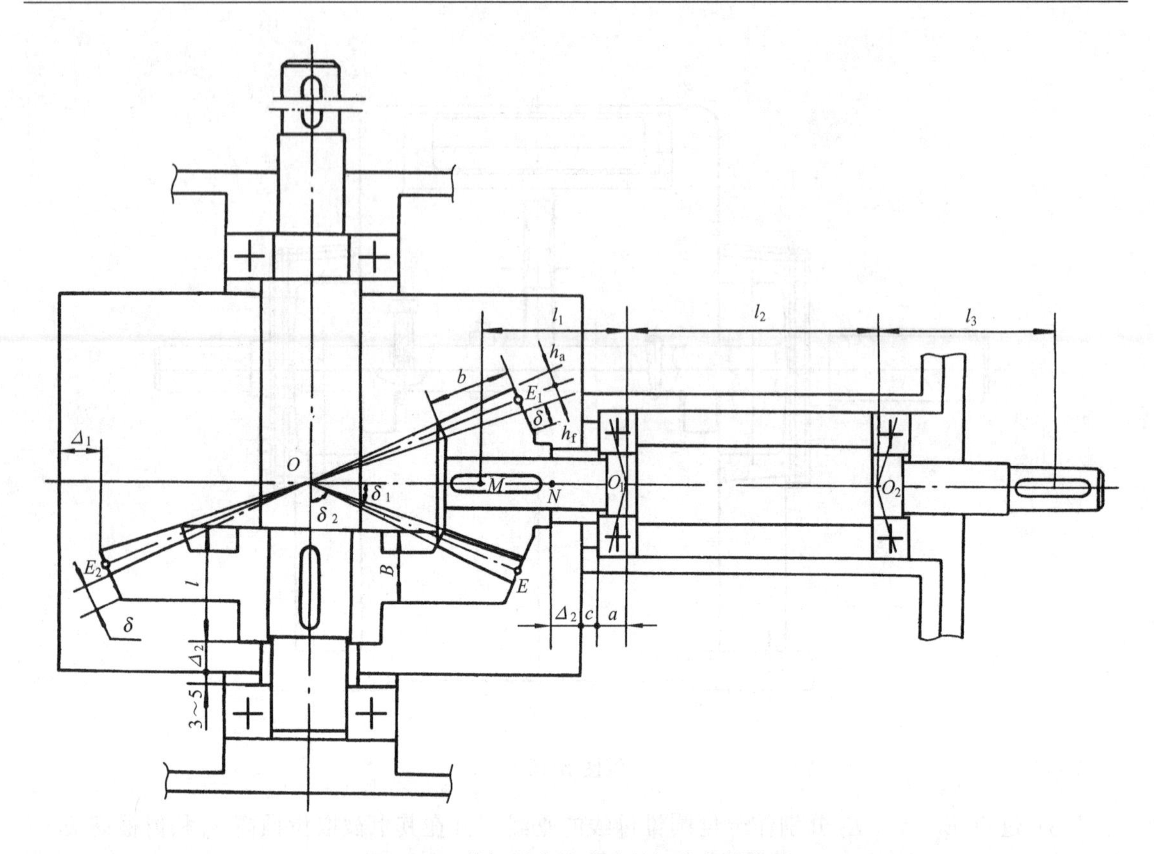

图 5-16　单级锥齿轮减速器初绘装配草图

图 5-17 所示为轴承正装方案，轴承的固定方法随小锥齿轮与轴的结构关系而异。图 5-17(a)所示为锥齿轮与轴分开制造时轴承的固定方法，轴承的内、外圈都只固定一个端面，即内圈靠轴肩固定，外圈靠轴承盖的端面和套杯凸肩固定。在这种结构中，轴承安装方便。图 5-17(b)所示为齿轮轴结构的轴承固定方法，两个轴承内圈的两个端面都需轴向固定。这里采用了套筒、轴肩和轴用弹性挡圈固定，而外圈各固定一个端面，这里用轴承盖和套杯凸肩固定。这种结构方式，要求齿轮外径小于套杯凸肩孔径，因为如果齿轮外径大于套杯凸肩孔径，轴承需在套杯内进行安装，很不方便。在以上两种结构形式中，轴承的游隙都是靠轴承盖与套杯之间的一组垫片 m 来调整的。

图 5-18 所示为轴承反装方案，轴承固定和游隙调整方法与轴和齿轮的结构关系有关。图 5-18(a)所示为齿轮与轴套装的结构，两轴承外圈都用套杯凸肩固定，内圈则分别用螺母和齿轮端面固定。图 5-18(b)所示为齿轮轴结构，轴承固定方法与图 5-18(a)的大同小异。轴承反装方案的优点是轴的刚度大，其缺点是安装轴承不方便，轴承游隙靠圆螺母调整也很麻烦，故应用较少。

(3) 轴承部件的调整和套杯结构。

为保证锥齿轮传动的啮合精度，装配时两齿轮的锥顶必须重合，这就需要通过调整齿轮的轴向位置来达到这一要求。所以，通常将小锥齿轮轴系放在套杯内设计成独立装配单元，用套杯凸缘端面与轴承座外端面之间的一组垫片 n 来调整小圆锥齿轮的轴向位置(图 5-17、图 5-18)。利用套杯结构也便于固定轴承(见图 5-17 中套杯左端凸肩)。套杯的结构尺寸参见第 14 章表 14-3。

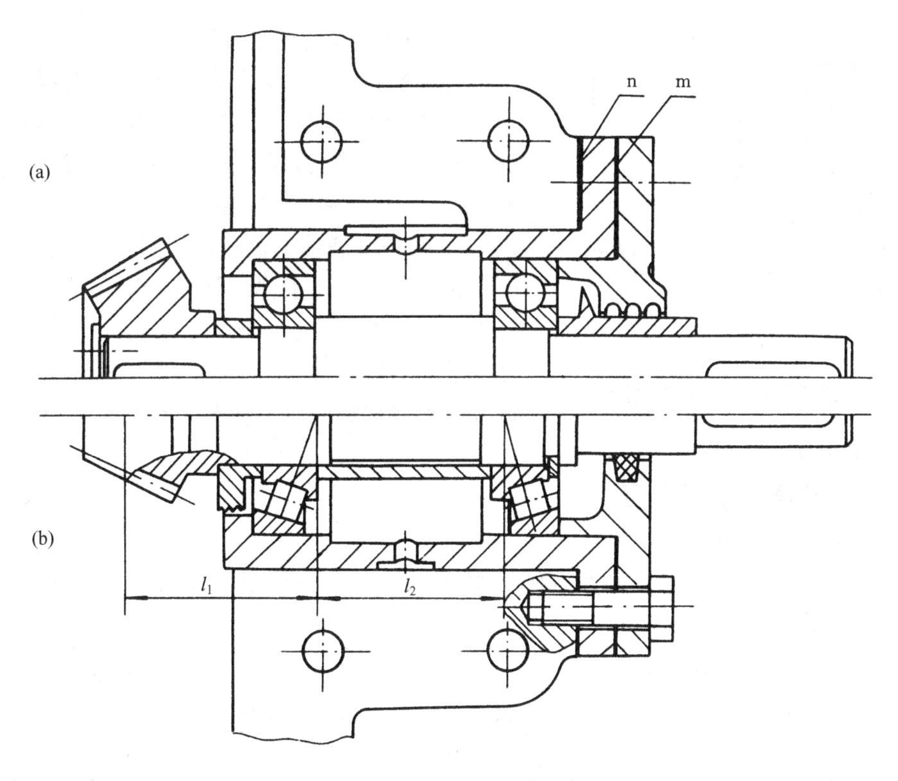

图 5-17　轴承的正装方案

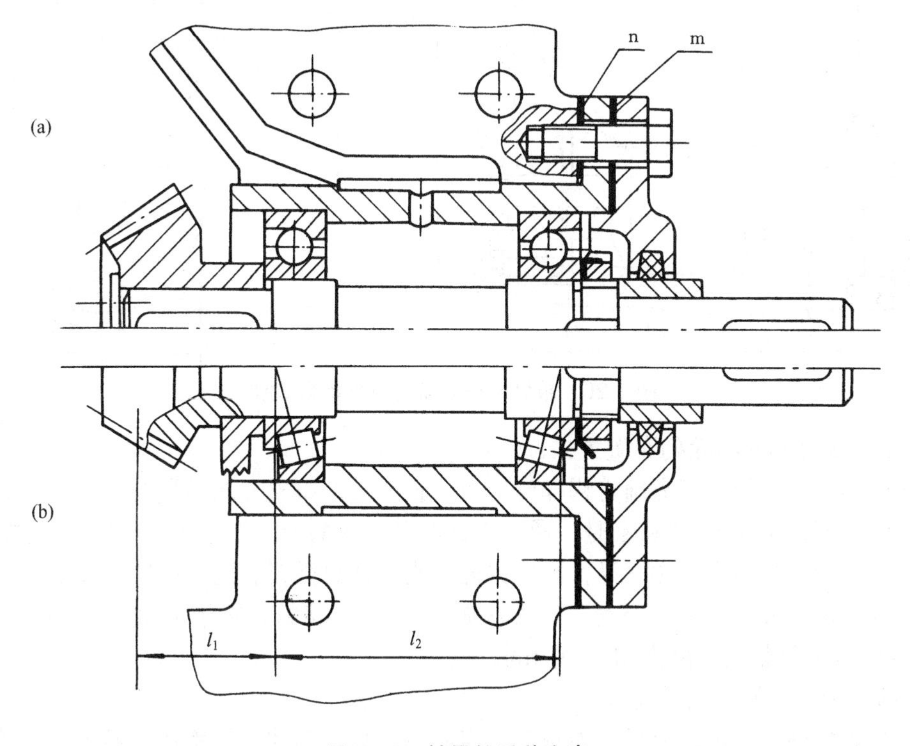

图 5-18　轴承的反装方案

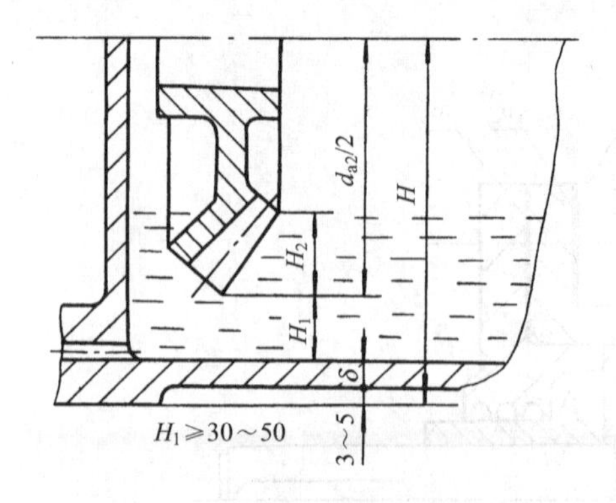

图 5-19　锥齿轮减速器箱座高度

5）箱座高度的确定(图 5-19)

确定箱座高度，要考虑大锥齿轮的浸油深度 H_2，通常将整个齿宽(至少 70%的齿宽)浸入油中。齿顶离箱体内底面距离 H_1 不应小于 30～50 mm。箱座高度 $H = d_{a2}/2+H_1+\delta+(3\sim5)$ mm。

6. 蜗杆减速器装配草图设计特点

蜗杆减速器装配草图的设计方法和步骤与齿轮减速器基本相同。由于蜗杆与蜗轮的轴线呈空间交错，画装配草图时需将主视图和侧视图同时绘制，以画出蜗杆轴和蜗轮轴的结构。现以单级蜗杆减速器为例，说明其设计特点与步骤。

1）初绘减速器装配草图(图 5-20)

(1) 确定箱体的结构尺寸。

参见图 5-3，按表 5-1 的经验公式确定箱体尺寸。当为两级传动时，应以低速级的中心距为依据计算有关尺寸。

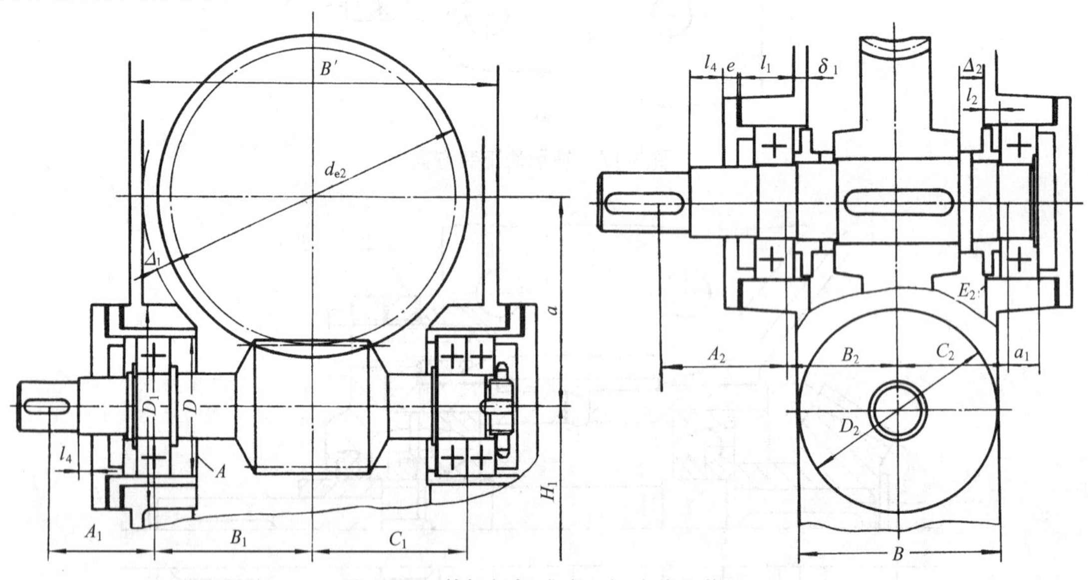

图 5-20　单级蜗杆减速器初绘装配草图

(2) 确定蜗杆相对蜗轮的布置方式。

一般由蜗杆的圆周速度来确定蜗杆传动的布置方式，布置方式将影响其轴承的润滑。

蜗杆圆周速度小于 4～5 m/s 时，通常将蜗杆布置在蜗轮的下方(称为蜗杆下置式)。这时蜗杆轴轴承靠油池中的润滑油润滑，比较方便。蜗杆轴线至箱底距离取 $H_1\approx a$。

蜗杆圆周速度大于 4～5 m/s 时，为减小搅油损失，常将蜗杆置于蜗轮的上方(称为蜗杆上置式)。蜗轮顶圆至箱底距离为 30～50 mm。

(3) 确定蜗杆轴的支点距离。

为提高蜗杆轴的刚度，应尽量缩短其支点间的距离。为此，轴承座体常伸到箱体内部，一般取内伸部分的凸台直径 D_1 等于凸缘式轴承盖的外径 D_2，即 $D_1\approx D_2$，并将轴承座内端做成斜面，以满足$\Delta_1\geqslant12\sim15$ mm 的结构要求。为提高轴承座的刚度，在内伸部分的下面还应加支承肋。粗略计算时，取 $B_1 = C_1 = d_2/2$, d_2 为蜗轮分度圆直径。

(4) 确定蜗轮轴的支点距离。

蜗轮轴支点的距离与轴承座处的箱体宽度有关，箱体宽度一般取为 D_2(D_2 为蜗杆轴的轴承盖外径)，有时为了缩小蜗轮轴的支点距离和提高蜗轮轴的刚度，箱体宽度也可以略小于 D_2。由箱体宽度可确定出箱体内壁 E_2 的位置，从而也可确定出蜗轮轴的支点距离。

2）蜗杆轴系部件的结构设计

(1) 轴承组合方式的确定。

轴承的组合方式，应根据蜗杆轴的长短、轴向力的大小及转速高低来确定。

蜗杆轴较短(支点距离小于 300 mm)，温升又不很高时，或蜗杆轴虽较长，但间歇工作，温升较小时，常采用两端固定的结构。蜗杆轴较长，温升又较大时，热膨胀量大，为避免轴承承受附加轴向力，需采用一端固定、一端游动的结构。固定端一般设在轴的非外伸端，并采用套杯结构，以便固定和调整轴承及蜗杆轴的轴向位置。

为了便于加工，保证两座孔同轴，游动端常用套杯或选用外径与固定端座孔尺寸相同的轴承。注意：为便于装配蜗杆，套杯的外径应大于蜗杆的外径。

蜗杆轴系部件的具体结构，可参见第 19 章有关的内容。

(2) 轴承间隙和轴系部件轴向位置的调整。

轴承间隙靠调整箱体轴承座与轴承盖之间的垫片或套杯与轴承盖之间的垫片来实现。

轴系部件轴向位置的调整，则靠调整箱体轴承座与套杯之间的垫片来实现。

(3) 轴外伸处密封方式的选择。

密封方式根据轴表面圆周速度、工作温度等来选择。对蜗杆下置式减速器，蜗杆轴应采用较可靠的密封装置，如橡胶密封或组合式密封，可参见第 15 章有关的内容。

3）确定蜗杆轴和蜗轮轴的受力点与支点间的距离

通过轴及轴承组合的结构设计，在主视图上定出蜗杆轴上受力点和支点间的距离 A_1、B_1、C_1；在侧视图上定出蜗轮轴上受力点和支点间的距离 A_2、B_2、C_2。

4）蜗杆减速器箱体结构方案的确定

大多数蜗杆减速器都采用沿蜗轮轴线平面剖分的箱体结构。这种结构有利于蜗轮轴的安装与调整。对于中心距较小的蜗杆减速器，也可采用整体式的大端盖箱体结构(参见图 20-10)，其结构简单、紧凑、质量轻，但蜗轮与蜗杆的轴承调整困难。特别要注意，设计大轴承盖时，它与箱体配合的直径应大于蜗轮的外径，否则无法装配。为保证蜗杆传动的啮合精度，大轴承盖与箱体之间的配合荐用 H7/js6，并要求有一定的配合宽度，常取为 2.5δ。

5）减速器的散热

由于蜗杆传动的效率低，发热量大，对连续工作的蜗杆减速器需进行散热计算。若不能满足散热计算要求，应增大箱体的散热面积或增设散热片和风扇。散热片方向应与空气流动方向一致，散热片的结构与尺寸参见图 5-21。若上述措

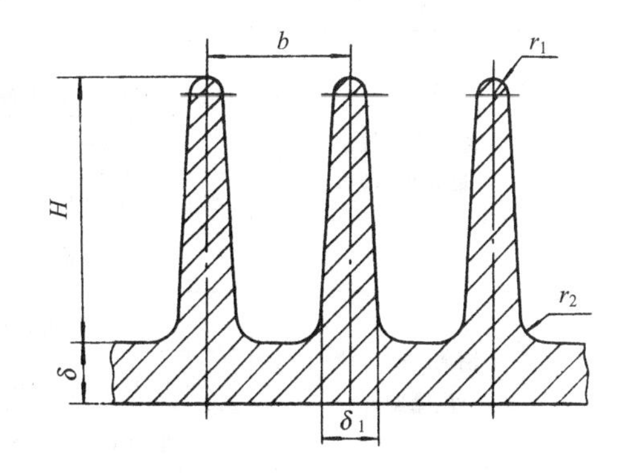

图 5-21　散热片的结构和尺寸

δ为箱体壁厚，δ_1=(0.8~1)δ，H=(4~5)δ，b=(2~3)δ，r_1=(0.25~0.50)δ，r_2=(0.5~0.9)δ

施仍不能满足要求，则可考虑采用在油池中设置蛇形冷却水管或改用循环润滑系统等措施，加强散热。

5.4　减速器装配工作图设计

本阶段的工作包括：绘制与加深各装配视图，标注主要尺寸和配合，写出减速器的技术特性，编写技术要求，进行零件编号，编制零件明细表和标题栏，检查装配工作图等。

1. 绘制与加深各装配视图

装配图可以根据装配草图重新绘制，也可以在装配草图上继续进行绘制。

绘制时应注意：尽量将减速器的工作原理和主要装配关系集中表达在一个基本视图上；装配图上应避免用虚线表示零件结构，必须表达的内部结构(如附件结构)，可以通过局部剖视图或向视图表达；按国家机械制图标准规定画法与简化画法绘制(参见第 9 章)；画剖面时注意剖面线的画法，相邻不同零件剖面线方向应不同，同一零件在各视图上剖面线方向和间距应一致，很薄的零件的剖面可以涂黑等。

为保证图面整洁，加深前应对各视图仔细检查与修改。

2. 标注主要尺寸与配合

装配工作图上应标注的尺寸如下。

(1) 特性尺寸　特性尺寸即反映减速器技术性能的尺寸，如传动零件的中心距及其偏差(参见第 18 章)。

(2) 外形尺寸　外形尺寸即反映减速器所占空间位置的尺寸，如减速器的总长、总宽和总高。

(3) 安装尺寸　安装尺寸即与支承件、外接零件联系的尺寸，如箱座底面尺寸、地脚螺栓孔中心线的定位尺寸及其直径和间距、减速器中心高、轴外伸端的配合长度和直径等。

(4) 主要零件的配合尺寸　传动零件与轴，联轴器与轴，轴承内圈与轴，轴承外圈、套杯与箱体轴承座孔等相配合处，均应标注配合尺寸及其配合精度等级。表 5-2 列出了减速器主要零件的荐用配合精度，供设计时参考。

表 5-2　减速器主要零件的荐用配合精度

<table>
<tr><th>配合零件</th><th colspan="2">荐用配合精度</th><th>装配方法</th></tr>
<tr><td rowspan="4">传动零件与轴
联轴器与轴</td><td>受重载或冲击载荷下齿(蜗)轮与轴，轮缘与轮芯</td><td>H7/r6，H7/s6
H7/s7，H7/p6</td><td>用压力机或温差法</td></tr>
<tr><td>一般情况下</td><td>H7/r6，H7/n6</td><td>用压力机</td></tr>
<tr><td>要求对中性良好及很少装拆</td><td>H7/n6</td><td>用压力机</td></tr>
<tr><td>经常装拆</td><td>H7/m6，H7/k6</td><td>手锤打入</td></tr>
<tr><td rowspan="3">轴承内圈与轴
(内圈旋转)</td><td>轻负荷($P \leqslant 0.07C$)</td><td>j6，k6，m6</td><td rowspan="3">用温差法或压力机</td></tr>
<tr><td>正常负荷[$0.07C < P \leqslant 0.15C$]</td><td>k6，m6，n6</td></tr>
<tr><td>重负荷($P > 0.15C$)</td><td>n6，p6，r6</td></tr>
<tr><td>轴承外圈与座孔
(或套杯孔)</td><td colspan="2">H7，G7，J7</td><td rowspan="2">用木锤或徒手装拆</td></tr>
<tr><td>轴承套杯与座孔</td><td colspan="2">H7/js6，H7/h6</td></tr>
</table>

续表

配合零件	荐用配合精度		装配方法
轴承盖与座孔（或套杯孔）	凸缘式	H7/h8，H7/d11	用木锤或徒手装拆
	嵌入式	H7/h8，H7/f9	
轴套、挡油环、溅油轮等与轴	D11/k6，F9/k6，F9/m6，H8/h7，H8/h8		徒手装拆
嵌入式轴承盖的凸缘厚与箱座孔中凹槽	H11/h11		
与密封件相接触轴段	f9，h11		

标注尺寸时，尺寸线布置应力求整齐、清晰，并尽可能集中标注在反映主要结构关系的视图上。标注配合时，应优先采用基孔制，当零件的一个表面同时与两个零件相配合，且配合性质又不同时，可采用不同基准的混合配合。

3. 写出减速器的技术特性

应在装配图上的适当位置，写出或用表格形式列出减速器的技术特性。其具体内容与格式参见表 5-3。

表 5-3　技术特性

输入功率/kW	输入转速/(r/min)	总传动比 i	效率 η	传动特性					
				第一级					
				β	m_n	齿数		精度等级	
						Z_1			
						Z_2			

4. 编写技术要求

装配工作图的技术要求是用文字说明在视图上无法表达的有关装配、调整、检验、润滑、维护等方面的内容。

装配工作图的主要技术要求如下。

1）齿轮和蜗杆传动啮合侧隙和接触斑点要求

齿轮和蜗杆传动的传动件啮合时，非工作齿面间应留有侧隙，用以防止齿轮副或蜗轮副因误差和热变形而使轮齿卡住，并为齿面间形成油膜留有空间，保证轮齿的正常润滑条件。为了保证传动质量，必须规定齿轮副法向侧隙的最小和最大极限值($j_{n\,min}$和$j_{n\,max}$)。关于圆柱齿轮减速器的最小法向侧隙可按第 18 章公式计算，也可以由表 5-4 查出。锥齿轮副的最小侧隙查第 18 章表 18-22。蜗杆蜗轮副的最小侧隙查第 18 章表 18-37。侧隙的检查则可以用塞尺或压铅丝法进行。

表 5-4　圆柱齿轮最小法向侧隙 $j_{bn\,min}$ 的推荐值(摘自 GB/Z 18620.2—2008)　　mm

最小中心距 a_i	模数 m_n				
	1.5	2	3	5	8
100	0.11	0.12	0.14	0.18	0.24
200	—	0.15	0.17	0.21	0.27
400	—	—	0.24	0.28	0.34
800	—	—	—	—	0.47

接触斑点由传动件精度来确定，具体数值请查第 18 章表 18-12、表 18-21 和表 18-34。检查接触斑点的方法是，在主动件齿面上涂色，并将其转动，观察从动件齿面着色情况，由此分析接触区的位置及接触面积的大小。

当侧隙及接触斑点不符合要求时，可对齿面进行刮研、跑合或调整传动件的啮合位置。

2）滚动轴承的轴向间隙（游隙）的要求

在安装和调整滚动轴承时，必须保证一定的轴向游隙，否则会影响轴承的正常工作。对于可调游隙轴承(如角接触球轴承和圆锥滚子轴承)，其轴向游隙值可由第 12 章表 12-8 查出，对于深沟球轴承，一般应留有 $\Delta=0.20\sim0.40$ mm 的轴向间隙。

轴向间隙的调整，可用垫片或螺钉来实现。

3）减速器的密封要求

在箱体剖分面、各接触面及密封处均不允许出现漏油和渗油现象。剖分面上允许涂密封胶或水玻璃，但不允许塞入任何垫片或填料。为此，在拧紧连接螺栓前，应用 0.05 mm 的塞尺检查其密封性。

4）润滑剂的牌号和用量

润滑剂对减少运动副间的摩擦、降低磨损和散热冷却起着重要作用。关于传动件与轴承所用润滑剂的选择参见第 4 章、第 15 章和有关机械设计教材。关于润滑剂用量本章前面已述。润滑油一般半年左右要更换一次。若轴承用润滑脂润滑，则润滑脂一般以填充轴承空隙体积的 1/3～1/2 为宜。

5）减速器的试验要求

减速器装配后，应做空载试验和负载试验。空载试验是在额定转速下，正、反转各 1～2 h，要求运转平稳、噪声小、连接不松动、不漏油、不渗油等。负载试验是在额定转速和额定功率下进行，要求油池温升不超过 35℃，轴承温升不超过 40℃。

6）减速器清洗和油漆要求

经试运转检验合格后，所有零件要用煤油或汽油清洗。箱体内不允许有任何杂物存在，箱体内壁应涂上防蚀涂料，箱体不加工表面，应涂以某种颜色的油漆。

5. 零件编号

为便于读图、装配和进行生产准备工作，必须对装配图上每个不同零件进行编号。

零件编号应符合机械制图标准的有关规定。零件编号方法，可以采用标准件和非标准件统一编号，也可以把标准件和非标准件分开，分别编号。

零件编号要齐全且不重复。对相同零件和独立部件只能有一个编号。

编号应安排在视图外边，并沿水平方向及垂直方向，按顺时针或逆时针方向顺序排列整齐。

6. 编制零件明细表及标题栏

明细表是减速器所有零部件的详细目录。应注明各零件的编号、名称、数量、材料、标准规格等。明细表应自下而上按顺序填写，对标准件需按规定标记书写，材料应注明牌号。

标题栏应布置在图纸的右下角，用以说明减速器的名称、视图比例、件数、重量和图号等。标题栏和明细表的格式参见第 9 章。

图 5-22 所示为双级圆柱齿轮减速器装配工作图图例，供设计时参考。

7. 检查装配工作图及其常见错误示例分析

1）检查装配工作图

完成装配工作图后，应再做一次仔细检查，其主要内容如下：

① 视图数量是否足够，能否清楚地表达减速器的工作原理和装配关系；
② 各零部件的结构是否正确合理，加工、装拆、调整、维护、润滑等是否可行和方便；
③ 尺寸标注是否正确，配合和精度选择是否适当；
④ 技术要求、技术特性是否完善、正确；
⑤ 零件编号是否齐全，标题栏和明细表是否符合要求，有无多余和遗漏；
⑥ 制图是否符合国家制图标准。

2）**常见错误示例分析**

减速器装配图中常见错误示例分析，如表 5-5 至表 5-10 所示。

表 5-5　轴系结构设计的正误示例之一

正误图例

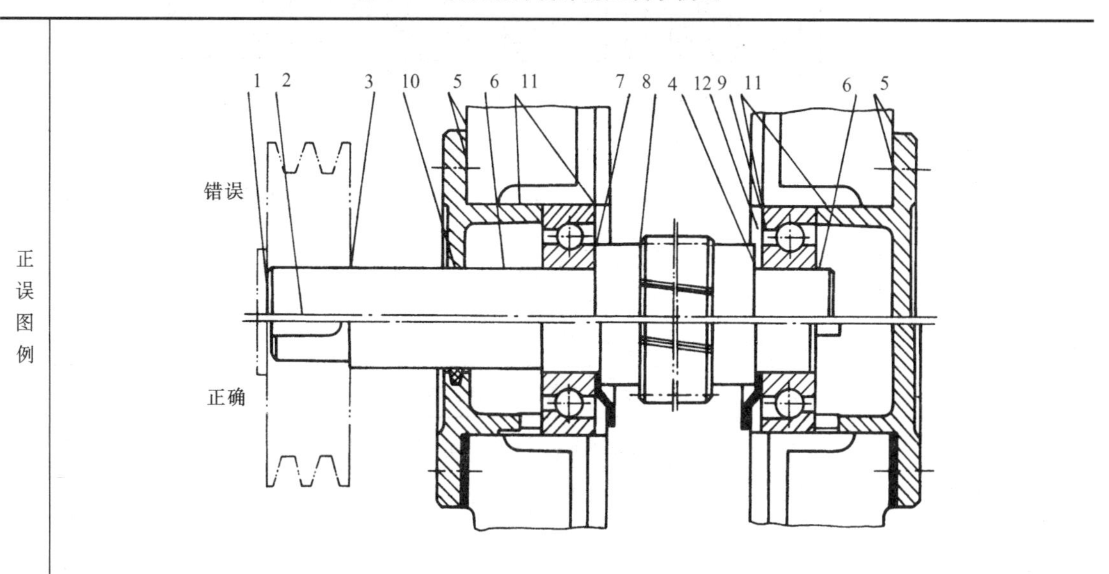

错误分析

错误类别	错误编号	说明
轴上零件的定位问题	1	与带轮相配处轴端应短些，否则带轮左侧轴向定位不可靠
	2	带轮未周向定位
	3	带轮右侧没有轴向定位
	4	右端轴承左侧没有轴向定位
工艺不合理问题	5	无调整垫圈，无法调整轴承游隙；箱体与轴承端盖接合处无凸台
	6	精加工面过长，且装拆轴承不便
	7	定位轴肩过高，影响轴承拆卸
	8	齿根圆小于轴肩，未考虑插齿加工齿轮的要求
	9	右端的角接触球轴承外圈有错，排列方向不对
润滑与密封问题	10	轴承透盖中未设计密封件，且与轴直接接触，缺少间隙
	11	输油沟中的油无法进入轴承，且会经轴承内侧流回箱内
	12	应设计挡油盘，阻挡过多的稀油进入轴承

表 5-6　轴系结构设计的正误示例之二

正误图例

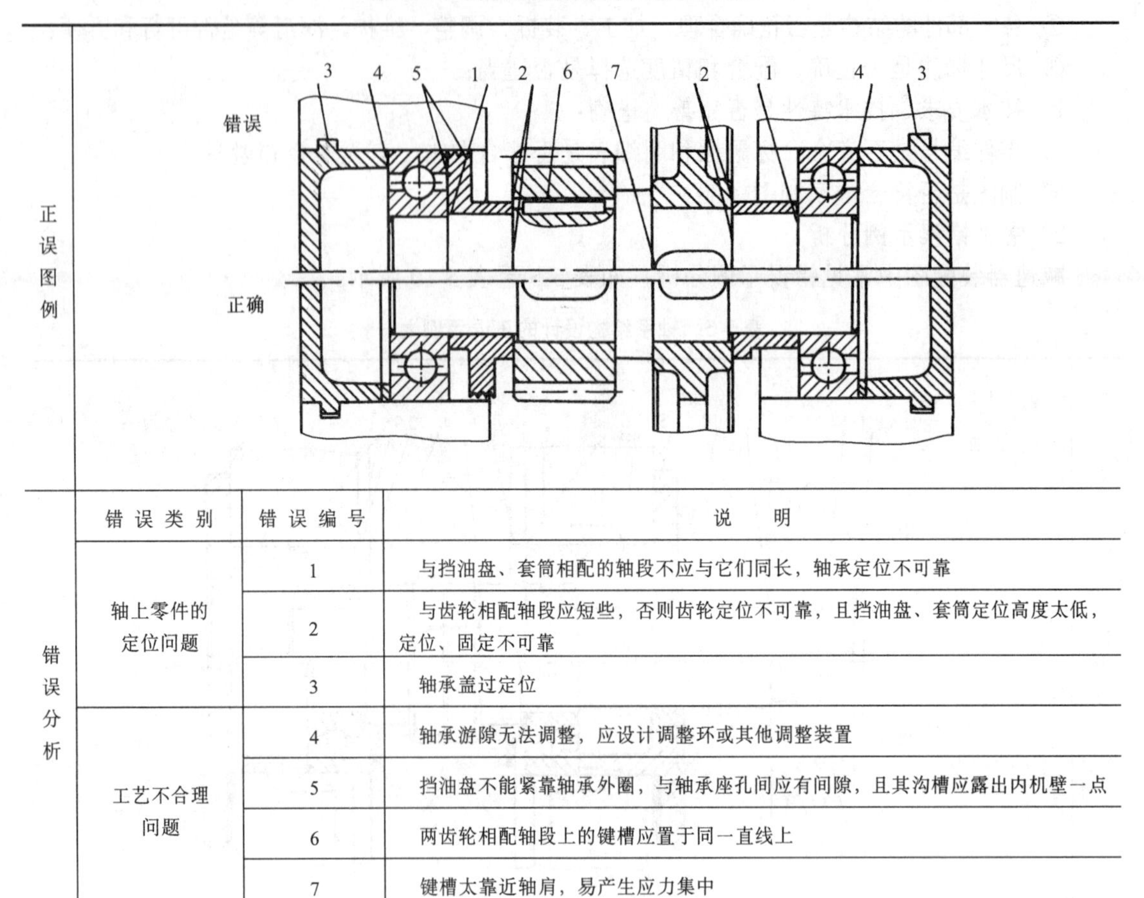

错误分析	错误类别	错误编号	说明
错误分析	轴上零件的定位问题	1	与挡油盘、套筒相配的轴段不应与它们同长，轴承定位不可靠
		2	与齿轮相配轴段应短些，否则齿轮定位不可靠，且挡油盘、套筒定位高度太低，定位、固定不可靠
		3	轴承盖过定位
	工艺不合理问题	4	轴承游隙无法调整，应设计调整环或其他调整装置
		5	挡油盘不能紧靠轴承外圈，与轴承座孔间应有间隙，且其沟槽应露出内机壁一点
		6	两齿轮相配轴段上的键槽应置于同一直线上
		7	键槽太靠近轴肩，易产生应力集中

表 5-7　轴系结构设计的正误示例之三

正误图例

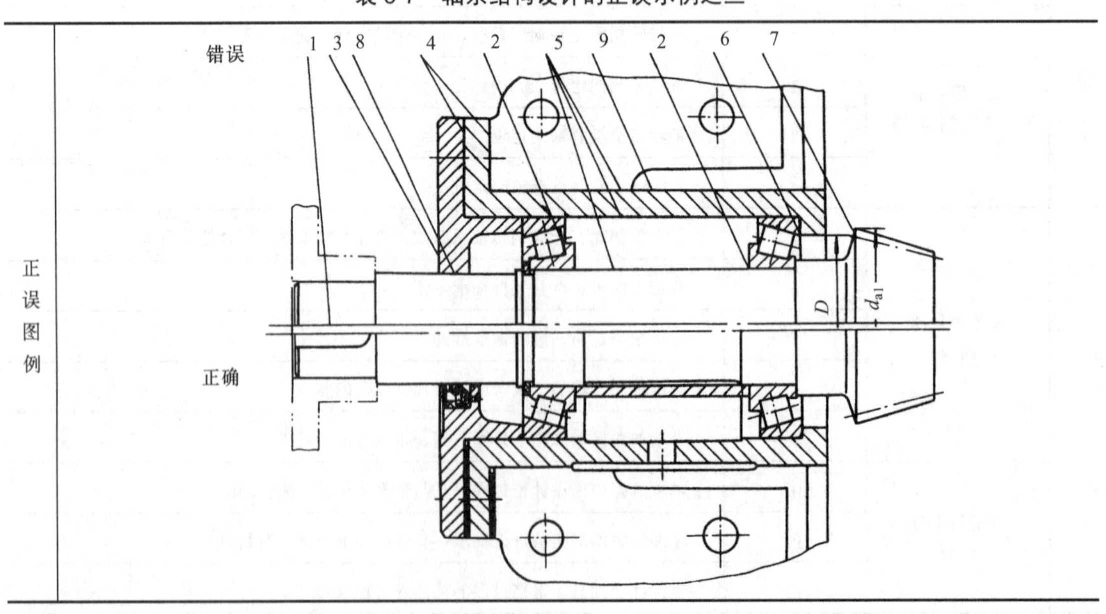

续表

	错误类别	错误编号	说　明
错误分析	轴上零件的定位问题	1	联轴器未考虑周向定位
		2	左端轴承内圈右侧、右端轴承左侧没有轴向定位
	工艺不合理问题	3	轴承端盖应减少加工面
		4	轴承游隙及小锥齿轮轴的轴向位置无法调整
		5	轴、套杯精加工面太长
		6	轴承无法拆卸
		7	D 小于锥齿轮轴齿顶圆直径 d_{a1}，轴承装拆很不方便
	润滑与密封问题	8	轴承透盖未设计密封件，且与轴直接接触、无间隙
		9	润滑油无法进入轴承

表 5-8　轴系结构设计的正误示例之四

正误图例

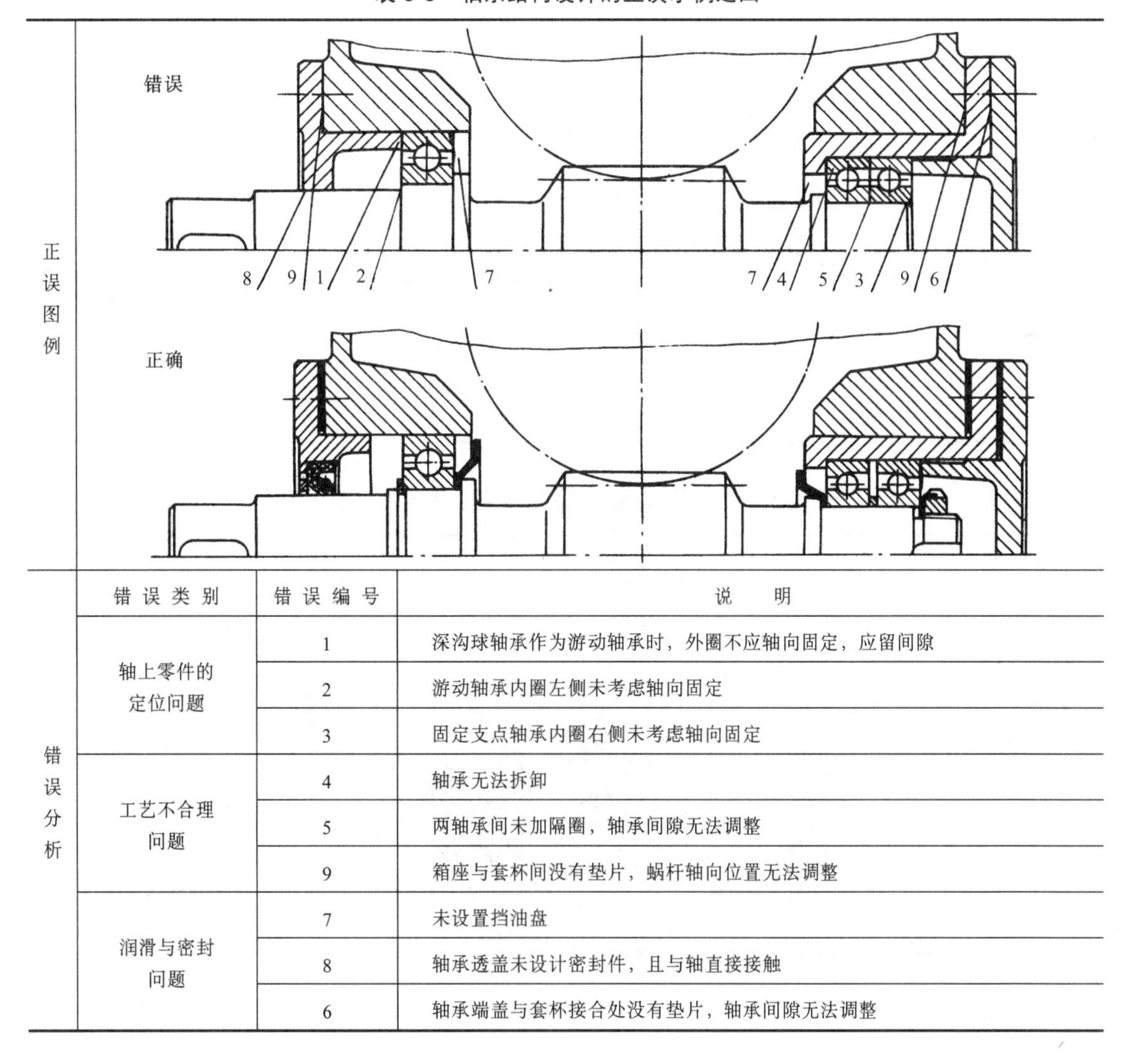

	错误类别	错误编号	说　明
错误分析	轴上零件的定位问题	1	深沟球轴承作为游动轴承时，外圈不应轴向固定，应留间隙
		2	游动轴承内圈左侧未考虑轴向固定
		3	固定支点轴承内圈右侧未考虑轴向固定
	工艺不合理问题	4	轴承无法拆卸
		5	两轴承间未加隔圈，轴承间隙无法调整
		9	箱座与套杯间没有垫片，蜗杆轴向位置无法调整
	润滑与密封问题	7	未设置挡油盘
		8	轴承透盖未设计密封件，且与轴直接接触
		6	轴承端盖与套杯接合处没有垫片，轴承间隙无法调整

表5-9　箱体轴承座部位设计的正误示例

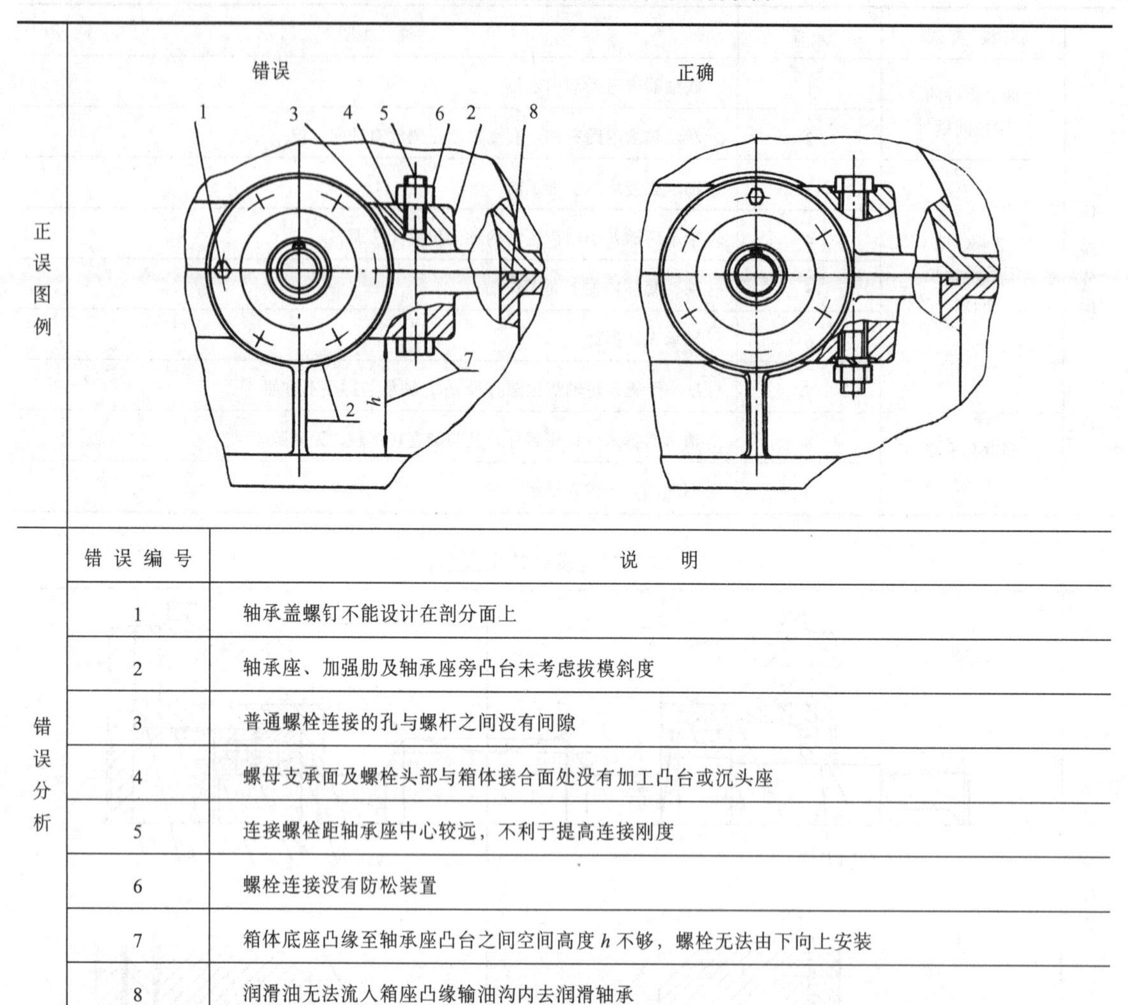

错误分析	错误编号	说明
	1	轴承盖螺钉不能设计在剖分面上
	2	轴承座、加强肋及轴承座旁凸台未考虑拔模斜度
	3	普通螺栓连接的孔与螺杆之间没有间隙
	4	螺母支承面及螺栓头部与箱体接合面处没有加工凸台或沉头座
	5	连接螺栓距轴承座中心较远，不利于提高连接刚度
	6	螺栓连接没有防松装置
	7	箱体底座凸缘至轴承座凸台之间空间高度 h 不够，螺栓无法由下向上安装
	8	润滑油无法流入箱座凸缘输油沟内去润滑轴承

表5-10　减速器附件设计的正误示例

附件名称	正误图例	错误分析
油标	错误　错误　正确 1　2　3　4　5 最低油面	1. 圆形油标安放位置偏高，无法显示最低油面； 2. 油标尺上应有最高、最低油面刻度； 3. 螺纹孔螺纹部分太长； 4. 油标尺位置不妥，插入、取出时与箱座凸缘产生干涉； 5. 安放油标尺的凸台未设计拔模斜度

续表

放油孔及油塞	错误　正确 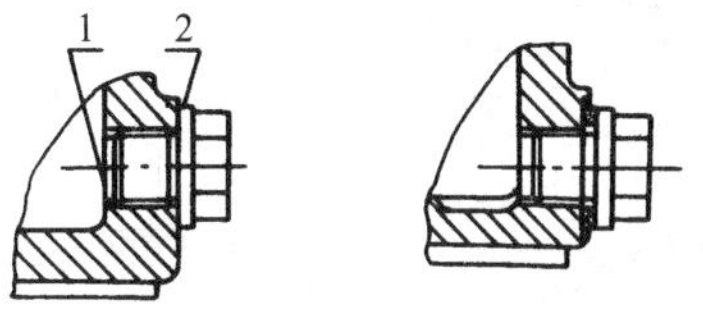　1　2	1. 放油孔的位置偏高，使箱内的机油放不干净； 2. 油塞与箱体接触处未设计密封件
窥视孔、视孔盖	1　2　3　错误　正确 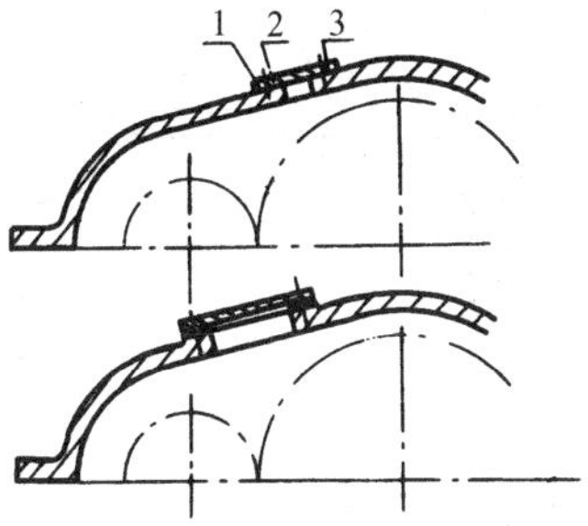	1. 视孔盖与箱盖接触处未设计加工凸台，不便加工； 2. 窥视孔太小，且位置偏上，不利于窥视啮合区的情况； 3. 视孔盖下无垫片，易漏油
定位销	错误　正确 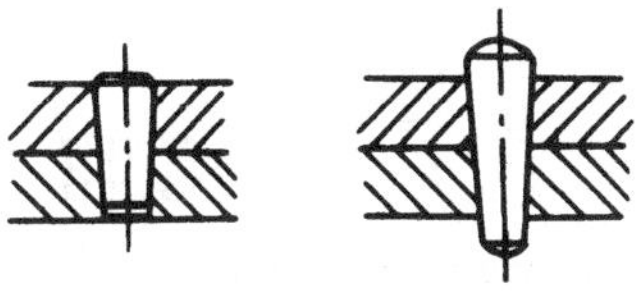	锥销的长度太短，不利于装拆
吊环螺钉	错误　正确 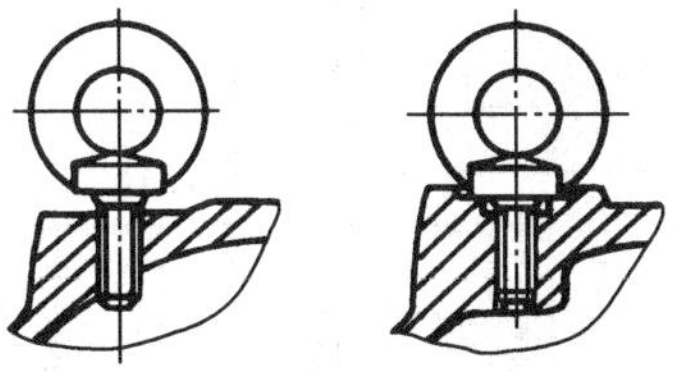	吊环螺钉支承面没有凸台，也未锪出沉头座，螺孔口未扩孔，螺钉不能完全拧入；箱盖内表面螺钉处无凸台，加工时易偏钻打刀
螺钉连接	错误　正确 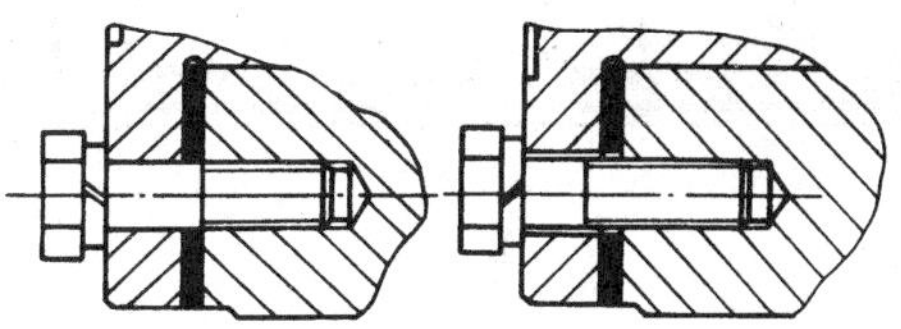	弹簧垫圈开口方向反了；较薄的被连接件上孔应大于螺钉直径；螺纹应画细实线；螺钉螺纹长度太短，无法拧到位；钻孔尾端锥角画错了

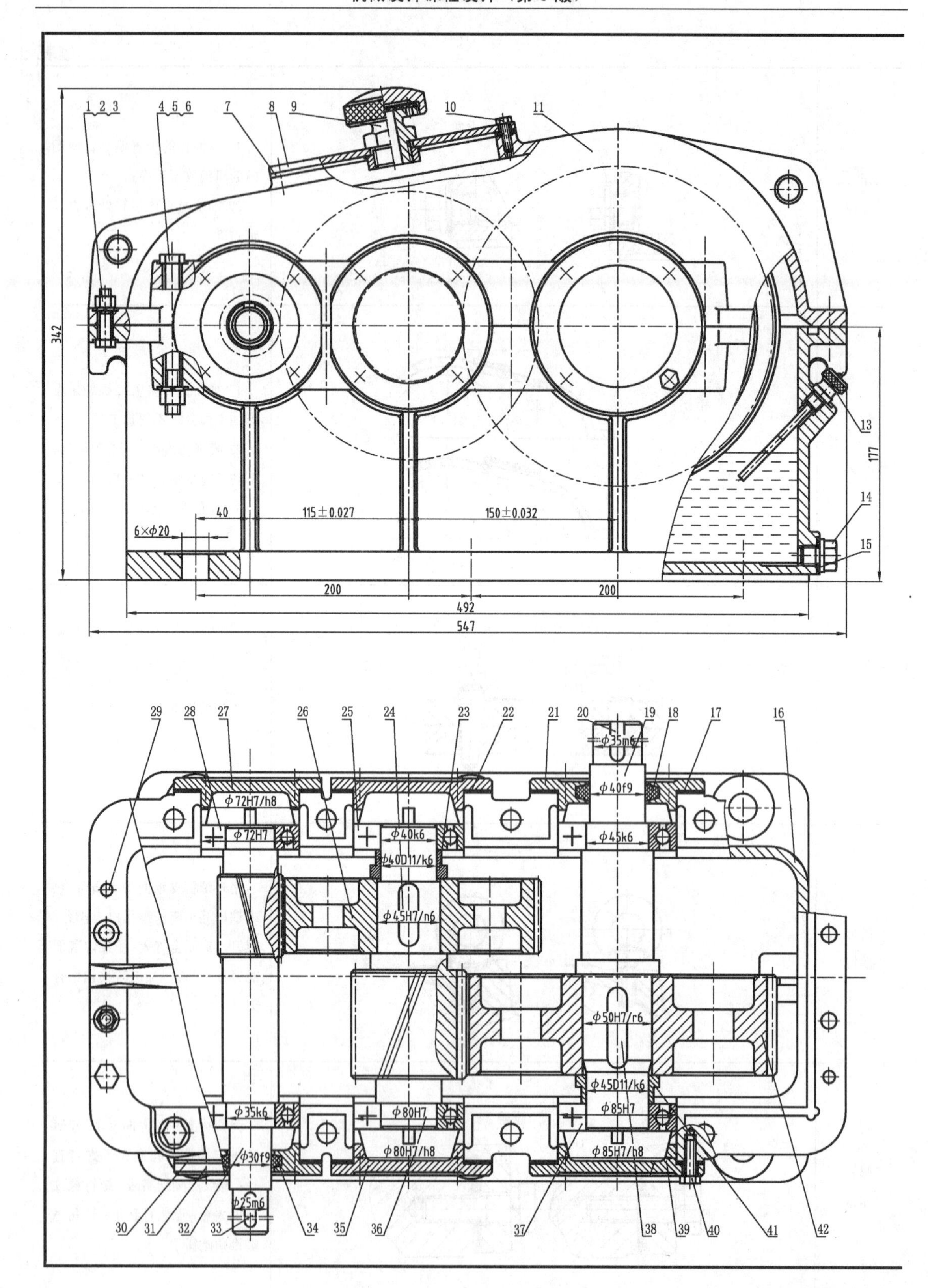

1 2 3
4 5 6
7
8
9
10
11
342
13
177
14
15
40
115±0.027
150±0.032
6×ϕ20
200
200
492
547
29 28 27 26 25 24 23 22 21 20 19 18 17 16
ϕ35m6
ϕ40f9
ϕ72H7/h8
ϕ72H7
ϕ40k6
ϕ45k6
ϕ40D11/k6
ϕ45H7/n6
ϕ50H7/r6
ϕ45D11/k6
ϕ35k6
ϕ80H7
ϕ85H7
ϕ30f9
ϕ80H7/h8
ϕ85H7/h8
ϕ25m6
30 31 32 33 34 35 36 37 38 39 40 41 42

图 5-22　双级圆柱齿轮

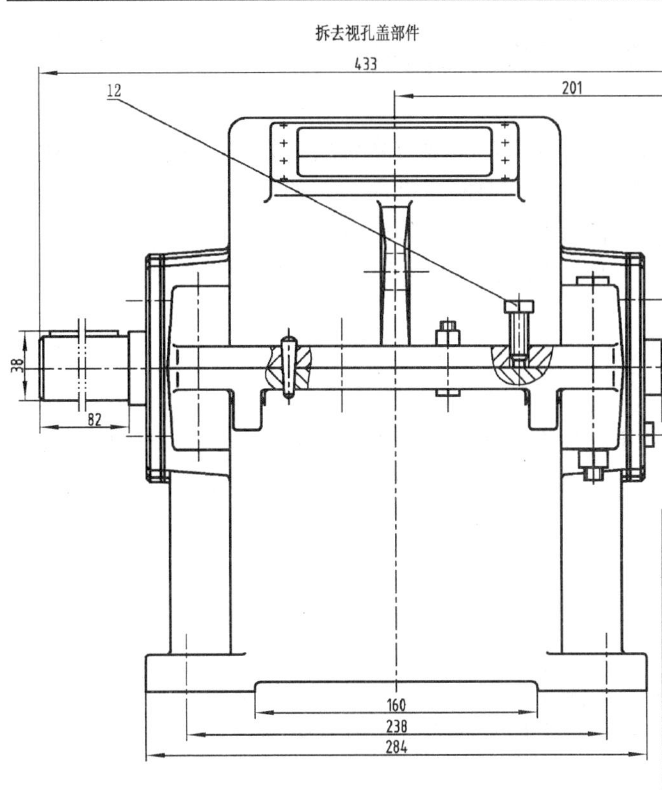

序号	名　称	数量	材　料	标准及规格	备　注
42	齿轮	1	45		
41	轴套	1	45		
40	螺栓	24	Q235-A	螺栓GB/T 5783-M8×25	
39	轴承盖	1	HT150		
38	键	1	45	键14×50　GB/T 1096	
37	角接触球轴承	2		7209C GB/T 292	外购
36	齿轮轴	1	45		
35	轴承盖	2	HT150		
34	毡圈	1	半粗羊毛毡	毡圈30 JB/ZQ 4606	
33	键	1		键8×40　GB/T 1096	
32	齿轮轴	1	45		
31	透盖	1	HT150		
30	调整垫片	2组	08F		
29	圆锥销	2	35	销GB/T 117 A8×30	
28	角接触球轴承	2		7207C GB/T 292	外购
27	轴承盖	1	HT150		
26	齿轮	1	45		
25	角接触球轴承	2		7208C GB/T 292	外购
24	键	1	45	键14×40 GB/T 1096	
23	轴套	1	45		
22	调整垫片	2组	08F		
21	透盖	1	HT150		
20	键	1	45	键10×70 GB/T 1096	
19	轴	1	45		
18	毡圈	1	半粗羊毛毡	毡圈40 JB/ZQ 4606	
17	调整垫片	2组	08F		
16	箱座	1	HT150		
15	封油垫	1	石棉橡胶纸		
14	螺塞	1	Q235-A	M14×1.5 JB/ZQ 4450	
13	油尺	1	Q235-A	M12	
12	启盖螺钉	2	35	螺栓GB/T 5783 M10×30	
11	箱盖	1	HT150		
10	螺栓	8	Q235-A	螺栓GB/T 5783 M6×20	
9	通气器	1			组合件
8	视孔盖	1	Q235-A		
7	垫片	1	软钢纸板	QB365	
6	螺母	8	Q235-A	螺母GB/T 41 M10	
5	弹簧垫圈	8	65Mn	垫圈GB/T 93 10	
4	螺栓	8	Q235-A	螺栓GB/T 5780 M10×100	
3	螺母	4	Q235-A	螺母GB/T 41 M8	
2	弹簧垫圈	4	65Mn	垫圈GB/T 93 8	
1	螺栓	4	Q235-A	螺栓GB/T 5780 M8×40	

双级圆柱齿轮减速器		比例	图号	重量	共　张
					第　张
设　计		年　月　日	机械设计 课程设计	(校　名) (班　名)	
绘　图					
审　核					

技术特性

输入功率 /kW	输入转速 /(r/min)	总传动比 i	效率 η	传动特性					
				级别	β	m_n	齿数		精度等级
2.05	568	12.48	0.93	第一级	13°6'57"	2	z_1	21	8 GB/T 10095—2008
							z_2	91	8 GB/T 10095—2008
				第二级	14°4'21"	3	z_3	25	8 GB/T 10095—2008
							z_4	72	8 GB/T 10095—2008

技术要求

1. 装配前，所用零件用煤油清洗，滚动轴承用汽油清洗，箱体内不允许有杂物存在，箱体内壁涂耐油油漆。
2. 齿轮啮合侧隙用铅丝检验，侧隙值第一级应不小于0.12 mm，第二级应不小于0.16 mm，铅丝不得大于最小侧隙的两倍。
3. 检验齿面接触斑点，要求接触斑点占齿宽的35%，占齿面有效高度的40%。
4. 滚动轴承7207C、7208C、7209C的轴向调整游隙均为0.04~0.07 mm。
5. 减速器剖分面、各接触面及密封处均不允许漏油、渗油，箱体剖分面允许涂密封胶或水玻璃，不允许使用任何填料。
6. 减速器内装L-CKC220工业齿轮油(GB/T 5903—1995)，油量达到规定的高度。
7. 减速器外表面涂灰色油漆。
8. 按减速器的试验规程进行试验。

减速器装配工作图

第6章　零件工作图

零件工作图是制造、检验零件及制定工艺规程的重要技术资料。它必须完整地、准确地反映设计者的意图，故应包含制造、检验零件所需要的全部内容，如足够的视图，正确的尺寸标注，必要的尺寸公差、几何公差，所有加工表面的表面粗糙度及技术要求等。

本章主要介绍减速器的主要零件——轴、齿轮、蜗轮、箱体的零件工作图设计。

6.1　轴类零件工作图设计

1. 视图选择

轴类零件一般只需一个视图即可将其结构表达清楚。对于轴上的键槽、孔等结构，可用必要的局部剖面图或剖视图来表达。轴上的退刀槽、越程槽、中心孔等细小结构可用局部放大图来表达。

2. 尺寸标注

轴类零件应标注各段轴的直径、长度、键槽及细部结构尺寸。

1）径向尺寸标注

各段轴的直径必须逐一标注，即使直径完全相同的各段轴处也不能省略。凡是有配合关系的轴段应根据装配图上所标注的尺寸及配合类型来标注直径及其公差。

2）长度尺寸标注

轴的长度尺寸标注，首先应正确选择基准面，尽可能使尺寸标注符合轴的加工工艺和测量要求，不允许出现封闭尺寸链。如图6-1所示轴的长度尺寸标注以齿轮定位轴肩(Ⅱ)为主要标注基准，以轴承定位轴肩(Ⅲ)及两端面(Ⅰ、Ⅳ)为辅助基准，其标注方法基本上与轴在车床上的加工顺序相符合。图6-2所示为两种错误标注方法：图6-2(a)的标注与实际加工顺序不符，既不便测量又降低了其中要求较高的轴段长度 L_2、L_4、L_6 的精度；图6-2(b)的标注使其尺寸首尾相接，不利于保证轴的总长度尺寸精度。

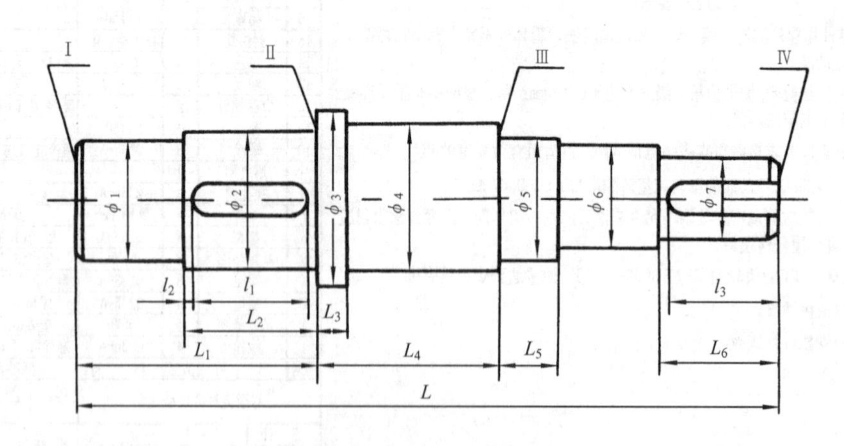

图6-1　轴的长度尺寸正确标注方法

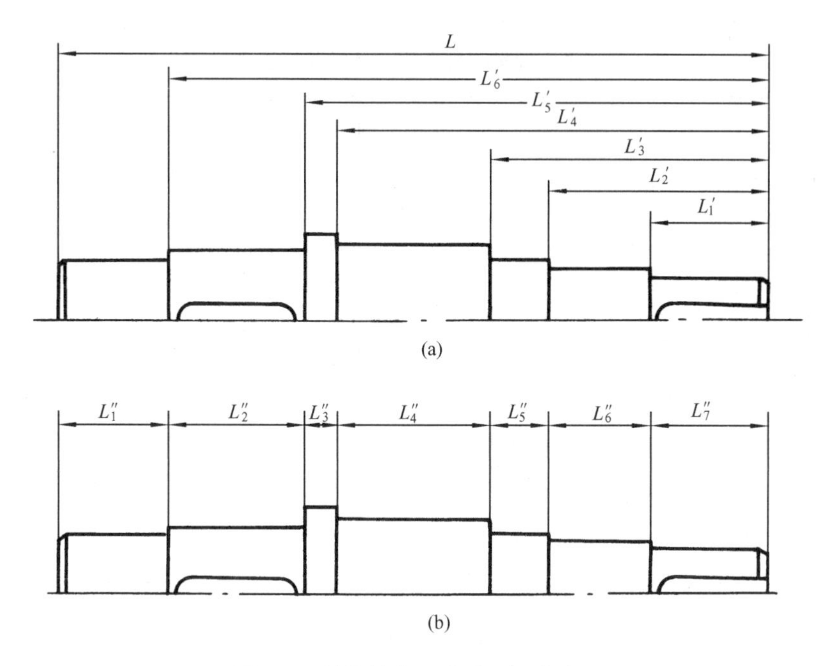

图 6-2　轴的长度尺寸错误标注方法

3. 尺寸公差及几何公差标注

普通减速器中，轴的长度尺寸一般不标注尺寸公差，对于有配合要求的直径应按装配图中选定的配合类型标注尺寸公差。

轴的重要表面应标注几何公差，以便保证轴的加工精度。普通减速器中，轴类零件推荐标注项目可按表 6-1 选取，标注方法如图 6-3 所示。

4. 表面粗糙度标注

零件所有表面(包括非加工的毛坯表面)均应注明表面粗糙度。轴的各部分精度要求不同，则加工方法也不同，故其表面粗糙度也不应该相同。轴的各加工表面的表面粗糙度由表 6-2 选取，标注方法如图 6-3 所示。

5. 技术要求

轴类零件的主要技术要求如下：

① 对材料及表面性能要求(如热处理方法、硬度、渗碳深度及淬火深度等)；

② 对轴的加工要求(如是否保留中心孔等)；

③ 对图中未注明的倒角、圆角尺寸说明及其他特殊要求(如个别部位有修饰加工要求、对长轴有校直毛坯等要求)。

图 6-3 所示为轴零件工作图例，供设计时参考。

6.2　齿轮类零件工作图设计

齿轮类零件包括齿轮、蜗轮、蜗杆。此类零件工作图除需满足轴类零件工作图的上述要求外，还应有供加工和检验用的啮合特性表。

表 6-1　轴类零件几何公差推荐标注项目

公差类别	标 注 项 目	符　号	精度等级	对工作性能的影响	备　注
形状公差	与传动零件相配合圆柱表面的圆柱度	⌭	7～8	影响传动零件及滚动轴承与轴配合的松紧、对中性及几何回转精度	参见表 17-9
	与滚动轴承相配合轴颈表面的圆柱度		5～6		
方向公差	滚动轴承定位端面的垂直度	⊥	6～8	影响轴承定位及受载均匀性	参见表 17-7
位置公差	平键键槽两侧面的对称度	⌯	5～7	影响键受载均匀性及装拆	参见表 17-6
	与传动零件相配合圆柱表面的同轴度	◎	5～7	影响传动零件、滚动轴承的安装及回转同心度，齿轮轮齿载荷分布的均匀性	
跳动公差	与传动零件相配合圆柱表面的径向圆跳动	↗	6～7		
	与滚动轴承相配合轴颈表面的径向圆跳动		5～6		
	齿轮、联轴器、滚动轴承等零件定位端面的端面圆跳动		6～7		

表 6-2　轴加工表面粗糙度荐用值

加 工 表 面		表面粗糙度 Ra 的推荐值			
与滚动轴承相配合的	轴颈表面	0.4～0.8(轴承内径 d≤80 mm)，0.8～1.6(轴承内径 d>80 mm)			
	轴肩端面	1.6			
与传动零件、联轴器相配合的	轴头表面	0.8～1.6			
	轴肩端面	1.6～3.2			
平键键槽的	工作面	1.6～3.2			
	非工作面	6.3～12.5			
密封轴段表面		毡圈密封	橡胶密封		间隙或迷宫密封
		与轴接触处的圆周速度 v/(m/s)			
		≤3	>3～5	>5～10	1.6～3.2
		1.6～3.2	0.4～0.8	0.2～0.4	

1. 视图选择

齿轮类零件一般可用两个视图(主视图和侧视图)表示。主视图主要表示轮毂、轮缘、轴孔、键槽等结构；侧视图主要反映轴孔、键槽的形状和尺寸。侧视图可画出完整视图，也可只画出局部视图。

对于组装的蜗轮，应分别画出齿圈、轮芯的零件工作图及蜗轮的组装图，也可以只画出组装图。其具体画法参见第 20 章图 20-22(蜗轮零件工作图)。

齿轮轴、蜗杆轴可按轴类零件工作图绘制方法绘出。

2. 尺寸及公差标注

1）尺寸标注

齿轮为回转体，应以其轴线为基准标注径向尺寸，以端面为基准标注轴向宽度尺寸。

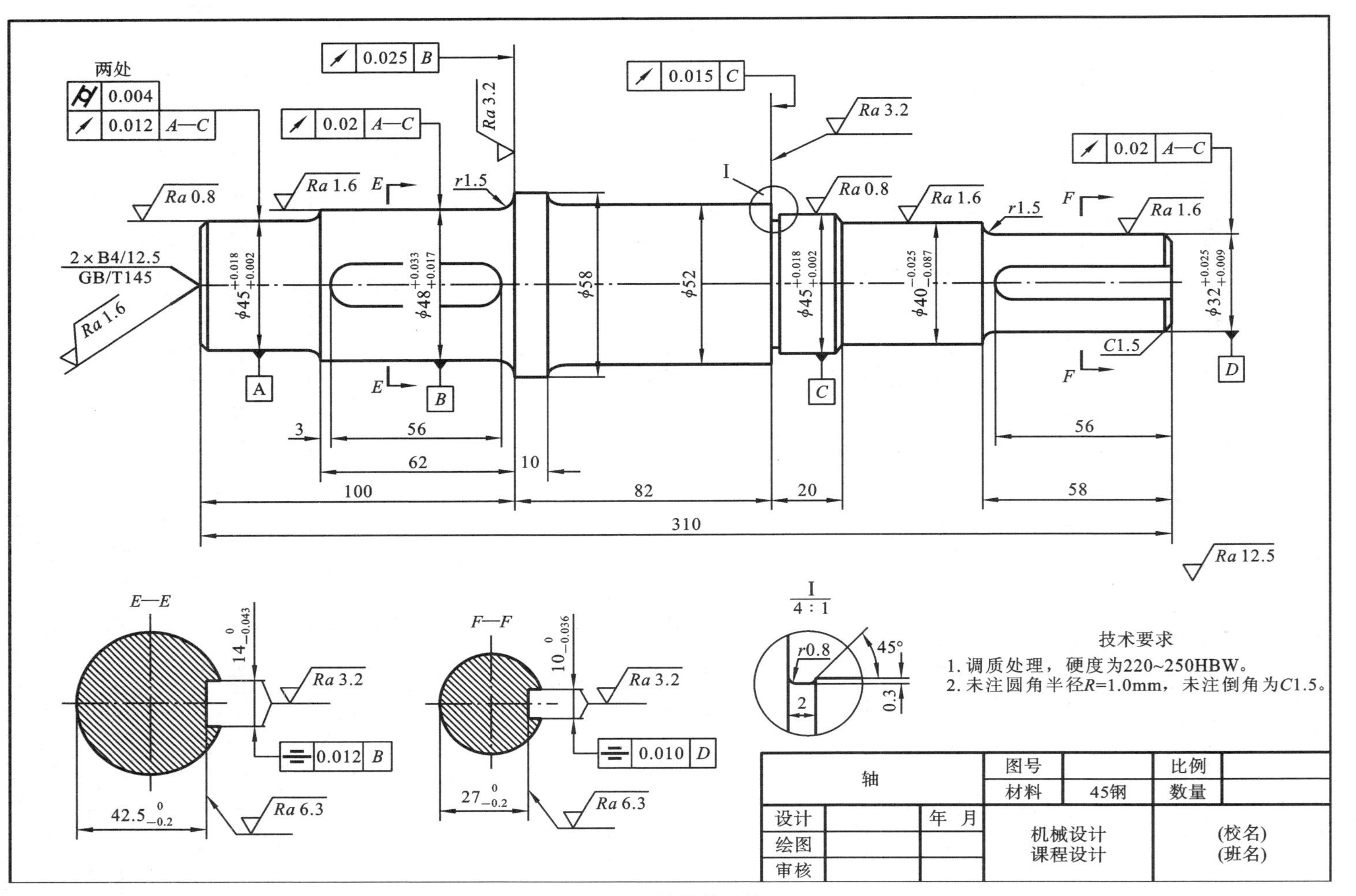
两处
0.004
0.012 A—C
0.025 B
0.02 A—C
0.015 C
0.02 A—C
2×B4/12.5
GB/T145
Ra 0.8
Ra 1.6
Ra 3.2
Ra 12.5
r1.5
C1.5
100
82
62
58
56
20
10
3
310
E—E
F—F
0.012 B
0.010 D
Ra 6.3
I
4 : 1
r0.8
45°
技术要求
1. 调质处理，硬度为220~250HBW。
2. 未注圆角半径R=1.0mm，未注倒角为C1.5。
轴
图号
材料
45钢
比例
数量
设计
绘图
审核
年　月
机械设计
课程设计
(校名)
(班名)

图 6-3　轴零件工作图

齿轮的分度圆直径是设计计算的基本尺寸，齿顶圆直径、轴孔直径、轮毂直径、轮辐(或辐板)等是齿轮生产加工中不可缺少的尺寸，均必须标注。其他如圆角、倒角、锥度、键槽等尺寸，应做到既不重复标注，又不遗漏。

2）**公差标注**

齿轮的轴孔和端面是齿轮加工、检验、安装的重要基准。轴孔直径应按装配图的要求标注尺寸公差及形状公差(如圆柱度)。齿轮两端面应标注跳动公差(端面圆跳动，其值参见第 18 章表 18-13)。

圆柱齿轮常以齿顶圆作为齿面加工时定位找正的工艺基准或作为检验齿厚的测量基准，应标注齿顶圆尺寸公差和跳动公差(齿顶圆径向圆跳动，其值参见第 18 章表 18-13)，各公差标注方法如图 6-4 所示。

3. 表面粗糙度的标注

齿轮类零件各加工表面的表面粗糙度可由表 6-3 选取，标注方法如图 6-4 所示。

表 6-3　齿(蜗)轮加工表面粗糙度 *Ra* 荐用值

<table>
<tr><td colspan="2" rowspan="2">加 工 表 面</td><td colspan="4">齿轮精度等级</td></tr>
<tr><td>6</td><td>7</td><td>8</td><td>9</td></tr>
<tr><td rowspan="2">轮齿工作面(齿面)</td><td>Ra 推荐值/μm</td><td>0.8～1.0</td><td>1.25～1.6</td><td>2.0～2.5</td><td>3.2～4.0</td></tr>
<tr><td>齿面加工方法</td><td>磨齿或珩齿</td><td>高精度滚、插齿或磨齿</td><td>精滚或精插齿</td><td>一般滚齿或插齿</td></tr>
<tr><td rowspan="2">齿顶圆柱面</td><td>作基准/μm</td><td>1.6</td><td>1.6～3.2</td><td>1.6～3.2</td><td>3.2～6.3</td></tr>
<tr><td>不作基准/μm</td><td colspan="4">6.3～12.5</td></tr>
<tr><td colspan="2">齿轮基准孔/μm</td><td rowspan="2">0.8～1.6</td><td rowspan="2">0.8～1.6</td><td rowspan="2">1.6～3.2</td><td rowspan="2">3.2～6.3</td></tr>
<tr><td colspan="2">齿轮轴的轴颈/μm</td></tr>
<tr><td colspan="2">齿轮基准端面/μm</td><td>0.8～1.6</td><td>1.6～3.2</td><td>1.6～3.2</td><td>3.2～6.3</td></tr>
<tr><td rowspan="2">平键键槽</td><td>工作面/μm</td><td colspan="4">1.6～3.2</td></tr>
<tr><td>非工作面/μm</td><td colspan="4">6.3～12.5</td></tr>
<tr><td colspan="2">其他加工表面/μm</td><td colspan="4">6.3～12.5</td></tr>
</table>

4. 啮合特性表

在齿(蜗)轮零件工作图的右上角应列出啮合特性表(图 6-4)。其内容包括：齿轮基本参数(Z、m_n、α_n、β、x 等)、精度等级、相应检验项目及其偏差(如 f_{pt}、F_p、F_α、F_β、F_r，它们的具体数值参见第 18 章表 18-9、表 18-10)。若需检验齿厚，则应画出其法面齿形，并注明齿厚数值及齿厚偏差(齿厚偏差值参见第 18 章表 18-4)。

5. 技术要求

(1) 对铸件、锻件等毛坯件的要求。

(2) 对齿(蜗)轮材料机械性能、表面性能(如热处理方法、齿面硬度等)的要求。

(3) 对未注明的圆角、倒角尺寸或其他的必要说明(如对大型或高速齿轮的平衡检验要求等)。

图 6-4 所示为齿轮零件工作图示例，供设计时参考。

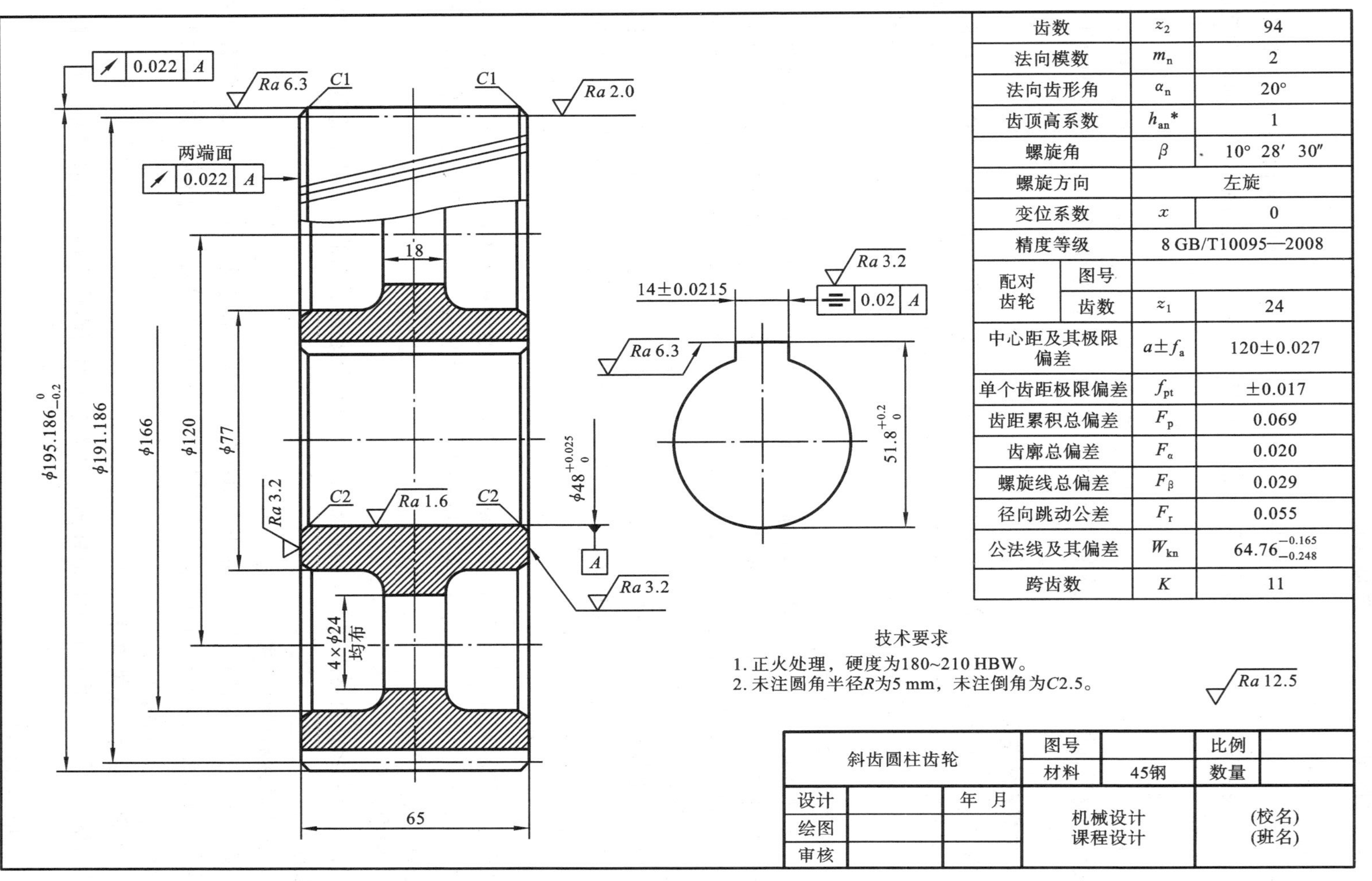
0.022 A
Ra 6.3
C1
C1
Ra 2.0
两端面
0.022 A
18
$\phi195.186^{0}_{-0.2}$
$\phi191.186$
$\phi166$
$\phi120$
$\phi77$
Ra 3.2
C2
Ra 1.6
C2
$\phi48^{+0.025}_{0}$
A
Ra 3.2
$4\times\phi24$ 均布
65
14 ± 0.0215
Ra 3.2
0.02 A
Ra 6.3
$51.8^{+0.2}_{0}$
齿数 z_2 94
法向模数 m_n 2
法向齿形角 α_n 20°
齿顶高系数 h_{an}^* 1
螺旋角 β 10° 28′ 30″
螺旋方向 左旋
变位系数 x 0
精度等级 8 GB/T10095—2008
配对齿轮 图号
配对齿轮 齿数 z_1 24
中心距及其极限偏差 $a\pm f_a$ 120±0.027
单个齿距极限偏差 f_{pt} ±0.017
齿距累积总偏差 F_p 0.069
齿廓总偏差 F_α 0.020
螺旋线总偏差 F_β 0.029
径向跳动公差 F_r 0.055
公法线及其偏差 W_{kn} $64.76_{-0.248}^{-0.165}$
跨齿数 K 11
技术要求
1. 正火处理，硬度为180~210 HBW。
2. 未注圆角半径R为5 mm，未注倒角为C2.5。
Ra 12.5
斜齿圆柱齿轮
图号
材料 45钢
比例
数量
设计 年 月
绘图
审核
机械设计课程设计
(校名)
(班名)
图 6-4　斜齿圆柱齿轮零件工作图

6.3　箱体零件工作图设计

1. 视图选择

箱体零件(即箱盖和箱座)的结构形状一般都比较复杂，为了将它的内、外部结构表达清楚，通常需要采用主、俯、左(或右)三个视图，有时还应增加一些局部视图、局部剖视图和局部放大图。

2. 尺寸标注

一般情况下，箱体零件的尺寸标注比轴、齿轮类零件要复杂得多。为了使尺寸标注合理，避免遗漏和重复标注尺寸，除应遵循“先主后次”的原则标注尺寸外，还需切实注意以下几点。

1）选择尺寸基准

为便于加工和测量，保证箱体零件的加工精度，宜选择加工基准作为标注尺寸的基准。对箱盖和箱座，其高度方向上的尺寸应以剖分面(加工基准)为尺寸基准；其宽度方向上的尺寸，应以对称中心线为尺寸基准；其长度方向上的尺寸，则应以轴承孔的中心线为尺寸基准。

2）形状尺寸和定位尺寸

这类尺寸在箱体零件工作图中数量最多，标注工作量大，比较费时，故应特别细心。

形状尺寸是箱体各部分形状大小的尺寸，如箱体的壁厚、连接凸缘的厚度、圆弧和圆角半径、光孔和螺孔的直径和深度以及箱体的长、宽、高等。对这一类尺寸均应直接标出，不应作任何计算。

定位尺寸是箱体各部分相对于基准的位置尺寸，如孔的中心线、曲线的曲率中心以及其他有关部位的平面相对于基准的距离等。对这类尺寸，应从基准(或辅助基准)直接标出。上述尺寸应避免出现封闭尺寸链。

3）性能尺寸

性能尺寸是影响减速器工作性能的重要尺寸。对减速器箱体来说，就是相邻轴承孔的中心距离。对此种尺寸，应直接标出其中心距的大小及其极限偏差值，其极限偏差取装配中心距极限偏差 f_a 的 0.8 倍。

4）配合尺寸

配合尺寸是保证机器正常工作的重要尺寸，应根据装配图上的配合种类直接标出其配合的极限偏差值。

5）安装附件部分的尺寸

箱体多为铸件，标注尺寸时应便于木模的制作。因木模是由一些基本几何体拼合而成，在其基本形体的定位尺寸标出后，其形状尺寸应以自身的基准标注，如减速器箱盖上的窥视孔、油标尺孔、放油孔等。

6）倒角、圆角、拔模斜度

所有倒角、圆角、拔模斜度均应标出，但考虑图面清晰或不便标注的情况，可在技术要求中加以说明。

3. 几何公差标注

箱体几何公差推荐标注项目如表 6-4 所示。

表 6-4　箱体几何公差推荐标注项目

公差类别	标 注 项 目	符　号	精度等级	对工作性能的影响
形状公差	轴承孔的圆柱度	⌭	7	影响箱体与轴承的配合性能及对中性
	剖分面的平面度	▱	7	影响箱体剖分面的密封性
方向公差	轴承孔中心线相互间的平行度	//	6	影响齿轮接触斑点及传动平稳性
	轴承孔端面对其孔中心线的垂直度	⊥	7～8	影响轴承的固定及轴向受载的均匀性
	锥齿轮减速器轴承孔中心线相互间的垂直度		7	影响传动平稳性及受载的均匀性
位置公差	两轴承孔中心线的同轴度	◎	6～7	影响减速器的装配及载荷分布的均匀性

4. 表面粗糙度标注

箱体加工表面粗糙度的推荐值如表 6-5 所示。

表 6-5　箱体加工表面粗糙度推荐值

加 工 部 位		表面粗糙度 Ra/μm
箱体剖分面		1.6～3.2(刮研或磨削)
轴承座孔		1.6～3.2
轴承座孔外端面		3.2～6.3
锥销孔		0.8～1.6
箱体底面		6.3～12.5
螺栓孔沉头座		12.5
其他表面	配合面	3.2～6.3
	非配合面	6.3～12.5

5. 技术要求

(1) 铸件清砂后进行时效处理。

(2) 箱盖与箱座的定位锥销孔应配作。

(3) 箱盖与箱座合箱并打入定位销后方可加工轴承孔。

(4) 注明铸造拔模斜度、圆锥度、未注圆角半径及倒角。

(5) 箱盖与箱座合箱后，其凸缘边缘应平齐，其错位量不超过允许值。

(6) 箱体内表面需用煤油清洗干净，并涂以防蚀涂料。

图 6-5 所示为箱盖零件工作图例，图 6-6 所示为箱座零件工作图例，可供设计时参考。

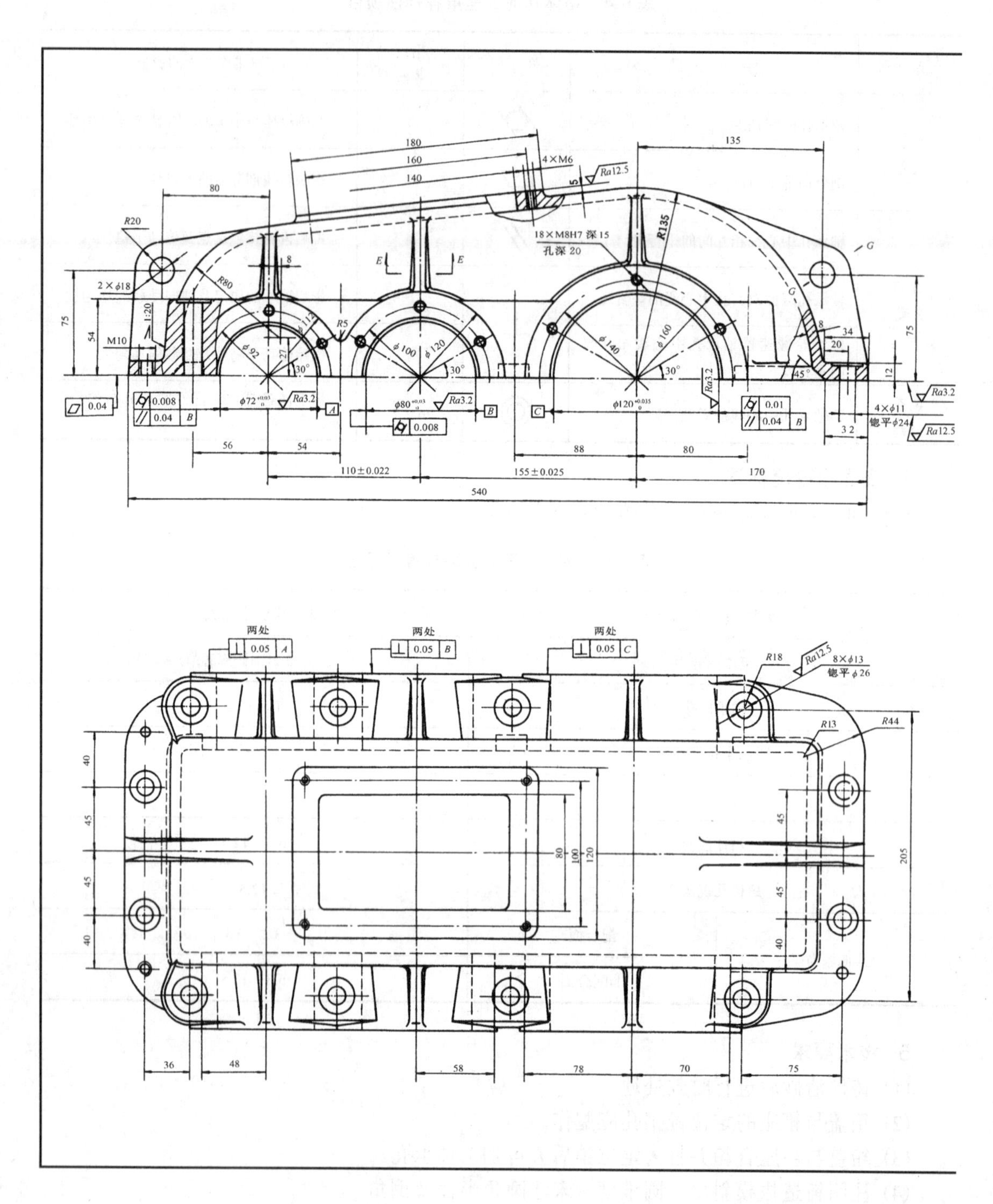

图 6-5　双级圆柱齿轮减速器

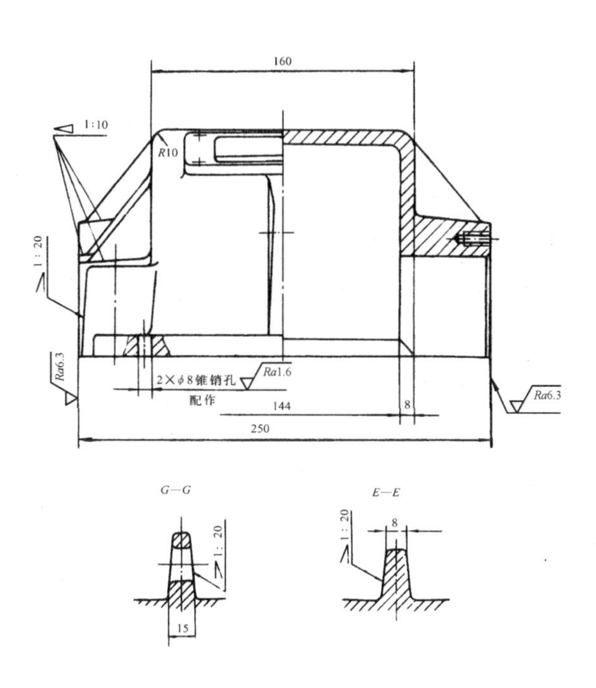

技术要求

1. 铸件需清砂，不得有砂眼、疏松、缩孔等明显铸造缺陷，并需进行时效处理。
2. 箱盖与箱座合箱后边缘应平齐，相互错位每边不大于 1 mm。
3. 用 0.05 mm 塞尺检查箱盖与箱座接合面的贴合性，其塞尺塞入深度不大于剖分面宽度的 1/3；用涂色法检查接触面积，保证每平方厘米不少于一个斑点。
4. 箱盖与箱座结合后，应先打上定位销，并用螺栓紧固后再进行镗孔。
5. 轴承孔中心线与剖分面的不重合度应小于 0.15 mm。
6. 未注明的铸造圆角半径 R=5～10 mm，未注明的拔模斜度为 1∶20。
7. 未注明的倒角为 $C2$。
8. 所有螺孔表面粗糙度均为 $\sqrt{Ra12.5}$。

箱盖		图号		比例	
		材料	HT200	数量	
设计		年月	机械设计课程设计		(校名)(班名)
绘图					
审核					

箱盖零件工作图

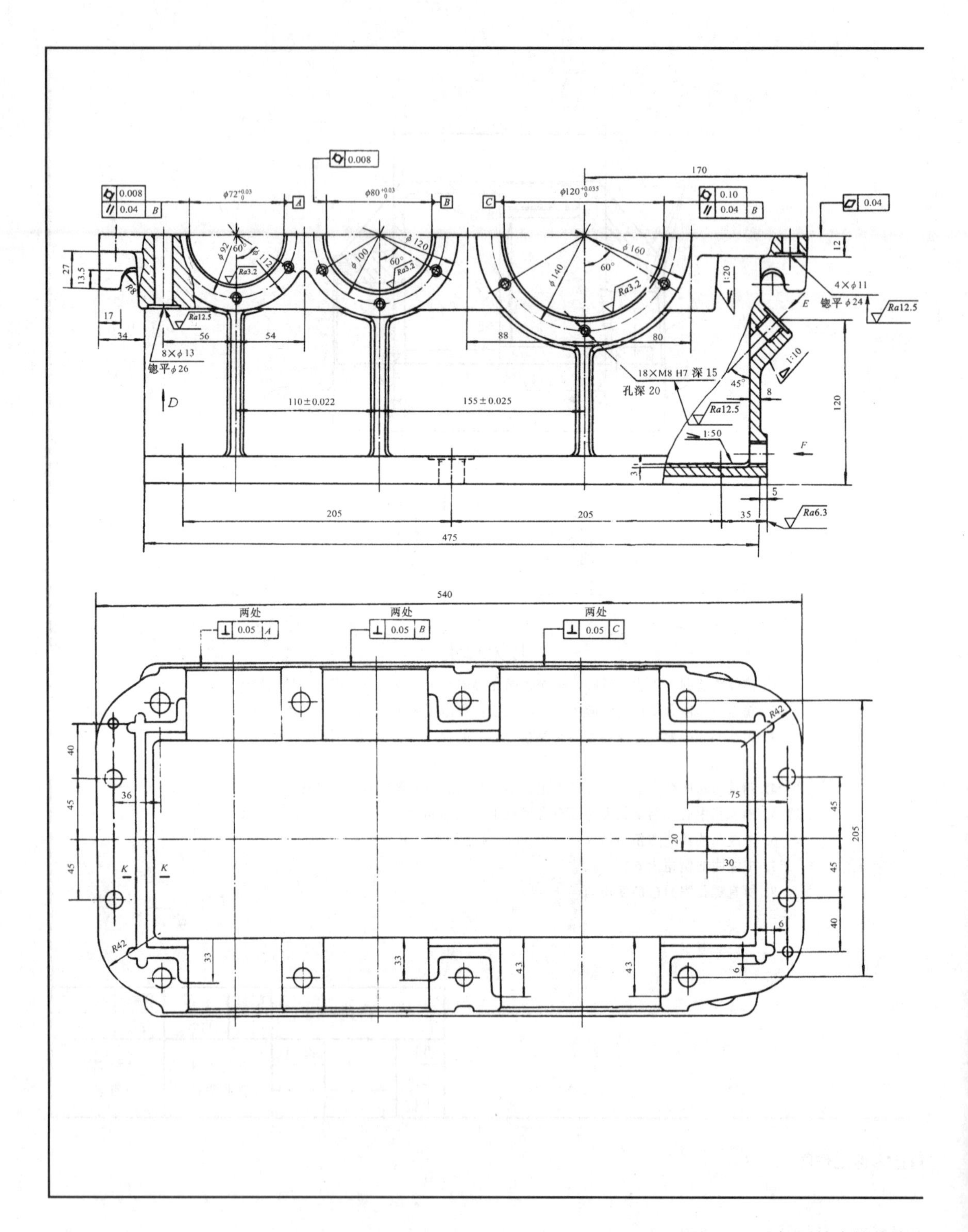

图 6-6　双级圆柱齿轮减速器

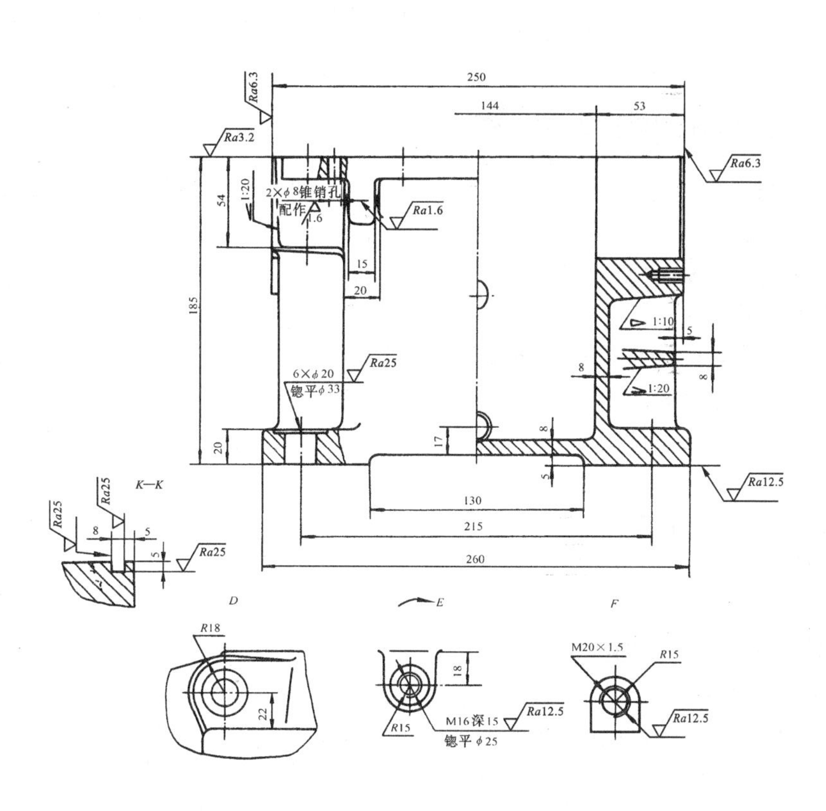

技术要求

1. 铸件需清砂，不得有砂眼、疏松、缩孔等明显铸造缺陷，并需进行时效处理。
2. 箱盖与箱座合箱后，边缘应平齐，相互错位每边不大于 1 mm。
3. 用 0.05 mm 塞尺检查箱座与箱盖接合面的贴合性，其塞尺塞入深度不大于剖分面宽度的 1/3；用涂色法检查其接触面积，保证每平方厘米不少于一个斑点。
4. 箱盖与箱座结合后，先打上定位销，并用螺栓紧固，再进行镗孔。
5. 轴承孔中心线与剖分面的不重合度应小于 0.15 mm。
6. 未注明铸造圆角 R =5～10 mm。
7. 未注明倒角为 $C2$。
8. 未注明的拔模斜度为 1∶20。

箱座			图号		比例	
			材料	HT200	数量	
设计		年　月	机械设计 课程设计		(校名) (班名)	
绘图						
审核						

箱座零件工作图

第7章　编写设计计算说明书

设计计算说明书是图纸设计的理论依据，是整个设计计算的整理和总结，同时也是审核设计的技术文件之一。

7.1　设计计算说明书的内容

设计计算说明书的内容针对不同的设计课题而定，机械传动装置设计类的课题，说明书大致包括以下内容：

(1) 目录(标题、页码)；

(2) 设计任务书；

(3) 传动方案的分析与拟订(提供简要说明、附传动方案简图)；

(4) 电动机的选择计算；

(5) 传动装置的运动及动力参数的选择和计算(包括分配各级传动比，计算各轴的转速、功率和转矩)；

(6) 传动零件的设计计算；

(7) 轴的设计计算；

(8) 键连接的选择及计算；

(9) 滚动轴承的选择及计算；

(10) 联轴器的选择；

(11) 润滑和密封方式的选择，润滑油和牌号的确定；

(12) 箱体及附件的结构设计和选择(装配、拆卸、安装时的注意事项)；

(13) 设计小结(简要说明对课程设计的体会、设计的优缺点及改进意见等)；

(14) 参考资料(资料编号、作者、书名、出版单位、出版时间等)。

7.2　设计计算说明书的要求

对设计计算说明书，应在所有计算项目及所有图纸完成后进行编号和整理，且应满足以下要求：

(1) 计算部分只需列出公式，代入有关数据，略去演算过程，最后写下计算结果并标明单位，应有简短的结论或说明；

(2) 计算公式及重要数据应注明来源；

(3) 应附有与计算有关的必要简图(如传动方案简图、轴的结构图、受力图、弯矩图和转矩图等)；

(4) 所有计算中所使用的参量符号和脚标，必须统一。

设计计算说明书一般用16开纸按合理的顺序及规定格式用钢笔书写，做到文字简明、计算正确、图形清晰、书写整洁，并标出页码、编好目录，最后加封面装订成册。

7.3　设计计算说明书的书写格式举例

<table>
<tr><th>计算与说明</th><th>主 要 结 果</th></tr>
<tr><td>……
七、轴的设计计算
1. 高速轴的设计计算
……
2. 中间轴的设计计算
轴的受载简图如图 7-1(a)所示。
(1) ……
……
(2) 轴的受力图、弯矩图如图 7-1(b)、(c)、(d)、(e)所示。
H 平面：　$M_{H2}=100\,R_{HC}=[100\times(-6\,666.7)]$ N · mm
$=-666\,670$ N · mm
……
V 平面：　$M_{V2左}=100R_{VC}=100\times(-668.6)$ N · mm
$=-66\,860$ N · mm
……

合成弯矩：
$M_{2左}=\sqrt{M_{H2}^2+M_{V2左}^2}=\sqrt{666\,670^2+66\,860^2}$ N · mm = 670 014 N · mm
……</td><td>

$M_{2左}$= 670 014 N · mm</td></tr>
</table>

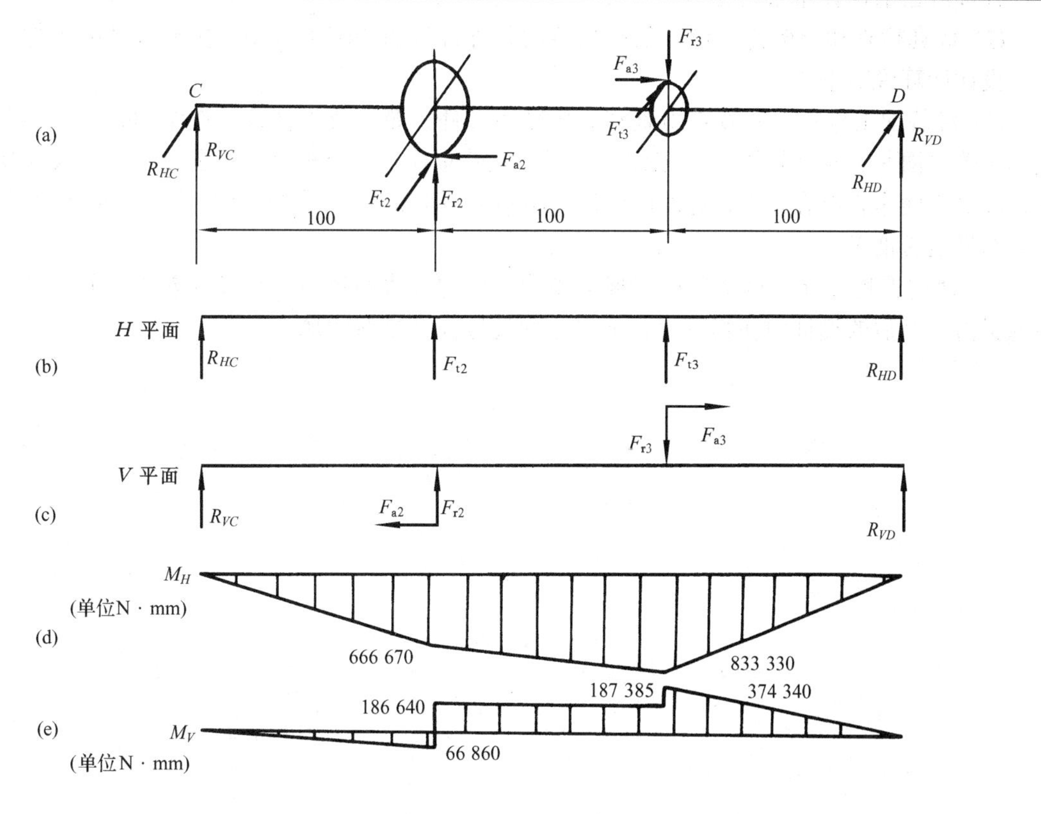

图 7-1　中间轴的计算简图

第8章　答辩准备和设计总结

8.1　答辩准备

答辩是课程设计的最后一个环节。答辩前，要求设计者系统地回顾和复习下面的内容：方案确定、受力分析、承载能力计算、主要参数的选择、零件材料的选择、结构设计、设计资料和标准的运用及工艺性、使用维护等各方面的知识。总之，通过准备达到进一步把问题弄懂、弄通，扩大设计中获得的收获，掌握设计方法，提高分析和解决工程实际问题的能力，以达到课程设计的目的和要求。

答辩前，应将装订好的设计计算说明书、叠好的图纸一起装入袋内，准备进行答辩。

8.2　设计总结

课程设计总结是对整个设计过程的系统总结。在完成全部图纸及编写设计计算说明书任务之后，对设计计算和结构设计进行优缺点分析，特别是对不合理的设计和出现的错误做出一一剖析，并提出改进的设想，从而提高自己的机械设计能力。

在进行课程设计总结时，建议从以下几个方面进行检查与分析。

(1) 以设计任务书的要求为依据，分析设计方案的合理性、设计计算及结构设计的正确性，评价自己的设计结果是否满足设计任务书的要求。

(2) 认真检查和分析自己设计的机械传动装置部件的装配工作图、主要零件的零件工作图及设计计算说明书等。

(3) 对装配工作图，应着重检查和分析轴系部件、箱体及附件设计在结构、工艺性及机械制图等方面是否存在错误。对零件工作图，应着重检查和分析尺寸及公差标注、表面粗糙度标注等方面是否存在错误。对设计计算说明书，应着重检查和分析计算依据是否准确可靠、计算结果是否准确。

(4) 通过课程设计，总结自己掌握了哪些设计的方法和技巧，在设计能力方面有哪些明显的提高，今后的设计中在提高设计质量方面还应注意哪些问题。

第2篇　设 计 资 料

第9章　一般标准与规范

9.1　国内的部分标准代号

表 9-1　国内的部分标准代号

代　号	名　　称	代　号	名　　称
GB	强制性国家标准	QB	原轻工行业标准
/Z	指导性技术文件	ZB	原国家专业标准
JB	机械行业标准	GB/T	推荐性国家标准
YB	黑色冶金行业标准	JB/ZQ	原机械部重型机械企业标准
YS	有色冶金行业标准	Q/ZB	重型机械行业统一标准
HG	化工行业标准	SH	石油化工行业标准
SY	石油天燃气行业标准	FZ	纺织行业标准
FJ	原纺织工业标准	QC	汽车行业标准

9.2　机械制图

1. 图纸幅面、比例、标题栏及明细表

表 9-2　图纸幅面(摘自 GB/T 14689—2008)

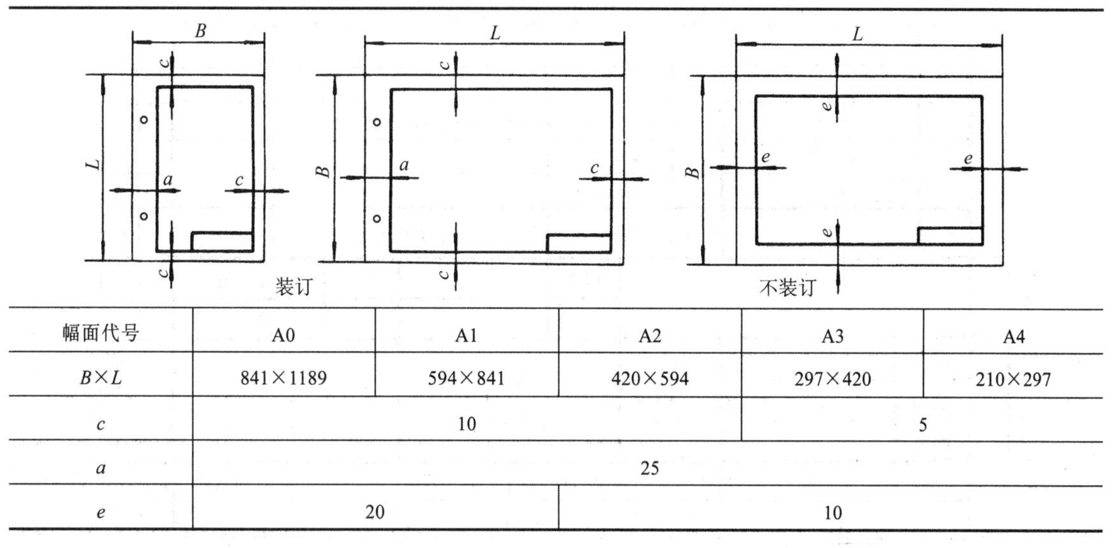

幅面代号	A0	A1	A2	A3	A4
$B\times L$	841×1189	594×841	420×594	297×420	210×297
c	10			5	
a	25				
e	20		10		

注：1. 表中为基本幅面的尺寸。

2. 必要时可以将表中幅面的边长加长，成为加长幅面。它是由基本幅面的短边成整数倍增加后得出。

3. 加长幅面的图框尺寸，按所选用的基本幅面大一号的图框尺寸确定。

表 9-3　比例(摘自 GB/T 14690—1993)

与实物相同	1∶1
缩小的比例	(1∶1.5)　1∶2　1∶2.5　(1∶3)　(1∶4)　1∶5　(1∶6)　1∶10 (1∶1.5×10^n)　1∶2×10^n　1∶2.5×10^n　(1∶3×10^n)　(1∶4×10^n) 1∶5×10^n　(1∶6×10^n)　1∶1×10^n
放大的比例	2∶1　(2.5∶1)　(4∶1)　5∶1　1×10^n∶1 2×10^n∶1　(2.5×10^n∶1)　(4×10^n∶1)　5×10^n∶1

注：1. 绘制同一机件的一组视图时应采用同一比例，当需要用不同比例绘制某个视图时，应当另行标注。

2. 当图形中孔的直径或薄片的厚度等于或小于 2 mm，斜度和锥度较小时，可不按比例而夸大绘制。

3. n 为正整数。

4. 括号内的比例，必要时允许选取。

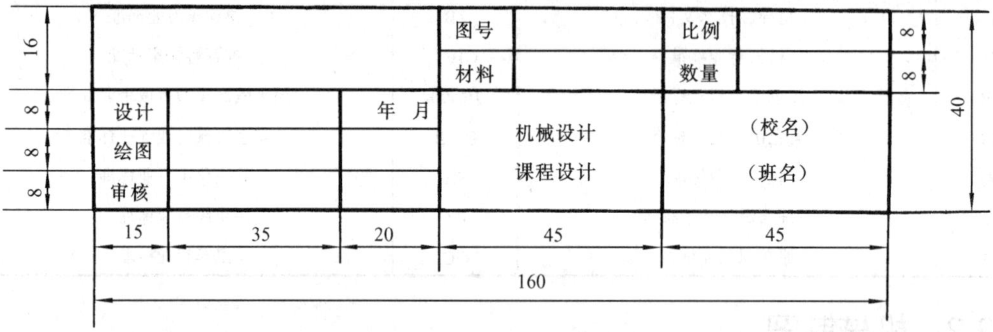

			图号		比例	
			材料		数量	
设计		年　月	机械设计 课程设计		（校名） （班名）	
绘图						
审核						
15	35	20	45		45	

图 9-1　零件图标题栏格式(本课程用)

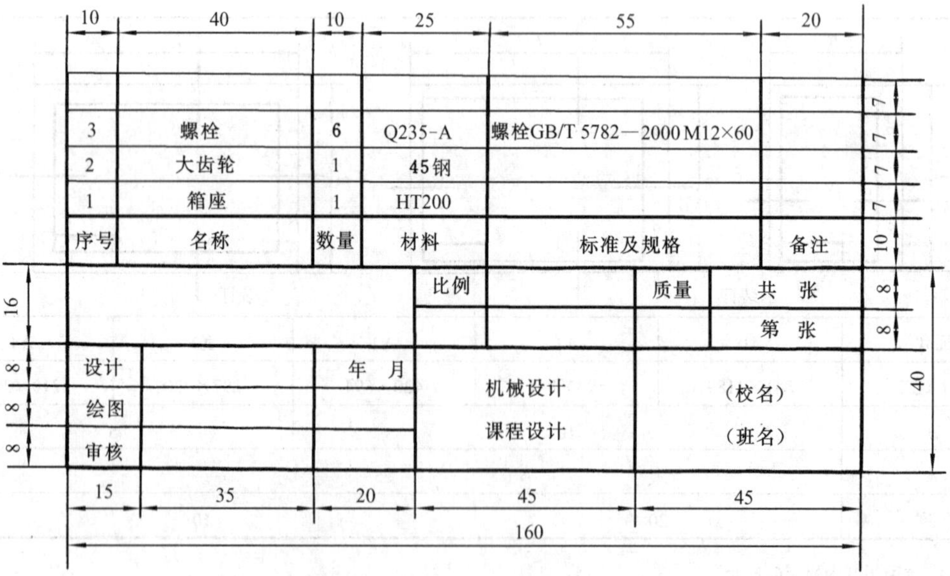

10	40	10	25	55	20
3	螺栓	6	Q235-A	螺栓GB/T 5782—2000 M12×60	
2	大齿轮	1	45钢		
1	箱座	1	HT200		
序号	名称	数量	材料	标准及规格	备注

			比例		质量	共　张
						第　张
设计		年　月	机械设计 课程设计		（校名） （班名）	
绘图						
审核						
15	35	20	45		45	

注：主框线型为粗实线 b，横格线型为细实线，约 $b/3$。

图 9-2　装配图标题栏及明细表格式(本课程用)

2. 装配图中允许采用的简化画法

表 9-4　装配图中允许采用的简化画法(摘自 GB/T 4458.1—2002、GB/T 4459.7—1998)

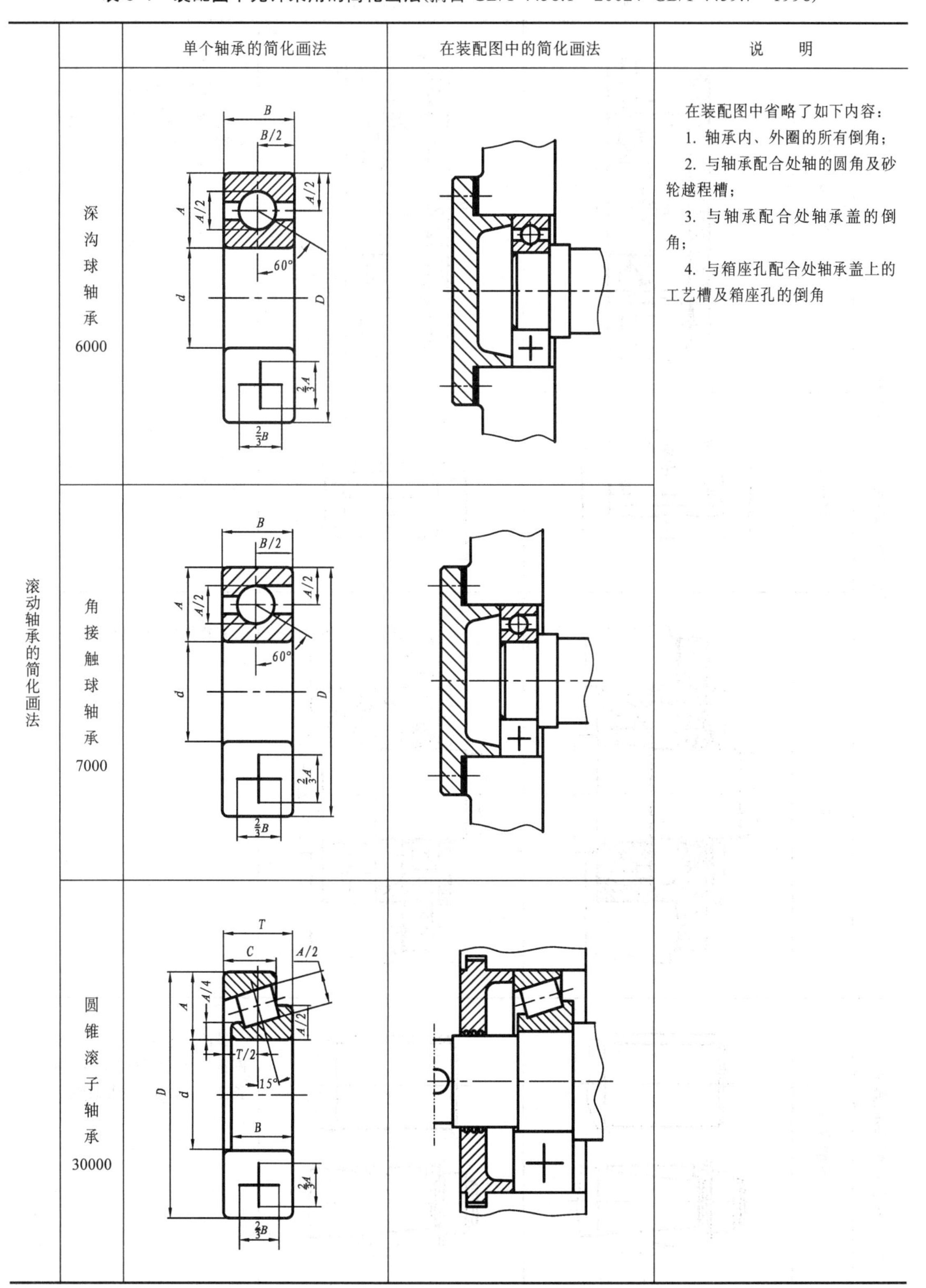

		单个轴承的简化画法	在装配图中的简化画法	说　明
滚动轴承的简化画法	深沟球轴承 6000			在装配图中省略了如下内容： 1. 轴承内、外圈的所有倒角； 2. 与轴承配合处轴的圆角及砂轮越程槽； 3. 与轴承配合处轴承盖的倒角； 4. 与箱座孔配合处轴承盖上的工艺槽及箱座孔的倒角
	角接触球轴承 7000			
	圆锥滚子轴承 30000			

续表

		简化前	简化后	说明
轴承盖、视孔盖、密封件的简化画法	轴承盖	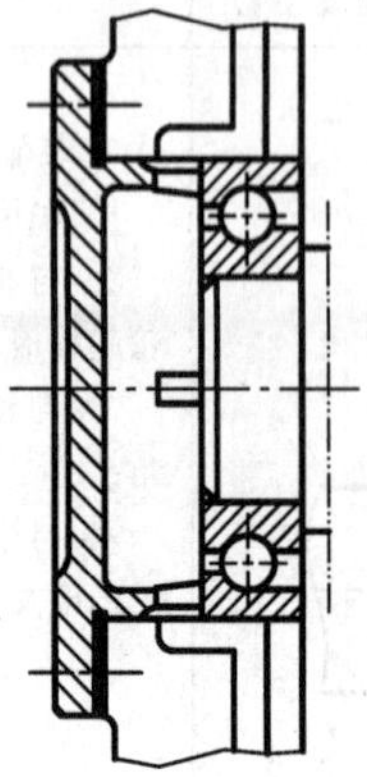	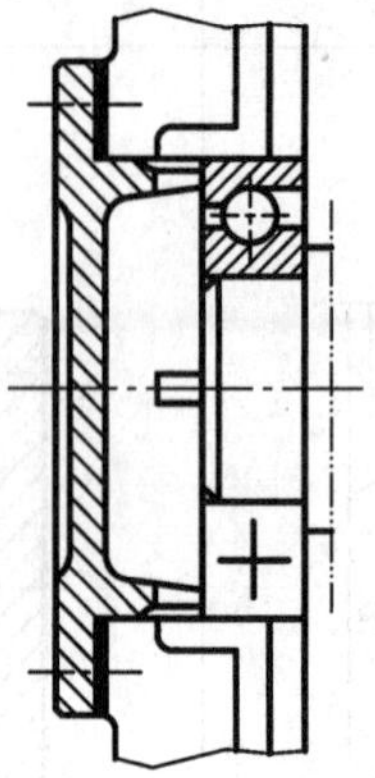	1. 轴承盖与轴承接触处的通油槽按直线绘制； 2. 轴承盖与箱体孔端部配合处的工艺槽已省略； 3. 轴承按简化画法只需绘出一半
	视孔盖	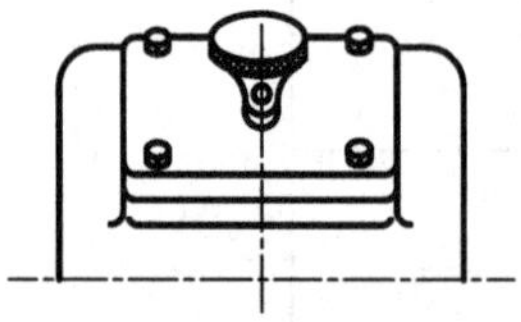	拆去视孔盖部件 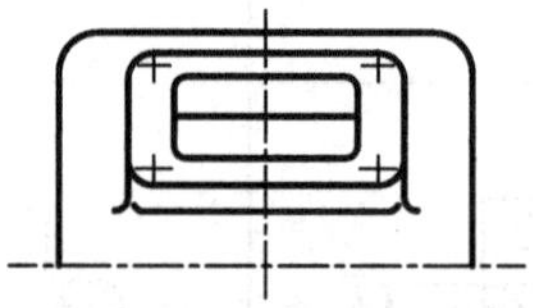	在左视图中注明“拆去视孔盖部件”后，只需绘出孔的宽度及螺钉位置
	密封件	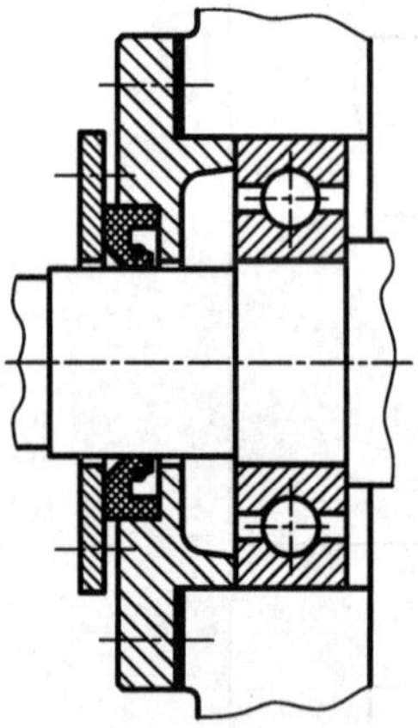	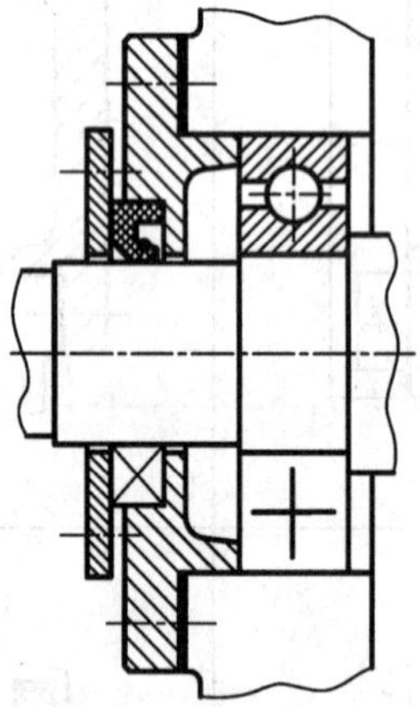	对称部分的结构(如密封件、轴承)，只需绘出一半
平键连接的简化画法	平键连接	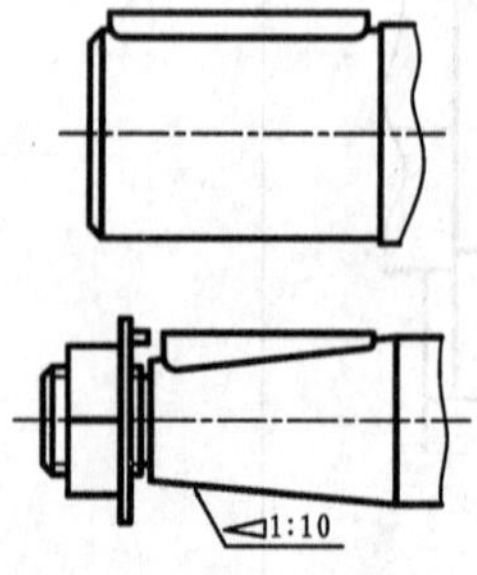 1:10	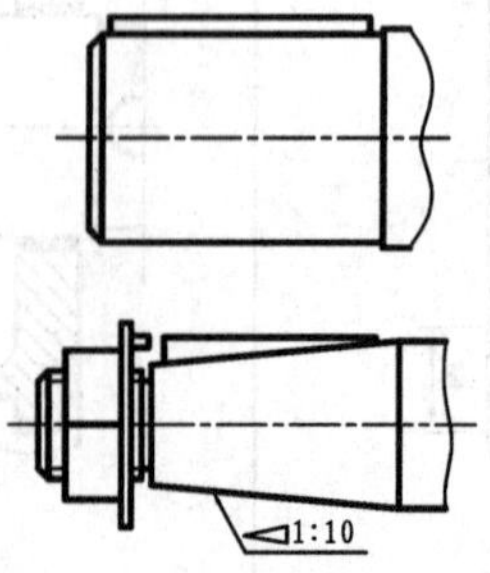 1:10	键的简化画法是直接在圆柱或圆锥面上画出键的安装高度及其长度，省去复杂的相贯线

续表

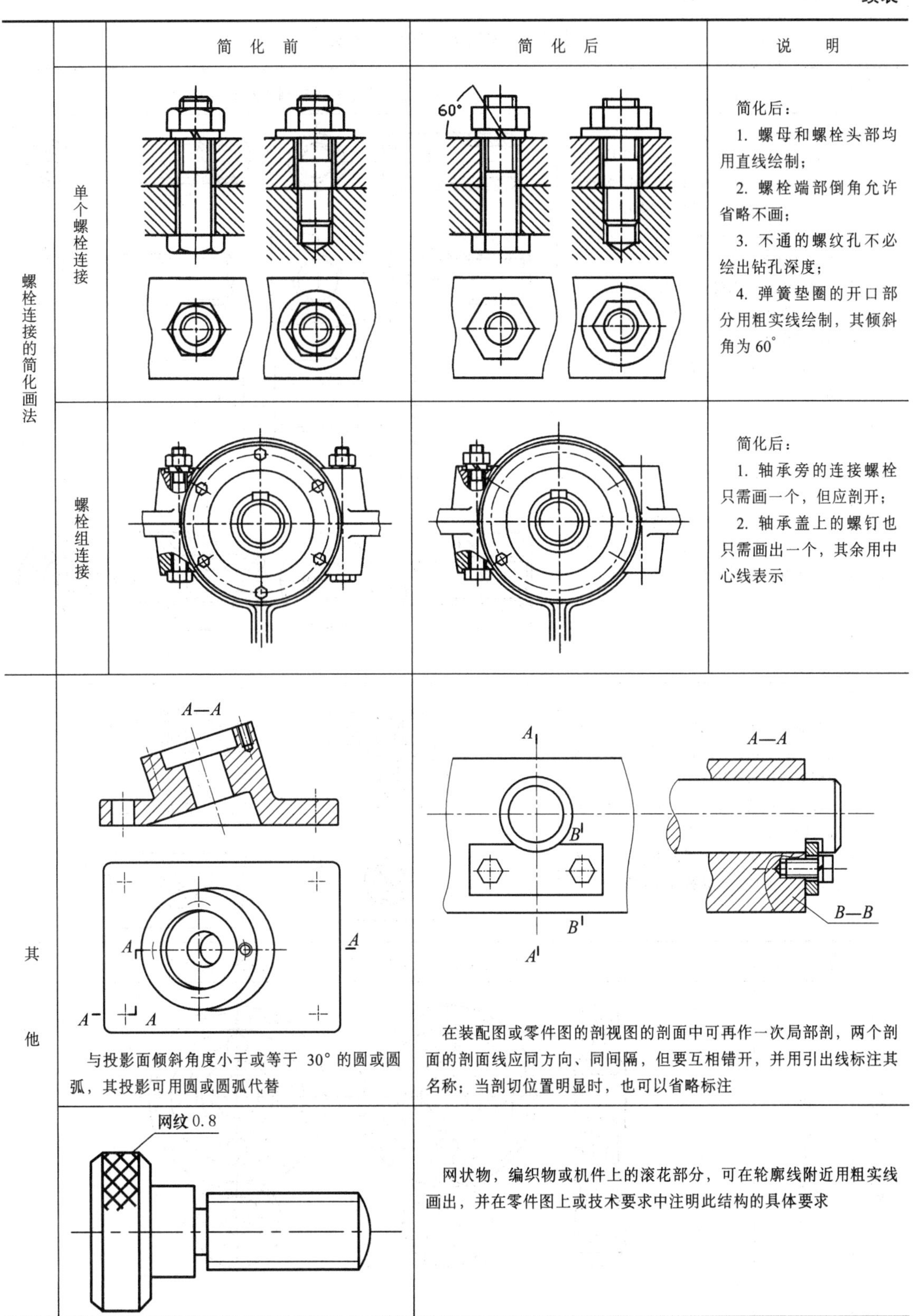

		简　化　前	简　化　后	说　　明
螺栓连接的简化画法	单个螺栓连接			简化后： 1. 螺母和螺栓头部均用直线绘制； 2. 螺栓端部倒角允许省略不画； 3. 不通的螺纹孔不必绘出钻孔深度； 4. 弹簧垫圈的开口部分用粗实线绘制，其倾斜角为 60°
	螺栓组连接			简化后： 1. 轴承旁的连接螺栓只需画一个，但应剖开； 2. 轴承盖上的螺钉也只需画出一个，其余用中心线表示
其他	与投影面倾斜角度小于或等于 30° 的圆或圆弧，其投影可用圆或圆弧代替		在装配图或零件图的剖视图的剖面中可再作一次局部剖，两个剖面的剖面线应同方向、同间隔，但要互相错开，并用引出线标注其名称；当剖切位置明显时，也可以省略标注	
			网状物，编织物或机件上的滚花部分，可在轮廓线附近用粗实线画出，并在零件图上或技术要求中注明此结构的具体要求	

3. 常用零件的规定画法

表9-5　常用零件的规定画法

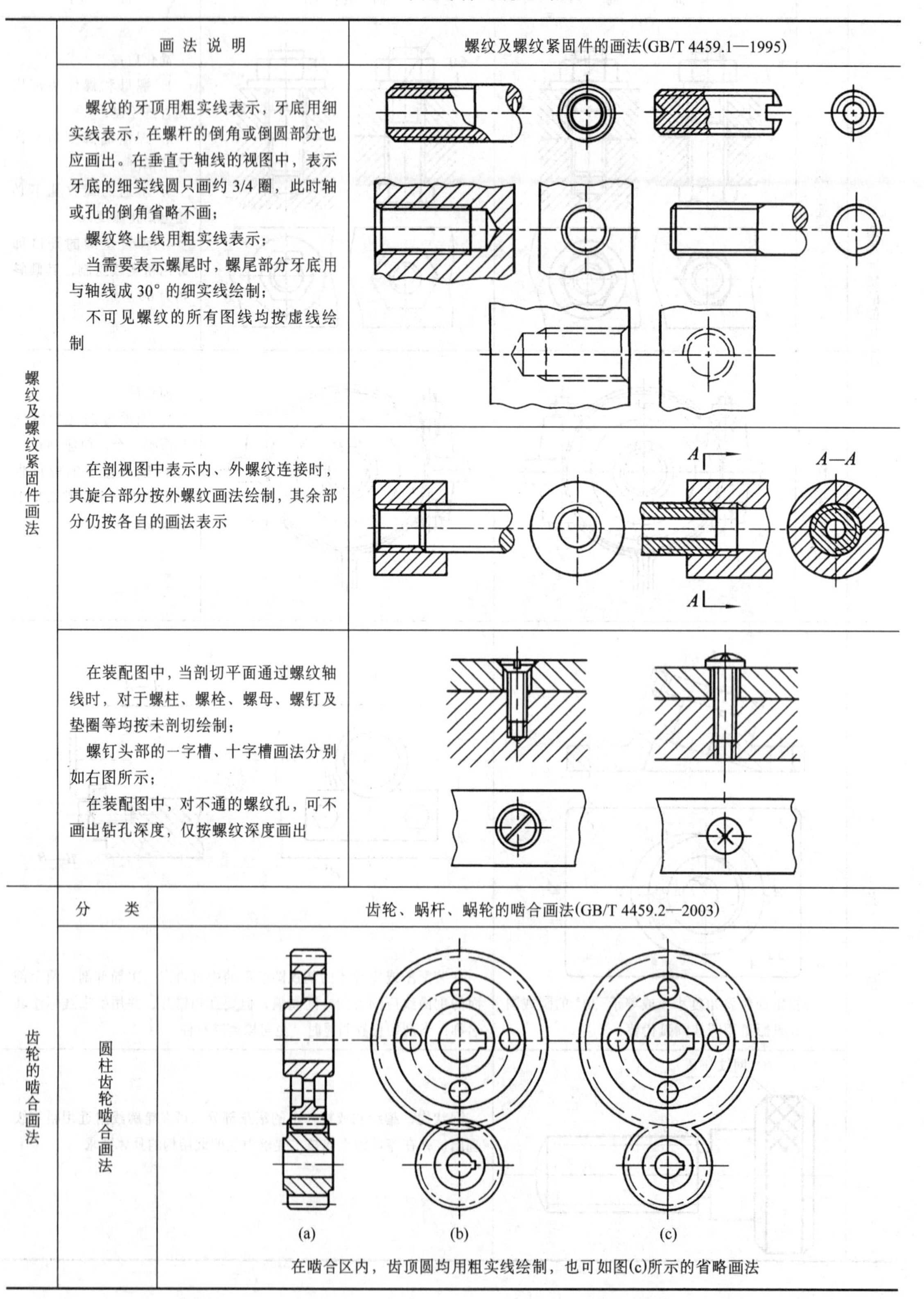

	画法说明	螺纹及螺纹紧固件的画法(GB/T 4459.1—1995)
螺纹及螺纹紧固件画法	螺纹的牙顶用粗实线表示，牙底用细实线表示，在螺杆的倒角或倒圆部分也应画出。在垂直于轴线的视图中，表示牙底的细实线圆只画约3/4圈，此时轴或孔的倒角省略不画； 螺纹终止线用粗实线表示； 当需要表示螺尾时，螺尾部分牙底用与轴线成30°的细实线绘制； 不可见螺纹的所有图线均按虚线绘制	
	在剖视图中表示内、外螺纹连接时，其旋合部分按外螺纹画法绘制，其余部分仍按各自的画法表示	A A—A A
	在装配图中，当剖切平面通过螺纹轴线时，对于螺柱、螺栓、螺母、螺钉及垫圈等均按未剖切绘制； 螺钉头部的一字槽、十字槽画法分别如右图所示； 在装配图中，对不通的螺纹孔，可不画出钻孔深度，仅按螺纹深度画出	

	分　类	齿轮、蜗杆、蜗轮的啮合画法(GB/T 4459.2—2003)
齿轮的啮合画法	圆柱齿轮啮合画法	(a)　(b)　(c) 在啮合区内，齿顶圆均用粗实线绘制，也可如图(c)所示的省略画法

续表

<table>
<tr><th colspan="3">分　类</th><th>齿轮、蜗杆、蜗轮的啮合画法(GB/T 4459.2—2003)</th></tr>
<tr><td rowspan="2">齿轮的啮合画法</td><td colspan="2">圆柱齿轮副的啮合画法</td><td>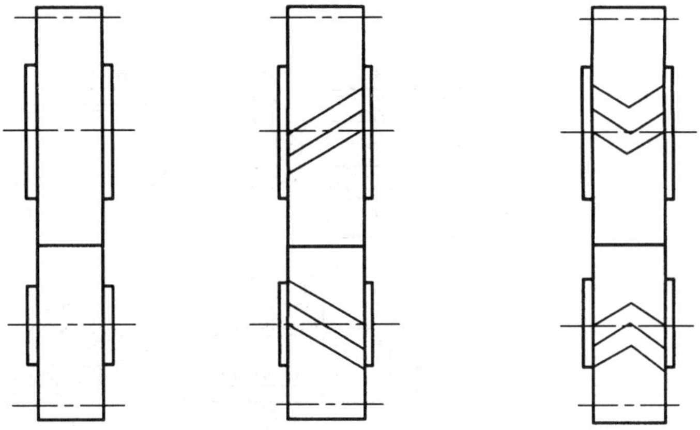
啮合区只画节线(用粗实线绘制)</td></tr>
<tr><td>锥齿轮副的啮合画法</td><td>轴线成直角啮合</td><td>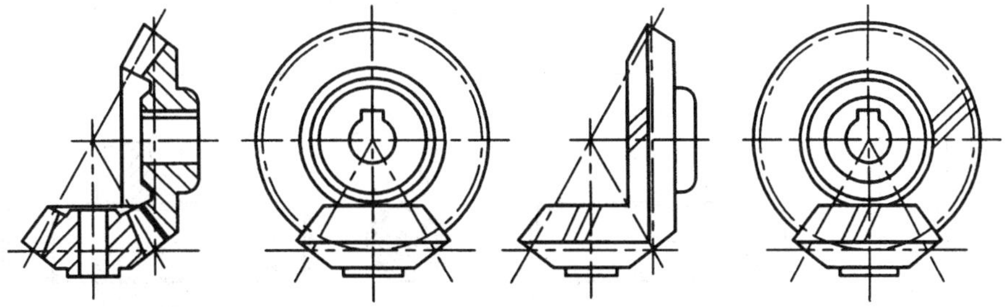</td></tr>
<tr><td rowspan="2">蜗杆、蜗轮的啮合画法</td><td colspan="2">圆柱蜗杆副的啮合</td><td>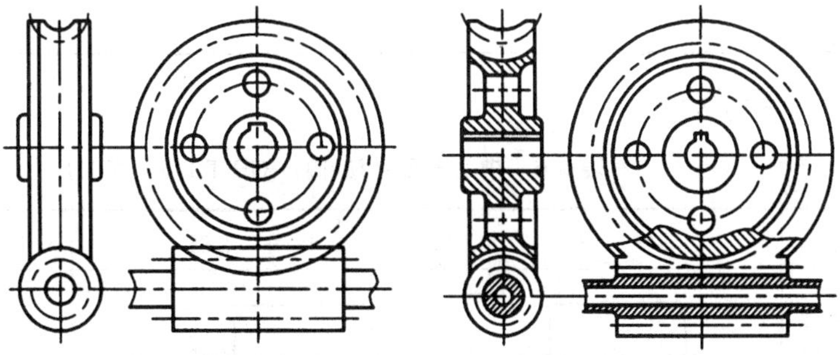</td></tr>
<tr><td colspan="2">环面蜗杆副的啮合</td><td>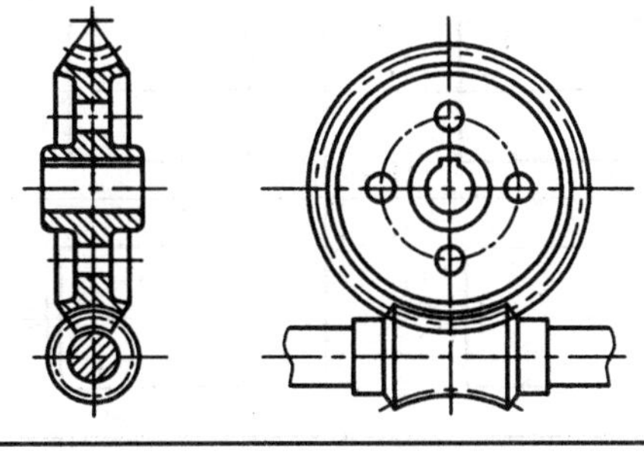</td></tr>
</table>

续表

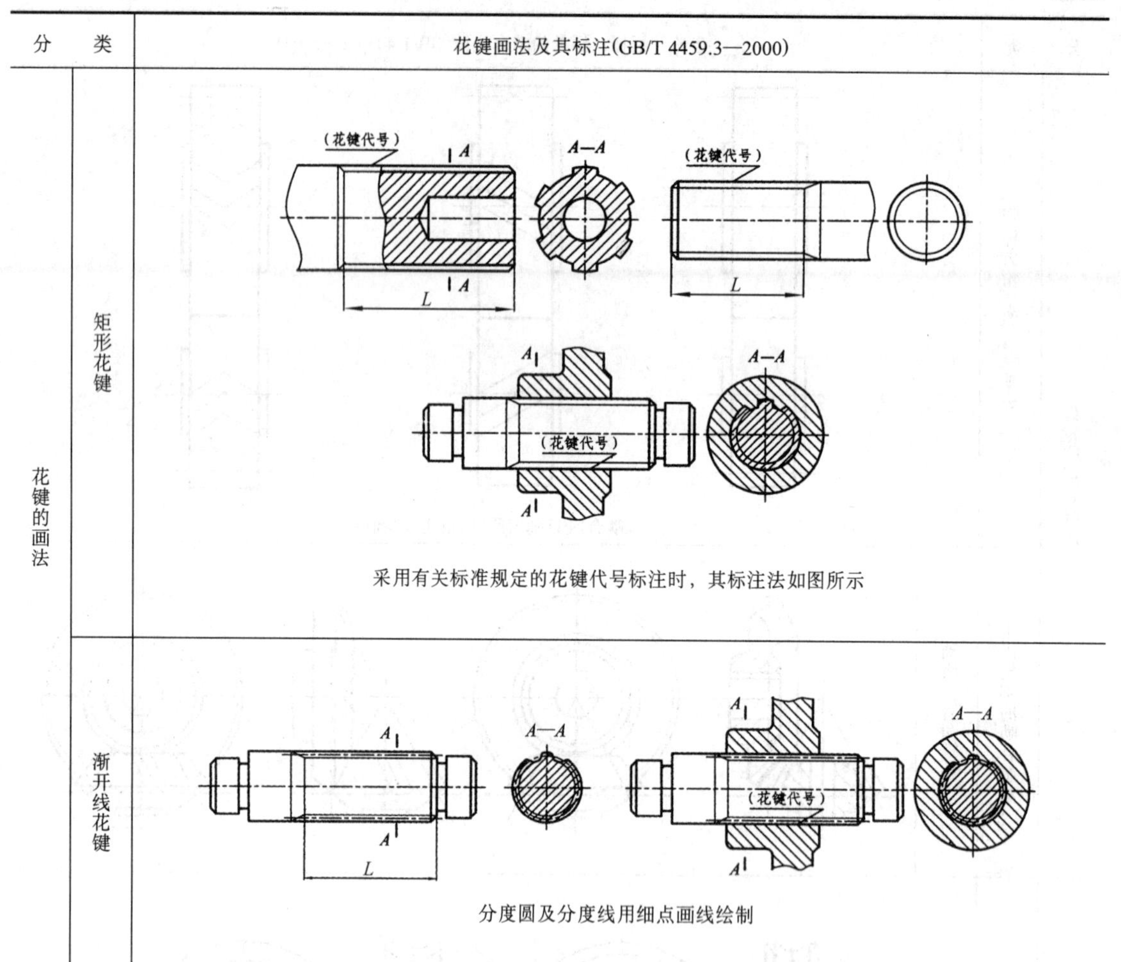

分　类		花键画法及其标注(GB/T 4459.3—2000)
花键的画法	矩形花键	（花键代号）　A　A—A　（花键代号）　L A　（花键代号）　A—A 采用有关标准规定的花键代号标注时，其标注法如图所示
	渐开线花键	A　A—A　L　A　（花键代号）　A—A 分度圆及分度线用细点画线绘制

4. 中心孔表示法

表 9-6　中心孔表示法(摘自 GB/T 145—2001)

要　求	符　号	标 注 示 例	解　释
在完工的零件上要求保留中心孔		B 3.15/10	用 B 型中心孔 d=3.15 mm，D_{max}=10 mm 在完工的零件上要求保留中心孔
在完工的零件上可以保留中心孔		A 4/8.5	用 A 型中心孔 d=4 mm，D_{max}=8.5 mm 在完工的零件上是否保留中心孔都可以
在完工的零件上不允许保留中心孔		A 2/4.25	用 A 型中心孔 d=2 mm，D_{max}=4.25 mm 在完工的零件上不允许保留中心孔

续表

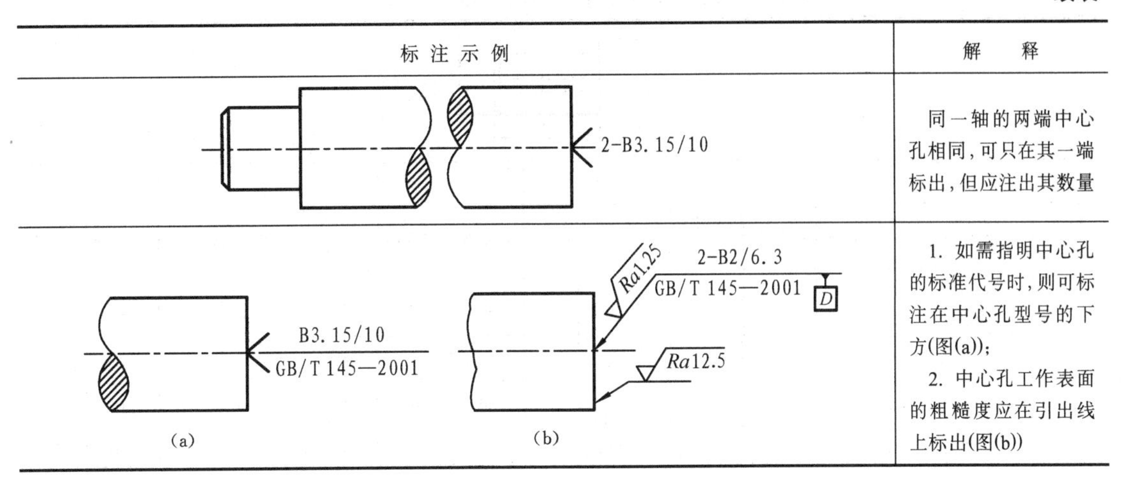

标注示例	解　释
（上图）	同一轴的两端中心孔相同，可只在其一端标出，但应注出其数量
(a)　(b)	1. 如需指明中心孔的标准代号时，则可标注在中心孔型号的下方(图(a))； 2. 中心孔工作表面的粗糙度应在引出线上标出(图(b))

9.3　一般标准

表 9-7　标准尺寸(直径、长度和高度等)(摘自 GB/T 2822—2005)　　mm

R10	R20	R10	R20	R40	R10	R20	R40	R10	R20	R40	R10	R20	R40
1.25	1.25	12.5	12.5	12.5	40.0	40.0	40.0	125	125	125	400	400	400
	1.40			13.2			42.5			132			425
1.60	1.60		14.0	14.0		45.0	45.0		140	140		450	450
	1.80			15.0			47.5			150			475
2.00	2.00	16.0	16.0	16.0	50.0	50.0	50.0	160	160	160	500	500	500
	2.24			17.0			53.0			170			530
2.50	2.50		18.0	18.0		56.0	56.0		180	180		560	560
	2.80			19.0			60.0			190			600
3.15	3.15	20.0	20.0	20.0	63.0	63.0	63.0	200	200	200	630	630	630
	3.55			21.2			67.0			212			670
4.00	4.00		22.4	22.4		71.0	71.0		224	224		710	710
	4.50			23.6			75.0			236			750
5.00	5.00	25.0	25.0	25.0	80.0	80.0	80.0	250	250	250	800	800	800
	5.60			26.5			85.0			265			850
6.30	6.30		28.0	28.0		90.0	90.0		280	280		900	900
	7.10			30.0			95.0			300			950
8.00	8.00	31.5	31.5	31.5	100	100	100	315	315	315	1000	1000	1000
	9.00			33.5			106			335			1060
10.0	10.0		35.5	35.5		112	112		355	355		1120	1120
	11.2			37.5			118			375			1180

注：1. 选用标准尺寸的顺序为 R10、R20、R40。

2. 本标准适用于机械制造业中有互换性或系列化要求的主要尺寸，其他结构尺寸也应尽量采用，对已有专用标准(如滚动轴承、联轴器等)规定的尺寸，按专用标准选用。

表 9-8　圆柱形轴伸(摘自 GB/T 1569—2005)

mm

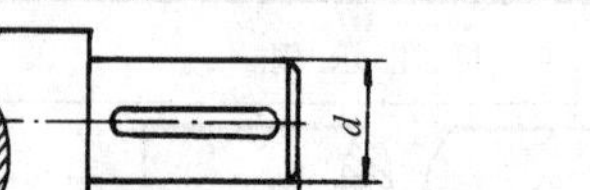

d 基本尺寸	d 极限偏差		L 长系列	L 短系列	d 基本尺寸	d 极限偏差		L 长系列	L 短系列	d 基本尺寸	d 极限偏差		L 长系列	L 短系列
6	+0.006 −0.002	j6	16	—	19	+0.009 −0.004	j6	40	28	40	+0.018 +0.002	k6	110	82
7	+0.007 −0.002		16	—	20			50	36	42			110	82
8			20	—	22			50	36	45			110	82
9			20	—	24			50	36	48			110	82
10			23	20	25			60	42	50			110	82
11	+0.008 −0.003		23	20	28			60	42	55	+0.030 +0.011	m6	110	82
12			30	25	30			80	58	60			140	105
14			30	25	32	+0.018 +0.002	k6	80	58	65			140	105
16			40	28	35			80	58	70			140	105
18			40	28	38			80	58	75			140	105

表 9-9　60°中心孔(摘自 GB/T 145—2001)

mm

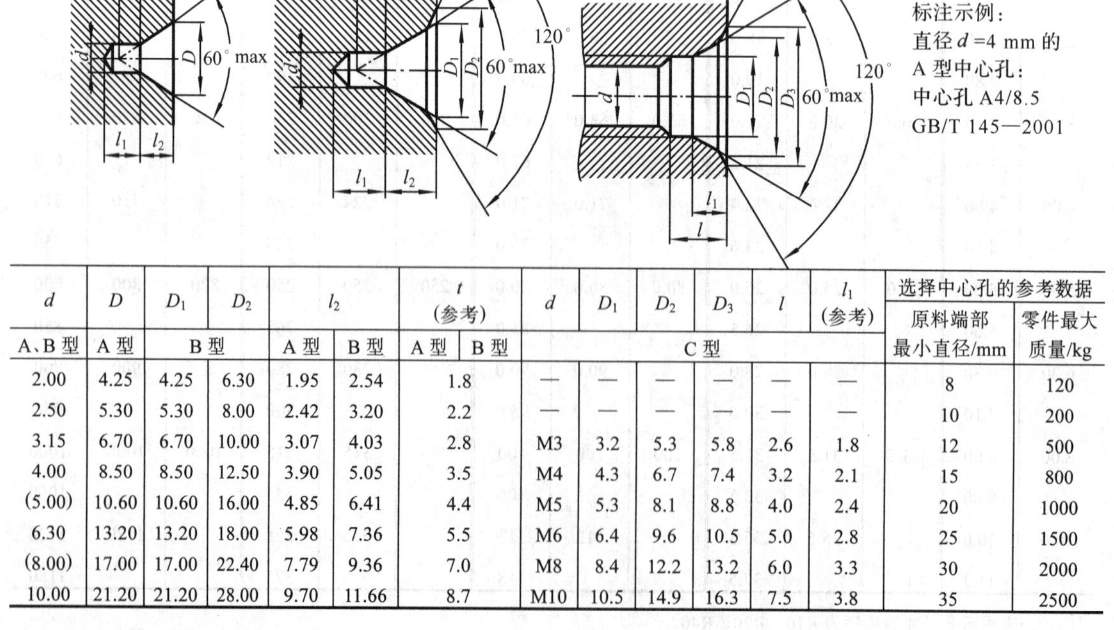

d	D	D_1	D_2	l_2		t (参考)		d	D_1	D_2	D_3	l	l_1 (参考)	选择中心孔的参考数据	
A、B 型	A 型	B 型		A 型	B 型	A 型	B 型	C 型						原料端部最小直径/mm	零件最大质量/kg
2.00	4.25	4.25	6.30	1.95	2.54	1.8		—	—	—	—	—	—	8	120
2.50	5.30	5.30	8.00	2.42	3.20	2.2		—	—	—	—	—	—	10	200
3.15	6.70	6.70	10.00	3.07	4.03	2.8		M3	3.2	5.3	5.8	2.6	1.8	12	500
4.00	8.50	8.50	12.50	3.90	5.05	3.5		M4	4.3	6.7	7.4	3.2	2.1	15	800
(5.00)	10.60	10.60	16.00	4.85	6.41	4.4		M5	5.3	8.1	8.8	4.0	2.4	20	1000
6.30	13.20	13.20	18.00	5.98	7.36	5.5		M6	6.4	9.6	10.5	5.0	2.8	25	1500
(8.00)	17.00	17.00	22.40	7.79	9.36	7.0		M8	8.4	12.2	13.2	6.0	3.3	30	2000
10.00	21.20	21.20	28.00	9.70	11.66	8.7		M10	10.5	14.9	16.3	7.5	3.8	35	2500

注：1. 括号内尺寸尽量不用。

2. A、B 型中尺寸 l_1 取决于中心钻的长度，即使中心孔重磨后再使用，此值不应小于 t 值。

3. A 型同时列出了 D 和 l_2 尺寸，B 型同时列出了 D_1、 D_2 和 l_2 尺寸，制造厂可分别任选其中一个尺寸。

表 9-10 配合表面处的圆角半径和倒角尺寸(摘自 GB/T 6403.4—2008) mm

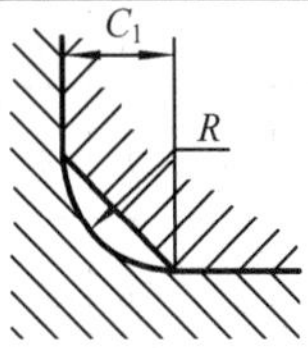

$C_1>R$

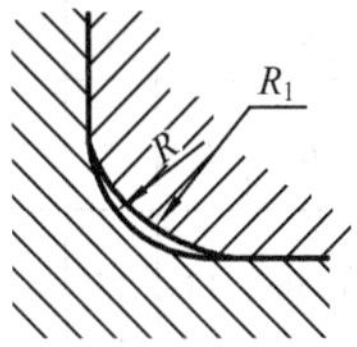

$R_1>R$

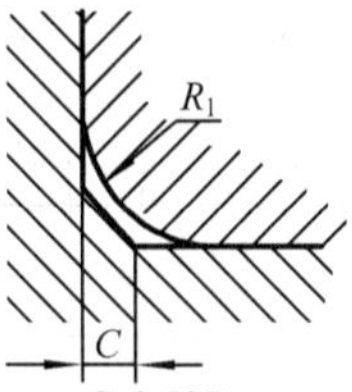

$C<0.58R_1$

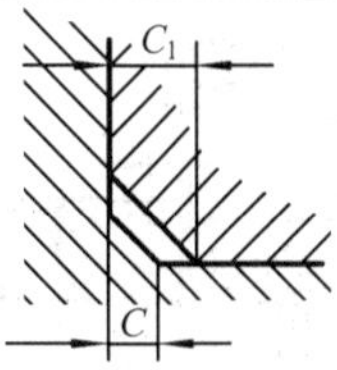

$C_1>C$

轴直径 d	>10～18	>18～30	>30～50	>50～80	>80～120	>120～180
R_1、R 及 C	0.8	1.0	1.6	2.0	2.5	3.0
C_{max}	0.4	0.5	0.8	1.0	1.2	1.6

注：1. 与滚动轴承相配合的轴及轴承座孔处的圆角半径参见第 12 章表 12-1 至表 12-7 的安装尺寸 r_a、r_b。

2. C_1 的数值不属于 GB/T 6403.4—2008，仅供参考。

表 9-11 圆形零件自由表面过渡圆角半径和过盈配合连接轴用倒角 mm

圆角半径	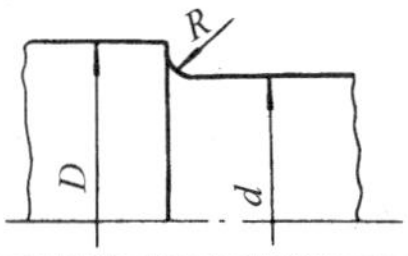	$D-d$	2	5	8	10	15	20	25	30	35	40	50	55	65	70	90
		R	1	2	3	4	5	8	10	12	12	16	16	20	20	25	25
		$D-d$	100	130	140	170	180	220	230	290	300	360	370	450	—	—	—
		R	30	30	40	40	50	50	60	60	80	80	100	100	—	—	—

过盈配合连接轴用倒角	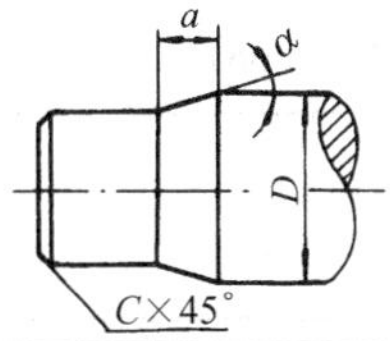	D	≤10	>10～18	>18～30	>30～50	>50～80	>80～120	>120～180	>180～260	>260～360	>360～500
		a	1	1.5	2	3	5	5	8	10	10	12
		α	30°				10°					

注：尺寸 $D-d$ 是表中数值的中间值时，则按较小尺寸来选取 R。例如，$D-d=98$ mm，则按 90 mm 来选 $R=25$ mm。

表 9-12 砂轮越程槽(摘自 GB/T 6403.5—2008) mm

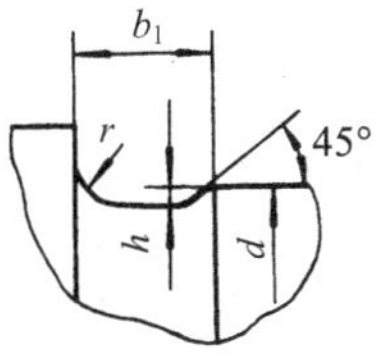

磨外圆

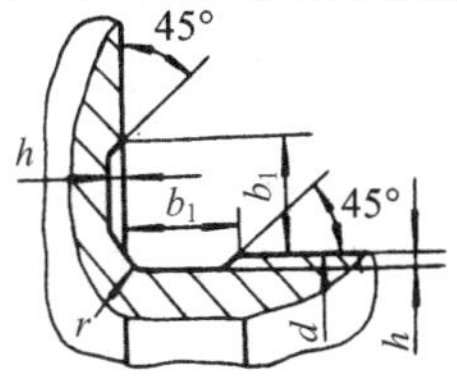

磨外圆及端面

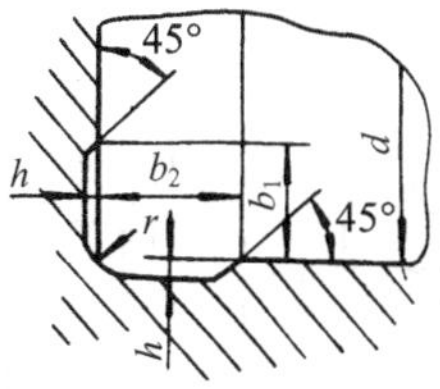

磨内圆及端面

b_1	0.6	1.0	1.6	2.0	3.0	4.0	5.0	8.0	10
b_2	2.0	3.0		4.0		5.0		8.0	10
h	0.1	0.2		0.3	0.4		0.6	0.8	1.2
r	0.2	0.5		0.8	1.0		1.6	2.0	3.0
d	～10			>10～50		>50～100		>100	

表 9-13 齿轮滚刀外径尺寸(摘自 GB/T 6083—2016) mm

模数 m 系列		2	2.5	3	4	5	6	7	8	9	10
滚刀外径 d_e	I 型	80	90	100	112	125	140	140	160	180	200
	II 型	71	71	80	90	100	112	118	125	140	150

注：I 型适用于技术条件按 GB/T 3227 的高精度齿轮滚刀；II 型适用于技术条件按 GB/T 6084 的齿轮滚刀。

表 9-14　插齿空刀槽各部尺寸(摘自 JB/ZQ 4238—1997)　　mm

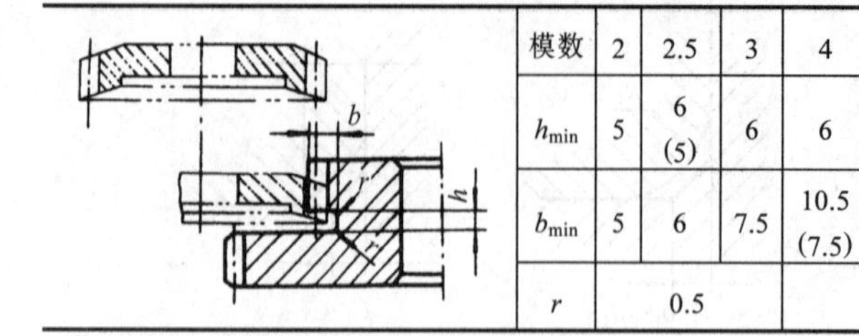

模数	2	2.5	3	4	5	6	7	8	9	10	12	14	16	18	20
h_{min}	5	6 (5)	6	6	6	7	7	7	8	8	8	9	9	9	10
b_{min}	5	6	7.5	10.5 (7.5)	10.05	13	15	16	19	22	24	28	33	38	42
r	0.5			1.0											

9.4　机械设计一般规范

表 9-15　铸件最小壁厚(不小于)　　mm

铸 造 方 法	铸 件 尺 寸	铸　钢	灰铸铁	球墨铸铁	可锻铸铁	铝合金	镁合金	铜合金
砂型	～200×200	6～8	5～6	6	4～5	3	—	3～5
	＞200×200～500×500	10～12	＞6～10	12	5～8	4	3	6～8
	＞500×500	18～25	15～20	—	—	5～7	—	—

注：1. 一般铸造条件下，各种灰铸铁的最小允许壁厚δ如下。

HT100、HT150：δ=4～6 mm；HT200：δ=6～8 mm；HT250：δ=8～15 mm；HT300、HT350：δ=15 mm

2. 如有必要，在改善铸造条件下，灰铸铁最小壁厚可达 3 mm，可锻铸铁最小壁厚可小于 3 mm。

表 9-16　铸造内圆角及相应的过渡尺寸 R 值(摘自 JB/ZQ 4255—2006)　　mm

$a \approx b$
$R_1=R+a$

$b<0.8a$
$R_1=R+b+c$

$\frac{a+b}{2}$	内圆角α											
	≤50°		＞50°～75°		＞75°～105°		＞105°～135°		＞135°～165°		＞165°	
	钢	铁	钢	铁	钢	铁	钢	铁	钢	铁	钢	铁
≤8	4	4	4	4	6	4	8	6	16	10	20	16
9～12	4	4	4	4	6	6	10	8	16	12	25	20
13～16	4	4	6	4	8	6	12	10	20	16	30	25
17～20	6	4	8	6	10	8	16	12	25	20	40	30
21～27	6	6	10	8	12	10	20	16	30	25	50	40
28～35	8	6	12	10	16	12	25	20	40	30	60	50
36～45	10	8	16	12	20	16	30	25	50	40	80	60
46～60	12	10	20	16	25	20	35	30	60	50	100	80
61～80	16	12	25	20	30	25	40	35	80	60	120	100
81～110	20	16	25	20	35	30	50	40	100	80	160	120
111～150	20	16	30	25	40	35	60	50	100	80	160	120
151～200	25	20	40	30	50	40	80	60	120	100	200	160
201～250	30	25	50	40	60	50	100	80	160	120	250	200
251～300	40	30	60	50	80	60	120	100	200	160	300	250
＞300	50	40	80	60	100	80	160	120	250	200	400	300

c和h值		b/a	≤0.4	＞0.4～0.65	＞0.65～0.8	＞0.8
		≈c	$0.7(a-b)$	$0.8(a-b)$	$a-b$	
	≈h	钢	$8c$			
		铁	$9c$			

表 9-17　铸造外圆角及相应的过渡尺寸 R 值(摘自 JB/ZQ 4256—2006)

mm

表面的最小边尺寸 p	外圆角 α					
	≤50°	>50°～75°	>75°～105°	>105°～135°	>135°～165°	>165°
≤25	2	2	2	4	6	8
>25～60	2	4	4	6	10	16
>60～160	4	4	6	8	16	25
>160～250	4	6	8	12	20	30
>250～400	6	8	10	16	25	40
>400～600	6	8	12	20	30	50
>600～1000	8	12	16	25	40	60
>1000～1600	10	16	20	30	50	80
>1600～2500	12	20	25	40	60	100
>2500	16	25	30	50	80	120

注：如果铸件按上表可选出许多不同圆角的 R 时，应尽量减少或只取一适当的 R 值以求统一。

表 9-18　铸造过渡斜度(摘自 JB/ZQ 4254—2006)

mm

适合于减速器的箱体、箱盖、连接管、汽缸及其他各种连接法兰的过渡处

铁铸件和钢铸件的壁厚 δ	K	h	R
10～15	3	15	5
>15～20	4	20	5
>20～25	5	25	5
>25～30	6	30	8
>30～35	7	35	8
>35～40	8	40	10
>40～45	9	45	10
>45～50	10	50	10

表 9-19　铸造斜度

斜度 $b:h$	角度 β	使用范围
1:5	11° 30′	h<25 mm时的铸铁件和铸钢件
1:10 1:20	5° 30′ 3°	h 在 25～500 mm 时的铸铁件和铸钢件
1:50	1°	h>500 mm 时的铸铁件和铸钢件
1:100	30′	有色金属铸件

注：当设计不同壁厚的铸件时(参见表中的图)，在转折点处斜角最大，可增大到 30°～45°。

表 9-20　过渡配合、过盈配合的嵌入倒角

mm

D	倒角深	配合			
		u6、s6、s7、r6、n6、m6	t7	u8	z8
≤50	a	0.5	1	1.5	2
	A	1	1.5	2	2.5
50～100	a	1	2	2	3
	A	1.5	2.5	2.5	3.5
100～250	a	2	3	4	5
	A	2.5	3.5	4.5	6
250～500	a	3.5	4.5	7	8.5
	A	4	5.5	8	10

第 10 章　常用工程材料

10.1　黑色金属

表 10-1　金属热处理工艺分类及代号(摘自 GB/T 12603—2005)

热处理工艺名	代号*	说　明	热处理工艺名	代号*	说　明
退火	511	整体退火热处理	固体渗碳	531-09	固体渗碳化学热处理
正火	512	整体正火热处理	液体渗碳	531-03	液体渗碳化学热处理
淬火	513	整体淬火热处理	气体渗碳	531-01	气体渗碳化学热处理
淬火及回火	514	整体淬火及回火热处理	碳氮共渗	532	碳氮共渗化学热处理
调质	515	整体调质热处理	液体渗氮	533-03	液体渗氮化学热处理
感应淬火和回火	521-04	感应加热表面淬火、回火热处理	气体渗氮	533-01	气体渗氮化学热处理
火焰淬火和回火	521-05	火焰加热表面淬火、回火热处理	离子渗氮	533-08	等离子体渗氮化学热处理

*注：第一位字为热处理总称；第二位字为工艺类型；第三位字为工艺名称；第四、五位字为加热方式。

例：533-01　5—热处理；3—化学热处理；3—渗氮；01—气体加热。

表 10-2　灰铸铁件(摘自 GB/T 9439—2010)、球墨铸铁件(摘自 GB/T 1348—2009)

类别	牌　号	力学性能						应用举例
		$\sigma_b \geqslant$ /MPa	σ_s 或 $\sigma_{0.2} \geqslant$ /MPa	δ /(%)	ψ /(%)	铸件壁厚 /mm	硬度 /HBW	
		不小于						
灰铸铁	HT100	100				5～40	≤170	支架、盖、手把等
	HT150	150				5～300	125～205	轴承盖、轴承座、手轮等
	HT200	200				5～300	150～230	机架、机体、中压阀体等
	HT250	250				5～300	180～250	机体、轴承座、缸体、联轴器、齿轮等
	HT300	300				10～300	200～275	
	HT350	350				10～300	220～290	齿轮、凸轮、床身、导轨等
球墨铸铁	QT400-15	400	250	15			120～180	齿轮、箱体、管路、阀体、盖、中低压阀体等
	QT450-10	450	310	10			160～210	
	QT500-7	500	320	7			170～230	汽缸、阀体、轴瓦等
	QT600-3	600	370	3			190～270	曲轴、缸体、车轮等
	QT700-2	700	420	2			225～305	

表 10-3　普通碳素结构钢(摘自 GB/T 700—2006)

牌号	等级	拉伸试验													冲击试验		应用举例
		屈服强度σ_s/MPa						抗拉强度σ_b/MPa	伸长率δ_5/(%)						温度/℃	V型冲击功(纵向)/J	
		钢材厚度(直径)/mm							钢材厚度(直径)/mm								
		≤16	>16~40	>40~60	>60~100	>100~150	>150		≤16	>16~40	>40~60	>60~100	>100~150	>150			
		不小于							不小于							不小于	
Q195	—	195	185	—	—	—	—	315~430	33	32	—	—	—	—	—	—	塑性好，常用其轧制薄板、拉制线材、制件和焊接钢管
Q215	A	215	205	195	185	175	165	335~450	31	30	29	28	27	26	—	—	金属结构构件；拉杆、螺栓、短轴、心轴、凸轮，渗碳零件及焊接件
	B														20	27	
Q235	A	235	225	215	205	195	185	375~500	26	25	24	23	22	21	—	—	金属结构构件，心部强度要求不高的渗碳或氰化零件；吊钩、拉杆、套圈、齿轮、螺栓、螺母、连杆、轮轴、盖及焊接件
	B														20	27	
	C														0		
	D														−20		
Q255	A	255	245	235	225	215	205	410~550	24	23	22	21	20	19	—	—	轴、轴销、螺母、螺栓、垫圈、齿轮以及其他强度较高的零件
	B														20	27	
Q275	—	275	265	255	245	235	225	490~630	20	19	18	17	16	15	—	—	

注：新旧牌号对照 Q215→A2；Q235→A3；Q275→A5。Q 为屈服强度的拼音首字母；215 为屈服极限值；A、B、C、D 为质量等级。

表 10-4　优质碳素结构钢(摘自 GB/T 699—2015)

钢号	试样毛坯尺寸/mm	推荐热处理温度/℃			力学性能					钢材交货状态硬度/HBW(不大于)		表面淬火硬度/HRC	应用举例(非标准内容)
		正火	淬火	回火	R_m/MPa	$R_{p0.2}$/MPa	A/(%)	ψ/(%)	A_k/J				
					不小于					未热处理	退火钢		
08F	25	930			295	175	35	60		131	—	—	轧制薄板、制管、冲压制品；心部强度要求不高的渗碳和氰化零件；套筒、短轴、支架、离合器盘
08	25	930			325	195	33	60		131			
10F	25	930			315	185	33	55		137	—	—	用于拉杆、卡头、垫圈等；因无回火脆性、焊接性好，用于焊接零件
10	25	930			335	205	31	55		137			
15F	25	920			355	205	29	55		143	—	—	受力不大韧度要求较高的零件、渗碳零件及紧固件和螺栓、法兰盘
15	25	920			375	225	27	55		143			
20	25	910			410	245	25	55		156	—	—	渗碳、氰化后用于重型或中型机械中受力不大的轴、螺栓、螺母、垫圈、齿轮、链轮
25	25	900	870	600	450	275	23	50	71	170	—	—	用于制造焊接设备和不受高应力的零件，如轴、螺栓、螺钉、螺母

续表

钢号	试样毛坯尺寸/mm	推荐热处理温度/℃			力学性能					钢材交货状态硬度/HBW		表面淬火硬度/HRC	应用举例（非标准内容）
		正火	淬火	回火	R_m/MPa	$R_{p0.2}$/MPa	A/(%)	ψ/(%)	A_k/J	不大于			
					不小于					未热处理	退火钢		
30	25	880	860	600	490	295	21	50	63	179	—	—	用于制作重型机械上韧度要求高的锻件及制件，如汽缸、拉杆、吊环
35	25	870	850	600	530	315	20	45	55	197	—	35～45	用于制作曲轴、转轴、轴销、连杆、螺栓、螺母、垫圈、飞轮，多在正火、调质下使用
40	25	860	840	600	570	335	19	45	47	217	187	—	热处理后用于制作机床及重型、中型机械的曲轴、轴、齿轮、连杆、键、活塞等，正火后可用于制作圆盘
45	25	850	840	600	600	355	16	40	39	229	197	40～50	用于制作要求综合力学性能高的各种零件，通常在正火或调质下使用，如轴、齿轮、链轮、螺栓、螺母、销、键、拉杆等
50	25	830	830	600	630	375	14	40	31	241	207	—	用于制作要求有一定耐磨性、一定抗冲击作用的零件，如轮圈、轧辊、摩擦盘等
55	25	820	820	600	645	380	13	35	—	255	217		
65	25	810	—	—	695	410	10	30	—	255	229	—	用于制作弹簧、弹簧垫圈、凸轮、轧辊等
15Mn	25	920	—	—	410	245	26	55	—	163	—	—	用于制作心部力学性能要求较高且需渗碳的零件
25Mn	25	900	870	600	490	295	22	50	71	207	—	—	用于制作渗碳件，如凸轮、齿轮、联轴器、销等
40Mn	25	860	840	600	590	355	17	45	47	229	207	40～50	用于制作轴、曲轴、连杆及高应力下工作的螺栓、螺母
50Mn	25	830	830	600	645	390	13	40	31	255	217	45～55	多在淬火、回火后使用，用于制作齿轮、齿轮轴、摩擦盘、凸轮
65Mn	25	810	—	—	735	430	9	30	—	285	229	—	耐磨性高，用于制作圆盘、衬板、齿轮、花键轴、弹簧

表 10-5　合金结构钢(摘自 GB/T 3077—2015)

牌　号	试样毛坯尺寸/mm	热处理					力学性能					钢材退火或高温回火(供应状态)不大于/HBW	表面淬火不大于/HRC	应用举例(非标准内容)
		淬火			回火		抗拉强度 R_m/MPa	屈服点 $R_{p0.2}$/MPa	伸长率 A/(%)	断面收缩率 ψ/(%)	冲击功 A_k/J			
		温度/℃ 第一次淬火	温度/℃ 第二次淬火	冷却剂	温度/℃	冷却剂	不小于							
30Mn2	25	840	—	水	500	水	785	635	12	45	63	207		起重机行车轴、变速箱齿轮、冷镦螺栓及较大截面的调质零件
35Mn2	25	840	—	水	500	水	835	685	12	45	55	207	40～50	对于截面较小的零件可代替 40Cr，制作直径不大于15mm 的重要用途的冷镦螺栓及小轴
45Mn2	25	840	—	油	550	水或油	885	735	10	45	47	217	45～55	在直径不大于 60 mm 时，与 40Cr 相当，可制作万向联轴器、齿轮轴、蜗杆、曲轴、连杆、花键轴、摩擦盘等
35SiMn	25	900	—	水	570	水或油	885	735	15	45	47	229	45～55	可代替 40Cr 制作中、小型轴类、齿轮等零件及 430℃以下的重要紧固件
42SiMn	25	880	—	水	590	水	885	735	15	40	47	229	45～55	可代替 40Cr、34CrMo 制作大齿圈
37SiMn2MoV	25	870	—	水或油	650	水或空气	980	835	12	50	63	269	50～55	可代替 34CrNiMo 等制作高强度重负荷轴、曲轴、齿轮、蜗杆等零件
20CrMnTi	15	880	870	油	200	水或空气	1080	835	10	45	55	217	渗碳 56～62	可代替镍铬钢用于制作承受高速、中等或重负荷以及冲击磨损等重要零件，如渗碳齿轮、凸轮等
20CrMnMo	15	850	—	油	200	水或空气	1180	885	10	45	55	217	渗碳 56～62	用于制作要求表面硬度高、耐磨、心部有较高强度和韧度的零件，如传动齿轮和曲轴
35CrMo	25	850	—	油	550	水或油	980	835	12	45	63	229	40～45	可代替 40CrNi 制作大截面齿轮和重载传动轴等
20Cr	15	880	780～820	水或油	200	水或空气	835	540	10	40	47	179	渗碳 56～62	用于制作要求心部强度较高、承受磨损、尺寸较大的渗碳零件，如齿轮、齿轮轴、蜗杆、凸轮、活塞销等

续表

牌号	试样毛坯尺寸/mm	热处理					力学性能					钢材退火或高温回火(供应状态) 不大于/HBW	表面淬火 不大于/HRC	应用举例(非标准内容)
		淬火			回火		抗拉强度 R_m/MPa	屈服点 $R_{p0.2}$/MPa	伸长率 A/(%)	断面收缩率 ψ/(%)	冲击功 A_k/J			
		温度/℃ 第一次淬火	温度/℃ 第二次淬火	冷却剂	温度/℃	冷却剂	不小于							
40Cr	25	850	—	油	520	水或油	980	785	9	45	47	207	48～55	用于受变载、中速中载、强烈磨损而无很大冲击的重要零件，如重要的齿轮、轴、曲轴、连杆等
18Cr2Ni4WA	15	950	850	空气	200	水或空气	1180	835	10	45	78	269	渗碳 56～62	用于制作承受很高载荷、强烈磨损、截面尺寸较大的重要零件，如重要的齿轮与轴
40CrNiMoA	25	850	—	油	600	水或油	980	835	12	55	78	269		用于制造重负荷、大截面、重要调质零件，如大型的轴和齿轮

表 10-6　一般工程用铸钢(摘自 GB/T 11352—2009)

牌号	化学成分/(%)					力学性能≥					特性(非标准内容)	应用举例(非标准内容)
	C	Si	Mn	S	P	σ_s或$\sigma_{0.2}$/MPa	σ_b/MPa	δ/(%)	按合同选择 ψ/(%)	按合同选择 a_{ku}/(J/cm^2)		
ZG200-400	0.20	0.50	0.80	0.04		200	400	25	40	60	强度和硬度较低，韧度较高，塑性良好，低温时冲击韧度高，脆性转变温度低，焊接性能良好，铸造性能差	机座、变速箱体等
ZG230-450	0.30		0.90			230	450	22	32	45		机架、机座、箱体、锤轮等
ZG270-500	0.40					270	500	18	25	35	较高的强度和硬度，韧度和塑性适度，铸造性能比低碳钢好，有一定的焊接性能	飞轮、机架、蒸汽锤、汽缸等
ZG310-570	0.50	0.60				310	570	15	21	30		联轴器、齿轮、汽缸、轴、机架
ZG340-640	0.60					340	640	10	18	20	塑性差、韧度低、强度和硬度高、铸造和焊接性能均差	起重运输机齿轮、联轴器等重要零件

表 10-7　合金铸钢(摘自 GB/T 6402—2006)

牌　号	力学性能						应用举例
	σ_b/MPa	σ_s 或 $\sigma_{0.2}$/MPa	δ/(%)	ψ/(%)	a_{ku}/(J/cm^2)	硬度/HBW	
	不小于						
ZG40Mn	640	295	12	30		163	齿轮、凸轮等
ZG20SiMn	500～650	300	24		39	150～190	缸体、阀、弯头、叶片等
ZG35SiMn	640	415	12	25	27		用于受摩擦的零件
ZG20MnMo	490	295	16		39	156	缸体、泵壳等压力容器
ZG35CrMnSi	690	345	14	30		217	齿轮、滚轮等受冲击磨损的零件
ZG40Cr	630	345	18	26		212	齿轮

表 10-8　热轧等边角钢(摘自 GB/T 706—2008)

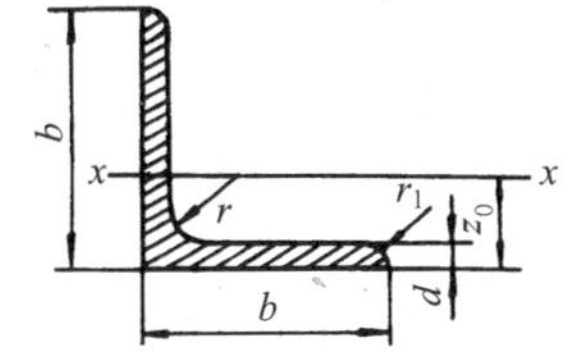

I—惯性矩

i—惯性半径

角钢号	尺寸/mm b	d	r	截面面积 /cm^2	参考数值 x－x I_x /cm^4	i_x /cm	质心距离 z_0/cm
2	20	3	3.5	1.132	0.40	0.59	0.60
		4		1.459	0.50	0.58	0.64
2.5	25	3		1.432	0.82	0.76	0.73
		4		1.859	1.03	0.74	0.76
3	30	3	4.5	1.749	1.46	0.91	0.85
		4		2.276	1.84	0.90	0.89
3.6	36	3		2.109	2.58	1.11	1.00
		4		2.756	3.29	1.09	1.04
		5		3.382	3.95	1.08	1.07
4	40	3	5	2.359	3.59	1.23	1.09
		4		3.086	4.60	1.22	1.13
		5		3.791	5.53	1.21	1.17
4.5	45	3		2.659	5.17	1.40	1.22
		4		3.486	6.65	1.38	1.26
		5		4.292	8.04	1.37	1.30
		6		5.076	9.33	1.36	1.33
5	50	3	5.5	2.971	7.18	1.55	1.34
		4		3.897	9.26	1.54	1.38
		5		4.803	11.21	1.53	1.42
		6		5.688	13.05	1.52	1.46
5.6	56	3	6	3.343	10.19	1.75	1.48
		4		4.390	13.18	1.73	1.53
		5		5.415	16.02	1.72	1.57
		8		8.367	23.63	1.68	1.68
6.3	63	4	7	4.978	19.03	1.96	1.70
		5		6.143	23.17	1.94	1.74
		6		7.288	27.12	1.93	1.78
		8		9.515	34.46	1.90	1.85
		10		11.657	41.09	1.88	1.93

角钢号	尺寸/mm b	d	r	截面面积 /cm^2	参考数值 x－x I_x /cm^4	i_x /cm	质心距离 z_0/cm
7	70	4	8	5.570	26.39	2.18	1.86
		5		6.875	32.21	2.16	1.91
		6		8.160	37.77	2.15	1.95
		7		9.424	43.09	2.14	1.99
		8		10.667	48.17	2.12	2.03
(7.5)	75	5	9	7.367	39.97	2.33	2.04
		6		8.797	46.95	2.31	2.07
		7		10.160	53.57	2.30	2.11
		8		11.503	59.96	2.28	2.15
		10		14.126	71.98	2.26	2.22
8	80	5	9	7.912	48.79	2.48	2.15
		6		9.397	57.35	2.47	2.19
		7		10.860	65.58	2.46	2.23
		8		12.303	73.49	2.44	2.27
		10		15.126	88.43	2.42	2.35
9	90	6	10	10.637	82.77	2.79	2.44
		7		12.301	94.83	2.78	2.48
		8		13.944	106.47	2.76	2.52
		10		17.167	128.58	2.74	2.59
		12		20.306	149.22	2.71	2.67
10	100	6	12	11.932	114.95	3.10	2.67
		7		13.796	131.86	3.09	2.71
		8		15.638	148.24	3.08	2.76
		10		19.261	179.51	3.05	2.84
		12		22.800	208.90	3.03	2.91
		14		26.256	236.53	3.00	2.99
		16		29.627	262.53	2.98	3.06

注：1. 角钢号 2～9 的角钢长度为 4～12 m；角钢号 10～14 的角钢长度为 4～19 m。

2. $r_1=\frac{1}{3}d$。

3. 轧制钢号，通常为碳素结构钢。

表 10-9　热轧槽钢(摘自 GB/T 706—2008)

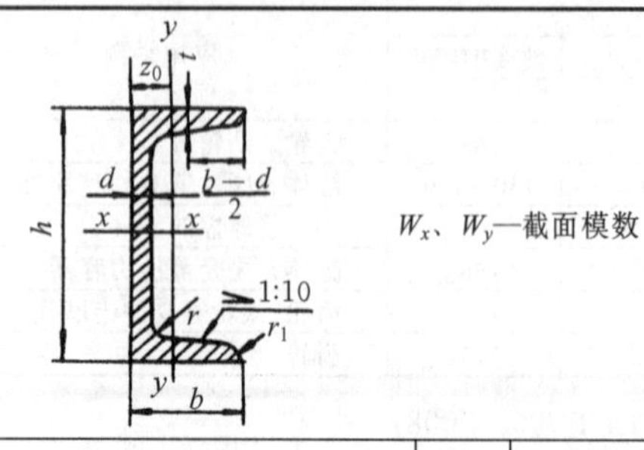

W_x、W_y—截面模数

型号	尺寸/mm						截面面积/cm²	参考数值		质心距离 z_0/cm
								$x-x$	$y-y$	
	h	b	d	t	r	r_1		W_x/cm³	W_y/cm³	
8	80	43	5.0	8.0	8.0	4.0	10.248	25.3	5.79	1.43
10	100	48	5.3	8.5	8.5	4.2	12.748	39.7	7.80	1.52
12.6	126	53	5.5	9.0	9.0	4.5	15.692	62.1	10.2	1.59
14a	140	58	6.0	9.5	9.5	4.8	18.516	80.5	13.0	1.71
14b	140	60	8.0	9.5	9.5	4.8	21.316	87.1	14.1	1.67
16a	160	63	6.5	10.0	10.0	5.0	21.962	108	16.3	1.80
16	160	65	8.5	10.0	10.0	5.0	25.162	117	17.6	1.75
18a	180	68	7.0	10.5	10.5	5.2	25.699	141	20.0	1.88
18	180	70	9.0	10.5	10.5	5.2	29.299	152	21.5	1.84
20a	200	73	7.0	11.0	11.0	5.5	28.837	178	24.2	2.01
20	200	75	9.0	11.0	11.0	5.5	32.831	191	25.9	1.95
22a	220	77	7.0	11.5	11.5	5.8	31.846	218	28.2	2.10
22	220	79	9.0	11.5	11.5	5.8	36.246	234	30.1	2.03
25a	250	78	7.0	12.0	12.0	6.0	34.917	270	30.6	2.09
25b	250	80	9.0	12.0	12.0	6.0	39.917	282	32.7	1.98
25c	250	82	11.0	12.0	12.0	6.0	44.917	295	35.9	1.92
28a	280	82	7.5	12.5	12.5	6.2	40.034	340	35.7	2.10
28b	280	84	9.5	12.5	12.5	6.2	45.634	366	37.9	2.02
28c	280	86	11.5	12.5	12.5	6.2	51.234	393	40.3	1.95
32a	320	88	8.0	14.0	14.0	7.0	48.513	475	46.5	2.24
32b	320	90	10.0	14.0	14.0	7.0	54.913	509	49.2	2.16
32c	320	92	12.0	14.0	14.0	7.0	61.313	543	52.6	2.09

注：1. 型号 5～8 的槽钢长度为 5～12 m；型号>8～18 的槽钢长度为 5～19 m；型号>18～40 的槽钢长度为 6～19 m。

2. 轧制钢号，通常为碳素结构钢。

表 10-10　热轧工字钢(摘自 GB/T 706—2008)

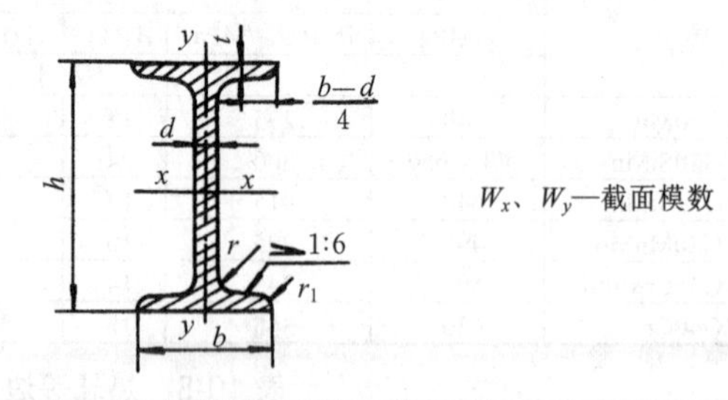

W_x、W_y—截面模数

型号	尺寸/mm						截面面积/cm²	参考数值	
								$x-x$	$y-y$
	h	b	d	t	r	r_1		W_x/cm³	W_y/cm³
10	100	68	4.5	7.6	6.5	3.3	14.345	49.0	9.72
12.6	126	74	5.0	8.4	7.0	3.5	18.118	77.5	12.7
14	140	80	5.5	9.1	7.5	3.8	21.516	102	16.1
16	160	88	6.0	9.9	8.0	4.0	26.131	141	21.2
18	180	94	6.5	10.7	8.5	4.3	30.756	185	26.0
20a	200	100	7.0	11.4	9.0	4.5	35.578	237	31.5
20b	200	102	9.0	11.4	9.0	4.5	39.578	250	33.1
22a	220	110	7.5	12.3	9.5	4.8	42.128	309	40.9
22b	220	112	9.5	12.3	9.5	4.8	46.528	325	42.7
25a	250	116	8.0	13.0	10.0	5.0	48.541	402	48.3
25b	250	118	10.0	13.0	10.0	5.0	53.541	423	52.4
28a	280	122	8.5	13.7	10.5	5.3	55.404	508	56.6
28b	280	124	10.5	13.7	10.5	5.3	61.004	534	61.2
32a	320	130	9.5	15.0	11.5	5.8	67.156	692	70.8
32b	320	132	11.5	15.0	11.5	5.8	73.557	726	76.0
32c	320	134	13.5	15.0	11.5	5.8	79.956	760	81.2
36a	360	136	10.0	15.8	12.0	6.0	76.480	875	81.2
36b	360	138	12.0	15.8	12.0	6.0	83.680	919	84.3
36c	360	140	14.0	15.8	12.0	6.0	90.880	962	87.4
40a	400	142	10.5	16.5	12.5	6.3	86.112	1090	93.2
40b	400	144	12.5	16.5	12.5	6.3	94.112	1140	96.2
40c	400	146	14.5	16.5	12.5	6.3	102.112	1190	99.6

注：1. 型号 10～18 的工字钢长度为 5～19 m；型号 20～63 的工字钢长度为 6～19 m。

2. 轧制钢号，通常为碳素结构钢。

表 10-11　钢板和圆(方)钢的尺寸系列
(摘自 GB/T 708—2006、GB/T 709—2006、GB/T 702—2008、GB/T 905—1994)　mm

种　类	尺寸系列(厚度或直径或边长)
冷轧钢板和钢带 (GB/T 708—2006)	厚度：0.30, 0.35, 0.40, 0.45, 0.55, 0.6, 0.65, 0.70, 0.75, 0.80, 0.90, 1.00, 1.1, 1.2, 1.3, 1.4, 1.5, 1.6, 1.7, 1.8, 2.0, 2.2, 2.5, 2.8, 3.0, 3.2, 3.5, 3.8, 3.9, 4.0
热轧钢板和钢带 (GB/T 709—2006)	厚度：0.8, 0.9, 1.0, 1.2, 1.3, 1.4, 1.5, 1.6, 1.8, 2.0, 2.2, 2.5, 2.6, 2.8, 3.0, 3.2, 3.5, 3.8, 3.9, 4.0, 4.5, 5, 6, 7, 8, 9, 10, 11, 12, 13, 14, 15, 16, 17, 18, 19, 20, 21, 22, 25, 26, 28, 30, 32, 34, 36, 38, 40
热轧圆钢和方钢 (GB/T 702—2008)	直径或边长：5.5, 6, 6.5, 7, 8, 9, 10, 11, 12, 13, 14, 15, 16, 17, 18, 19, 20, 21, 22, 23, 24, 25, 26, 27, 28, 29, 30, 31, 32, 33, 34, 35, 36, 38, 40, 42, 45, 48, 50, 53, 55, 56, 58, 60, 63, 65, 68, 70, 75, 80, 85, 90, 95, 100, 105, 110, 115, 120, 125, 130, 140, 150, 160, 170, 180, 190, 200, 210, 220, 230, 240, 250, 260, 270, 280, 290, 300
冷拉圆钢 (GB/T 905—1994)	直径：7, 7.5, 8, 8.5, 9, 9.5, 10, 11, 12, 13, 14, 15, 16, 17, 18, 19, 20, 21, 22, 24, 25, 26, 28, 30, 32, 34, 35, 38, 40, 42, 45, 48, 50, 53, 56, 60, 63, 67, 70, 75, 80

10.2　有色金属

表 10-12　铸造铜合金(摘自 GB/T 1176—2013)

合金名称与牌号	铸造方法	力学性能				应用举例
		抗拉强度 R_m/MPa	屈服点 $R_{P0.2}$/MPa	伸长率 A/(%)	布氏硬度 /HBW	
5-5-5 锡青铜 ZCuSn5Pb5Zn5	S、J、R Li、La	200 250	90 100	13 13	60* 65*	用于较高负荷、中等滑动速度下工作的耐磨、耐蚀零件，如轴瓦、衬套、蜗轮等
10-1 锡青铜 ZCuSn10Pb1	S、R J Li	220 310 330	170 170 170	3 2 4	80* 90* 90*	用于负荷小于 20 MPa 和滑动速度小于 8 m/s 条件下工作的耐磨零件，如齿轮、蜗轮、轴瓦等
10-2 锡青铜 ZCuSn10Zn2	S J Li、La	240 245 270	120 140 140	12 6 7	70* 80* 80*	用于中等负荷和低滑动速度下工作的管配件及阀、泵体、齿轮、蜗轮、叶轮等
8-13-3-2 铝青铜 ZCuAl8Mn13Fe3Ni2	S J	645 670	280 310	20 18	160 170	用于强度高、耐蚀的重要零件，如船舶螺旋桨、高压阀体；耐压、耐磨的齿轮、蜗轮、衬套等
9-2 铝青铜 ZCuAl9Mn2	S、R J	390 440	150 160	20 20	85 95	用于制造耐磨、结构简单的大型铸件，如衬套、蜗轮及增压器内气封等
10-3 铝青铜 ZCuAl10Fe3	S J Li、La	490 540 540	180 200 200	13 15 15	100* 110* 110*	用于制造强度高、耐磨、耐蚀零件，如蜗轮、轴承、衬套、耐热管配件
9-4-4-2 铝青铜 ZCuAl9Fe4Ni4Mn2	S	630	250	16	160	用于制造高强度、耐磨及高温下工作的重要零件，如船舶螺旋桨、轴承、齿轮、蜗轮、螺母等
25-6-3-3 铝黄铜 ZCuZn25Al6Fe3Mn3	S J Li、La	725 740 740	380 400 400	10 7 7	160* 170* 170*	用于制造高强度、耐磨零件，如桥梁支承板、螺母、螺杆、耐磨板、蜗轮等
38-2-2 锰黄铜 ZCuZn38Mn2Pb2	S J	245 345		10 18	70 80	用于制造一般用途结构件，如套筒、轴瓦、滑块等

注：1. S—砂型铸造，J—金属型铸造，Li—离心铸造，La—连续铸造，R—熔模铸造。

2. 带*号的数据为参考值。布氏硬度试验，力的单位为牛(N)。

表 10-13　铸造轴承合金(摘自 GB/T 1174—1992)

种类	牌号	力学性能			应用举例
		σ_b/MPa	δ_5/(%)	硬度/HBW	
锡基	ZSnSb12Pb10Cu4	—	—	29	用于一般机器主轴承衬，但不适于高温轴承
	ZSnSb11Cu6	—	—	27	用于 350 kW 以上的轮机、内燃机等高速机械轴承
	ZSnSb4Cu4	—	—	20	耐蚀、耐热、耐磨，适用于轮机、内燃机、高速轴承及轴承衬
	ZSnSb8Cu4	—	—	24	用于一般负荷压力大的大型机器的轴承及轴承衬
铅基	ZPbSb16Sn16Cu2	—	—	30	用于功率小于 350 kW 的压缩机、轧钢机用减速器及离心泵的轴承
	ZPbSb15Sn5Cu3Cd2	—	—	32	用于功率为 100～250 kW 的电动机、球磨机和矿山水泵等机械的轴承
	ZPbSb15Sn10	—	—	24	用于中等压力机械的轴承，也适用于高温轴承

10.3　非金属

表 10-14　常用非金属材料

名称	代号(或分类)	规格/mm		密度/(g/cm³)	拉伸强度/MPa	拉断伸长率/(%)	使用范围
		宽度	厚度				
工业用橡胶板 GB/T 5574—2008	C 类	500～2000	0.5, 1, 1.5, 2, 2.5, 3, 4, 5, 6, 8, 10, 12, 14, 16, 18, 20, 22, 25, 30, 40, 50		1 型≥3 2 型≥4 3 型≥5 4 型≥7 5 型≥10	1 级≥100 2 级≥150 3 级≥200 4 级≥250 5 级≥300	具有耐溶剂膨胀性能，可在一定温度的机油、变压器油、汽油等介质中工作，适用于冲制各种形状的垫圈

名称	纸板规格/mm		密度/(g/cm³)	技术性能					用途
	长度×宽度	厚度	A、B 类	项目			A 类	B 类	
软钢纸板 QB/T 2200—2009	920×650 650×490 650×400 400×300 按订货合同规定	0.5～0.8 0.9～2.0 2.1～3.0	1.1～1.4	抗拉强度/(kN/m²)≥	厚度/mm	0.5～1	3×10^4	2.5×10^4	供飞机(A 类)、汽车、拖拉机的发动机及其他内燃机制作密封垫片和其他部件用
						1.1～3	3×10^4	3×10^4	
				抗压强度/MPa		≥	160	—	
				水分/(%)			4～8	4～8	

名称	类型	牌号	规格		密度/(g/cm³)	断裂强度/(N/cm²)	断裂时伸长率/(%)≤	使用范围
			长、宽	厚度/mm				
工业用毛毡 FZ/T 25001—2012	细毛	T112-32-44	长=1～5m 宽=0.5～1m	1.5, 2, 3, 4, 6, 8, 10, 12, 14, 16, 18, 20, 25	0.32～0.44	245～490	90～120	用于制作密封、防振的缓冲衬垫
		T112-25-31			0.25～0.31			
	半粗毛	T122-30-38			0.30～0.38	245～292	95～125	
		T122-24-29			0.24～0.29			
	粗毛	T132-32-36			0.32～0.36	245～294	110～130	

表 10-15　耐油石棉橡胶板(摘自 GB/T 539—2008)

<table>
<tr><th rowspan="2">等级牌号</th><th rowspan="2">表面颜色</th><th rowspan="2">密度/(g/cm^3)</th><th colspan="3">规格/mm</th><th colspan="2">适用条件≤</th><th colspan="3">浸油后性能</th><th rowspan="2">用　途</th></tr>
<tr><th>厚度</th><th>长度</th><th>宽度</th><th>温度/℃</th><th>压力/MPa</th><th>抗拉强度/MPa≥</th><th>增重率/(%)≤</th><th>浸油增厚率/(%)≤</th></tr>
<tr><td>NY150</td><td>暗红色</td><td rowspan="4">1.6～2.0</td><td rowspan="4">0.4,0.5
0.6,0.8
0.9,1.2
1.5,2.0
2.5,3.0</td><td rowspan="4">550
620
1000
1260
1350
1500</td><td rowspan="4">550
620
1200
1260
1500</td><td>150</td><td>1.5</td><td>5.0</td><td>30</td><td>—</td><td>用于炼油设备、管道及汽车、拖拉机、柴油机的输油管道接合处的密封</td></tr>
<tr><td>NY250</td><td>绿色</td><td>250</td><td>2.5</td><td>7.0</td><td>30</td><td>20</td><td>用于炼油设备及管道法兰接合处的密封</td></tr>
<tr><td>NY400</td><td>灰褐色</td><td>400</td><td>4</td><td>12.0</td><td>30</td><td>20</td><td>用于热油、石油裂化、煤蒸馏设备及管道法兰接合处的密封</td></tr>
<tr><td>HNY300</td><td>蓝色</td><td>300</td><td>—</td><td>9.0</td><td>30</td><td>20</td><td>用于航空燃油、石油基润滑油及冷气系统的密封</td></tr>
</table>

注：宽度 550 mm、长度 1000 mm、厚度 2 mm，最高温度 250℃，一般工业用耐油石棉橡胶板的标记为

石棉板 NY250-2 × 550 × 1000 GB/T 539—2008

第11章 连　　接

11.1 螺纹与螺纹连接

1. 螺纹

1) 普通螺纹

表 11-1 普通螺纹基本尺寸(摘自 GB/T 196—2003)　　mm

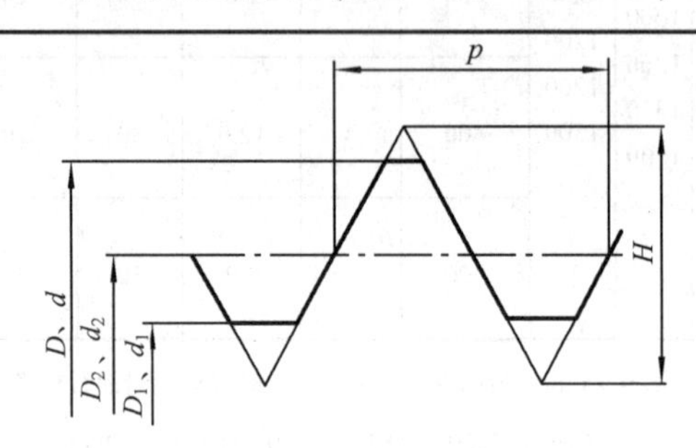

螺纹标记

公称直径为 10 mm、螺纹为右旋、中径及顶径公差带代号均为 6 g、螺纹旋合长度为 *N* 的粗牙普通螺纹：M10-6g

公称直径为 10 mm、螺距为 1 mm、螺纹为右旋、中径及顶径公差带代号均为 6H、螺纹旋合长度为 *N* 的细牙普通内螺纹：M10×1-6H

公称直径为 20 mm、螺距为 2 mm、螺纹为左旋、中径及顶径公差带代号分别为 5g 和 6g、螺纹旋合长度为 *S* 的细牙普通螺纹：M20×2-5g6g-S LH

公称直径为 20 mm、螺距为 2 mm、螺纹为右旋、内螺纹中径及顶径公差带代号均为 6H、外螺纹中径及顶径公差带代号均为 6g、螺纹旋合长度为 *N* 的细牙普通螺纹的螺纹副：M20×2-6H/6g

公称直径 *D*、*d*		螺距 *p*	中径 D_2 或 d_2	小径 D_1 或 d_1	公称直径 *D*、*d*		螺距 *p*	中径 D_2 或 d_2	小径 D_1 或 d_1	公称直径 *D*、*d*		螺距 *p*	中径 D_2 或 d_2	小径 D_1 或 d_1
第一系列	第二系列				第一系列	第二系列				第一系列	第二系列			
5		0.8	4.480	4.134	20		2.5	18.376	17.294		39	4	36.402	34.670
6		1	5.350	4.917			2	18.701	17.835			3	37.051	35.752
8		1.25	7.188	6.647			1.5	19.026	18.376	42		4.5	39.077	37.129
		1	7.350	6.917		22	2.5	20.376	19.294			3	40.051	38.752
10		1.5	9.026	8.376			1.5	21.026	20.376		45	4.5	42.077	40.129
		1.25	9.188	8.647	24		3	22.051	20.752			3	43.051	41.752
		1	9.350	8.917			2	22.701	21.835	48		5	44.752	42.587
12		1.75	10.863	10.106		27	3	25.051	23.752			3	46.051	44.752
		1.5	11.026	10.376			2	25.701	24.835			2	46.701	45.835
		1.25	11.188	10.647	30		3.5	27.727	26.211			1.5	47.026	46.376
	14	2	12.701	11.835			2	28.701	27.835		52	5	48.752	46.587
		1.5	13.026	12.376		33	3.5	30.727	29.211			3	50.051	48.752
16		2	14.701	13.835			2	31.701	30.835	56		5.5	52.428	50.046
		1.5	15.026	14.376	36		4	33.402	31.670			4	53.402	51.670
	18	2.5	16.376	15.294			3	34.051	32.752					

注：1. $d \leqslant 68$ mm，*p* 项的第一个数字为粗牙螺距，后几个数字为细牙螺距。

2. M14×1.25 仅用于火花塞。

表 11-2　普通螺纹公差与配合(摘自 GB/T 197—2003)

精度	内螺纹						外螺纹							
	公差带位置						公差带位置							
	G			H			e	f	g			h		
	S	*N*	*L*	*S*	*N*	*L*	*N*	*N*	*S*	*N*	*L*	*S*	*N*	*L*
精密				4H	4H、5H	5H、6H				(4g)	(5g、4g)	(3h、4h)	4h	(5h、4h)
中等	(5G)	6G	(7G)	5H	[6H]	7H	6e	6f	(5g、6g)	[6g]	(7g、6g)	(5h、6h)	6h	(7h、6h)
粗糙		(7G)	(8G)		7H	8H	(8e)			8g	(9g、8g)			

注：1. 大量生产的精制紧固件螺纹，推荐采用带方框的公差带。

2. 内、外螺纹的选用公差带可以任意组合，为了保证足够的接触高度，完工后的零件最好组合成 H/g、H/h 或 G/h 的配合。

3. 精密、中等、粗糙三种精度选用原则：

精密：用于精密螺纹，当要求配合性质变动较小时采用；中等：一般用途；粗糙：对精度要求不高或制造比较困难时采用。

4. *S*、*N*、*L* 分别表示短、中等、长三种旋合长度。

表 11-3　螺纹旋合长度(摘自 GB/T 197—2003)　　mm

公称直径 *D*、*d*		螺距 *p*	旋合长度			
			S	*N*		*L*
>	≤		≤	>	≤	>
5.6	11.2	0.75	2.4	2.4	7.1	7.1
		1	3	3	9	9
		1.25	4	4	12	12
		1.5	5	5	15	15
11.2	22.4	1	3.8	3.8	11	11
		1.25	4.5	4.5	13	13
		1.5	5.6	5.6	16	16
		1.75	6	6	18	18
		2	8	8	24	24
		2.5	10	10	30	30

公称直径 *D*、*d*		螺距 *p*	旋合长度			
			S	*N*		*L*
>	≤		≤	>	≤	>
22.4	45	1	4	4	12	12
		1.5	6.3	6.3	19	19
		2	8.5	8.5	25	25
		3	12	12	36	36
		3.5	15	15	45	45
		4	18	18	53	53
		4.5	21	21	63	63
45	90	1.5	7.5	7.5	22	22
		2	9.5	9.5	28	28
		3	15	15	45	45
		4	19	19	56	56
		5	24	24	71	71
		5.5	28	28	85	85
		6	32	32	95	95

2) 梯形螺纹

表 11-4　梯形螺纹基本尺寸(摘自 GB/T 5796.3—2005)　　mm

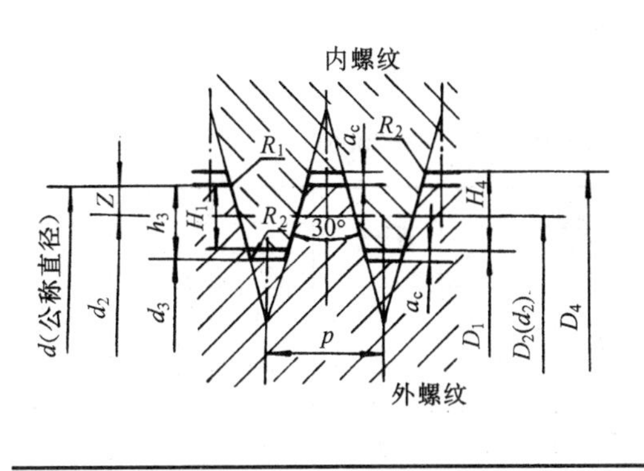

$H_1=0.5p$

$h_3=H_1+a_c=0.5p+a_c$(a_c 为牙顶间隙)

$H_4=H_1+a_c=0.5p+a_c$

$Z=0.25p=H_1/2$

$d_2=d-2Z=d-0.5p$

$D_2=d-2Z=d-0.5p$

$d_3=d-2h_3$

$D_1=d-2H_1=d-p$

$D_4=d+2a_c$

$R_{1max}=0.5a_c$(R_1 为外螺纹牙顶圆角)

$R_{2max}=a_c$(R_2 为牙底圆角)

标记示例

内螺纹：Tr40×7-7H

外螺纹：Tr40×7-7e

左旋外螺纹：Tr40×7-LH-7e

螺纹副：Tr40×7-7H/7e

旋合长度为 *L* 组的多线螺纹：

Tr40×14(p7)-8e-L

续表

公称直径 d		螺距	中径	大径	小径	
第一系列	第二系列	p	$d_2=D_2$	D_4	d_3	D_1
8		1.5	7.250	8.300	6.200	6.500
	9	1.5	8.250	9.300	7.200	7.500
		2	8.000	9.500	6.500	7.000
10		1.5	9.250	10.300	8.200	8.500
		2	9.000	10.500	7.500	8.000
	11	2	10.000	11.500	8.500	9.000
		3	9.500	11.500	7.500	8.000
12		2	11.000	12.500	9.500	10.000
		3	10.500	12.500	8.500	9.000
	14	2	13.000	14.500	11.500	12.000
		3	12.500	14.500	10.500	11.000
16		2	15.000	16.500	13.500	14.000
		4	14.000	16.500	11.500	12.000
	18	2	17.000	18.500	15.500	16.000
		4	16.000	18.500	13.500	14.000
20		2	19.000	20.500	17.500	18.000
		4	18.000	20.500	15.500	16.000
	22	3	20.500	22.500	18.500	19.000
		5	19.500	22.500	16.500	17.000
		8	18.000	23.000	13.000	14.000
24		3	22.500	24.500	20.500	21.000
		5	21.500	24.500	18.500	19.000
		8	20.000	25.000	15.000	16.000
	26	3	24.500	26.500	22.500	23.000
		5	23.500	26.500	20.500	21.000
		8	22.000	27.000	17.000	18.000
28		3	26.500	28.500	24.500	25.000
		5	25.500	28.500	22.500	23.000
		8	24.000	29.000	19.000	20.000
	30	3	28.500	30.500	26.500	27.000
		6	27.000	31.000	23.000	24.000
		10	25.000	31.000	19.000	20.000
32		3	30.500	32.500	28.500	29.000
		6	29.000	33.000	25.000	26.000
		10	27.000	33.000	21.000	22.000

公称直径 d		螺距	中径	大径	小径	
第一系列	第二系列	p	$d_2=D_2$	D_4	d_3	D_1
	34	3	32.500	34.500	30.500	31.000
		6	31.000	35.000	27.000	28.000
		10	29.000	35.000	23.000	24.000
36		3	34.500	36.500	32.500	33.000
		6	33.000	37.000	29.000	30.000
		10	31.000	37.000	25.000	26.000
	38	3	36.500	38.500	34.500	35.000
		7	34.500	39.000	30.000	31.000
		10	33.000	39.000	27.000	28.000
40		3	38.500	40.500	36.500	37.000
		7	36.500	41.000	32.000	33.000
		10	35.000	41.000	29.000	30.000
	42	3	40.500	42.500	38.500	39.000
		7	38.500	43.000	34.000	35.000
		10	37.000	43.000	31.000	32.000
44		3	42.500	44.500	40.500	41.000
		7	40.500	45.000	36.000	37.000
		12	38.000	45.000	31.000	32.000
	46	3	44.500	46.500	42.500	43.000
		8	42.000	47.000	37.000	38.000
		12	40.000	47.000	33.000	34.000
48		3	46.500	48.500	44.500	45.000
		8	44.000	49.000	39.000	40.000
		12	42.000	49.000	35.000	36.000
	50	3	48.500	50.500	46.500	47.000
		8	46.000	51.000	41.000	42.000
		12	44.000	51.000	37.000	38.000
52		3	50.500	52.500	48.500	49.000
		8	48.000	53.000	43.000	44.000
		12	46.000	53.000	39.000	40.000
	55	3	53.500	55.500	51.500	52.000
		9	50.500	56.000	45.000	46.000
		14	48.000	57.000	39.000	41.000
60		3	58.500	60.500	56.500	57.000
		9	55.500	61.000	50.000	51.000
		14	53.000	62.000	44.000	46.000

表 11-5　梯形内、外螺纹中径选用公差带(摘自 GB/T 5796.4—2005)

精度	内螺纹		外螺纹	
	N	*L*	*N*	*L*
中等	7H	8H	7e	8e
粗糙	8H	9H	8c	9c

注：1. 精度的选用原则为中等：一般用途；粗糙：对精度要求不高时采用。
2. 内、外螺纹中径公差等级为 7、8、9。
3. 外螺纹大径 d 公差带为 4h；内螺纹小径 D_1 公差带为 4H。

表 11-6　梯形螺纹旋合长度(摘自 GB/T 5796.4—2005)　mm

公称直径 d		螺距 p	旋合长度组		
			N		*L*
>	≤		<	≤	>
11.2	22.4	2	8	24	24
		3	11	32	32
		4	15	43	43
		5	18	53	53
		8	30	85	85
22.4	45	3	12	36	36
		5	21	63	63
		6	25	75	75

公称直径 d		螺距 p	旋合长度组		
			N		*L*
>	≤		<	≤	>
22.4	45	7	30	85	85
		8	34	100	100
		10	42	125	125
		12	50	150	150
45	90	3	15	45	45
		8	38	118	118
		10	50	140	140
		12	60	170	170
		14	67	200	200

2. 螺纹零件的结构要素

表 11-7　螺纹的收尾、肩距、退刀槽、倒角(摘自 GB/T 3—1997)　　mm

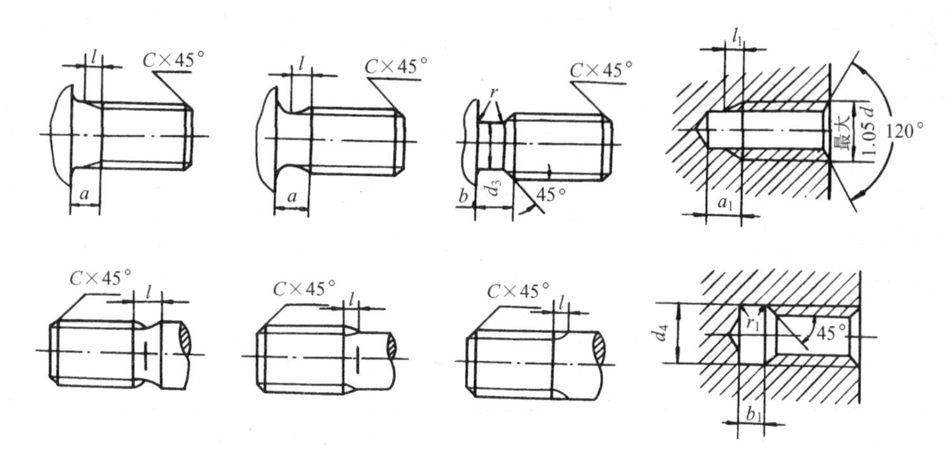

	外螺纹												内螺纹							
	螺距 p	粗牙螺纹大径 d	螺纹收尾 l(不大于)		肩距 a(不大于)			退刀槽				倒角 C	螺纹收尾 l_1(不大于)		肩距 a_1(不小于)		退刀槽			
								b		$r\approx$	d_3						b_1		r_1	d_1
			一般	短的	一般	长的	短的	一般	窄的				一般	长的	一般	长的	一般	窄的		
普通螺纹	0.5	3	1.25	0.7	1.5	2	1	1.5	0.8	0.2	$d-0.8$	0.5	1	1.5	3	4	2	1	0.2	d+0.3
	0.6	3.5	1.5	0.75	1.8	2.4	1.2	1.8	0.9	0.4	$d-1$		1.2	1.8	3.2	4.8	2.4	1.2	0.3	
	0.7	4	1.75	0.9	2.1	2.8	1.4	2.1	1.1	0.4	$d-1.1$	0.6	1.4	2.1	3.5	5.6	2.8	1.4	0.4	
	0.75	4.5	1.9	1	2.25	3	1.5	2.25	1.2	0.4	$d-1.2$		1.5	2.3	3.8	6	3	1.5	0.4	
	0.8	5	2	1	2.4	3.2	1.6	2.4	1.3	0.4	$d-1.3$	0.8	1.6	2.4	4	6.4	3.2	1.6	0.4	
	1	6,7	2.5	1.25	3	4	2	3	1.6	0.6	$d-1.6$	1	2	3	5	8	4	2	0.5	d+0.5
	1.25	8	3.2	1.6	4	5	2.5	3.75	2	0.6	$d-2$	1.2	2.5	3.8	6	10	5	2.5	0.6	
	1.5	10	3.8	1.9	4.5	6	3	4.5	2.5	0.8	$d-2.3$	1.5	3	4.5	7	12	6	3	0.8	
	1.75	12	4.3	2.2	5.3	7	3.5	5.25	3	1	$d-2.6$	2	3.5	5.2	9	14	7	3.5	0.9	
	2	14,16	5	2.5	6	8	4	6	3.4	1	$d-3$		4	6	10	16	8	4	1	
	2.5	18,20,22	6.3	3.2	7.5	10	5	7.5	4.4	1.2	$d-3.6$	2.5	5	7.5	12	18	10	5	1.2	
	3	24,27	7.5	3.8	9	12	6	9	5.2	1.6	$d-4.4$		6	9	14	22	12	6	1.5	
	3.5	30,33	9	4.5	10.5	14	7	10.5	6.2	1.6	$d-5$	3	7	10.5	16	24	14	7	1.8	
	4	36,39	10	5	12	16	8	12	7	2	$d-5.7$		8	12	18	26	16	8	2	
	4.5	42,45	11	5.5	13.5	18	9	13.5	8	2.5	$d-6.4$	4	9	13.5	21	29	18	9	2.2	
	5	48,52	12.5	6.3	15	20	10	15	9	2.5	$d-7$		10	15	23	32	20	10	2.5	
	5.5	56,60	14	7	16.5	22	11	17.5	11	3.2	$d-7.7$	5	11	16.5	25	35	22	11	2.8	
	6	64,66	15	7.5	18	24	12	18	11	3.2	$d-8.3$		12	18	28	38	24	12	3	

表 11-8 粗牙螺栓、螺钉的拧入深度和螺纹孔尺寸(摘自 JB/GQ 0126—1980) mm

公称直径 d	钻孔直径 d_0	钢和青铜 通孔拧入深度 h	钢和青铜 盲孔拧入深度 H	钢和青铜 攻丝深度 H_1	钢和青铜 钻孔深度 H_2	铸铁 通孔拧入深度 h	铸铁 盲孔拧入深度 H	铸铁 攻丝深度 H_1	铸铁 钻孔深度 H_2	铝 通孔拧入深度 h	铝 盲孔拧入深度 H	铝 攻丝深度 H_1	铝 钻孔深度 H_2
3		4	3	4	7	6	5	6	9	8	6	7	10
4		5.5	4	5.5	9	8	6	7.5	11	10	8	10	14
5		7	5	7	11	10	8	10	14	12	10	12	16
6	5	8	6	8	13	12	10	12	17	15	12	15	20
8	6.7	10	8	10	16	15	12	14	20	20	16	18	24
10	8.5	12	10	13	20	18	15	18	25	24	20	23	30
12	10.2	15	12	15	24	22	18	21	30	28	24	27	36
16	14	20	16	20	30	28	24	28	33	36	32	36	46
20	17.4	25	20	24	36	35	30	35	47	45	40	45	57
24	20.9	30	24	30	44	42	35	42	55	55	48	54	68
30	26.4	36	30	36	52	50	45	52	68	70	60	67	84
36	32	45	36	44	62	65	55	64	82	80	72	80	98
42	37.3	50	42	50	72	75	65	74	95	95	85	94	115
48	42.7	60	48	58	82	85	75	85	108	105	95	105	128

表 11-9 紧固件的通孔及沉孔尺寸(摘自 GB/T 5277—2014 和 GB/T 152.2～4—2014) mm

螺钉或螺栓直径 d			3	4	5	6	8	10	12	14	16	18	20	22	24	27	30	36
通孔直径 d_1 GB/T 5277—2014	精装配		3.2	4.3	5.3	6.4	8.4	10.5	13	15	17	19	21	23	25	28	31	37
	中等装配		3.4	4.5	5.5	6.6	9	11	13.5	15.5	17.5	20	22	24	26	30	33	39
	粗装配		3.6	4.8	5.8	7	10	12	14.5	16.5	18.5	21	24	26	28	32	35	42
用于六角头螺栓	D	小六角					17	20	24	26	30	32	36	40	42	48	54	65
	D	六角	9	10	11	13	18	22	26	30	33	36	40	43	48	53	61	71
用于带垫圈的六角螺母 GB/T 152.4—2014	D		8	10	11	13	18	22	26	30	33	36	40	43	48	53	61	71
	h		锪平为止															
用于圆柱头螺钉 GB/T 152.3—2014	D		6	8.0	10	12	15	18	20	24	26	32	33					
	H		1.9	2.5	3	3.5	5	6	7	8	9	10	11					
	H_1		2.4	3.2	4.0	4.7	6	7	8	9	10.5	11	12.5					
用于圆柱头内六角螺钉 GB/T 152.2—2014	D		6.0	8.0	10	11	15	18	20	24	26	32	33	38	40	46	48	57
	H			4	5	6	8	10	12	14	16	18	20	22	24	27	30	36
	H_1		4.5	5.5	6.6	7	9	11	13.5	15.5	17.5	19	22	23	26	28	33	39
用于沉头螺钉 GB/T 152.2—2014 ($90^{\circ}{}^{-2^{\circ}}_{-4^{\circ}}$)	D		6.4	9.6	10.6	12.8	17.6	20.3	24.4	28.4	32.4	36	40.4					

3. 螺纹连接的标准件

1) 螺栓

表 11-10　六角头铰制孔螺栓 A 和 B 级(摘自 GB/T 27—2013、GB/T 28—2013)　　mm

六角头铰制孔用螺栓——A 和 B 级(GB/T 27—2013)

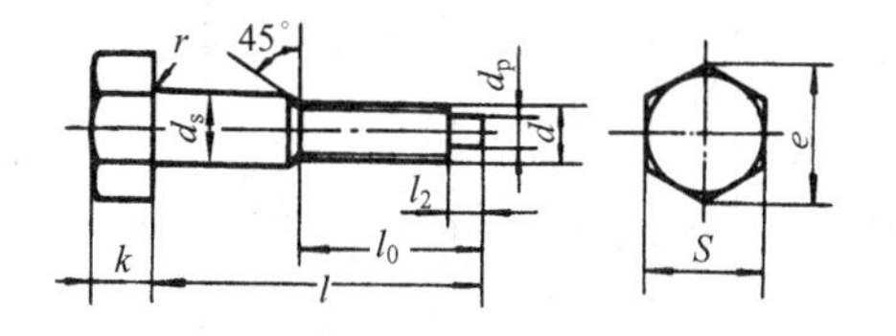

六角头螺杆带孔铰制孔用螺栓——A 和 B 级(GB/T 28—2013)

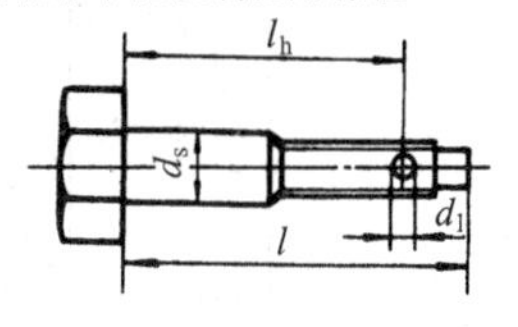

其余的形式与尺寸按 GB/T 27 规定

标记示例

螺纹规格 d=M12、d_s尺寸按本表规定、公称长度 l=80 mm、性能等级为 8.8 级、表面氧化处理、A 级的六角头铰制孔用螺栓：

螺栓 GB/T 27 M12×80

d_s按 m6 制造时应加标记 m6：螺栓 GB/T 27 M12×m6×80

螺纹规格 d		M6	M8	M10	M12	M16	M20	M24	M30	M36	M42	M48
d_s(h9)	max	7	9	11	13	17	21	25	32	38	44	50
	min	6.964	8.964	10.957	12.957	16.957	20.948	24.948	31.938	37.938	43.938	49.938
S(max)		10	13	16	18	24	30	36	46	55	65	75
k(公称)		4	5	6	7	9	11	13	17	20	23	26
r(min)		0.25	0.4		0.6		0.8		1		1.2	1.6
e(min)	A	11.05	14.38	17.77	20.03	26.75	33.53	39.98	—	—	—	—
	B	10.89	14.20	17.59	19.85	26.17	32.95	39.55	50.85	60.79	72.02	82.60
d_p		4	5.5	7	8.5	12	15	18	23	28	33	38
l_2		1.5		2		3	4		5	6	7	8
d_1(min)		1.6	2	2.5	3.2	4		5	6.3		8	
l		25～65	25～80	30～120	35～180	45～200	55～200	65～200	80～230	90～300	110～300	120～300
l_0		12	15	18	22	28	32	38	50	55	65	70
l_h		20.5～60.5	19.5～74.5	24～114	28～173	36～191	45～190	54～189	66～216	74～284	91～281	100～280
l 系列		25, (28), 30, (32), 35, (38), 40, 45, 50, (55), 60, (65), 70(75), 80, (85), 90, (95), 100, 110, 120, 130, 140, 150, 160, 170, 180, 190, 200, 210, 220, 230, 240, 250, 260, 280, 300										
技术条件		材料：钢	螺纹公差：6 g	机械性能等级：d≤39 mm 时为 8.8；d>39 mm 时按协议				表面处理：氧化		产品等级：A、B		

注：1. 产品等级 A 级用于 d≤24 mm 和 l≤10d 或＜150 mm 的螺栓，B 级用于 d>24 mm 和 l>10d 或 l>150 mm 的螺栓。

2. 根据使用要求，螺杆上无螺纹部分杆径(d_0)允许按 m6、u8 制造。按 m6 制造的螺栓，螺杆上无螺纹部分的表面粗糙度 Ra 为 1.6 μm。

3. l_3和 l_h随 l 变化，相同螺纹直径变量相等。

4. l_h的公差按+IT14。

表 11-11　六角头螺栓—A 和 B 级(摘自 GB/T 5782—2016)、六角头螺栓—全螺纹—A 和 B 级(摘自 GB/T 5783—2016)
六角头螺栓—细牙—A 和 B 级(摘自 GB/T 5785—2016)、六角头螺栓—细牙—全螺纹—A 和 B 级(摘自 GB/T 5786—2016)　mm

GB/T 5782，GB/T 5785　　GB/T 5783，GB/T 5786

标记示例

螺纹规格 d=M12、公称长度 l=80mm、性能等级为 8.8 级、表面氧化、A 级的六角头螺栓：螺栓 GB/T 5782 M12×80

螺纹规格 $d\times p$		M3	M4	M5	M6	M8	M10	M12	(M14)	M16	(M18)	M20	(M22)	M24	(M27)	M30	M36	M42	M48	M56	M64
GB/T5782、GB/T5783		M3	M4	M5	M6	M8	M10	M12	(M14)	M16	(M18)	M20	(M22)	M24	(M27)	M30	M36	M42	M48	M56	M64
GB/T 5785、GB/T 5786		—	—	—	—	M8×1	M10×1	M12×1.5	(M14×1.5)	M16×1.5	(M18×1.5)	M20×2	(M22×2)	M24×2	(M27×2)	M30×2	M36×3	M42×3	M48×3	M56×4	M64×4
s(max)		5.5	7	8	10	13	16	18	21	24	27	30	34	36	40	46	55	65	75	85	95
k(公称)		2	2.8	3.5	4	5.3	6.4	7.5	8.8	10	11.5	12.5	14	15	17	18.7	22.5	26	30	35	40
e(min)		6.01	7.66	8.79	11.05	14.38	17.77	20.03	23.36	26.75	30.14	33.53	37.72	39.98	45.2	50.9	60.8	71.03	82.6	85	104.86
c(max)		0.4		0.5		0.6				0.8								1			
d_w	A(min)	4.6	5.9	6.9	8.9	11.6	14.6	16.6	19.6	22.5	25.3	28.2	31.7	33.6	—	—	—	—	—	—	—
d_w	B(min)			6.7	8.7	11.4	14.4	16.4	19.4	22	24.8	27.7	31.4	33.2	38	—	51.1	60.6	69.4	78.7	88.2
a GB/T 5783—2016	max	1.5	2.1	2.4	3	4	4.5	5.3	6	6	7.5	7.5	7.5	9	9	10.5	12	13.5	15	16.5	18
a GB/T 5783—2016	min	0.5	0.7	0.8	1	1.25	1.5	1.75	2	2	2.5	2.5	2.5	3	3	3.5	4	4.5	5	5.5	6
a GB/T 5786—2016	max					3	3	4.5	4.5	4.5	4.5	4.5	6	6	6	6	9	9	9	12	12
a GB/T 5786—2016	min					1	1	1.25	1.5	1.5	1.5	1.5	2	2	2	2	3	3	3	4	4
b 参考	$l\leqslant125$	12	14	16	18	22	26	30	34	38	42	46	50	54	60	66	78				
b 参考	$125<l\leqslant200$	—	—	—	—	28	32	36	40	44	48	52	56	60	66	72	84	96	108	124	140
b 参考	$l>200$	—	—	—	—	41	45	49	53	57	61	65	69	73	79	85	97	109	121	137	153
l范围(GB/T 5783—2016)		20～30	25～40	25～50	30～60	35～80	40～100	45～120	50～140	55～160	60～180	65～200	70～220	80～240	90～260	90～300	110～360	130～400	140～400	160～400	200～400
l范围(全螺纹)(GB/T 5783—2016)		6～30	8～40	10～50	12～60	16～80	20～100	25～100	30～140	35～100	35～180	40～100	45～200	40～100	45～200	40～100	40～100	80～500	100～500	110～500	120～500
l系列		6,8,10,12,16,20,25,30,35,40,45,50,(55),60,(65),70,80,90,100,110,120,130,140,150,160,180,200,220,240,260,280,300,320,340,360,380,400,420,440,460,480,500																			
技术条件	材料	钢									不锈钢										螺纹公差 6g
技术条件	机械性能等级 GB/T 5782、GB/T	$d\leqslant39$ mm 时为 5.6、8.8、9.8、10.9，$d>39$ mm 时按协议									$d\leqslant20$ mm 时为 A2-70，20 mm$<d\leqslant39$ mm 时为 A2-50，$d>39$ mm 时按协议										
技术条件	机械性能等级 GB/T 5783	8.8									A2-70(A—奥氏体，70—σ_b=700MPa)										
技术条件	表面处理	氧化，镀锌钝化									不经处理										

注：1. A 级用于 $d\leqslant24$ mm 和 $l\leqslant10d$ 或 $\leqslant150$ mm 的螺栓；B 级用于 $d>24$ mm 和 $l>10d$ 或 >150 mm 的螺栓。

2. M3～M36 为商品规格，M42～M64 为通用规格，尽量不采用的规格还有 M33、M39、M45、M52 和 M60。

3. 在 GB/T 5785—2016、GB/T 5786—2016 中，还有 M10×1.25、M12×1.25、M20×1.5，对应于 M10×1、M12×1.5、M20×2。

表 11-12 六角头螺栓—C 级(摘自 GB/T 5780—2016)、六角头螺栓—全螺纹—C 级(摘自 GB/T 5781—2016) mm

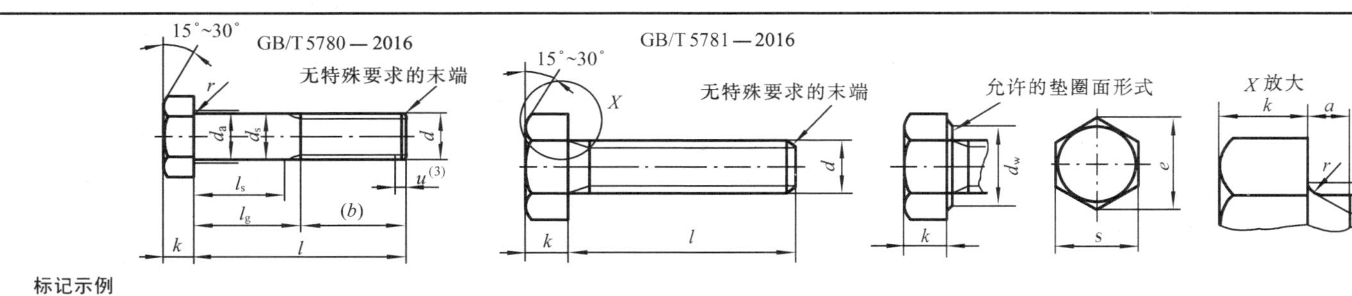

标记示例

螺纹规格 d=M12、公称长度 l=80 mm、性能等级为 4.8 级、不经表面处理、C 级的六角头螺栓：

螺栓 GB/T 5780 M12×80

螺纹规格 d=M12、公称长度 l=80 mm、性能等级为 4.8 级、不经表面处理、全螺纹、C 级的六角头螺栓：

螺栓 GB/T 5781 M12×80

螺纹规格 d		M5	M6	M8	M10	M12	(M14)	M16	(M18)	M20	(M22)	M24	(M27)	M30	(M33)	M36	(M39)	M42	(M45)	M48	(M52)	M56	(M60)	M64
b 参考	l≤125	16	18	22	26	30	34	38	42	46	50	54	60	66	72	78	84	—	—	—	—	—	—	—
	125<l≤200	—	—	28	32	36	40	44	48	52	56	60	66	72	78	84	90	96	102	108	116	124	132	140
	l>200	—	—	—	—	—	53	57	61	65	69	73	79	85	91	97	103	109	115	121	129	137	145	153
d_a (max)		6	7.2	10.2	12.2	14.7	16.7	18.7	21.2	24.4	26.4	28.4	32.4	35.4	38.4	42.4	45.4	48.6	52.6	56.6	62.6	67	71	75
d_s (max)		5.48	6.48	8.58	10.58	12.7	14.7	16.7	18.7	20.8	22.84	24.84	27.84	30.84	34	37	40	43	46	49	53.2	57.2	61.2	65.2
d_w (min)		6.7	8.7	11.5	14.5	16.5	19.2	22	24.9	27.7	31.4	33.3	38	42.8	46.6	51.1	55.9	60.0	64.7	69.5	74.2	78.7	83.4	88.2
a (max)		2.4	3	4	4.5	5.3	6	6	7.5	7.5	7.5	9	9	10.5	10.5	12	12	13.5	13.5	15	15	16.5	16.5	18
e (min)		8.63	10.89	14.2	17.59	19.85	22.73	26.17	29.56	32.95	37.29	39.55	45.2	50.85	55.37	60.79	66.44	72.02	76.95	82.6	88.25	93.56	99.21	104.86
k (公称)		3.5	4	5.3	6.4	7.5	8.8	10	11.5	12.5	14	15	17	18.7	21	22.5	25	26	28	30	33	35	38	40
r (min)		0.2	0.25	0.4	0.4	0.6	0.6	0.6	0.6	0.8	1	0.8	1	1	1	1	1	1.2	1.2	1.6	1.6	2	2	2
s (max)		8	10	13	16	18	21	24	27	30	34	36	41	46	50	55	60	65	70	75	80	85	90	95
范围	GB/T 5780—2016	25~50	30~60	40~80	40~100	55~120	60~140	65~160	80~180	65~200	90~220	100~240	110~260	120~300	130~320	140~300	150~400	180~420	180~440	200~480	200~500	240~500	240~500	260~500
	GB/T 5781—2016	10~40	12~50	16~65	20~80	25~100	30~140	35~100	35~180	40~100	45~220	50~100	55~280	60~100	65~100	70~100	80~400	80~420	90~440	90~480	100~500	110~500	120~500	120~500
l 系列		10, 12, 16, 20~50(5 进位), (55), 60, (65), 70~160(10 进位), 180, 220, 240, 260, 280, 300, 320, 340, 360, 380, 400, 420, 440, 460, 480, 500																						

技术条件	材料	机械性能等级	螺纹公差	产品等级	表面处理
	钢	d≤39 mm 时为 4.6、4.8，d>39 mm 时按协议	8g	C	不经处理，镀锌钝化

注：1. 尽量不采用括号内规格。
2. M42、M48、M56、M64 为通用规格，其余为商品规格。
3. GB/T 5781—2016 中的螺纹公差为 6 g。

2) 双头螺柱

表 11-13　双头螺柱(摘自 GB/T 897～900—1988)

GB/T 897—1988(b_m=1d)　　GB/T 898—1988(b_m=1.25d)　　GB/T 899—1988(b_m=1.5d)　　GB/T 900—1988(b_m=2d)

倒角端　A 型　倒角端
x　x　b　b_m　l　d_s　d
辗制末端　B 型　辗制末端
x　x　b　b_m　l　d_s　d

x≈1.5p(粗牙螺距)

标记示例

两端形式	d /mm	l /mm	性能等级	表面处理	型号	b_m /mm	标记
两端均为粗牙普通螺纹	10	50	4.8	不处理	B	1d	螺柱 GB/T 897 M10×50
旋入机体一端为粗牙普通螺纹，旋螺母一端为螺距 p=1mm 的细牙普通螺纹	10	50	4.8	不处理	A	1d	螺柱 GB/T 897 AM10-M10×1×50
旋入机体一端为过渡配合螺纹的第一种配合，旋螺母一端为粗牙普通螺纹	10	50	8.8	镀锌钝化	B	1d	螺柱 GB/T 897 GM10-M10×50-8.8-Zn.D
旋入机体一端为过盈配合螺纹，旋螺母一端为粗牙普通螺纹	10	50	8.8	镀锌钝化	A	2d	螺柱 GB/T 900 AYM10-M10×50-8.8-Zn.D

螺纹规格 d		M3	M4	M5	M6	M8	M10	M12	M16	M20	M24	M30	M36	M42	M48	
b_m	GB/T 897	—	—	5	6	8	10	12	16	20	24	30	36	42	48	
	GB/T 898	—	—	6	8	10	12	15	20	25	30	38	45	52	60	
	GB/T 899	4.5	6	8	10	12	15	18	24	30	36	45	54	63	72	
	GB/T 900	6	8	10	12	16	20	24	32	40	48	60	72	84	96	
l		b														l
12																140
(14)		6						36								150
16			8													160
(18)				10					44	52	60	72	84	96	108	170
20		10			10	12										180
(22)																190
25			11				14									200
(28)					14	16		16								210
30																220
(32)							16		20			85				230
35				16				20					97	109	121	240
(38)										25						250
40																260
45					18				30		30					280
50																300
(55)						22				35						
60												40				
(65)											45					
70													45	50		
(75)							26	30								
80												50				
(85)									38	46					60	
90													60	70		
(95)											54					
100												66			80	
110													78	90	102	
120																
130							32									

技术条件	材料		机械性能等级	过渡及过盈配合螺纹	
	钢		4.8, 5.8, 6.8, 8.8, 10.9, 12.9	GM、G2M、YM(GB/T 900—1988)	
	不锈钢		A2-50、A2-70	GM、G2M(GB/T 898～899—1988)	
	产品等级：B	螺纹公差	表面处理(GB/T 897、GB/T 898)	表面处理(GB/T 899、GB/T 900)	
		6g	钢：①不经处理；②氧化；③镀锌钝化	钢：①不经处理；②氧化；③镀锌钝化	
			不锈钢：不经处理	不锈钢：不经处理	

1. 左边的 l 系列查左边两粗黑线之间的 b 值，右边的 l 系列查右边的粗黑线上方的 b 值。
2. GB/T 898，d=M5～M20 为商品规格，其余均为通用规格。
3. b_m=d，一般用于钢对钢，b_m=(1.25～1.5)d，一般用于钢对铸铁；b_m=2d，一般用于钢对铝合金。

注：两端螺纹长度相同的双头螺柱参见有关手册。

3) 螺钉

表 11-14　紧定螺钉

(摘自 GB/T 71—1985、GB/T 72—1988、GB/T 73—1985、GB/T 75—1985)　　mm

开槽平端紧定螺钉(GB/T 73—1985)

d_f≈螺纹小径

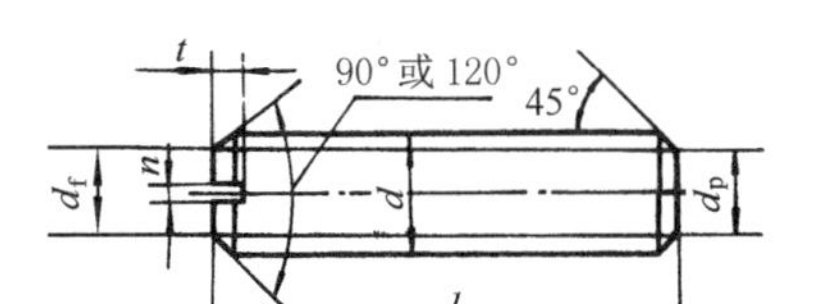

开槽锥端定位螺钉(GB/T 72—1988)

d_f≈螺纹小径

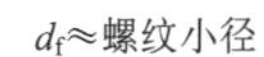

开槽锥端紧定螺钉(GB/T 71—1985)

d_f≈螺纹小径

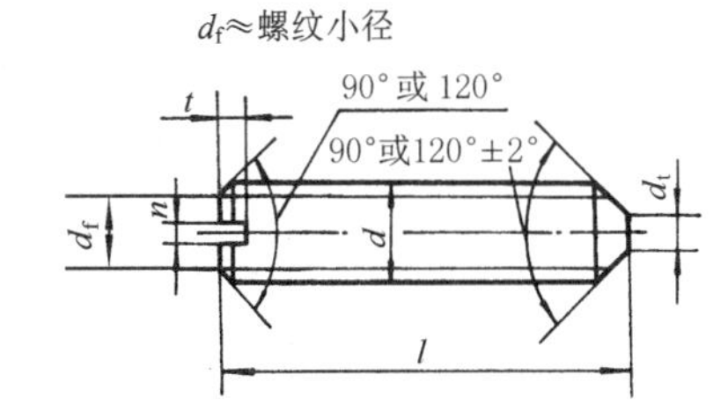

开槽长圆柱端紧定螺钉(GB/T 75—1985)

d_f≈螺纹小径

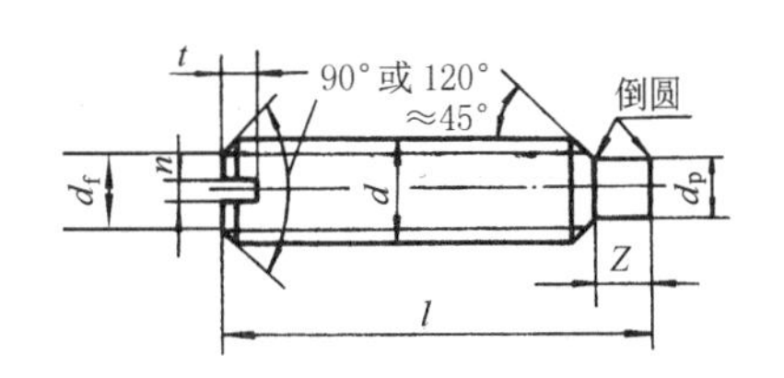

标记示例

螺纹规格 d=M6、公称长度 l=16 mm、性能等级为 14H 级、表面氧化的开槽锥端紧定螺钉：

螺钉 GB/T 71 M6×16

开槽平端紧定螺钉：　螺钉 GB/T 73 M6×16

开槽长圆柱端紧定螺钉：螺钉 GB/T 75 M6×16

螺纹规格 d	螺距 p	d_p 最大	n 公称	n'	t 最大	d_t 最大	d_1	Z'	Z 最大	l 商品规格范围			制成 120°的短螺钉 l≤		
										GB/T 71 GB/T 75	GB/T 72	GB/T 73	GB/T 71	GB/T 73	GB/T 75
M3	0.5	2	0.4	0.46～0.6	1.05	0.3	1.7	1.5	1.75	4～16 5～16	3～16 4～16	3～16 3～16	3	3	5
M4	0.7	2.5	0.6	0.66～0.8	1.42	0.4	2.1	2	2.25	6～20	4～20	4～20	4	4	6
M5	0.8	3.5	0.8	0.86～1	1.63	0.5	2.5	2.5	2.75	8～25	5～20	5～25	5	5	8
M6	1	4	1	1.06～1.2	2	1.5	3.4	3	3.25	8～30	6～25	6～30	6	6	10
M8	1.25	5.5	1.2	1.26～1.51	2.5	2	4.7	4	4.3	10～40	8～35	8～40	8	6	14
M10	1.5	7	1.6	1.66～1.91	3	2.5	6	5	5.3	12～50	10～45	10～50	10	8	16
M12	1.75	8.5	2	2.06～2.31	3.6	3	7.3	6	6.3	14～60	12～50	12～60	12	10	20
l 系列(公称)	4，5，6，8，10，12，(14)，16，20，25，30，35，40，45，50，(55)，60														
技术条件	材料	机械性能等级			螺纹公差				产品等级			表面处理			
	钢	14H、22H			6g				A			氧化或镀锌钝化			

注：材料为 Q235 和 15、35、45 钢。

表 11-15　内六角圆柱头螺钉(摘自 GB/T 70.1—2008)

mm

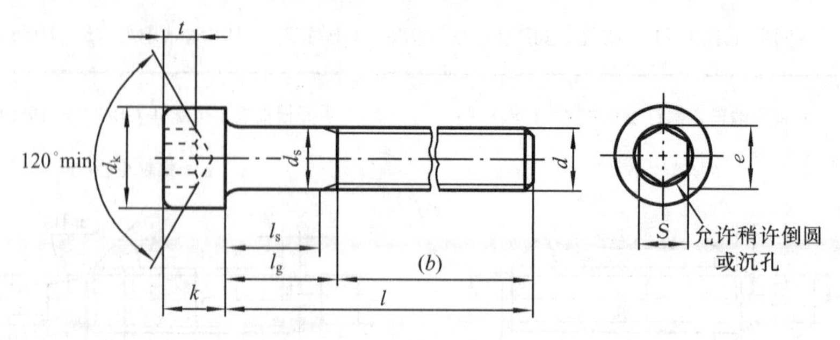

$l_{gmax}=l_{公称}-b$；$l_{smin}=l_{gmax}-5P$；P—螺距

标记示例

螺纹规格 d=M10、公称长度 l=20 mm、性能等级为 8.8 级、表面氧化的内六角圆柱螺钉：

螺钉 GB/T 70.1 M10×20

螺纹规格 d		M5	M6	M8	M10	M12	M16	M20	M24	M30
螺距 p		0.8	1	1.25	1.5	1.75	2	2.5	3	3.5
d_k	最大*	8.5	10	13	16	18	24	30	36	45
	最大**	8.72	10.22	13.27	16.27	18.27	24.33	30.33	36.39	45.39
k	最大	5	6	8	10	12	16	20	24	30
d_s	最大	5	6	8	10	12	16	20	24	30
b	参考	22	24	28	32	36	44	52	60	72
e	最小	4.58	5.72	6.86	9.15	11.43	16	19.44	21.73	25.15
S	公称	4	5	6	8	10	14	17	19	22
t	最小	2.5	3	4	5	6	8	10	12	15.5
l 范围	公称	8～50	10～60	12～80	16～100	20～120	25～160	30～200	40～200	45～200
制成全螺纹时 l≤		22	30	35	40	45	55	65	80	90
l 系列	公称	10, 12, (14), 16, 20～50(5 进位)，(55), 60, 65, 70～160(10 进位), 180, 200								

	材料	机械性能等级	螺纹公差	产品等级	表面处理
技术条件	钢	d<3 mm，d>39 mm 时按协议，3 mm≤d≤39 mm 时为 8.8、10.9、12.9	12.9 级时为 5 g 或 6 g 其他等级时为 6 g	A	氧化
	不锈钢	d<24 mm 时为 A2-70、A4-70 24 mm ≤ d ≤ 39 mm 时为 A2-50、A4-50，d>39 mm 时按协议			简单处理

注：1. M24 和 M30 为通用规格，其余为商品规格。

2. *系光滑头部，**系滚花头部。

3. 材料为 Q235 和 15、35、45 钢。

表 11-16　十字槽盘头螺钉和十字槽沉头螺钉(摘自 GB/T 818—2000、GB/T 819.1—2000)　　mm

十字槽盘头螺钉 (GB/T 818—2000)

十字槽沉头螺钉 (GB/T 819.1—2000)

标记示例

螺纹规格 d=M5、公称长度 l=20 mm、性能等级为 4.8 级、不经表面处理的 H 型十字槽盘头螺钉：

螺钉 GB/T 818 M5×20

	螺纹规格 d	M3	M4	M5	M6	M8	M10
	螺距 p	0.5	0.7	0.8	1	1.25	1.5
	a 最大	1	1.4	1.6	2	2.5	3
	b 最小	25	38	38	38	38	38
GB/T 818	d_k 最大	5.6	8	9.5	12	16	20
	k 最大	2.4	3.1	3.7	4.6	6	7.5
	x 最大	1.25	1.75	2	2.5	3.2	3.8
GB/T 819.1	d_k 最大 (公称)	5.5	8.4	9.3	11.3	15.8	18.3
	k 最大	1.65	2.7	2.7	3.3	4.65	5
	x 最大	1.25	1.75	2	2.5	3.2	3.8
l 系列	3,4,5,6,8,10,12,(14),16,20,25,30,35,40,45,50,(55),60						
技术条件	材料	钢	不锈钢		产品等级：A		
	机械性能等级	4.8	A2.70、A2.50		螺纹公差：6g		
	表面处理	①不经处理； ②镀锌钝化					

注：GB/T 819—2000 没有不锈钢材料。

表 11-17　开槽圆柱头螺钉、开槽盘头螺钉和开槽沉头螺钉

(摘自 GB/T 65—2016、GB/T 67—2016、GB/T 68—2016)　　mm

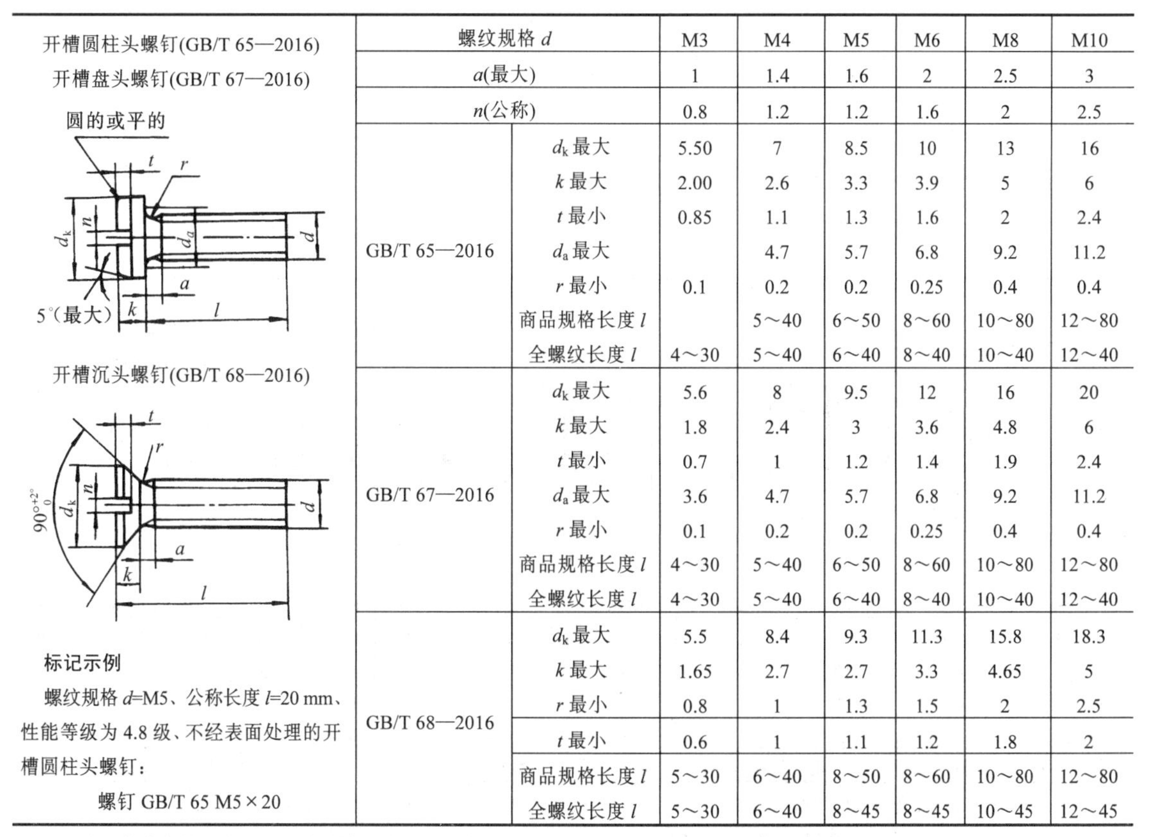

标记示例

螺纹规格 d=M5、公称长度 l=20 mm、性能等级为 4.8 级、不经表面处理的开槽圆柱头螺钉：

螺钉 GB/T 65 M5×20

	螺纹规格 d	M3	M4	M5	M6	M8	M10
	a(最大)	1	1.4	1.6	2	2.5	3
	n(公称)	0.8	1.2	1.2	1.6	2	2.5
GB/T 65—2016	d_k 最大	5.50	7	8.5	10	13	16
	k 最大	2.00	2.6	3.3	3.9	5	6
	t 最小	0.85	1.1	1.3	1.6	2	2.4
	d_a 最大		4.7	5.7	6.8	9.2	11.2
	r 最小	0.1	0.2	0.2	0.25	0.4	0.4
	商品规格长度 l		5～40	6～50	8～60	10～80	12～80
	全螺纹长度 l	4～30	5～40	6～40	8～40	10～40	12～40
GB/T 67—2016	d_k 最大	5.6	8	9.5	12	16	20
	k 最大	1.8	2.4	3	3.6	4.8	6
	t 最小	0.7	1	1.2	1.4	1.9	2.4
	d_a 最大	3.6	4.7	5.7	6.8	9.2	11.2
	r 最小	0.1	0.2	0.2	0.25	0.4	0.4
	商品规格长度 l	4～30	5～40	6～50	8～60	10～80	12～80
	全螺纹长度 l	4～30	5～40	6～40	8～40	10～40	12～40
GB/T 68—2016	d_k 最大	5.5	8.4	9.3	11.3	15.8	18.3
	k 最大	1.65	2.7	2.7	3.3	4.65	5
	r 最小	0.8	1	1.3	1.5	2	2.5
	t 最小	0.6	1	1.1	1.2	1.8	2
	商品规格长度 l	5～30	6～40	8～50	8～60	10～80	12～80
	全螺纹长度 l	5～30	6～40	8～45	8～45	10～45	12～45

注：技术条件同表 11-15，但材料为钢时的性能等级：对钢为 4.8、5.8 级；对不锈钢为 A2.50、A2.70 级。

4)　螺母

表 11-18　1 型六角螺母—A 和 B 级　(摘自 GB/T 6170—2015)
1 型六角螺母—细牙 A 和 B 级 (摘自 GB/T 6171—2016)
六角薄螺母—A 和 B 级　(摘自 GB/T 6172.1—2000)
六角薄螺母—细牙—A 和 B 级(摘自 GB/T 6173—2015)

mm

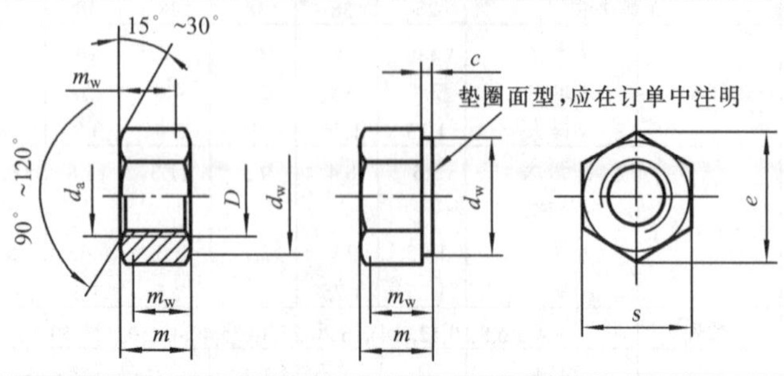

标记示例

螺纹规格 D=M10、性能等级为 10 级、不经表面处理、A 级的 1 型六角螺母：

螺母 GB/T 6170 M10

螺纹规格 D=M16×1.5、性能等级为 8 级、不经表面处理、A 级的 1 型六角螺母：

螺母 GB/T 6171 M16×1.5

螺纹规格 D	M5	M6	M8	M10	M12	M16	M20	M24	M30	M36	M42
c 最大	0.5	0.5	0.6	0.6	0.6	0.8	0.8	0.8	0.8	0.8	1
p	0.8	1	1.25	1.5	1.75	2	2.5	3	3.5	4	5
m_w	3.5	3.9	5.2	6.4	8.3	11.3	13.5	16.2	19.4	23.5	25.9
d_a 最小	5	6	8	10	12	16	20	24	30	36	42
d_w 最小	6.9	8.9	11.6	14.6	16.6	22.5	27.7	33.2	42.7	51.1	60.6
e 最小	8.79	11.05	14.38	17.77	20.03	26.75	32.95	39.55	50.85	60.79	71.3
m 最大　1 型	4.7	5.2	6.8	8.4	10.8	14.8	18	21.5	25.6	31	34
薄螺母	2.7	3.2	4	5	6	8	10	12	15	18	21
s 最大	8	10	13	16	18	24	30	36	46	55	65
技术条件	材料	机械性能等级						螺纹公差		公差等级	表面处理
	钢	D<3 mm、D>39 mm 时按协议；3 mm≤D≤39 mm 时为 04、05						6H		D≤16：A	不经处理
	不锈钢	D≤24 mm 时为 A2-035、A4-035；24 mm≤D≤39 mm 时为 A2-035、A4-035								D>16：B	简单处理

表 11-19　2 型六角螺母—A 和 B 级　(摘自 GB/T 6175—2016)
2 型六角螺母—细牙—A 和 B 级(摘自 GB/T 6176—2016)

mm

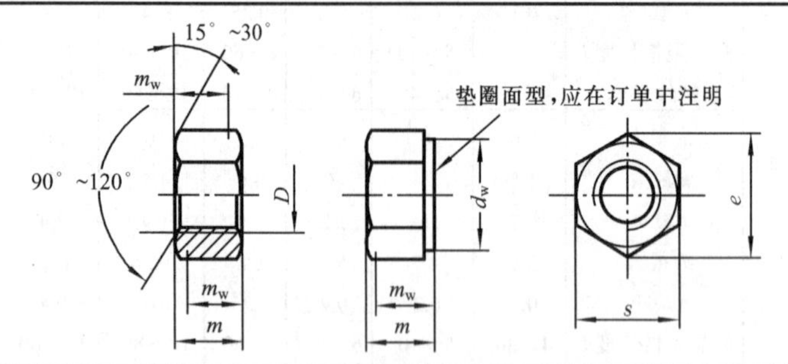

标记示例

1. 螺纹规格 D=M10、性能等级为 9 级、表面氧化、A 级的 2 型六角螺母：螺母 GB/T 6175 M10

2. 螺纹规格 D=M16×1.5、细牙螺纹、性能等级为 10 级、表面氧化、产品等级为 A 级的 2 型三角螺母标记：螺母 GB/T 6176 M16×1.5

螺纹规格 D	M5	M6	M8	M10	M12	(M14)	M16	M20	M24	M30	M36
e 最小	8.8	11.1	14.38	17.77	20.03	23.4	26.75	32.95	39.55	50.85	60.79
s 最大	8	10	13	16	18	21	24	30	36	46	55
m_w 最小	3.84	4.32	5.71	7.15	9.26	10.7	12.6	15.2	18.1	21.8	26.5
m 最大	5.1	5.7	7.5	9.3	12	14.1	16.4	20.3	23.9	28.6	34.7
技术条件	材料：钢	机械性能等级：9～12			螺纹公差：6H		表面处理：表面氧化				

注：1. 对于细牙螺母的螺纹规格 D：M8×1，M10×1，M12×1.5，M16×1.5，M20×1.5，M24×2，M30×2，M36×3。

2. A 用于 D≤16 mm，B 用于 D>16 mm 的螺母。

表 11-20　圆螺母和小圆螺母(摘自 GB/T 812—1988、GB/T 810—1988)　　mm

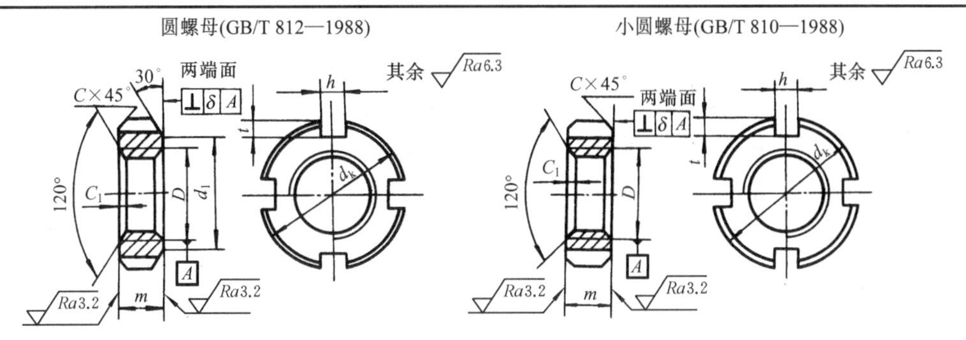

标记示例　螺母 GB/T 812 M16×1.5
　　　　　螺母 GB/T 810 M16×1.5
(螺纹规格 D=M16×1.5、材料为 45 钢、槽或全部热处理硬度 35～45HRC、表面氧化的圆螺母和小圆螺母)

圆螺母(GB/T 812—1988)

螺纹规格 $D\times P$	d_k	d_1	m	h max	h min	t max	t min	C	C_1
M10×1	22	16	8	4.3	4	2.6	2	0.5	0.5
M12×1.25	25	19							
M14×1.5	28	20							
M16×1.5	30	22		5.3	5	3.1	2.5		
M18×1.5	32	24							
M20×1.5	35	27							
M22×1.5	38	30	10					1	
M24×1.5 M25×1.5*	42	34							
M27×1.5	45	37							
M30×1.5	48	40							
M33×1.5 M35×1.5*	52	43		6.3	6	3.6	3		
M36×1.5	55	46							
M39×1.5 M40×1.5*	58	49						1.5	
M42×1.5	62	53							
M45×1.5	68	59							
M48×1.5 M50×1.5*	72	61	12	8.36	8	4.25	3.5		
M52×1.5 M55×2*	78	67							
M56×2	85	74							1
M60×2	90	79							
M64×2 M65×2*	95	84							
M68×2	100	88							
M72×2 M75×2*	105	93	15	10.36	10	4.75	4		
M76×2	110	98							
M80×2	115	103							
M85×2	120	108							
M90×2	125	112	18	12.43	12	5.75	5		
M95×2	130	117							
M100×2	135	122							
M105×2	140	127							

小圆螺母(GB/T 810—1988)

螺纹规格 $D\times p$	d_k	m	h max	h min	t max	t min	C	C_1
M10×1	20	6	4.3	4	2.6	2	0.5	0.5
M12×1.25	22							
M14×1.5	25							
M16×1.5	28		5.3	5	3.1	2.5		
M18×1.5	30							
M20×1.5	32							
M22×1.5	35	8						
M24×1.5	38						1	
M27×1.5	42							
M30×1.5	45							
M33×1.5	48							
M36×1.5	52							
M39×1.5	55		6.3	6	3.6	3		
M42×1.5	58							
M45×1.5	62							
M48×1.5	68	10						
M52×1.5	72		8.36	8	4.25	3.5		1
M56×2	78							
M60×2	80							
M64×2	85							
M68×2	90							
M72×2	95	12						
M76×2	100		10.36	10	4.75	4		
M80×2	105							
M85×2	110						1.5	
M90×2	115							
M95×2	120							
M100×2	125		12.43	12	5.75	5		
M105×2	130	15						

技术条件	材料	螺纹公差	热处理及表面处理
	45钢	6H	①槽或全部热处理后35～45HRC；②调质后24～30HRC；③氧化

注：1. 槽数 n：当 $D\leqslant$M100×2 时，n=4；当 $D\geqslant$M105×2 时，n=6。
2. *仅用于滚动轴承锁紧装置。

表 11-21　1 型六角螺母—C 级(摘自 GB/T 41—2016)　　mm

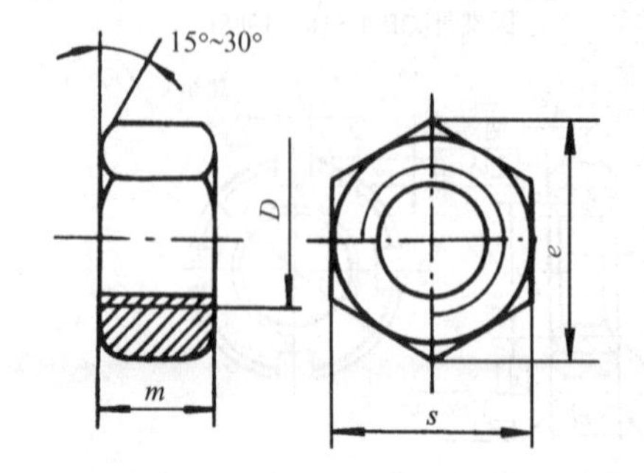

标记示例

螺纹规格 D=M12、性能等级为 5 级、不经表面处理、C 级的 1 型六角螺母：

螺母 GB/T 41 M12

螺纹规格 D	M5	M6	M8	M10	M12	(M14)	M16	(M18)	M20	(M22)	M24	(M27)	M30	M36
e(min)	8.63	10.89	14.20	17.59	19.85	22.78	26.17	29.56	32.95	37.29	39.55	45.2	50.85	60.79
s(max)	8	10	13	16	18	21	24	27	30	34	36	41	46	55
m(max)	5.6	6.4	7.9	9.5	12.12	13.9	15.9	16.9	19	20.2	22.3	24.7	26.4	31.9
技术条件	材料：钢			机械性能等级		D≤39 mm 时为 4.5；D>39 mm 时按协议						螺纹公差：7H		
	表面处理：①不经处理；②镀锌钝化													

注：尽可能不采用括号内的规格。

5) 垫圈

表 11-22　小垫圈和平垫圈(摘自 GB/T 848—2002、GB/T 97.1—2002、GB/T 95—2002)　　mm

小垫圈—A 级(GB/T 848—2002)
平垫圈—A 级(GB/T 97.1—2002)　　平垫圈—倒角型—A 级(GB/T 97.2—2002)
平垫圈—C 级(GB/T 95—2002)

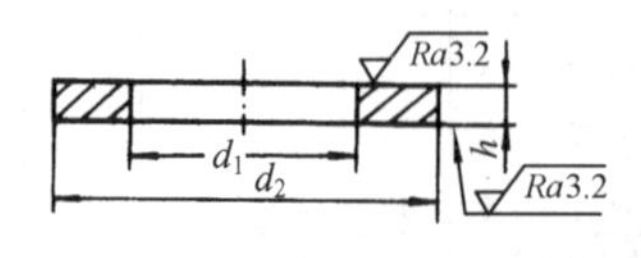

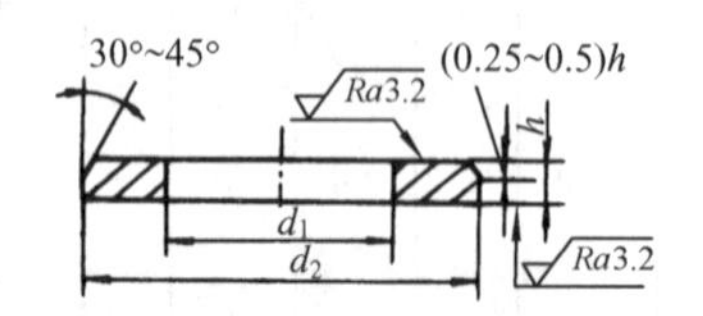

标记示例

(1) 小系列(或标准系列)、公称直径 d=8mm、性能等级为 140HV 级、不经表面处理的小垫圈(或平垫圈，或倒角型平垫圈)：

垫圈 GB/T 848(或 GB/T 97.1，或 GB/T 97.2)—1985-8-140HV

(2) 标准系列、公称直径 d=8 mm、性能等级为 100HV 级、不经表面处理的平垫圈：垫圈 GB/T 95—2002 8

公称直径(螺纹规格)		M5	M6	M8	M10	M12	M16	M20	M24	M30	M36
h	GB/T 848—2002	1	1.6	1.6	2	2.5	3	3	4	4	5
	GB/T 97.1—2002 GB/T 97.2—2002	1.1	1.8	1.8	2.2	2.7	3.3	3.3	4.3	4.3	5.6
	GB/T 95—2002	1	1.6	1.6	2	2.5	3	3	4	4	5
d_1	GB/T 848—2002 GB/T 97.1—2002 GB/T 97.2—2002	5.3	6.4	8.4	10.5	13	17	21	25	31	37
	GB/T 95—2002	5.5	6.6	9	11	13.5	17.5	22	26	33	39
d_2	GB/T 848—2002	9	11	15	18	20	28	34	39	50	60
	GB/T 97.1—2002 GB/T 97.2—2002	10	12	16	20	24	30	37	44	56	66
	GB/T 95—2002	10	12	16	20	24	30	37	44	56	66

注：材料为 Q215、Q235。

表 11-23　弹簧垫圈(摘自 GB/T 93—1987、GB/T 859—1987)

mm

标准型弹簧垫圈(GB/T 93—1987)

轻型弹簧垫圈(GB/T 859—1987)

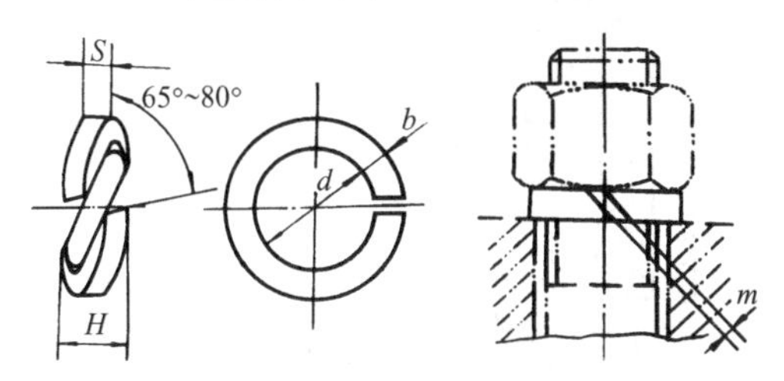

标记示例

公称直径=16 mm、材料为 65Mn、表面氧化的标准型弹簧垫圈：

垫圈 GB/T 93—1987 16

公称直径(螺纹规格)	d (min)	GB/T 93—1987			GB/T 859—1987			
		$S(b)$	H (max)	$m\leqslant$	S	b	H (max)	$m\leqslant$
3	3.1	0.8	2	0.4	0.6	1	1.5	0.3
4	4.1	1.1	2.75	0.55	0.8	1.2	2	0.4
5	5.1	1.3	3.25	0.65	1.1	1.5	2.75	0.55
6	6.1	1.6	4	0.8	1.3	2	3.25	0.65
8	8.1	2.1	5.25	1.05	1.6	2.5	4	0.8
10	10.2	2.6	6.5	1.3	2	3	5	1
12	12.2	3.1	7.75	1.55	2.5	3.5	6.25	1.25
(14)	14.2	3.6	9	1.8	3	4	7.5	1.5
16	16.2	4.1	10.25	2.05	3.2	4.5	8	1.6
(18)	18.2	4.5	11.25	2.25	3.6	5	9	1.8
20	20.2	5	12.5	2.5	4	5.5	10	2
(22)	22.5	5.5	13.75	2.75	4.5	6	11.25	2.25
24	24.5	6	15	3	5	7	12.5	2.5
(27)	27.5	6.8	17	3.4	5.5	8	13.75	2.75
30	30.5	7.5	18.75	3.75	6	9	15	3
(33)	33.5	8.5	21.25	4.25	—	—	—	—
36	36.5	9	22.5	4.5	—	—	—	—
(39)	39.5	10	25	5	—	—	—	—
42	42.5	10.5	26.25	5.25	—	—	—	—
(45)	45.5	11	27.5	5.5	—	—	—	—
48	48.5	12	30	6	—	—	—	—

注：材料为 65Mn。淬火并回火处理、硬度 42～50 HRC，尽可能不用括号内的规格。

表 11-24　圆螺母用止动垫圈(摘自 GB/T 858—1988)

mm

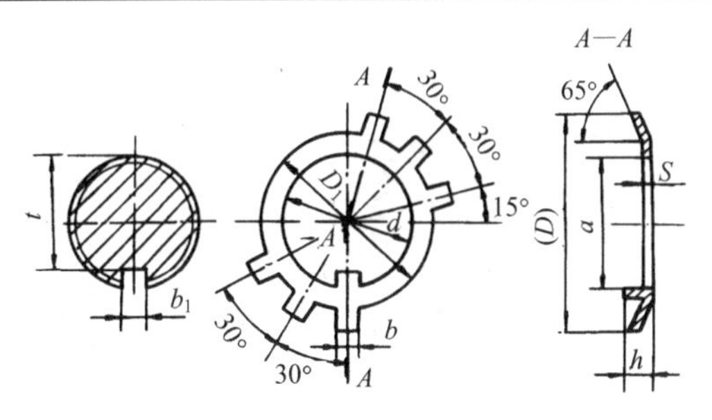

标记示例

公称直径=16 mm、材料为 Q235、退火、表面氧化的圆螺母用止动垫圈：

垫圈 GB/T 858—1988 16

公称直径(螺纹规格)	d	(D) 参考	D_1	S	b	a	h	轴端	
								b_1	t
20	20.5	38	27	1	4.8	17	4	5	16
24	24.5	45	34			21			20
25*	25.5	45	34			22			—
30	30.5	52	40			27			26
35*	35.5	56	43	1.5	5.7	32	5	6	—
36	36.5	60	46			33			32
40*	40.5	62	49			37			—
42	42.5	66	53			39			38
48	48.5	76	61		7.7	45		8	44
50*	50.5	76	61			47			—
55*	56	82	67			52	6		—
56	57	90	74			53			52
64	65	100	84			61			60
65*	66					62			—
68	69	105	88	1.5	9.6	65		10	64
72	73	110	93			69	7		68
75*	76					71			—
76	77	115	98			72			70
80	81	120	103			76			74
85	86	125	108			81			79
90	91	130	112	—	11.6	86		12	84
95	96	135	117			91			89
100	101	140	122			96			94

注：1. 材料为 Q235。

2. 标有*的规格仅用于滚动轴承锁紧装置。

6) 轴端挡圈

表 11-25 轴端挡圈(摘自 GB/T 891—1986、GB/T 892—1986) mm

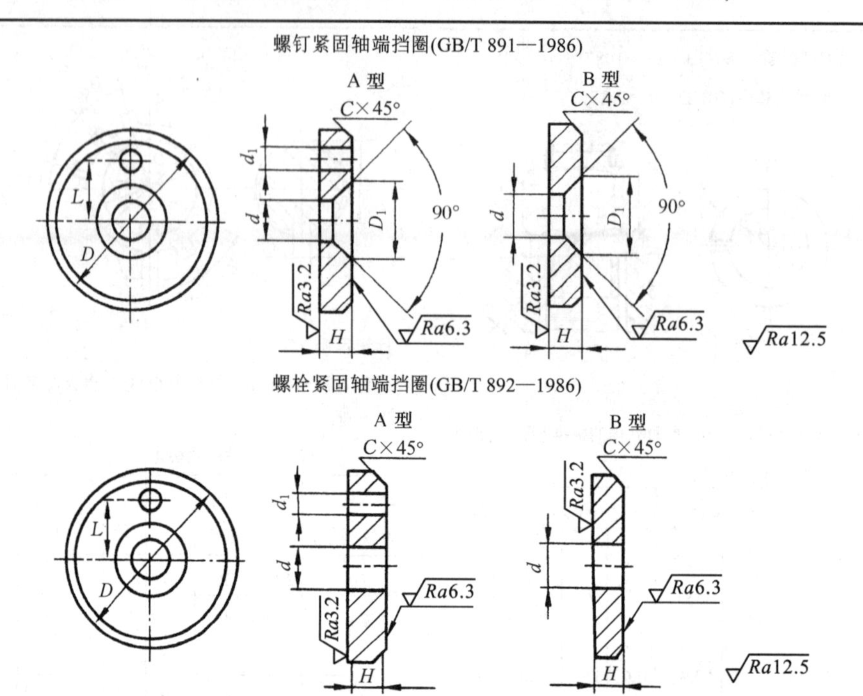

标记示例

公称直径 D=45 mm、材料为 Q235-A、不经表面处理的 A 型螺栓紧固轴端挡圈：

挡圈 GB/T 892 45

按 B 型制造时，应加标记 B：

挡圈 GB/T 892 B 45

<table>
<tr><th rowspan="2">轴径 d_0 ≤</th><th rowspan="2">公称直径 D</th><th colspan="2">H</th><th colspan="2">L</th><th rowspan="2">d</th><th rowspan="2">C</th><th rowspan="2">d_1</th><th colspan="3">GB/T 891—1986</th><th colspan="2">GB/T 892—1986</th><th colspan="5">安装尺寸</th></tr>
<tr><th>基本尺寸</th><th>极限偏差</th><th>基本尺寸</th><th>极限偏差</th><th>D_1</th><th>螺钉 GB/T 819—1985(推荐)</th><th>圆柱销 GB/T 119—1986(推荐)</th><th>螺栓 GB/T 5783—1985(推荐)</th><th>圆柱销 GB/T 119—1986(推荐)</th><th>垫圈 GB/T 93—1987</th><th>L_1</th><th>L_2</th><th>L_3</th><th>h</th></tr>
<tr><td>14</td><td>20</td><td>4</td><td rowspan="17">0
−0.30</td><td></td><td rowspan="8">±0.11</td><td rowspan="5">5.5</td><td rowspan="5">0.5</td><td rowspan="5">2.1</td><td rowspan="5">11</td><td rowspan="5">M5×12</td><td rowspan="5">A2×10</td><td rowspan="5">M5×16</td><td rowspan="5">A2×10</td><td rowspan="5">5</td><td rowspan="5">14</td><td rowspan="5">6</td><td rowspan="5">16</td><td rowspan="5">5.1</td></tr>
<tr><td>16</td><td>22</td><td>4</td><td></td></tr>
<tr><td>18</td><td>25</td><td>4</td><td></td></tr>
<tr><td>20</td><td>28</td><td>4</td><td>7.5</td></tr>
<tr><td>22</td><td>30</td><td>4</td><td>7.5</td></tr>
<tr><td>25</td><td>32</td><td>5</td><td>10</td><td rowspan="6">6.6</td><td rowspan="6">1</td><td rowspan="6">3.2</td><td rowspan="6">13</td><td rowspan="6">M6×16</td><td rowspan="6">A3×12</td><td rowspan="6">M6×20</td><td rowspan="6">A3×12</td><td rowspan="6">6</td><td rowspan="6">18</td><td rowspan="6">7</td><td rowspan="6">20</td><td rowspan="6">6</td></tr>
<tr><td>28</td><td>35</td><td>5</td><td>10</td></tr>
<tr><td>30</td><td>38</td><td>5</td><td>10</td></tr>
<tr><td>32</td><td>40</td><td>5</td><td>12</td><td rowspan="6">±0.135</td></tr>
<tr><td>35</td><td>45</td><td>5</td><td>12</td></tr>
<tr><td>40</td><td>50</td><td>5</td><td>12</td></tr>
<tr><td>45</td><td>55</td><td>6</td><td>16</td><td rowspan="6">9</td><td rowspan="6">1.5</td><td rowspan="6">4.2</td><td rowspan="6">17</td><td rowspan="6">M8×20</td><td rowspan="6">A4×14</td><td rowspan="6">M8×25</td><td rowspan="6">A4×14</td><td rowspan="6">8</td><td rowspan="6">22</td><td rowspan="6">8</td><td rowspan="6">24</td><td rowspan="6">8</td></tr>
<tr><td>50</td><td>60</td><td>6</td><td>16</td></tr>
<tr><td>55</td><td>65</td><td>6</td><td>16</td></tr>
<tr><td>60</td><td>70</td><td>6</td><td>20</td><td rowspan="5">±0.165</td></tr>
<tr><td>65</td><td>75</td><td>6</td><td>20</td></tr>
<tr><td>70</td><td>80</td><td>6</td><td>20</td></tr>
<tr><td>75</td><td>90</td><td>8</td><td rowspan="2">0
−0.36</td><td>25</td><td rowspan="2">13</td><td rowspan="2">2</td><td rowspan="2">5.2</td><td rowspan="2">25</td><td rowspan="2">M12×25</td><td rowspan="2">A5×16</td><td rowspan="2">M12×30</td><td rowspan="2">A5×16</td><td rowspan="2">12</td><td rowspan="2">26</td><td rowspan="2">10</td><td rowspan="2">28</td><td rowspan="2">11.5</td></tr>
<tr><td>85</td><td>100</td><td>8</td><td>25</td></tr>
</table>

注：1. 当挡圈装在带中心孔的轴端时，紧固用螺钉(螺栓)允许加长。

2. 材料为 Q235-A 和 35、45 钢。

7) 弹性挡圈

表 11-26　轴用弹性挡圈-A 型(摘自 GB/T 894.1—1986)　　mm

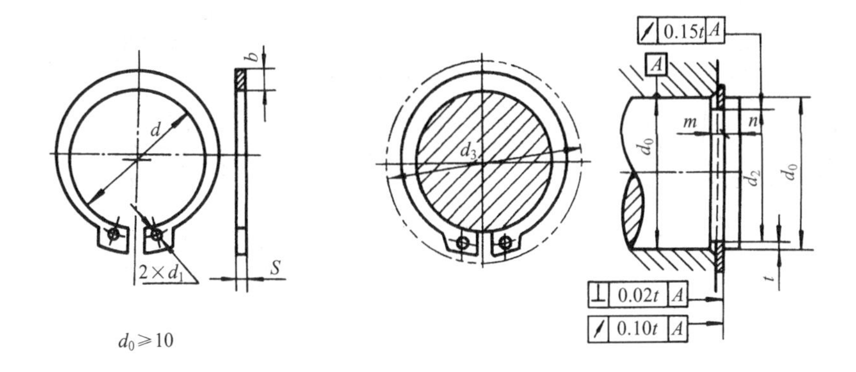

$d_0\geqslant10$

标记示例

挡圈 GB/T 894.1 50　　　　　　d_3—允许套入的最小孔径

(轴径 d_0=50 mm、材料 65Mn、热处理 44～51 HRC、经表面氧化处理的 A 型轴用弹性挡圈)

轴径	挡圈				沟槽(推荐)			孔
d_0	d	S	$b\approx$	d_1	d_2	m	$n\geqslant$	$d_3\geqslant$
18	16.5	1	2.48	1.7	17	1.1	1.5	27
19	17.5			2	18			28
20	18.5		2.68		19			29
21	19.5				20			31
22	20.5				21			32
24	22.2	1.2	3.32		22.9	1.3	1.7	34
25	23.2				23.9			35
26	24.2				24.9			36
28	25.9		3.60		26.6		2.1	38.4
29	26.9		3.72		27.6			39.8
30	27.9				28.6			42
32	29.6		3.92	2.5	30.3		2.6	44
34	31.5	1.5	4.32		32.3	1.7		46
35	32.2		4.52		33		3	48
36	33.2				34			49
37	34.2				35			50
38	35.2		5.0		36			51
40	36.5				37.5		3.8	53
42	38.5			3	39.5			56
45	41.5				42.5			59.4
48	44.5				45.5			62.8
50	45.8	2	5.48		47	2.2	4.5	64.8
52	47.8				49			67

轴径	挡圈				沟槽(推荐)			孔
d_0	d	S	$b\approx$	d_1	d_2	m	$n\geqslant$	$d_3\geqslant$
55	50.8	2	5.48	3	52	2.2	4.5	70.4
56	51.8		6.12		53			71.7
58	53.8				55			73.6
60	55.8				57			75.8
62	57.8				59			79
63	58.8	2.5			60	2.7		79.6
65	60.8				62			81.6
68	63.5		6.32		65			85
70	65.5				67			87.2
72	67.5				69			89.4
75	70.5				72			92.6
78	73.5		7.0		75			96.2
80	74.5				76.5		5.3	98.2
82	76.5				78.5			101
85	79.5				81.5			104
88	82.5				84.5			107.3
90	84.5		7.6		86.5			110
95	80.5		9.2		91.5			115
100	94.5				96.5			121
105	98	3	10.7		101	3.2	6	132
110	103		11.3	4	106			136
115	108		12		111			142
120	113				116			145

注：1. 材料为 65Mn、60Si2MnA。

2. 热处理(淬火并回火)：$d_0\leqslant48$ mm，硬度为 47～54 HRC；$d_0>48$ mm，硬度为 44～51 HRC。

表 11-27 孔用弹性挡圈-A 型(摘自 GB/T 893.1—1986) mm

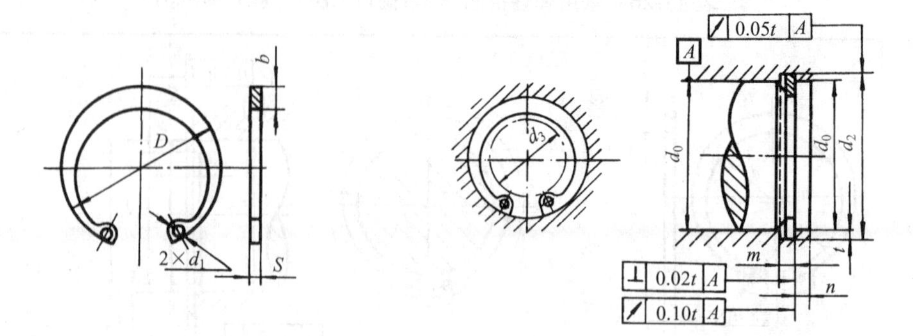

标记示例

挡圈 GB/T 893.1 50 d_3—允许套入的最大轴径

(孔径 d_0=50 mm、材料 65Mn、热处理硬度 44～51 HRC、经表面氧化处理的 A 型孔用弹性挡圈)

孔径	挡圈				沟槽(推荐)			轴	孔径	挡圈				沟槽(推荐)			轴
d_0	D	S	b≈	d_1	d_2	m	n≥	d_3≤	d_0	D	S	b≈	d_1	d_2	m	n≥	d_3≤
18	19.5		2.1	1.7	19			9	58	62.2				61			43
19	20.5				20			10	60	64.2	2			63	2.2		44
20	21.5	1			21	1.1	1.5		62	66.2		5.2		65			45
21	22.5		2.5		22			11	63	67.2				66			46
22	23.5				23			12	65	69.2				68			48
24	25.9			2	25.2			13	68	72.5				71		4.5	50
25	26.9		2.8		26.2		1.8	14	70	74.5		5.7		73			53
26	27.9				27.2			15	72	76.5				75			55
28	30.1	1.2			29.4	1.3	2.1	17	75	79.5		6.3		78			56
30	32.1		3.2		31.4			18	78	82.5			3	81			60
31	33.4				32.7			19	80	85.5				83.5			63
32	34.4				33.7		2.6	20	82	87.5	2.5	6.8		85.5	2.7		65
34	36.5				35.7			22	85	90.5				88.5			68
35	37.8			2.5	37			23	88	93.5		7.3		91.5			70
36	38.8		3.6		38		3	24	90	95.5				93.5		5.3	72
37	39.8				39			25	92	97.5				95.5			73
38	40.8	1.5			40	1.7		26	95	100.5		7.7		98.5			75
40	43.5		4		42.5			27	98	103.5				101.5			78
42	45.5				44.5			29	100	105.5				103.5			80
45	48.5				47.5		3.8	31	102	108		8.1		106			82
47	50.5				49.5			32	105	112				109			83
48	51.5		4.7	3	50.5			33	108	115		8.8		112			86
50	54.2				53			36	110	117	3		4	114	3.2	6	88
52	56.2	2			55	2.2	4.5	38	112	119				116			89
55	59.2				58			40	115	122		9.3		119			90
56	60.2		5.2		59			41	120	127				124			95

注：1. 材料为 65Mn、60Si2MnA。

2. 热处理(淬火并回火)：d_0≤48 mm，硬度为 47～54 HRC；d_0>48 mm，硬度为 44～51 HRC。

11.2 键和销连接

1. 普通平键连接

表 11-28 平键连接的剖面和键槽(摘自 GB/T 1095—2003)、普通平键的形式和尺寸(摘自 GB/T 1096—2003)

mm

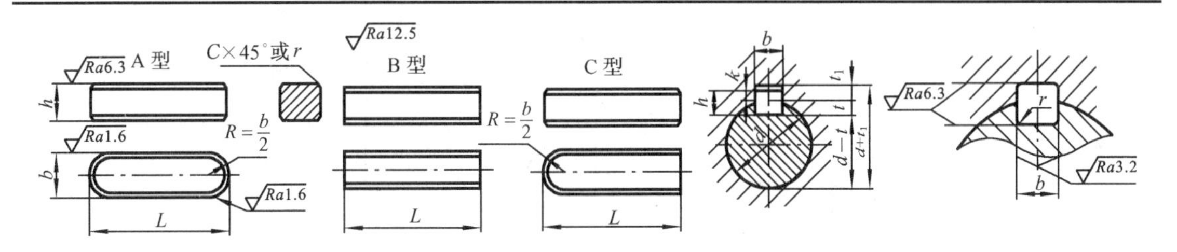

标记示例

b=16 mm、h=10 mm、L=100 mm 的圆头普通平键(A 型)：键 16×100 GB/T 1096—2003

b=16 mm、h=10 mm、L=100 mm 的单圆头普通平键(C 型)：键 C16×100 GB/T 1096—2003

轴	键	键槽											
公称直径 d	公称尺寸 $b \times h$	宽度 b						深度				半径 r	
		公称尺寸 b	极限偏差					轴 t		毂 t_1			
			较松键连接		一般键连接		较紧键连接						
			轴 H9	毂 D10	轴 N9	毂 JS9	轴和毂 P9	公称尺寸	极限偏差	公称尺寸	极限偏差	最小	最大
自 6～8	2×2	2	+0.025 0	+0.060 +0.020	−0.004 −0.029	±0.0125	−0.006 −0.031	1.2	+0.1 0	1	+0.1 0	0.08	0. 16
>8～10	3×3	3						1.8		1.4			
>10～12	4×4	4	+0.030 0	+0.078 +0.030	0 −0.030	±0.015	−0.012 −0.042	2.5		1.8			
>12～17	5×5	5						3.0		2.3		0.16	0.25
>17～22	6×6	6						3.5		2.8			
>22～30	8×7	8	+0.036 0	+0.098 +0.040	0 −0.036	±0.018	−0.015 −0.051	4.0	+0.2 0	3.3	+0.2 0		
>30～38	10×8	10						5.0		3.3		0.25	0.40
>38～44	12×8	12	+0.043 0	+0.120 +0.050	0 −0.043	±0.0215	−0.018 −0.061	5.0		3.3			
>44～50	14×9	14						5.5		3.8			
>50～58	16×10	16						6.0		4.3			
>58～65	18×11	18						7.0		4.4			
>65～75	20×12	20	+0.052 0	+0.149 +0.065	0 −0.052	±0.026	−0.022 −0.074	7.5		4.9		0.40	0.60
>75～85	22×14	22						9.0		5.4			
>85～95	25×14	25						9.0		5.4			
>95～110	28×16	28						10.0		6.4			
>110～130	32×18	32	+0.062 0	+0.180 +0.080	0 −0.062	±0.031	−0.026 −0.088	11.0		7.4			
键的长度系列	6, 8, 10, 12, 14, 16, 18, 20, 22, 25, 28, 32, 36, 40, 45, 50, 56, 63, 70, 80, 90, 100, 110, 125, 140, 160, 180, 200, 220, 250, 280, 320, 360												

注：1. $d-t$ 和 $d+t_1$ 两组组合尺寸的极限偏差按相应的 t 和 t_1 的极限偏差选取，但 $d-t$ 极限偏差值应取负号(−)。

2. 在工作图中，轴槽深用 t 或 $d-t$ 标注，轮毂槽深用 $d+t_1$ 标注。轴槽及轮毂槽对称度公差按 7～9 级选取。

3. 平键的材料通常为 45 钢。

2. 矩形花键连接

表 11-29 矩形花键尺寸、公差(摘自 GB/T 1144—2001) mm

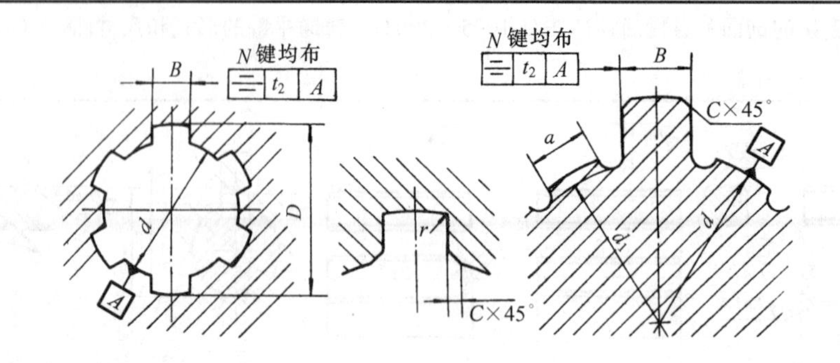

标记示例

花键：$N=6$，$d=23\frac{H7}{f7}$，$D=26\frac{H10}{a11}$，$B=6\frac{H11}{d10}$ 内花键：6×23H7×26H10×6H11 GB/T 1144

花键副：$6\times23\frac{H7}{f7}\times26\frac{H10}{a11}\times6\frac{H11}{d10}$ GB/T 1144 外花键：6×23f7×26a11×6d11 GB/T 1144

小径 d	轻系列					中系列				
	规格 $N\times d\times D\times B$	C	r	参考 d_{1min}	参考 a_{min}	规格 $N\times d\times D\times B$	C	r	参考 d_{1min}	参考 a_{min}
23	6×23×26×6	0.2	0.1	22	3.5	6×23×28×6	0.3	0.2	21.2	1.2
26	6×26×30×6	0.3	0.2	24.5	3.8	6×26×32×6	0.4	0.3	23.6	1.2
28	6×28×32×7			26.6	4.0	6×28×34×7			25.8	1.4
32	8×32×36×6			30.3	2.7	8×32×38×6			29.4	1.0
36	8×36×40×7			34.4	3.5	8×36×42×7			33.4	1.0
42	8×42×46×8			40.5	5.0	8×42×48×8			39.4	2.5
46	8×46×50×9			44.6	5.7	8×46×54×9	0.5	0.4	42.6	1.4
52	8×52×58×10	0.4	0.3	49.6	4.8	8×52×60×10			48.6	2.5
56	8×56×62×10			53.5	6.5	8×56×65×10			52.0	2.5
62	8×62×68×12			59.7	7.3	8×62×72×12	0.6	0.5	57.7	2.4
72	10×72×78×12			69.6	5.4	10×72×82×12			67.4	1.0
82	10×82×88×12			79.3	8.5	10×82×92×12			77.0	2.9
92	10×92×98×14			89.6	9.9	10×92×102×14			87.3	4.5
102	10×102×108×16			99.6	11.3	10×102×112×16			97.7	6.2
112	10×112×120×18	0.5	0.4	108.8	10.5	10×112×125×18			106.2	4.1

内花键				外花键			装配形式
d	D	B 拉削后不热处理	B 拉削后热处理	d	D	B	
一般用公差带							
H7	H10	H9	H11	f7	a11	d10	滑动
				g7		f9	紧滑动
				h7		h10	固定
精密传动用公差带							
H5	H10	H7、H9		f5	a11	d8	滑动
				g5		f7	紧滑动
				h5		h8	固定
H6				f6		d8	滑动
				g6		f7	紧滑动
				h6		h8	固定

注：1. N—键数、D—大径、B—键宽，d_1 和 a 值仅适用于展成法加工。

2. 精密传动用的内花键，当需要控制键侧配合间隙时，槽宽可选用 H7，一般情况下可选用 H9。

3. d 为 H6 和 H7 的内花键，允许与提高一级的外花键配合。

表 11-30　矩形花键键(槽)宽的对称度公差

键槽宽或键宽 B	3	3.5～6	7～10	12～18
	t_2			
一般用	0.010	0.012	0.015	0.018
精密传动用	0.006	0.008	0.009	0.011

注：花键的等分度公差值等于槽宽的对称度公差值。

3. 销连接

表 11-31　圆柱销(GB/T 119.1—2000)和圆锥销(GB/T 117—2000)　　mm

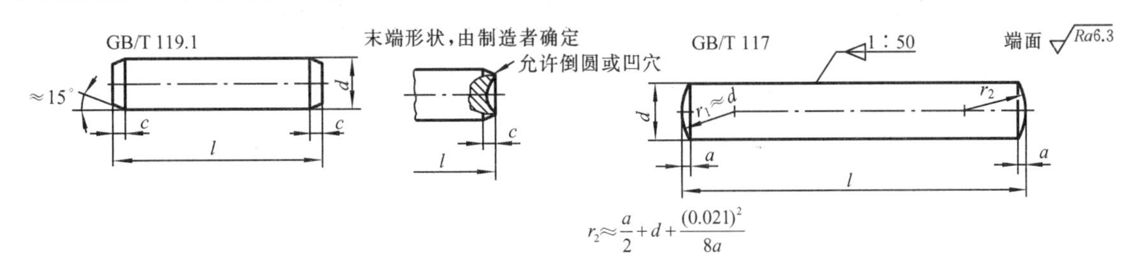

$$r_2 \approx \frac{a}{2} + d + \frac{(0.021)^2}{8a}$$

标记示例

公称直径 d=8 mm、公差为 m6、长度 l=30 mm、材料为 35 钢、不经淬火、不经表面处理的圆柱销：

销 GB/T 119.1 8 m6×30

公称直径 d=10 mm、长度 l=60 mm、材料为 35 钢、硬度为 28～38HRC、表面氧化处理的 A 型圆锥销：

销 GB/T 117　A10×60

公称直径 d		3	4	5	6	8	10	12	16	20	25
圆柱销	c≈	0.5	0.63	0.8	1.2	1. 6	2.0	2.5	3.0	3.5	4.0
	l(公称)	8～30	8～40	10～50	12～60	14～80	18～95	22～140	26～180	35～200	50～200
圆锥销	a≈	0.4	0.5	0.63	0.8	1.0	1.2	1.6	2.0	2.5	3.0
	l(公称)	12～45	14～55	18～60	22～90	22～120	26～160	32～180	40～200	45～200	50～200
l(公称)系列		6, 8, 10, 12, 12～32(2 进位)，35～100(5 进位)，100～200(20 进位)									

技术条件		直径公差	表面粗糙度	材料(硬度)	表面处理
	圆柱销	m6	Ra≤0.8 μm	不淬硬钢(125～245HV30)	表面不经处理，氧化，镀锌钝化，磷化
		h6	Ra≤1.6 μm	奥氏体不锈钢 A1(210～280HV30)	表面简单处理
	圆锥销	直径公差	A 型磨削 Ra=0.8 μm	35(28～38HRC) 45(38～46HRC) 30CrMnSiA(35～41HRC)	表面不经处理，氧化，磷化，镀锌钝化
		h10	B 型切削或冷镦 Ra=3.2 μm	不锈钢 1Cr13, 2Cr13, Cr17Ni2, 0Cr18Ni9Ti	表面简单处理

第12章　滚动轴承

12.1　常用滚动轴承的尺寸及性能

表 12-1　调心球轴承(摘自 GB/T 281—2013)

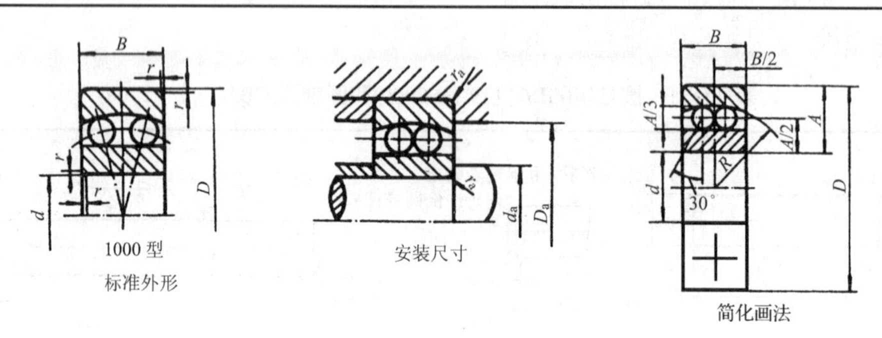

1000 型
标准外形

安装尺寸

简化画法

标记示例

滚动轴承 1206 GB/T 281—2013

当量动负荷								当量静负荷							
$\frac{F_a}{F_r}\leqslant e$，$P=F_r+YF_a$；$\frac{F_a}{F_r}>e$，$P=0.65F_r+YF_a$								$P_0=F_r+Y_0F_a$							
轴承型号	基本尺寸/mm				安装尺寸/mm			e	$\frac{F_a}{F_r}\leqslant e$	$\frac{F_a}{F_r}>e$	Y_0	基本额定负荷/kN		极限转速/(r/min)	
	d	D	B	r_s min	d_a min	D_a max	r_{as} max		Y	Y		C_r	C_{0r}	脂润滑	油润滑
1204	20	47	14	1	26	41	1	0.27	2.3	3.6	2.4	9.95	2.65	14000	17000
1205	25	52	15	1	31	46	1	0.27	2.3	3.6	2.4	12.0	3.30	12000	14000
1206	30	62	16	1	36	56	1	0.24	2.6	4.0	2.7	15.8	4.70	10000	12000
1207	35	72	17	1.1	42	65	1	0.23	2.7	4.2	2.9	15.8	5.08	8500	10000
1208	40	80	18	1.1	47	73	1	0.22	2.9	4.4	3.0	19.2	6.40	7500	9000
1209	45	85	19	1.1	52	78	1	0.21	2.9	4.6	3.1	21.8	7.32	7100	8500
1210	50	90	20	1.1	57	83	1	0.2	3.1	4.8	3.3	22.8	8.08	6300	8000
1211	55	100	21	1.5	64	91	1.5	0.2	3.2	5.0	3.4	26.8	10.0	6000	7100
1212	60	110	22	1.5	69	101	1.5	0.19	3.4	5.3	3.6	30.2	11.5	5300	6300
1213	65	120	23	1.5	74	111	1.5	0.17	3.7	5.7	3.9	31.0	12.5	4800	6000
1214	70	125	24	1.5	79	116	1.5	0.18	3.5	5.4	3.7	34.5	13.5	4800	5600
1215	75	130	25	1.5	84	121	1.5	0.17	3.6	5.6	3.8	38.8	15.2	4300	5300
1216	80	140	26	2	90	130	2	0.18	3.6	5.5	3.7	39.5	16.8	4000	5000
1217	85	150	28	2	95	140	2	0.17	3.7	5.7	3.9	48.8	20.5	3800	4500
1218	90	160	30	2	100	150	2	0.17	3.8	5.7	4.0	56.5	23.2	3600	4300
1219	95	170	32	2.1	107	158	2.1	0.17	3.7	5.7	3.9	63.5	27.0	3400	4000
1220	100	180	34	2.1	112	168	2.1	0.18	3.5	5.4	3.7	68.5	29.2	3200	3800
1304	20	52	15	1.1	27	45	1	0.29	2.2	3.4	2.3	12.5	3.38	12000	15000
1305	25	62	17	1.1	32	55	1	0.27	2.3	3.5	2.4	17.8	5.05	10000	13000
1306	30	72	19	1.1	37	65	1	0.26	2.4	3.8	2.6	21.5	6.28	8500	11000
1307	35	80	21	1.5	44	71	1.5	0.25	2.6	4.0	2.7	25.0	7.95	7500	9500
1308	40	90	23	1.5	49	81	1.5	0.24	2.6	4.0	2.7	29.5	9.50	6700	8500
1309	45	100	25	1.5	54	91	1.5	0.25	2.5	3.9	2.6	38.0	12.8	6000	7500
1310	50	110	27	2	60	100	2	0.24	2.7	4.1	2.8	43.2	14.2	5600	6700
1311	55	120	29	2	65	110	2	0.23	2.7	4.2	2.8	51.5	18.2	5000	6300
1312	60	130	31	2.1	72	118	2.1	0.23	2.8	4.3	2.9	57.2	20.8	4500	5600
1313	65	140	33	2.1	77	128	2.1	0.23	2.8	4.3	2.9	61.8	22.8	4300	5300
1314	70	150	35	2.1	82	138	2.1	0.22	2.8	4.4	2.9	74.5	27.5	4000	5000
1315	75	160	37	2.1	87	148	2.1	0.22	2.8	4.4	3.0	79.0	29.8	3800	4500
1316	80	170	39	2.1	92	158	2.1	0.22	2.9	4.5	3.1	88.5	32.8	3600	4300
1317	85	180	41	3	99	166	2.5	0.22	2.9	4.5	3.0	97.8	37.8	3400	4000
1318	90	190	43	3	104	176	2.5	0.22	2.8	4.4	2.9	115	44.5	3200	3800
1319	95	200	45	3	109	186	2.5	0.22	2.8	4.3	2.9	132	50.8	3000	3600
1320	100	215	47	3	114	201	2.5	0.24	2.7	4.1	2.8	142	57.2	2800	3400

续表

轴承型号	基本尺寸/mm				安装尺寸/mm			e	$\frac{F_a}{F_r} \leq e$	$\frac{F_a}{F_r} > e$	Y_0	基本额定负荷/kN		极限转速/(r/min)	
	d	D	B	r_s min	d_a min	D_a max	r_{as} max		Y	Y		C_r	C_{0r}	脂润滑	油润滑
2204	20	47	18	1	26	41	1	0.48	1.3	2.0	1.4	12.5	3.28	14000	17000
2205	25	52	18	1	31	46	1	0.41	1.5	2.3	1.5	12.5	3.40	12000	14000
2206	30	62	20	1	36	56	1	0.39	1.6	2.4	1.7	15.2	4.60	10000	12000
2207	35	72	23	1.1	42	65	1	0.38	1.7	2.6	1.8	21.8	6.65	8500	10000
2208	40	80	23	1.1	47	73	1	0.34	1.9	2.9	2.0	22.5	7.38	7500	9000
2209	45	85	23	1.1	52	78	1	0.31	2.1	3.2	2.2	23.2	8.00	7100	8500
2210	50	90	23	1.1	57	83	1	0.29	2.2	3.4	2.3	23.2	8.45	6300	8000
2211	55	100	25	1.5	64	91	1.5	0.28	2.3	3.5	2.4	26.8	9.95	6000	7100
2212	60	110	28	1.5	69	101	1.5	0.28	2.3	3.5	2.4	34.0	12.5	5300	6300
2213	65	120	31	1.5	74	111	1.5	0.28	2.3	3.5	2.4	43.5	16.2	4800	6000
2214	70	125	31	1.5	79	116	1.5	0.27	2.4	3.7	2.5	44.0	17.0	4500	5600
2215	75	130	31	1.5	84	121	1.5	0.25	2.5	3.9	2.6	44.2	18.0	4300	5300
2216	80	140	33	2	90	130	2	0.25	2.5	3.9	2.6	48.8	20.2	4000	5000
2217	85	150	36	2	95	140	2	0.25	2.5	3.8	2.6	58.2	23.5	3800	4500
2218	90	160	40	2	100	150	2	0.27	2.4	3.7	2.5	70.0	28.5	3600	4300
2219	95	170	43	2.1	107	158	2.1	0.26	2.4	3.7	2.5	82.8	33.8	3400	4000
2220	100	180	46	2.1	112	168	2.1	0.27	2.3	3.6	2.5	97.2	40.5	3200	3800
2304	20	52	21	1.1	27	45	1	0.51	1.2	1.9	1.3	17.8	4.75	11000	14000
2305	25	62	24	1.1	32	55	1	0.47	1.3	2.1	1.4	24.5	6.48	9500	12000
2306	30	72	27	1.1	37	65	1	0.44	1.4	2.2	1.5	31.5	8.68	8000	10000
2307	35	80	31	1.5	44	71	1.5	0.46	1.4	2.1	1.4	39.2	11.0	7100	9000
2308	40	90	33	1.5	49	81	1.5	0.43	1.5	2.3	1.5	44.8	13.2	6300	8000
2309	45	100	36	1.5	54	91	1.5	0.42	1.5	2.3	1.6	55.0	16.2	5600	7100
2310	50	110	40	2	60	100	2	0.43	1.5	2.3	1.6	64.5	19.8	5000	6300
2311	55	120	43	2	65	110	2	0.41	1.5	2.4	1.6	75.2	23.5	4800	6000
2312	60	130	46	2.1	72	118	2.1	0.41	1.6	2.5	1.6	86.8	27.5	4300	5300
2313	65	140	48	2.1	77	128	2.1	0.38	1.6	2.6	1.7	96.0	32.5	3800	4800
2314	70	150	51	2.1	82	138	2.1	0.38	1.7	2.6	1.8	110	37.5	3600	4500
2315	75	160	55	2.1	87	148	2.1	0.38	1.7	2.6	1.7	122	42.8	3400	4300
2316	80	170	58	2.1	92	158	2.1	0.39	1.6	2.5	1.7	128	45.5	3200	4000
2317	85	180	60	3	99	166	2.5	0.38	1.7	2.6	1.7	140	51.0	3000	3800
2318	90	190	64	3	104	176	2.5	0.39	1.6	2.5	1.7	142	57.2	2800	3600
2319	95	200	67	3	109	186	2.5	0.38	1.7	2.6	1.8	162	64.2	2800	3400
2320	100	215	73	3	114	201	2.5	0.37	1.7	2.6	1.8	192	78.5	2400	3200

注：GB/T 281—2013 仅给出轴承型号及尺寸，安装尺寸摘自 GB/T 5868—2003。

表 12-2　调心滚子轴承(摘自 GB/T 288—2013)

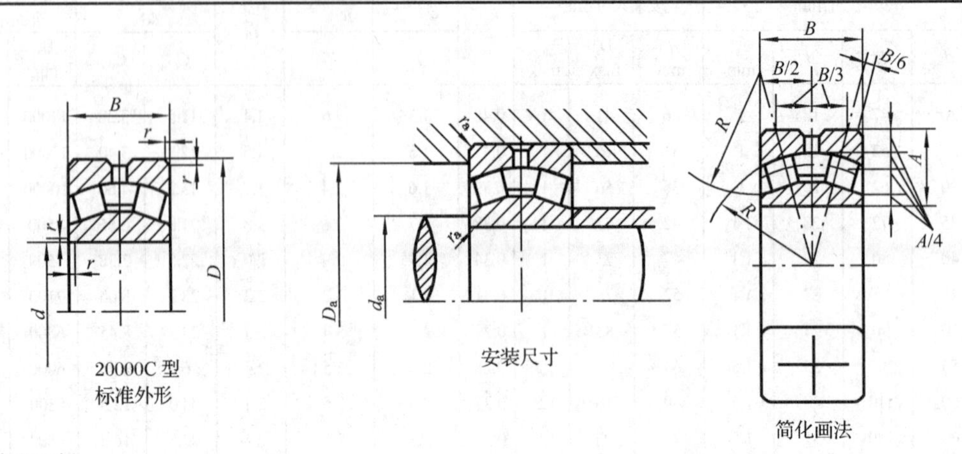

20000C 型
标准外形

安装尺寸

简化画法

标记示例

22208C GB/T 288—2013

当量动负荷								当量静负荷							
$F_a/F_r≤e$，$P=F_r+YF_a$；$F_a/F_r>e$，$P=0.67F_r+YF_a$								$P_0=F_r+Y_0F_a$							
轴承型号	基本尺寸/mm				安装尺寸/mm			e	$F_a/F_r≤e$	$F_a/F_r>e$	Y_0	基本额定负荷/kN		极限转速/(r/min)	
	d	D	B	r_s min	d_a min	D_a max	r_{as} max		Y	Y		C_r	C_{0r}	脂润滑	油润滑
22206C	30	62	20	1	36	54	1	0.33	2.0	3.0	2.0	51.8	56.8	6500	8000
22207C	35	72	23	1.1	42	65	1	0.31	2.1	3.2	2.1	66.5	76.0	5500	6500
22208C	40	80	23	1.1	47	73	1	0.28	2.4	3.6	2.3	78.5	90.8	5000	6000
22209C	45	85	23	1.1	52	78	1	0.27	2.5	3.8	2.5	82.0	97.5	4500	5500
22210C	50	90	23	1.1	57	83	1	0.24	2.8	4.1	2.7	84.5	105	4000	5000
22211C	55	100	25	1.5	64	91	1.5	0.24	2.8	4.1	2.7	102	125	3600	4600
22212C	60	110	28	1.5	69	101	1.5	0.24	2.8	4.1	2.7	122	155	3200	4000
22213C	65	120	31	1.5	74	111	1.5	0.25	2.7	4.0	2.6	150	195	2800	3600
22214C	70	125	31	1.5	79	116	1.5	0.23	2.9	4.3	2.8	158	205	2600	3400
22215C	75	130	31	1.5	84	121	1.5	0.22	3.0	4.5	2.9	162	215	2400	3200
22216C	80	140	33	2	90	130	2	0.22	3.0	4.5	2.9	175	238	2200	3000
22217C	85	150	36	2	95	140	2	0.22	3.0	4.4	2.9	210	278	2000	2800
22218C	90	160	40	2	100	150	2	0.23	2.9	4.4	2.8	240	322	1900	2600
22219C	95	170	43	2.1	107	158	2.1	0.24	2.9	4.4	2.7	278	380	1900	2600
22220C	100	180	46	2.1	112	168	2.1	0.23	2.9	4.3	2.8	310	425	1800	2400
22308C	40	90	33	1.5	49	81	1.5	0.38	1.8	2.6	1.7	120	138	4300	5300
22309C	45	100	36	1.5	54	91	1.5	0.38	1.8	2.6	1.7	142	170	3800	4800
22310C	50	110	40	2	60	100	2	0.37	1.8	2.7	1.8	175	210	3400	4300
22311C	55	120	43	2	65	110	2	0.37	1.8	2.7	1.8	208	250	3000	3800
22312C	60	130	46	2.1	72	118	2.1	0.37	1.8	2.7	1.8	238	285	2800	3600
22313C	65	140	48	2.1	77	128	2.1	0.35	1.9	2.9	1.9	260	315	2400	3200
22314C	70	150	51	2.1	82	138	2.1	0.35	1.9	2.9	1.9	292	362	2200	3000
22315C	75	160	55	2.1	87	148	2.1	0.35	1.9	2.9	1.9	342	438	2000	2800
22316C	80	170	58	2.1	92	158	2.1	0.35	1.9	2.9	1.9	385	498	1900	2600
22317C	85	180	60	3	99	166	2.5	0.34	1.9	3.0	2.0	420	540	1800	2400
22318C	90	190	64	3	104	176	2.5	0.34	2.0	2.9	2.0	475	622	1800	2400
22319C	95	200	67	3	109	186	2.5	0.34	2.0	3.0	2.0	520	688	1700	2200
22320C	100	215	73	3	114	201	2.5	0.35	1.9	2.9	1.9	608	815	1400	1800

注：GB/T 288—2013 仅给出轴承型号及尺寸，安装尺寸摘自 GB/T 5868—2003。

表 12-3　圆锥滚子轴承(摘自 GB/T 297—2015)

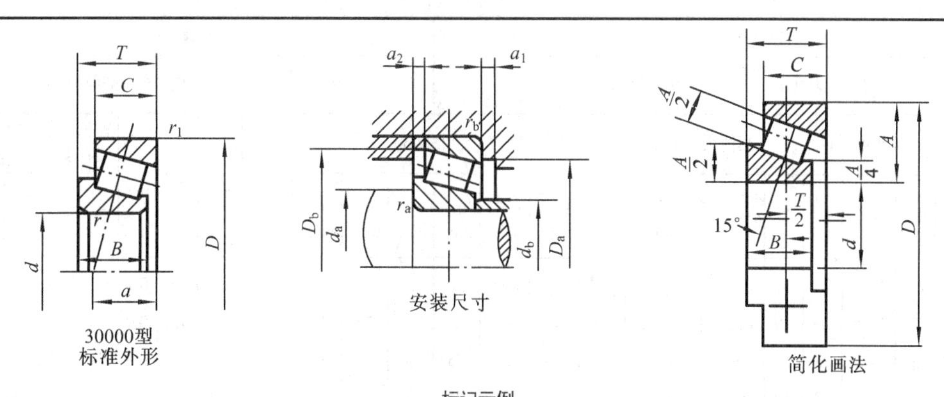

30000型 标准外形　　安装尺寸　　简化画法

标记示例

滚动轴承 30308　GB/T 297—2015

当量动负荷	当量静负荷
$\frac{F_a}{F_r} \leqslant e, P=F_r$；$\frac{F_a}{F_r} > e$；$P=0.4F_r+YF_a$	$P_0=0.5F_r+Y_0F_a$；若 $P_0<F_r$，则取 $P_0=F_r$

轴承型号	基本尺寸/mm					其他尺寸/mm			安装尺寸/mm								e	Y	Y_0	基本额定负荷/kN		极限转速/(r/min)	
	d	D	T	B	C	a≈	r_s min	r_{1s} min	d_a min	d_b max	D_a max	D_b min	a_1 min	a_2 min	r_{as} max	r_{bs} max				C_r	C_{0r}	脂润滑	油润滑
30203	17	40	13.25	12	11	9.8	1	1	23	23	34	37	2	2.5	1	1	0.35	1.7	1	20.8	21.8	9000	12000
30204	20	47	15.25	14	12	11.2	1	1	26	27	41	43	2	3.5	1	1	0.35	1.7	1	28.2	30.5	8000	10000
30205	25	52	16.25	15	13	12.6	1	1	31	31	46	48	2	3.5	1	1	0.37	1.6	0.9	32.2	37.0	7000	9000
30206	30	62	17.25	16	14	13.8	1	1	36	37	56	58	2	3.5	1	1	0.37	1.6	0.9	43.2	50.5	6000	7500
30207	35	72	18.25	17	15	15.3	1.5	1.5	42	44	65	67	3	3.5	1.5	1.5	0.37	1.6	0.9	54.2	63.5	5300	6700
30208	40	80	19.75	18	16	16.9	1.5	1.5	47	49	73	75	3	4	1.5	1.5	0.37	1.6	0.9	63.0	74.0	5000	6300
30209	45	85	20.75	19	16	18.6	1.5	1.5	52	53	78	80	3	5	1.5	1.5	0.4	1.5	0.8	67.8	83.5	4500	5600
30210	50	90	21.75	20	17	20	1.5	1.5	57	58	83	86	3	5	1.5	1.5	0.42	1.4	0.8	73.2	92.0	4300	5300
30211	55	100	22.75	21	18	21	2	1.5	64	64	91	95	4	5	2	1.5	0.4	1.5	0.8	90.8	115	3800	4800
30212	60	110	23.75	22	19	22.4	2	1.5	69	69	101	103	4	5	2	1.5	0.4	1.5	0.8	102	130	3600	4500
30213	65	120	24.75	23	20	24	2	1.5	74	77	111	114	4	5	2	1.5	0.4	1.5	0.8	120	152	3200	4000
30214	70	125	26.25	24	21	25.9	2	1.5	79	81	116	119	4	5.5	2	1.5	0.42	1.4	0.8	132	175	3000	3800
30215	75	130	27.25	25	22	27.4	2	1.5	84	85	121	125	4	5.5	2	1.5	0.44	1.4	0.8	138	185	2800	3600
30216	80	140	28.25	26	22	28	2.5	2	90	90	130	133	4	6	2.1	2	0.42	1.4	0.8	160	212	2600	3400
30217	85	150	30.5	28	24	29.9	2.5	2	95	96	140	142	5	6.5	2.1	2	0.42	1.4	0.8	178	238	2400	3200
30218	90	160	32.5	30	26	32.4	2.5	2	100	102	150	151	5	6.5	2.1	2	0.42	1.4	0.8	200	270	2200	3000
30219	95	170	34.5	32	27	35.1	3	2.5	107	108	158	160	5	7.5	2.5	2.1	0.42	1.4	0.8	228	308	2000	2800
30220	100	180	37	34	29	36.5	3	2.5	112	114	168	169	5	8	2.5	2.1	0.42	1.4	0.8	255	350	1900	2600
30303	17	47	15.25	14	12	10	1	1	23	25	41	43	3	3.5	1	1	0.29	2.1	1.2	28.2	27.2	8500	11000
30304	20	52	16.25	15	13	11	1.5	1.5	27	28	45	48	3	3.5	1.5	1.5	0.3	2	1.1	33.0	33.2	7500	9500
30305	25	62	18.25	17	15	13	1.5	1.5	32	34	55	58	3	3.5	1.5	1.5	0.3	2	1.1	46.8	48.0	6300	8000
30306	30	72	20.75	19	16	15	1.5	1.5	37	40	65	66	3	5	1.5	1.5	0.31	1.9	1	59.0	63.0	5600	7000
30307	35	80	22.75	21	18	17	2	1.5	44	45	71	74	3	5	2	1.5	0.31	1.9	1	75.2	82.5	5000	6300
30308	40	90	25.25	23	20	19.5	2	1.5	49	52	81	84	3	5.5	2	1.5	0.35	1.7	1	90.8	108	4500	5600
30309	45	100	27.25	25	22	21.5	2	1.5	54	59	91	94	3	5.5	2	1.5	0.35	1.7	1	108	130	4000	5000
30310	50	110	29.25	27	23	23	2.5	2	60	65	100	103	4	6.5	2.1	2	0.35	1.7	1	130	158	3800	4800
30311	55	120	31.5	29	25	25	2.5	2	65	70	110	112	4	6.5	2.1	2	0.35	1.7	1	152	188	3400	4300
30312	60	130	33.5	31	26	26.5	3	2.5	72	76	118	121	5	7.5	2.5	2.1	0.35	1.7	1	170	210	3200	4000
30313	65	140	36	33	28	29	3	2.5	77	83	128	131	5	8	2.5	2.1	0.35	1.7	1	195	242	2800	3600
30314	70	150	38	35	30	30.6	3	2.5	82	89	138	141	5	8	2.5	2.1	0.35	1.7	1	218	272	2600	3400
30315	75	160	40	37	31	32	3	2.5	87	95	148	150	5	9	2.5	2.1	0.35	1.7	1	252	318	2400	3200
30316	80	170	42.5	39	33	34	3	2.5	92	102	158	160	5	9.5	2.5	2.1	0.35	1.7	1	278	352	2200	3000
30317	85	180	44.5	41	34	36	4	3	99	107	166	168	6	10.5	3	2.5	0.35	1.7	1	305	388	2000	2800
30318	90	190	46.5	43	36	37.5	4	3	104	113	176	178	6	10.5	3	2.5	0.35	1.7	1	342	440	1900	2600
30319	95	200	49.5	45	38	40	4	3	109	118	186	185	6	11.5	3	2.5	0.35	1.7	1	370	478	1800	2400
30320	100	215	51.5	47	39	42	4	3	114	127	201	199	6	12.5	3	2.5	0.35	1.7	1	405	525	1600	2000

续表

当量动负荷	当量静负荷
$\frac{F_a}{F_r} \leqslant e, P=F_r$；$\frac{F_a}{F_r} > e$；$P=0.4F_r+YF_a$	$P_0=0.5F_r+Y_0F_a$；若 $P_0<F_r$，则取 $P_0=F_r$

轴承型号	基本尺寸/mm					其他尺寸/mm			安装尺寸/mm								e	Y	Y_0	基本额定负荷/kN		极限转速/(r/min)	
	d	D	T	B	C	$a\approx$	r_s min	r_{1s} min	d_a min	d_b max	D_a max	D_b min	a_1 min	a_2 min	r_{as} max	r_{bs} max				C_r	C_{0r}	脂润滑	油润滑
32206	30	62	21.25	20	17	15.4	1	1	36	36	56	58	3	4.5	1	1	0.37	1.6	0.9	51.8	63.8	6000	7500
32207	35	72	24.25	23	19	17.6	1.5	1.5	42	42	65	68	3	5.5	1.5	1.5	0.37	1.6	0.9	70.5	89.5	5300	6700
32208	40	80	24.75	23	19	19	1.5	1.5	47	48	73	75	3	6	1.5	1.5	0.37	1.6	0.9	77.8	97.2	5000	6300
32209	45	85	24.75	23	19	20	1.5	1.5	52	53	78	81	3	6	1.5	1.5	0.4	1.5	0.8	80.8	105	4500	5600
32210	50	90	24.75	23	19	21	1.5	1.5	57	57	83	86	3	6	1.5	1.5	0.42	1.4	0.8	82.8	108	4300	5300
32211	55	100	26.75	25	21	22.5	2	1.5	64	62	91	96	4	6	2	1.5	0.4	1.5	0.8	108	142	3800	4800
32212	60	110	29.75	28	24	24.9	2	1.5	69	68	101	105	4	6	2	1.5	0.4	1.5	0.8	132	180	3600	4500
32213	65	120	32.75	31	27	27.2	2	1.5	74	75	111	115	4	6	2	1.5	0.4	1.5	0.8	160	222	3200	4000
32214	70	125	33.25	31	27	27.9	2	1.5	79	79	116	120	4	6.5	2	1.5	0.42	1.4	0.8	168	238	3000	3800
32215	75	130	33.25	31	27	30.2	2	1.5	84	84	121	126	4	6.5	2	1.5	0.44	1.4	0.8	170	242	2800	3600
32216	80	140	35.25	33	28	31.3	2.5	2	90	89	130	135	5	7.5	2.1	2	0.42	1.4	0.8	198	278	2600	3400
32217	85	150	38.5	36	30	34	2.5	2	95	95	140	143	5	8.5	2.1	2	0.42	1.4	0.8	228	325	2400	3200
32218	90	160	42.5	40	34	36.7	2.5	2	100	101	150	153	5	8.5	2.1	2	0.42	1.4	0.8	270	395	2200	3000
32219	95	170	45.5	43	37	39	3	2.5	107	106	158	163	5	8.5	2.5	2.1	0.42	1.4	0.8	302	448	2000	2800
32220	100	180	49	46	39	41.8	3	2.5	112	113	168	172	5	10	2.5	2.1	0.42	1.4	0.8	340	512	1900	2600
32303	17	47	20.25	19	16	12	1	1	23	24	41	43	3	4.5	1	1	0.29	2.1	1.2	35.2	36.2	8500	11000
32304	20	52	22.25	21	18	13.4	1.5	1.5	27	26	45	48	3	4.5	1.5	1.5	0.3	2	1.1	42.8	46.2	7500	9500
32305	25	62	25.25	24	20	15.5	1.5	1.5	32	32	55	58	3	5.5	1.5	1.5	0.3	2	1.1	61.5	68.8	6300	8000
32306	30	72	28.75	27	23	18.8	1.5	1.5	37	38	65	66	4	6	1.5	1.5	0.31	1.9	1	81.5	96.5	5600	7000
32307	35	80	32.75	31	25	20.5	2	1.5	44	43	71	74	4	8	2	1.5	0.31	1.9	1	99.0	118	5000	6300
32308	40	90	35.25	33	27	23.4	2	1.5	49	49	81	83	4	8.5	2	1.5	0.35	1.7	1	115	148	4500	5600
32309	45	100	38.25	36	30	25.6	2	1.5	54	56	91	93	4	8.5	2	1.5	0.35	1.7	1	145	188	4000	5000
32310	50	110	42.25	40	33	28	2.5	2	60	61	100	102	5	9.5	2.1	2	0.35	1.7	1	178	235	3800	4800
32311	55	120	45.5	43	35	30.6	2.5	2	65	66	110	111	5	10.5	2.1	2	0.35	1.7	1	202	270	3400	4300
32312	60	130	48.5	46	37	32	3	2.5	72	72	118	122	6	11.5	2.5	2.1	0.35	1.7	1	228	302	3200	4000
32313	65	140	51	48	39	34	3	2.5	77	79	128	131	6	12	2.5	2.1	0.35	1.7	1	260	350	2800	3600
32314	70	150	54	51	42	36.5	3	2.5	82	84	138	141	6	12	2.5	2.1	0.35	1.7	1	298	408	2600	3400
32315	75	160	58	55	45	39	3	2.5	87	91	148	150	7	13	2.5	2.1	0.35	1.7	1	348	482	2400	3200
32316	80	170	61.5	58	48	42	3	2.5	92	97	158	160	7	13.5	2.5	2.1	0.35	1.7	1	388	542	2200	3000
32317	85	180	63.5	60	49	43.6	4	3	99	102	166	168	8	14.5	3	2.5	0.35	1.7	1	422	592	2000	2800
32318	90	190	67.5	64	53	46	4	3	104	107	176	178	8	14.5	3	2.5	0.35	1.7	1	478	682	1900	2600
32319	95	200	71.5	67	55	49	4	3	109	114	186	187	8	16.5	3	2.5	0.35	1.7	1	515	738	1800	2400
32320	100	215	77.5	73	60	53	4	3	114	122	201	201	8	17.5	3	2.5	0.35	1.7	1	600	872	1600	2000

注：GB/T 297—2015 仅给出轴承型号及尺寸，安装尺寸摘自 GB/T 5868—2003。

表 12-4 推力球轴承(摘自 GB/T 301—2015)

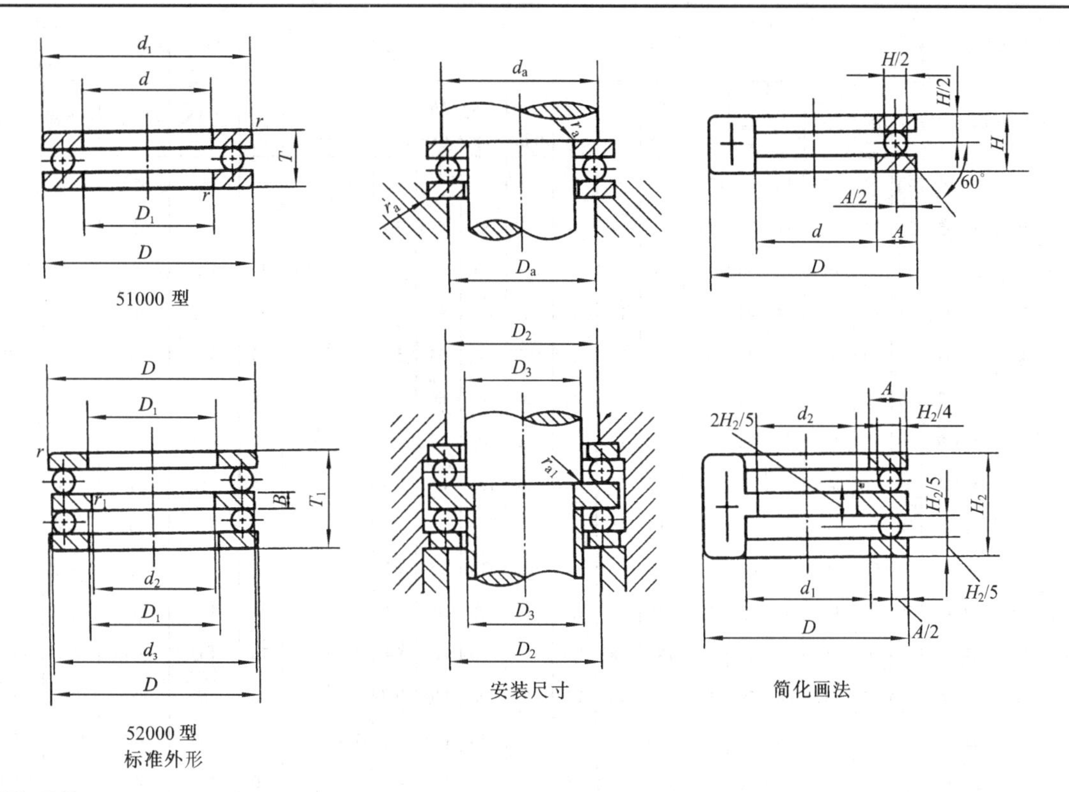

51000 型　　52000 型　标准外形　　安装尺寸　　简化画法

标记示例

滚动轴承 51214　GB/T 301—2015　　　　轴向当量动负荷　$P_a=F_a$

滚动轴承 52214　GB/T 301—2015　　　　轴向当量静负荷　$P_{0a}=F_a$

轴承型号		基本尺寸/mm											安装尺寸/mm					额定动负荷	额定静负荷	极限转速/(r/min)	
51000 型	52000 型	d	d_2	D	T	T_1	D_{1s} min	d_{1s} max	B	r_s min	r_{1s} min	D_{2s} max	D_1 min	d_3 max	r_a max	r_{a1} max	D_3	C_a/kN	C_{0a}/kN	脂润滑	油润滑
51204	52204	20	15	40	14	26	22	40	6	0.6	0.3	40	32	28	0.6	0.3	20	22.2	37.5	3800	5300
51205	52205	25	20	47	15	28	27	47	7	0.6	0.3	47	38	34	0.6	0.3	25	27.8	50.5	3400	4800
51206	52206	30	25	52	16	29	32	52	7	0.6	0.3	52	43	39	0.6	0.3	30	28.0	54.2	3200	4500
51207	52207	35	30	62	18	34	37	62	8	1	0.3	62	51	46	1	0.3	35	39.2	78.2	2800	4000
51208	52208	40	30	68	19	36	42	68	9	1	0.6	68	57	51	1	0.6	40	47.0	98.2	2400	3600
51209	52209	45	35	73	20	37	47	73	9	1	0.6	73	62	56	1	0.6	45	47.8	105	2200	3400
51210	52210	50	40	78	22	39	52	78	9	1	0.6	78	67	61	1	0.6	50	48.5	112	2000	3200
51211	52211	55	45	90	25	45	57	90	10	1	0.6	90	76	69	1	0.6	55	67.5	158	1900	3000
51212	52212	60	50	95	26	46	62	95	10	1	0.6	95	81	74	1	0.6	60	73.5	178	1800	2800
51213	52213	65	55	100	27	47	67	100	10	1	0.6	100	86	79	1	0.6	65	74.8	188	1700	2600
51214	52214	70	55	105	27	47	72	105	10	1	1	105	91	84	1	1	70	73.5	188	1600	2400
51215	52215	75	60	110	27	47	77	110	10	1	1	110	96	89	1	1	75	74.8	198	1500	2200
51216	52216	80	65	115	28	48	82	115	10	1	1	115	101	94	1	1	80	83.8	222	1400	2000
51217	52217	85	70	125	31	55	88	125	12	1	1	125	108	101	1	1	85	102	280	1300	1900
51218	52218	90	75	135	35	62	93	135	14	1.1	1	135	117	108	1	1	90	115	315	1200	1800
51220	52220	100	85	150	38	67	103	150	15	1.1	1	150	130	120	1	1	100	132	375	1100	1700

续表

轴承型号		基本尺寸/mm											安装尺寸/mm					额定动负荷	额定静负荷	极限转速/(r/min)	
51000 型	52000 型	d	d_2	D	T	T_1	D_{1s} min	d_{1s} max	B	r_s min	r_{1s} min	D_{2s} max	D_1 min	d_3 max	r_a max	r_{a1} max	D_3	C_a/kN	C_{0a}/kN	脂润滑	油润滑
51304	—	20	—	47	18	—	22	47	—	1	—	—	—	—	1	—	—	35.0	55.8	3600	4500
51305	52305	25	20	52	18	34	27	52	8	1	0.3	52	41	36	1	0.3	25	35.5	61.5	3000	4300
51306	52306	30	25	60	21	38	32	60	9	1	0.3	60	48	42	1	0.3	30	42.8	78.5	2400	3600
51307	52307	35	30	68	24	44	37	68	10	1	0.3	68	55	48	1	0.3	35	55.2	105	2000	3200
51308	52308	40	30	78	26	49	42	78	12	1	0.6	78	63	55	1	0.6	40	69.2	135	1900	3000
51309	52309	45	35	85	28	52	47	85	12	1	0.6	85	69	61	1	0.6	45	75.8	150	1700	2600
51310	52310	50	40	95	31	58	52	95	14	1.1	0.6	95	77	68	1	0.6	50	96.5	202	1600	2400
51311	52311	55	45	105	35	64	57	105	15	1.1	0.6	105	85	75	1	0.6	55	115	242	1500	2200
51312	52312	60	50	110	35	64	62	110	15	1.1	0.6	110	90	80	1	0.6	60	118	262	1400	2000
51313	52313	65	55	115	36	65	67	115	15	1.1	0.6	115	95	85	1	0.6	65	115	262	1300	1900
51314	52314	70	55	125	40	72	72	125	16	1.1	1	125	103	92	1	1	70	148	340	1200	1800
51315	52315	75	60	135	44	79	77	135	18	1.5	1	135	111	99	1.5	1	75	162	380	1100	1700
51316	52316	80	65	140	44	79	82	140	18	1.5	1	140	116	104	1.5	1	80	160	380	1000	1600
51317	52317	85	70	150	49	87	88	150	19	1.5	1	150	124	111	1.5	1	85	208	495	950	1500
51318	52318	90	75	155	50	88	93	155	19	1.5	1	155	129	116	1.5	1	90	205	495	900	1400
51320	52320	100	85	170	55	97	103	170	21	1.5	1	170	142	128	1.5	1	100	235	595	800	1200
51405	52405	25	15	60	24	45	27	60	11	1	0.6	60	46	39	1	0.6	25	55.5	89.2	2200	3400
51406	52406	30	20	70	28	52	32	70	12	1	0.6	70	54	46	1	0.6	30	72.5	125	1900	3000
51407	52407	35	25	80	32	59	37	80	14	1.1	0.6	80	62	53	1	0.6	35	86.8	155	1700	2600
51408	52408	40	30	90	36	65	42	90	15	1.1	0.6	90	70	60	1	0.6	40	112	205	1500	2200
51409	52409	45	35	100	39	72	47	100	17	1.1	0.6	100	78	67	1	0.6	45	140	262	1400	2000
51410	52410	50	40	110	43	78	52	110	18	1.5	0.6	110	86	74	1.5	0.6	50	160	302	1300	1900
51411	52411	55	45	120	48	87	57	120	20	1.5	0.6	120	94	81	1.5	0.6	55	182	355	1100	1700
51412	52412	60	50	130	51	93	62	130	21	1.5	0.6	130	102	88	1.5	0.6	60	200	395	1000	1600
51413	52413	65	50	140	56	101	68	140	23	2	1	140	110	95	2.0	1	65	215	448	900	1400
51414	52414	70	55	150	60	107	73	150	24	2	1	150	118	102	2.0	1	70	255	560	850	1300
51415	52415	75	60	160	65	115	78	160	26	2	1	160	125	110	2.0	1	75	268	615	800	1200
51416	52416	80	65	170	68	120	83	170	27	2.1	1	170	133	117	2	1	80	292	692	750	1100
51417	52417	85	65	180	72	128	88	177	29	2.1	1.1	179.5	141	124	2.1	1	85	318	782	700	1000
51418	52418	90	70	190	77	135	93	187	30	2.1	1.1	189.5	149	131	2.1	1	90	325	825	670	950
51420	52420	100	80	210	85	150	103	205	33	3	1.1	209.5	165	145	2.5	1	100	400	1080	600	850

注：GB/T 301—2015 仅给出轴承型号及尺寸，安装尺寸(D_3除外)摘自 GB/T 5868—2003。

表 12-5　深沟球轴承(摘自 GB/T 276—2013)

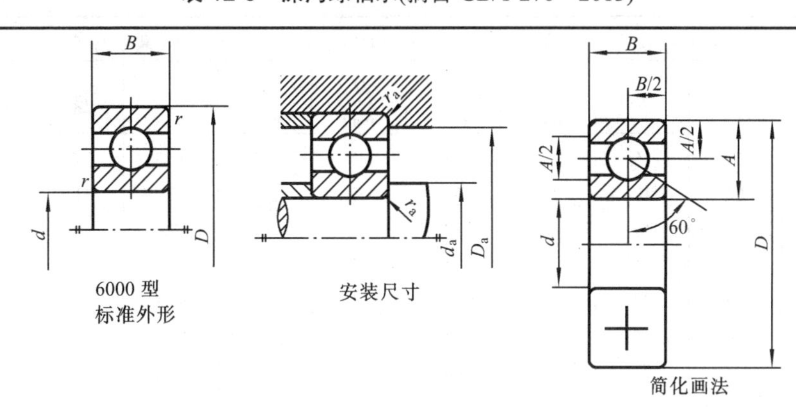

6000 型
标准外形

安装尺寸

简化画法

标记示例

滚动轴承 6216 GB/T 276—2013

F_a/C_0	e	Y	当量动负荷	当量静负荷
0.014	0.19	2.30	$\frac{F_a}{F_r}\leqslant e$，$P=F_r$	$\frac{F_a}{F_r}\leqslant 0.8$，$P_0=F_r$
0.028	0.22	1.99		
0.056	0.26	1.71		
0.084	0.28	1.55		
0.11	0.30	1.45		$\frac{F_a}{F_r}>0.8$，$P_0=0.6F_r+0.5F_a$
0.17	0.34	1.31		
0.28	0.38	1.15		取上列两式计算结果的较大值
0.42	0.42	1.04	$\frac{F_a}{F_r}>e$，$P=0.56F_r+YF_a$	
0.56	0.44	1.00		

轴承型号	基本尺寸/mm				安装尺寸/mm			基本额定负荷 /kN		极限转速 /(r/min)	
	d	D	B	r_s min	d_a min	D_a max	r_{as} max	C_r	C_{0r}	脂润滑	油润滑
6204	20	47	14	1	26	41	1	12.8	6.65	14000	18000
6205	25	52	15	1	31	46	1	14.0	7.88	12000	16000
6206	30	62	16	1	36	56	1	19.5	11.5	9500	13000
6207	35	72	17	1.1	42	65	1	25.5	15.2	8500	11000
6208	40	80	18	1.1	47	73	1	29.5	18.0	8000	10000
6209	45	85	19	1.1	52	78	1	31.5	20.5	7000	9000
6210	50	90	20	1.1	57	83	1	35.0	23.2	6700	8500
6211	55	100	21	1.5	64	91	1.5	43.2	29.2	6000	7500
6212	60	110	22	1.5	69	101	1.5	47.8	32.8	5600	7000
6213	65	120	23	1.5	74	111	1.5	57.2	40.0	5000	6300
6214	70	125	24	1.5	79	116	1.5	60.8	45.0	4800	6000
6215	75	130	25	1.5	84	121	1.5	66.0	49.5	4500	5600
6216	80	140	26	2	90	130	2	71.5	54.2	4300	5300
6217	85	150	28	2	95	140	2	83.2	63.8	4000	5000
6218	90	160	30	2	100	150	2	95.8	71.5	3800	4800
6219	95	170	32	2.1	107	158	2.1	110	82.8	3600	4500
6220	100	180	34	2.1	112	168	2.1	122	92.8	3400	4300

续表

轴承型号	基本尺寸/mm				安装尺寸/mm			基本额定负荷/kN		极限转速/(r/min)	
	d	D	B	r_s min	d_a min	D_a max	r_{as} max	C_r	C_{0r}	脂润滑	油润滑
6304	20	52	15	1.1	27	45	1	15.8	7.88	13000	17000
6305	25	62	17	1.1	32	55	1	22.2	11.5	10000	14000
6306	30	72	19	1.1	37	65	1	27.0	15.2	9000	12000
6307	35	80	21	1.5	44	71	1.5	33.2	19.2	8000	10000
6308	40	90	23	1.5	49	81	1.5	40.8	24.0	7000	9000
6309	45	100	25	1.5	54	91	1.5	52.8	31.8	6300	8000
6310	50	110	27	2	60	100	2	61.8	38.0	6000	7500
6311	55	120	29	2	65	110	2	71.5	44.8	5600	6700
6312	60	130	31	2.1	72	118	2.1	81.8	51.8	5300	6300
6313	65	140	33	2.1	77	128	2.1	93.8	60.5	4500	5600
6314	70	150	35	2.1	82	138	2.1	105	68.0	4300	5300
6315	75	160	37	2.1	87	148	2.1	112	76.8	4000	5000
6316	80	170	39	2.1	92	158	2.1	122	86.5	3800	4800
6317	85	180	41	3	99	166	2.5	132	96.5	3600	4500
6318	90	190	43	3	104	176	2.5	145	108	3400	4300
6319	95	200	45	3	109	186	2.5	155	122	3200	4000
6320	100	215	47	3	114	201	2.5	172	140	2800	3600
6404	20	72	19	1.1	27	65	1	31.0	15.2	9500	13000
6405	25	80	21	1.5	34	71	1.5	38.2	19.2	8500	11000
6406	30	90	23	1.5	39	81	1.5	47.5	24.5	8000	10000
6407	35	100	25	1.5	44	91	1.5	56.8	29.5	6700	8500
6408	40	110	27	2	50	100	2	65.5	37.5	6300	8000
6409	45	120	29	2	55	110	2	77.5	45.5	5600	7000
6410	50	130	31	2.1	62	118	2.1	92.2	55.2	5200	6500
6411	55	140	33	2.1	67	128	2.1	106	62.5	4800	6000
6412	60	150	35	2.1	72	138	2.1	108	70.0	4500	5600
6413	65	160	37	2.1	77	148	2.1	118	78.5	4300	5300
6414	70	180	42	3	84	166	2.5	140	99.5	3800	4800
6415	75	190	45	3	89	176	2.5	155	115	3600	4500
6416	80	200	48	3	94	186	2.5	162	125	3400	4300
6417	85	210	52	4	103	192	3	175	138	3200	4000
6418	90	225	54	4	108	207	3	192	158	2800	3600
6420	100	250	58	4	118	232	3	222	195	2400	3200

注：GB/T 276—2013 仅给出轴承型号及尺寸，安装尺寸摘自 GB/T 5868—2003。

表 12-6　角接触球轴承(摘自 GB/T 292—2007)

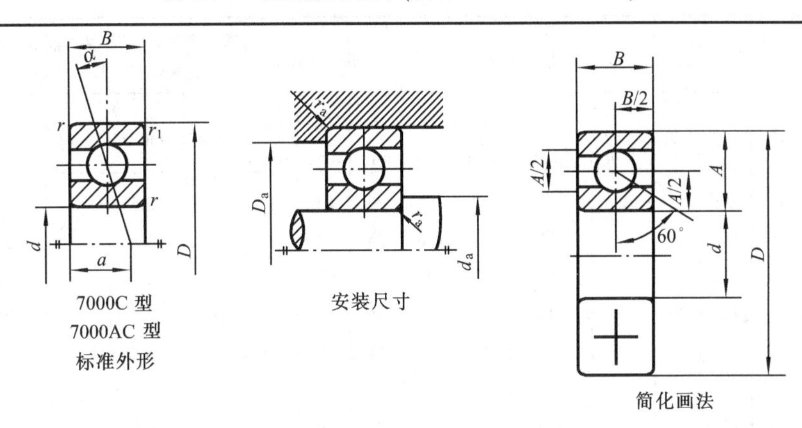

7000C 型
7000AC 型
标准外形

安装尺寸

简化画法

标记示例

滚动轴承 7216C GB/T 292—2007

当量负荷＼类型	7000C	7000AC
当量动负荷	$F_a/F_r \leqslant e$，$P=F_r$ $F_a/F_r > e$，$P_r=0.44F_r+YF_a$	$F_a/F_r \leqslant 0.68$，$P=F_r$ $F_a/F_r > 0.68$，$P_r=0.41F_r+0.87F_a$
当量静负荷	$P_{0r}=0.5F_r+0.46F_a \geqslant F_r$	$P_{0r}=0.5F_r+0.38F_a \geqslant F_r$

轴承型号		基本尺寸/mm			其他尺寸/mm				安装尺寸/mm			基本额定动负荷 C_r/kN		基本额定静负荷 C_{0r}/kN		极限转速 /(r/min)	
		d	D	B	a 7000C	a 7000AC	r_s min	r_{1s} min	d_a min	D_a max	r_{as} max	7000C	7000AC	7000C	7000AC	脂润滑	油润滑
7204C	7204AC	20	47	14	11.5	14.9	1	0.3	26	41	1	14.5	14.0	8.22	7.82	13000	18000
7205C	7205AC	25	52	15	12.7	16.4	1	0.3	31	46	1	16.5	15.8	10.5	9.88	11000	16000
7206C	7206AC	30	62	16	14.2	18.7	1	0.3	36	56	1	23.0	22.0	15.0	14.2	9000	13000
7207C	7207AC	35	72	17	15.7	21	1.1	0.3	42	65	1	30.5	29.0	20.0	19.2	8000	11000
7208C	7208AC	40	80	18	17	23	1.1	0.6	47	73	1	36.8	35.2	25.8	24.5	7500	10000
7209C	7209AC	45	85	19	18.2	24.7	1.1	0.6	52	78	1	38.5	36.8	28.5	27.2	6700	9000
7210C	7210AC	50	90	20	19.4	26.3	1.1	0.6	57	83	1	42.8	40.8	32.0	30.5	6300	8500
7211C	7211AC	55	100	21	20.9	28.6	1.5	0.6	64	91	1.5	52.8	50.5	40.5	38.5	5600	7500
7212C	7212AC	60	110	22	22.4	30.8	1.5	0.6	69	101	1.5	61.0	58.2	48.5	46.2	5300	7000
7213C	7213AC	65	120	23	24.2	33.5	1.5	0.6	74	111	1.5	69.8	66.5	55.2	52.5	4800	6300
7214C	7214AC	70	125	24	25.3	35.1	1.5	0.6	79	116	1.5	70.2	69.2	60.0	57.5	4500	6700
7215C	7215AC	75	130	25	26.4	36.6	1.5	0.6	84	121	1.5	79.2	75.2	65.8	63.0	4300	5600
7216C	7216AC	80	140	26	27.7	38.9	2	1	90	130	2	89.5	85.0	78.2	74.5	4000	5300
7217C	7217AC	85	150	28	29.9	41.6	2	1	95	140	2	99.8	94.8	85.0	81.5	3800	5000
7218C	7218AC	90	160	30	31.7	44.2	2	1	100	150	2	122	118	105	100	3600	4800
7219C	7219AC	95	170	32	33.8	46.9	2.1	1.1	107	158	2.1	135	128	115	108	3400	4500
7220C	7220AC	100	180	34	35.8	49.7	2.1	1.1	112	168	2.1	148	142	128	122	3200	4300
7304C	7304AC	20	52	15	11.3	16.8	1.1	0.6	27	45	1	14.2	13.8	9.68	9.10	12000	17000
7305C	7305AC	25	62	17	13.1	19.1	1.1	0.6	32	55	1	21.5	20.8	15.8	14.8	9500	14000
7306C	7306AC	30	72	19	15	22.2	1.1	0.6	37	65	1	26.5	25.2	19.8	18.5	8500	12000
7307C	7307AC	35	80	21	16.6	24.5	1.5	0.6	44	71	1.5	34.2	32.8	26.8	24.8	7500	10000
7308C	7308AC	40	90	23	18.5	27.5	1.5	0.6	49	81	1.5	40.2	38.5	32.3	30.5	6700	9000
7309C	7309AC	45	100	25	20.2	30.2	1.5	0.6	54	91	1.5	49.2	47.5	39.8	37.2	6000	8000
7310C	7310AC	50	110	27	22	33	2	1	60	100	2	53.5	55.5	47.2	44.5	5600	7500
7311C	7311AC	55	120	29	23.8	35.8	2	1	65	110	2	70.5	67.2	60.5	56.8	5000	6700
7312C	7312AC	60	130	31	25.6	38.7	2.1	1.1	72	118	2.1	80.5	77.8	70.2	65.8	4800	6300
7313C	7313AC	65	140	33	27.4	41.5	2.1	1.1	77	128	2.1	91.5	89.8	80.5	75.5	4300	5600
7314C	7314AC	70	150	35	29.2	44.3	2.1	1.1	82	138	2.1	102	98.5	91.5	86.0	4000	5300
7315C	7315AC	75	160	37	31	47.2	2.1	1.1	87	148	2.1	112	108	105	97.0	3800	5000
7316C	7316AC	80	170	39	32.8	50	2.1	1.1	92	158	2.1	122	118	118	108	3600	4800
7317C	7317AC	85	180	41	34.6	52.8	3	1.1	99	166	2.5	132	125	128	122	3400	4500
7318C	7318AC	90	190	43	36.4	55.6	3	1.1	104	176	2.5	142	135	142	135	3200	4300
7319C	7319AC	95	200	45	38.2	58.5	3	1.1	109	186	2.5	152	145	158	148	3000	4000
7320C	7320AC	100	215	47	40.2	61.9	3	1.1	114	201	2.5	162	165	175	178	2600	3600

续表

轴承型号	基本尺寸/mm			其他尺寸/mm				安装尺寸/mm			基本额定动负荷 C_r/kN		基本额定静负荷 C_{0r}/kN		极限转速 /(r/min)	
	d	D	B	a		r_s	r_{1s}	d_a	D_a	r_{as}	7000C	7000AC	7000C	7000AC	脂润滑	油润滑
				7000C	7000AC	min	min	min	max	max						
7406AC	30	90	23		26.1	1.5	0.6	39	81	1		42.5		32.2	7500	10000
7407AC	35	100	25		29	1.5	0.6	44	91	1.5		53.8		42.5	6300	8500
7408AC	40	110	27		31.8	2	1	50	100	2		62.0		49.5	6000	8000
7409AC	45	120	29		34.6	2	1	55	110	2		66.8		52.8	5300	7000
7410AC	50	130	31		37.4	2.1	1.1	62	118	2.1		76.5		64.2	5000	6700
7412AC	60	150	35		43.1	2.1	1.1	72	138	2.1		102		90.8	4300	5600
7414AC	70	180	42		51.5	3	1.1	84	166	2.5		125		125	3600	4800
7416AC	80	200	48		58.1	3	1.1	94	186	2.5		152		162	3200	4300
7418AC	90	215	54		64.8	4	1.5	108	197	3					2800	3600

注：1. 7000C 的单列 $F_a/F_r>e$ 的 Y，双列 $F_a/F_r\leqslant e$ 的 Y_1、$F_a/F_r>e$ 的 Y_2，分别见下表。

F_a/C_0	e	Y	Y_1	Y_2
0.015	0.38	1.47	1.65	2.39
0.029	0.40	1.40	1.57	2.28
0.058	0.43	1.30	1.46	2.11
0.087	0.46	1.23	1.38	2.00
0.12	0.47	1.19	1.34	1.93
0.17	0.50	1.12	1.26	1.82
0.29	0.55	1.02	1.14	1.66
0.44	0.56	1.00	1.12	1.63
0.58	0.56	1.00	1.12	1.63

2. 成对安装角接触球轴承，是由两套相同的单列角接触球轴承选配组成，作为一个支承整体。

按其外圈不同端面的组合分为：

① 背对背方式构成 7000C/DB、7000AC/DB、7000B/DB；

② 面对面方式构成 7000C/DF、7000AC/DF、7000B/DF。

当量负荷 \ 类型	7000C/DB、7000C/DF	7000AC/DB、7000AC/DF	7000B/DB、7000B/DF
当量动负荷	$F_a/F_r\leqslant e$，$P=F_r+Y_1F_a$	$F_a/F_r\leqslant 0.68$，$P=F_r+0.92F_a$	$F_a/F_r\leqslant 1.14$，$P=F_r+0.55F_a$
	$F_a/F_r>e$，$P=0.72F_r+Y_2F_a$	$F_a/F_r>0.68$，$P=0.67F_r+1.41F_a$	$F_a/F_r>1.14$，$P=0.57F_r+0.93F_a$
当量静负荷	$P_0=F_r+0.92F_a$	$P_0=F_r+0.76F_a$	$P_0=F_r+0.52F_a$

3. GB/T 292—2007 仅给出轴承型号及尺寸，安装尺寸摘自 GB/T 5868—2003。

表 12-7 圆柱滚子轴承(摘自 GB/T 283—2007)

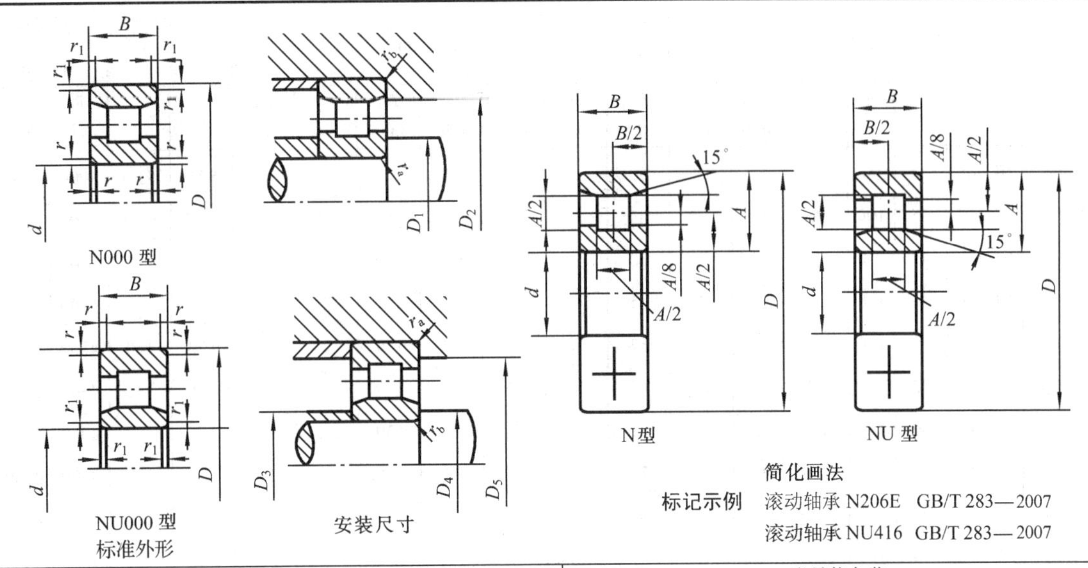

当量动负荷 $P=F_r$	当量静负荷 $P_0=F_r$

轴承型号		基本尺寸/mm					安装尺寸/mm							基本额定负荷/kN		极限转速/(r/min)	
		d	D	B	r_s min	r_{1s} min	D_1 min	D_2 max	D_3 min	D_4 min	D_5 max	r_{as} max	r_{bs} max	C_r	C_{0r}	脂润滑	油润滑
N204E	NU204E	20	47	14	1	0.6	25	42	24	29	42	1	0.6	25.8	24.0	12000	16000
N205E	NU205E	25	52	15	1	0.6	30	47	29	34	47	1	0.6	27.5	26.8	11000	14000
N206E	NU206E	30	62	16	1	0.6	36	56	34	40	57	1	0.6	36.0	35.5	8500	11000
N207E	NU207E	35	72	17	1.1	0.6	42	64	40	46	65.5	1	0.6	46.5	48.0	7500	9500
N208E	NU208E	40	80	18	1.1	1.1	47	72	47	52	73.5	1	1	51.5	53.0	7000	9000
N209E	NU209E	45	85	19	1.1	1.1	52	77	52	57	78.5	1	1	58.5	63.8	6300	8000
N210E	NU210E	50	90	20	1.1	1.1	57	83	57	62	83.5	1	1	61.2	69.2	6000	7500
N211E	NU211E	55	100	21	1.5	1.1	63.5	91	61.5	68	92	1.5	1	80.2	95.5	5300	6700
N212E	NU212E	60	110	22	1.5	1.5	69	100	68	75	102	1.5	1.5	89.8	102	5000	6300
N213E	NU213E	65	120	23	1.5	1.5	74	108	73	81	112	1.5	1.5	102	118	4500	5600
N214E	NU214E	70	125	24	1.5	1.5	79	114	78	86	117	1.5	1.5	112	135	4300	5300
N215E	NU215E	75	130	25	1.5	1.5	84	120	83	90	122	1.5	1.5	125	155	4000	5000
N216E	NU216E	80	140	26	2	2	90	128	89	97	131	2	2	132	165	3800	4800
N217E	NU217E	85	150	28	2	2	95	137	94	104	141	2	2	158	192	3600	4500
N218E	NU218E	90	160	30	2	2	100	146	99	109	151	2	2	172	215	3400	4300
N219E	NU219E	95	170	32	2.1	2.1	107	155	106	116	159	2.1	2.1	208	262	3200	4000
N220E	NU220E	100	180	34	2.1	2.1	112	164	111	122	169	2.1	2.1	235	302	3000	3800
N304E	NU304E	20	52	15	1.1	0.6	26.5	47	24	30	45.5	1	0.6	29.0	25.5	11000	15000
N305E	NU305E	25	62	17	1.1	1.1	31.5	55	31.5	37	55.5	1	1	38.5	35.8	9000	12000
N306E	NU306E	30	72	19	1.1	1.1	37	64	36.5	44	65.5	1	1	49.2	48.2	8000	10000
N307E	NU307E	35	80	21	1.5	1.1	44	71	42	48	72	1.5	1	62.0	63.2	7000	9000
N308E	NU308E	40	90	23	1.5	1.5	49	80	48	55	82	1.5	1.5	76.8	77.8	6300	8000
N309E	NU309E	45	100	25	1.5	1.5	54	89	53	60	92	1.5	1.5	93.0	98.0	5600	7000
N310E	NU310E	50	110	27	2	2	60	98	59	67	101	2	2	105	112	5300	6700
N311E	NU311E	55	120	29	2	2	65	107	64	72	111	2	2	128	138	4800	6000
N312E	NU312E	60	130	31	2.1	2.1	72	116	71	79	119	2.1	2.1	142	155	4500	5600
N313E	NU313E	65	140	33	2.1	2.1	77	125	76	85	129	2.1	2.1	170	188	4000	5000
N314E	NU314E	70	150	35	2.1	2.1	82	134	81	92	139	2.1	2.1	195	220	3800	4800
N315E	NU315E	75	160	37	2.1	2.1	87	143	86	97	149	2.1	2.1	228	260	3600	4500
N316E	NU316E	80	170	39	2.1	2.1	92	151	91	105	159	2.1	2.1	245	282	3400	4300
N317E	NU317E	85	180	41	3	3	99	160	98	110	167	2.5	2.5	280	332	3200	4000
N318E	NU318E	90	190	43	3	3	104	169	103	117	177	2.5	2.5	298	348	3000	3800
N319E	NU319E	95	200	45	3	3	109	178	108	124	187	2.5	2.5	315	380	2800	3600
N320E	NU320E	100	215	47	3	3	114	190	113	132	202	2.5	2.5	365	425	2600	3200

续表

轴承型号		基本尺寸/mm					安装尺寸/mm							基本额定负荷/kN		极限转速/(r/min)	
		d	D	B	r_s min	r_{1s} min	D_1 min	D_2 max	D_3 min	D_4 min	D_5 max	r_{as} max	r_{bs} max	C_r	C_{0r}	脂润滑	油润滑
N406	NU406	30	90	23	1.5	1.5	39	—	38	47	82	1.5	1.5	57.2	53.0	7000	9000
N407	NU407	35	100	25	1.5	1.5	44	—	43	55	92	1.5	1.5	70.8	68.2	6000	7500
N408	NU408	40	110	27	2	2	50	—	49	60	101	2	2	90.5	89.8	5600	7000
N409	NU409	45	120	29	2	2	55	—	54	66	111	2	2	102	100	5000	6300
N410	NU410	50	130	31	2.1	2.1	62	—	61	73	119	2	2	120	120	4800	6000
N411	NU411	55	140	33	2.1	2.1	67	—	66	79	129	2.1	2.1	128	132	4300	5300
N412	NU412	60	150	35	2.1	2.1	72	—	71	85	139	2.1	2.1	155	162	4000	5000
N413	NU413	65	160	37	2.1	2.1	77	—	76	91	149	2.1	2.1	170	178	3800	4800
N414	NU414	70	180	42	3	3	84	—	83	102	167	2.5	2.5	215	232	3400	4300
N415	NU415	75	190	45	3	3	89	—	88	107	177	2.5	2.5	250	272	3200	4000
N416	NU416	80	200	48	3	3	94	—	93	112	187	2.5	2.5	285	315	3000	3800
N417	NU417	85	210	52	4	4	103	—	101	115	194	3	3	312	345	2800	3600
N418	NU418	90	225	54	4	4	108	—	106	125	209	3	3	352	392	2400	3200
N419	NU419	95	240	55	4	4	113	—	111	136	224	3	3	378	428	2200	3000
N420	NU420	100	250	58	4	4	118	—	116	141	234	3	3	418	480	2000	2800
N2205	NU2205	25	52	18	1	0.6	30	—	29	34	47	1	0.6	32.8	33.8	11000	14000
N2206	NU2206	30	62	20	1	0.6	36	—	34	40	57	1	0.6	45.5	48.0	8500	11000
N2207	NU2207	35	72	23	1.1	0.6	42	—	40	46	65.5	1	0.6	57.5	63.0	7500	9500
N2208	NU2208	40	80	23	1.1	1.1	47	—	47	52	73.5	1	1	67.5	75.2	7000	9000
N2209	NU2209	45	85	23	1.1	1.1	52	—	52	57	78.5	1	1	71.0	82.0	6300	8000
N2210	NU2210	50	90	23	1.1	1.1	57	—	57	62	83.5	1	1	74.2	88.8	6000	7500
N2211	NU2211	55	100	25	1.5	1.1	63.5	—	61.5	69	92	1.5	1	94.8	118	5300	6700
N2212	NU2212	60	110	28	1.5	1.5	69	—	68	76	102	1.5	1.5	122	152	5000	6300
N2213	NU2213	65	120	31	1.5	1.5	74	—	73	82	112	1.5	1.5	142	180	4500	5600
N2214	NU2214	70	125	31	1.5	1.5	79	—	78	87	117	1.5	1.5	148	192	4300	5300
N2215	NU2215	75	130	31	1.5	1.5	84	—	83	91	122	1.5	1.5	155	205	4000	5000
N2216	NU2216	80	140	33	2	2	90	—	89	98	131	2	2	178	242	3800	4800
N2217	NU2217	85	150	36	2	2	95	—	94	104	141	2	2	205	272	3600	4500
N2218	NU2218	90	160	40	2	2	100	—	99	110	151	2	2	230	312	3400	4300
N2219	NU2219	95	170	43	2.1	2.1	107	—	106	116	159	2.1	2.1	275	368	3200	4000
N2220	NU2220	100	180	46	2.1	2.1	112	—	111	123	169	2.1	2.1	318	440	3000	3800

注：1. 代号后带 E 为加强型圆柱滚子轴承，是近年来经过优化设计的结构，负荷能力高，优先选用。

2. GB/T 283—2007 仅给出轴承型号及尺寸，安装尺寸摘自 GB/T 5868—2003。

12.2　轴承的轴向游隙

表 12-8　角接触轴承和推力球轴承的轴向游隙

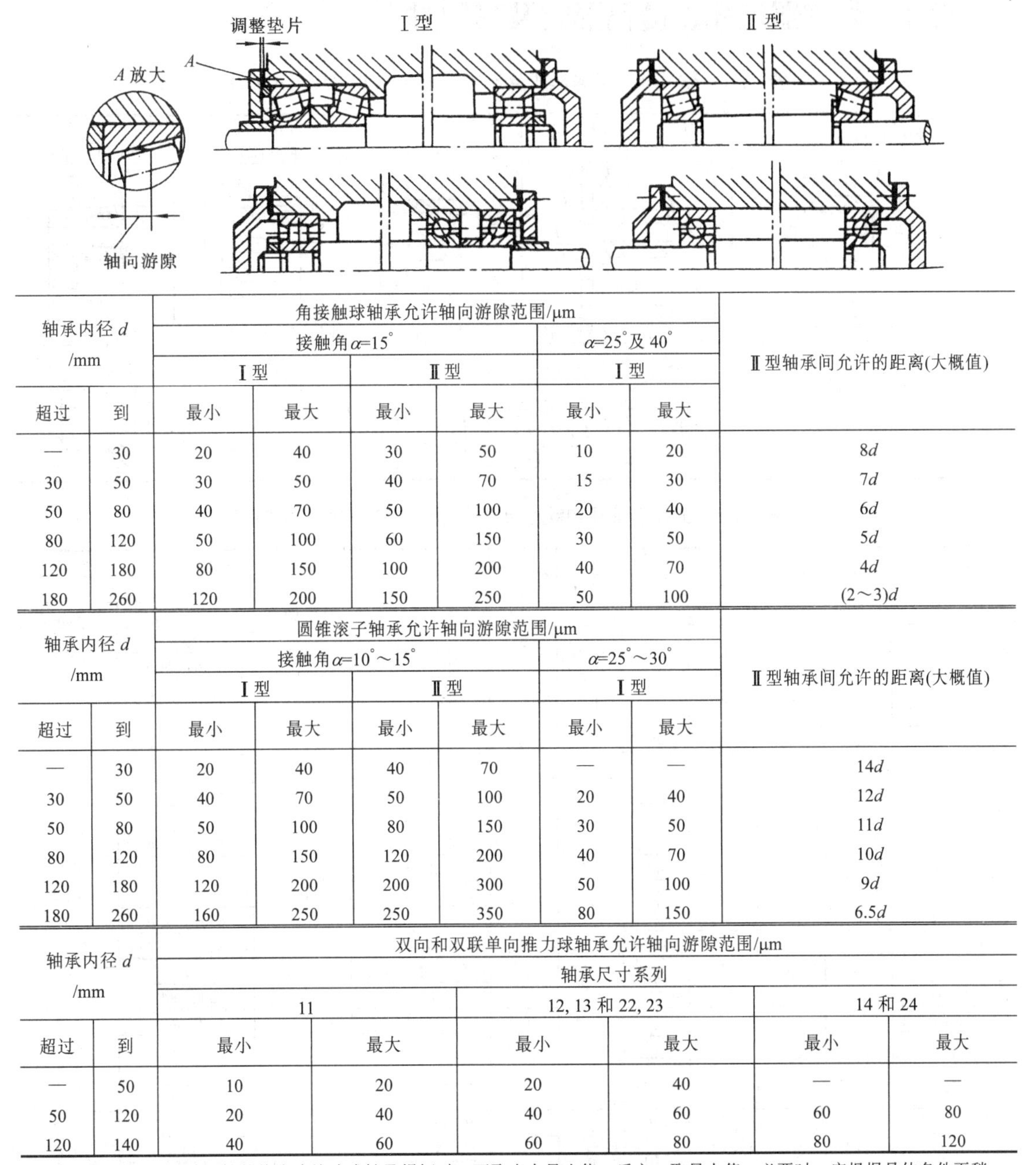

轴承内径 *d* /mm		角接触球轴承允许轴向游隙范围/μm						Ⅱ型轴承间允许的距离(大概值)
		接触角 α=15°				α=25°及 40°		
		Ⅰ型		Ⅱ型		Ⅰ型		
超过	到	最小	最大	最小	最大	最小	最大	
—	30	20	40	30	50	10	20	8*d*
30	50	30	50	40	70	15	30	7*d*
50	80	40	70	50	100	20	40	6*d*
80	120	50	100	60	150	30	50	5*d*
120	180	80	150	100	200	40	70	4*d*
180	260	120	200	150	250	50	100	(2～3)*d*

轴承内径 *d* /mm		圆锥滚子轴承允许轴向游隙范围/μm						Ⅱ型轴承间允许的距离(大概值)
		接触角 α=10°～15°				α=25°～30°		
		Ⅰ型		Ⅱ型		Ⅰ型		
超过	到	最小	最大	最小	最大	最小	最大	
—	30	20	40	40	70	—	—	14*d*
30	50	40	70	50	100	20	40	12*d*
50	80	50	100	80	150	30	50	11*d*
80	120	80	150	120	200	40	70	10*d*
120	180	120	200	200	300	50	100	9*d*
180	260	160	250	250	350	80	150	6.5*d*

轴承内径 *d* /mm		双向和双联单向推力球轴承允许轴向游隙范围/μm					
		轴承尺寸系列					
		11		12, 13 和 22, 23		14 和 24	
超过	到	最小	最大	最小	最大	最小	最大
—	50	10	20	20	40	—	—
50	120	20	40	40	60	60	80
120	140	40	60	60	80	80	120

注：1. 工作时，不致因轴的热胀冷缩造成轴承损坏时，可取表中最小值；反之，取最大值；必要时，应根据具体条件再稍加大。使游隙等于或稍大于轴因热胀产生的伸长量ΔL。ΔL 的近似计算式为

$$\Delta L \approx \frac{1.13(t_2 - t_1)L}{100}\mu\text{m}$$

其中：t_1 为周围环境温度(℃)；t_2 为工作时轴的温度(℃)；L 为轴上两端轴承之间的距离(mm)。

2. 尺寸系列 11、12、22、13、23、14、24，即旧标准中直径系列 1、2、3、4。

3. 本表值为非标准内容。

第13章 联 轴 器

13.1 联轴器轴孔、键槽形式及其尺寸

表 13-1 轴孔和键槽的形式及代号(摘自 GB/T 3852—2008)

圆柱形和圆锥形轴孔、键槽	长圆柱形轴孔(Y 型)	有沉孔的短圆柱形轴孔(J 型)	无沉孔的短圆柱形轴孔(J_1 型)	有沉孔的圆锥形轴孔(Z 型)	无沉孔的圆锥形轴孔(Z_1 型)
	d, L	d, d_1, R, L, L_1	d, L	d_z, 1:10, d_1, R, L, L_1	d_z, 1:10, L
	平键单键槽(A 型)	120° 布置平键双键槽(B 型)	180° 布置平键双键槽(B_1 型)	键槽(C 型)	
	b, t	t, b, t, 120°	b, t_1	1:10, b, d_z, t_2	

表 13-2 圆柱形轴孔和键槽尺寸(摘自 GB/T 3852—2008) mm

直径 d H7	长度 L 长系列	长度 L 短系列	长度 L_1	沉孔尺寸 d_1	沉孔尺寸 R	A 型、B 型、B_1 型键槽 b P9	t 公称尺寸	t 极限偏差	t_1 公称尺寸	t_1 极限偏差
16	42	30	42	38	1.5	5	18.3	+0.1 0	20.6	+0.2 0
18、19						6	20.8、21.8		23.6、24.6	
20、22	52	38	52				22.8、24.8		25.6、27.6	
24						8	27.3	+0.2 0	30.6	+0.4 0
25、28	62	44	62	48			28.3、31.3		31.6、34.6	
30	82	60	82	55			33.3		36.6	
32、35					2	10	35.3、38.3		38.6、41.6	
38				65			41.3		44.6	
40、42	112	84	112			12	43.3、45.3		46.6、48.6	
45、48				80		14	48.8、51.8		52.6、55.6	
50				95			53.8		57.6	
55、56					2.5	16	59.3、60.3		63.6、64.6	
60、63、65	142	107	142	105		18	64.4、67.4、69.4		68.8、71.8、73.8	
70				120		20	74.9		79.8	
71、75							75.9、79.9		80.8、84.8	
80	172	132	172	140		22	85.4		90.8	
85					3		90.4		95.8	
90				160		25	95.4		100.8	
95							100.4		105.8	
100、110	212	167	212	180	3	28	106.4、116.4	+0.2 0	112.8、122.8	+0.4 0
120				210		32	127.4		134.8	
125					4		132.4		139.8	
130	252	202	252	235			137.4		144.8	
140						36	148.4	+0.3 0	156.8	+0.6 0
150				264			158.4		166.8	

注：1. 一小格中 t、t_1 有 2～3 个数值时，分别与同一横行中的 d 的 2～3 个值相对应。

2. 轴孔长度推荐选用 J 型和 J_1 型，Y 型限用于长圆柱形轴伸电动机端。

3. 键槽宽度 b 的极限偏差也可用 GB/T 1095—2003《平键、键槽的剖面尺寸》中规定的 JS9。

表13-3 圆锥形轴孔和键槽的尺寸(摘自GB/T 3852—2008)

mm

直径 d_z H8	长度 L Z、Z_1型	长度 L_1	长度 L_2	沉孔尺寸 d_1	沉孔尺寸 R	C型键槽 b P9	C型键槽 t_2 Z、Z_1型	C型键槽 t_2 极限偏差
6、7	12	—	—	—	—	—	—	—
8、9	14							
10	17							
11						2	6.1	+0.1 0
12	20	32					6.5	
14						3	7.9	
16	30	42	30	38	1.5		8.7	
18、19						4	10.1、10.6	
20、22	38	52	38				10.9、11.9	
24						5	13.4	
25、28	44	62	44	48			13.7、15.2	
30	60	82	60	55			15.8	
32、35					2.0	6	17.3、18.8	
38				65			20.3	
40、42	84	112	84			10	21.2、22.2	+0.2 0
45、48				80		12	23.7、25.2	
50				95			26.2	
55					2.5	14	29.2	
56							29.7	
60、63、65	107	142	107	105		16	31.7、32.2、34.2	
70、71、75				120		18	36.8、37.3、39.3	
80	132	172	132	140	3.0	20	41.6	
85							44.1	
90、95				160		22	47.1、49.6	
100、110	167	212	167	180		25	51.3、56.3	
120				210		28	62.6	
125					4.0		64.8	
130	202	252	202	235			66.4	
140						32	72.4	
150				265			77.4	
160、170	242	302	242			36	82.4、87.4	+0.3 0
180				330		40	93.4	
190、200	282	352	282		5.0		97.4、102.4	
220						45	113.4	

注：1. 一小格中 t_2 有几个数值时，分别与同一横行中 d_z 的几个值相对应。

2. b 的极限偏差也可采用GB/T 1095—2003(平键、键槽的剖面尺寸)中规定的JS9。

13.2　刚性联轴器

表 13-4　凸缘联轴器(摘自 GB/T 5843—2003)　　mm

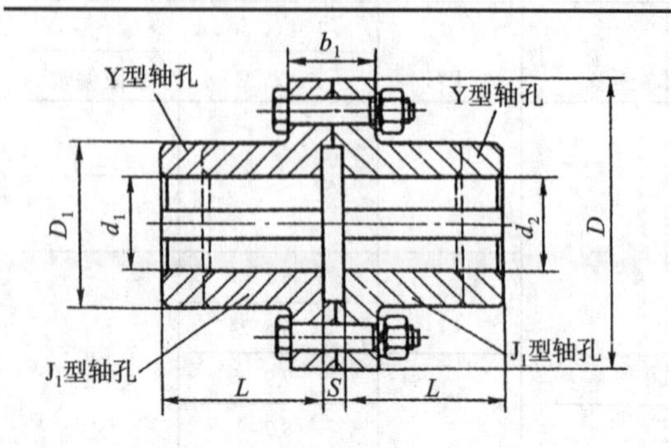

GY 型凸缘联轴器

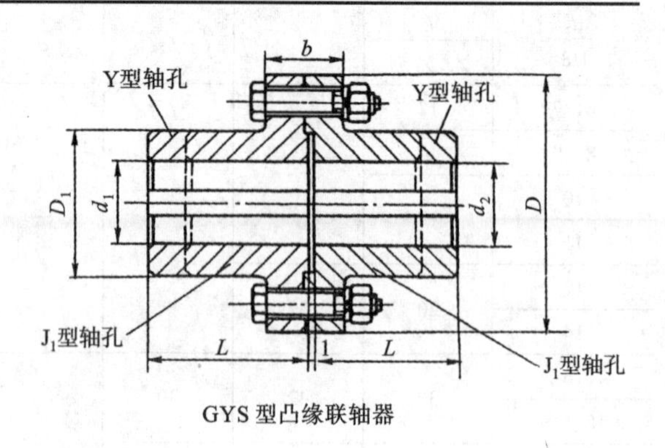

GYS 型凸缘联轴器

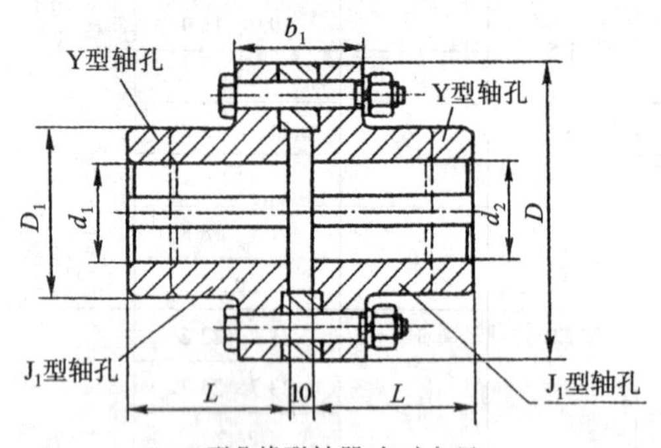

GYH 型凸缘联轴器(有对中环)

标记示例

GYS 型凸缘联轴器

主动端：Y 型轴孔，A 型键槽，d_1=32 mm，L=82 mm

从动端：J_1 型轴孔，B 型键槽，d_2=30 mm，L=60 mm

GYS4 联轴器 $\dfrac{Y32\times 82}{J_1B30\times 60}$ GB/T 5843—2003

型号	公称转矩 T_n/(N·m)	许用转速 $[n]$/(r·min^{-1})	轴孔直径 d_1、d_2	轴孔长度 L/mm Y 型	轴孔长度 L/mm J_1 型	D (mm)	D_1 (mm)	b (mm)	b_1 (mm)	S (mm)	转动惯量 I/(kg·m^2)	质量 m/kg
GY1 GYS1 GYH1	25	12 000	12	32	27	80	30	26	42	6	0.000 8	1.16
			14									
			16	42	30							
			18									
			19									
GY2 GYS2 GYH2	63	10 000	16	42	30	90	40	28	44	6	0.001 5	1.72
			18									
			19									
			20	52	38							
			22									
			24									
			25	62	44							
GY3 GYS3 GYH3	112	9 500	20	52	38	100	45	30	46	6	0.002 5	2.38
			22									
			24									
			25	62	44							
			28									

续表

型号	公称转矩 T_n/(N·m)	许用转速 $[n]$/(r·min^{-1})	轴孔直径 d_1、d_2	轴孔长度 L/mm		D	D_1	b	b_1	S	转动惯量 I/(kg·m^2)	质量 m/kg
				Y 型	J_1 型	mm						
GY4 GYS4 GYH4	224	9 000	25	62	44	105	55	32	48	6	0.003	3.15
			28									
			30	82	60							
			32									
			35									
GY5 GYS5 GYH5	400	8 000	30	82	60	120	68	36	52	8	0.007	5.43
			32									
			35									
			38									
			40	112	84							
			42									
GY6 GYS6 GYH6	900	6 800	38	82	60	140	80	40	56	8	0.015	7.59
			40	112	84							
			42									
			45									
			48									
			50									
GY7 GYS7 GYH7	1 600	6 000	48	112	84	160	100	40	56	8	0.031	13.1
			50									
			55									
			56									
			60	142	107							
			63									
GY8 GYS8 GYH8	3 150	4 800	60	142	107	200	130	50	68	10	0.103	27.5
			63									
			65									
			70									
			71									
			75									
			80	172	132							
GY9 GYS9 GYH9	6 300	3 600	75	142	107	260	160	66	84	10	0.319	47.8
			80	172	132							
			85									
			90									
			95									
			100	212	167							
GY10 GYS10 GYH10	10 000	3 200	90	172	132	300	200	72	90	10	0.720	82.0
			95									
			100	212	167							
			110									
			120									
			125									
GY11 GYS11 GYH11	25 000	2 500	120	212	167	380	260	80	98	10	2.278	162.2
			125									
			130	252	202							
			140									
			150									
			160	302	242							

表 13-5　GICL 型鼓形齿式联轴器(摘自 JB/T 8854.3—2001)　　mm

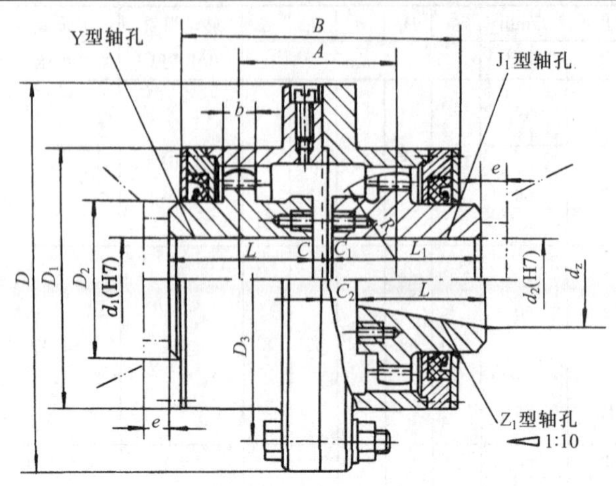

标记示例

GICL3 型齿式联轴器

主动端：Y 型轴孔，A 型键槽，

d_1=45 mm，L=112 mm

从动端：J_1 型轴孔，B 型键槽，

d_2=40 mm，L=84 mm

GICL3 联轴器 $\frac{\text{YA}45\times112}{\text{J}_1\text{B}40\times84}$ JB/T 8854.3—2001

型号	公称转矩 T_n /(N·m)	许用转速[n] /(r/min)	轴孔直径 d_1、d_2、d_z	轴孔长度 L/mm		D	D_1	D_2	B	A	C	C_1	C_2	e	转动惯量 I /(kg·m²)	质量 m/kg
				Y 型	J_1、Z_1 型											
GICL1/GICLZ1	630	4000	16,18,19	42	—	125	95	60	114	74	20	—	—	30	0.01/0.01	5.9/5.4
			20,22,24	52	38						10	—	24			
			25,28	62	44						2.5	—	19			
			30,32*,35*,38*	82	60							15	22			
GICL2/GICLZ2	1120	4000	25,28	62	44	144	120	75	134	88	10.5	—	29	30	0.02/0.02	9.7/9.2
			30,32,35,38	82	60						2.5	12.5	30			
			40,42*,45*,48*	112	84							13.5	28			
GICL3/GICLZ3	2240	4000	30,32,35,38	82	60	174	140	95	154	106	3	24.5	25	30	0.05/0.04	17.2/16.4
			40,42,45,48,50,55,56	112	84							17	28			
			60,63*,65*,70*	142	107								35			
GICL4/GICLZ4	3550	3600	32,35,38	82	60	196	165	115	178	124	14	37	32	30	0.09/0.08	24.9/22.7
			40,42,45,48,50,55,56	112	84						3	17	28			
			60,63*,65*,70*,71*,75*	142	107								35			
GICL5/GICLZ5	5000	3300	40,42,45,48,50,55,56	112	84	224	183	130	198	142	3	25	28	30	0.17/0.15	38/36.2
			60,63,65,70,71,75	142	107							20	35			
			80,85*,90*	172	132							22	43			
GICL6/GICLZ6	7100	3000	48,50,55,56	112	84	241	200	145	218	160	6	35	35	30	0.27/0.24	48.2/46.2
			60,63,65,70,71,75	142	107						4	20	35			
			80,85*,90*,95*	172	132							22	43			
GICL7/GICLZ7	10000	2680	60,63,65,70,71,75	142	107	260	230	160	244	180	4	35	35	30	0.45/0.43	68.9/68.4
			80,85,90,95	172	132							22	43			
			100,110*,120*	212	167								48			
GICL8/GICLZ8	14000	2500	65,70,71,75	142	107	282	245	175	264	192	5	35	35	30	0.65/0.61	83.3/81.1
			80,85,90,95	172	132							22	43			
			100,110*,120*	212	167								48			
GICL9/GICLZ9	18000	2350	70,71,75	142	107	314	270	200	284	208	10	45	45	30	1.04/0.96	110/100.1
			80,85,90,95	172	132						5	22	43			
			100,110,120	212	167								49			

注：表中标记“*”号的轴孔尺寸只适合于 GICLZ 型的 d_2 选用，GICLZ 型联轴器的结构可详见标准 JB/T 8854.3—2001。

表 13-6　十字滑块联轴器(主要尺寸和特性参数)　　mm

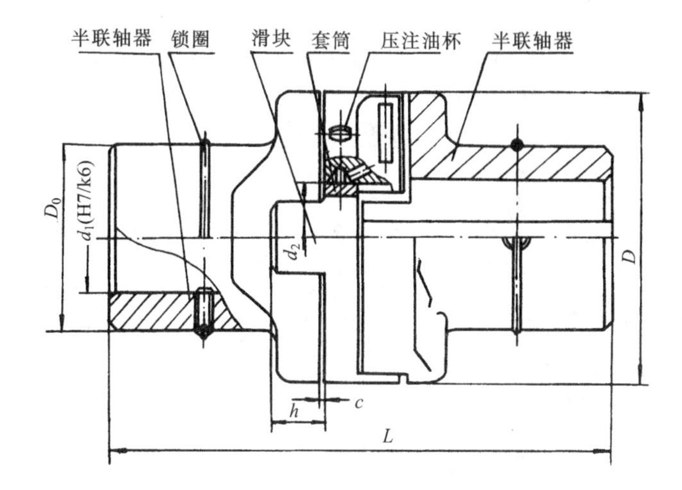

d_1	公称转矩 T_n/(N·m)	许用转速[n]/(r/min)	D_0	D	L	h	d_2	c
15	120	250	32	70	95	10	18	$0.5^{+0.30}_{0}$
17							20	
18							22	
20	250		45	90	115	12	25	
25							30	
30							34	
36	500		60	110	160	16	40	
40							45	
45	800		80	130	200	20	50	
50							55	
55	1250		95	150	240	25	60	
60							65	
65	2000		105	170	275	30	70	
70							75	
75	3200		115	190	310	34	80	
80							85	
85	5000		130	210	355	28	90	$1.0^{+0.50}_{0}$
90							95	
95	8000		140	240	395	42	100	
100							105	

注：两轴允许的角度偏斜$\alpha \leqslant 30'$，径向偏差$y \leqslant 0.04d$。

13.3 弹性联轴器

表 13-7 弹性套柱销联轴器(摘自 GB/T 4323—2002)　　mm

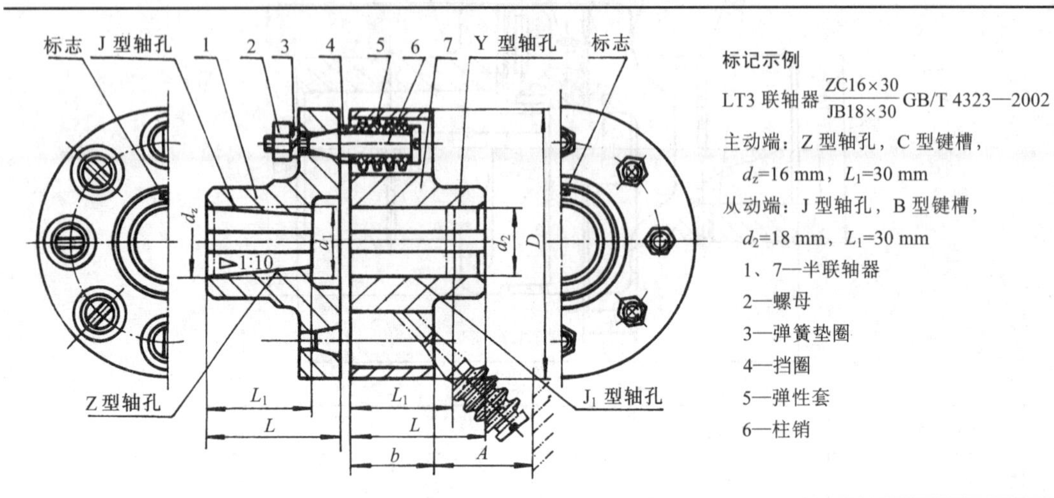

标记示例

LT3 联轴器 $\frac{ZC16\times30}{JB18\times30}$ GB/T 4323—2002

主动端：Z 型轴孔，C 型键槽，d_z=16 mm，L_1=30 mm

从动端：J 型轴孔，B 型键槽，d_2=18 mm，L_1=30 mm

1、7—半联轴器

2—螺母

3—弹簧垫圈

4—挡圈

5—弹性套

6—柱销

型号	公称转矩 T_n /(N·m)	许用转速[n] /(r/min)	轴孔直径 d_1、d_2、d_z	轴孔长度 Y 型 L	轴孔长度 J、J_1、Z 型 L_1	轴孔长度 J、J_1、Z 型 L	$L_{推荐}$	D	A	b	质量 m /kg	转动惯量 I /(kg·m²)
LT1	6.3	8800	9	20	14	—	25	71	18	16	0.82	0.0005
			10, 11	25	17							
			12, 14	32	20							
LT2	16	7600	12, 14	32	20		35	80			1.20	0.0008
			16, 18, 19	42	30	42						
LT3	31.5	6300	16, 18, 19	42	30	42	38	95	35	23	2.20	0.0023
			20, 22	52	38	52						
LT4	63	5700	20, 22, 24	52	38	52	40	106			2.84	0.0037
			25, 28	62	44	62						
LT5	125	4600	25, 28	62	44	62	50	130	45	38	6.05	0.0120
			30, 32, 35	82	60	82						
LT6	250	3800	32, 35, 38	82	60	82	55	160			9.57	0.0280
			40, 42	112	84	112						
LT7	500	3600	40, 42, 45, 48	112	84	112	65	190			14.01	0.0550
LT8	710	3000	45, 48, 50, 55, 56	112	84	112	70	224	65	48	23.12	0.1340
			60, 63	142	107	142						
LT9	1000	2850	50, 55, 56	112	84	112	80	250			30.69	0.2130
			60, 63, 65, 70, 71	142	107	142						
LT10	2000	2300	63, 65, 70, 71, 75	142	107	142	100	315	80	58	61.40	0.6600
			80, 85, 90, 95	172	132	172						
LT11	4000	1800	80, 85, 90, 95	172	132	172	115	400	100	73	120.70	2.1220
			100, 110	212	167	212						
LT12	8000	1450	100, 110, 120, 125	212	167	212	135	475	130	90	210.34	5.3900
			130	252	202	252						
LT13	16000	1150	120, 125	212	167	212	160	600	180	110	419.36	17.5800
			130, 140, 150	252	202	252						
			160, 170	302	242	302						

注：质量、转动惯量按材料为铸钢、无孔、$L_{推荐}$计算近似值。

表 13-8 带制动轮弹性套柱销联轴器(摘自 GB/T 4323—2002) mm

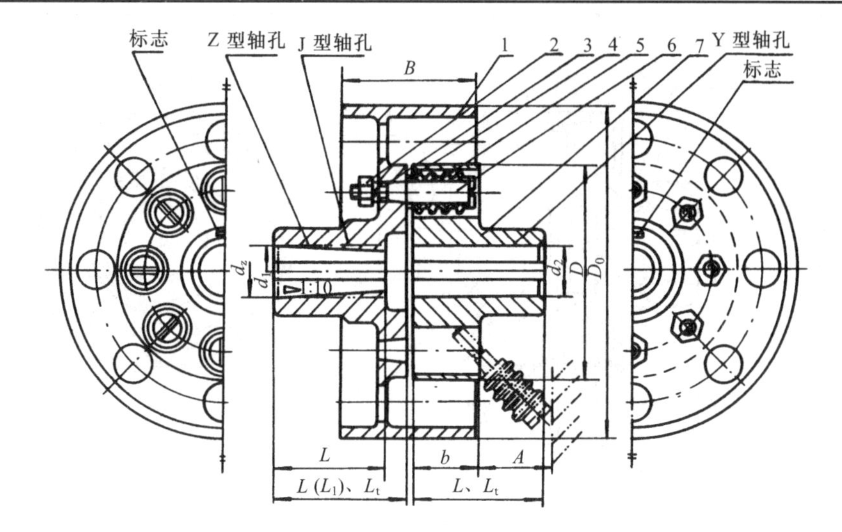

1—制动轮
2—螺母
3—弹簧垫圈
4—挡圈
5—弹性套
6—销
7—半联轴器

标记示例

LTZ5 $\frac{\text{JB}50\times 84}{\text{YB}55\times 112}$ GB/T 4323—2002

主动端：J 型轴孔，B 型键槽，d_1=55 mm，L_1=84 mm

从动端：Y 型轴孔，B 型键槽，d_2=55 mm，L=112 mm

型号	公称转矩 T_n /(N·m)	许用转速 [n] /(r/min)	轴孔直径 d_1、d_2、d_z	轴孔长度 Y 型 L	轴孔长度 J、J_1、Z 型 L_1	轴孔长度 J、J_1、Z 型 L	$L_{推荐}$	D_0	D	B	A ≥	质量 m /kg	转动惯量 I /(kg·m²)
LTZ1	125	3800	25, 28	62	44	62	50	200	130	85	45	13.38	0.0416
			30, 32, 35	82	60	82							
LTZ2	250	3000	32, 35, 38				55	250	160	105		21.25	0.1053
			40, 42	112	84	112							
LTZ3	500	2400	40, 42, 45, 48				65	315	190	132		35.00	0.2522
LTZ4	710		45, 48, 50, 55, 56				70		224		65	45.14	0.3470
			60, 63	142	107	142							
LTZ5	1000		50, 55, 56	112	84	112	80		250	168		58.67	0.4070
			60, 63, 65, 70	142	107	142							
LTZ6	2000	1900	63, 65, 70, 71, 75				100	400	315		80	100.30	1.3050
			80, 85, 90, 95	172	132	172							
LTZ7	4000	1500	80, 85, 90, 95				115	500	400	210	100	198.73	4.3300
			100, 110	212	167	212							
LTZ8	8000	1200	100, 110, 120, 125				135	630	475	265	130	370.60	12.4900
			130	252	202	252							
LTZ9	16000	1000	120, 125	212	167	212	160	710	600	298	180	641.13	30.4800
			130, 140, 150	252	202	252							
			160, 170	302	242	302							

注：质量、转动惯量按材料为铸钢、无孔、$L_{推荐}$计算近似值。

表 13-9　弹性柱销联轴器 (摘自 GB/T 5014—2003)　　mm

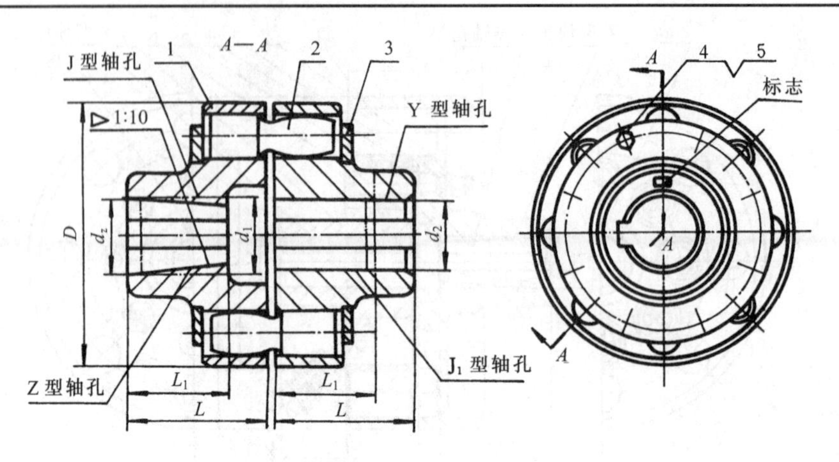

标记示例

LX7 联轴器 $\frac{ZC75\times107}{J_1B70\times107}$ GB/T 5014—2003

主动端：Z 型轴孔，C 型键槽，d_z=75 mm，L_1=107 mm

从动端：J_1 型轴孔，B 型键槽，d_2=70 mm，L_1=107 mm

1—半联轴器
2—柱销
3—挡板
4—螺栓
5—垫圈

型号	公称转矩 T_n /(N·m)	许用转速[n] /(r/min)	轴孔直径 d_1、d_2、d_z	轴孔长度 Y 型 L	J、J_1、Z 型 L_1	J、J_1、Z 型 L	D	质量 m /(kg)	转动惯量 I /(kg·m²)	许用补偿量 径向 Δy	轴向 Δx	角向 Δα
LX1	250	8500	12,14	32	27	—	90	2	0.002	0.15	±0.5	≤0° 30′
			16,18,19	42	30	42						
			20,22,24	52	38	52						
LX2	560	6300	20,22,24				120	5	0.009		±1	
			25,28	62	44	62						
			30,32,35	82	60	82						
LX3	1250	4750	30,32,35,38				160	8	0.026			
			40,42,45,48	112	84	112						
LX4	2500	3870	40,42,45,48,50,55,56				195	22	0.109		±1.5	
			60,63	142	107	142						
LX5	3150	3450	50,55,56	112	84	112	220	30	0.191			
			60,63,65,70,71,75	142	107	142						
LX6	6300	2720	60,63,65,70,71,75				280	53	0.543	0.20	±2	
			80,85	172	132	172						
LX7	11200	2360	70,71,75	142	107	142	320	98	1.314			
			80,85,90,95	172	132	172						
			100,110	212	167	212						
LX8	16000	2120	80,85,90,95	172	132	172	360	119	2.023			
			100,110,120,125	212	167	212						
LX9	22400	1850	100,110,120,125				410	197	4.386			
			130,140	252	202	252						
LX10	35500	1600	110,120,125	212	167	212	480	322	9.76	0.25	±2.5	
			130,140,150	252	202	252						
			160,170,180	302	242	302						

表 13-10　梅花形弹性联轴器(摘自 GB/T 5272—2002)

mm

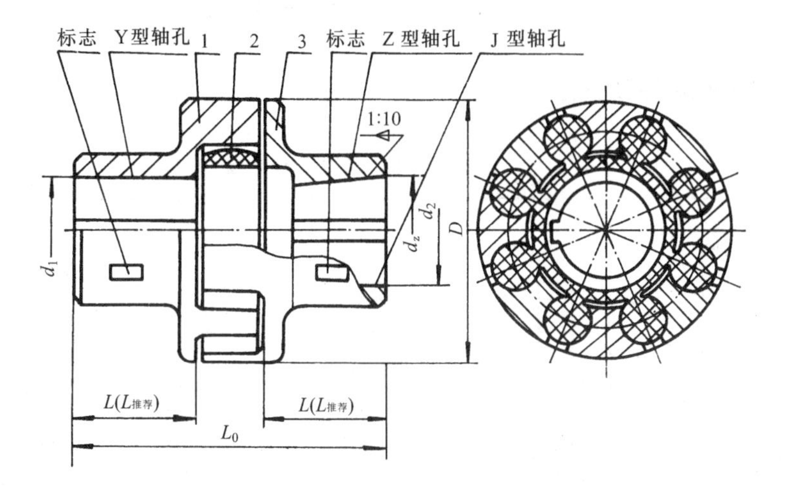

标记示例

LM3 型联轴器 $\frac{ZA30\times60}{YB25\times62}$ MT3a GB/T 5272—2002

主动端：Z 型轴孔，A 型键槽，轴孔直径 d_z=30 mm，轴孔长度 L_1=60 mm

从动端：Y 型轴孔，B 型键槽，轴孔直径 d_1=25 mm，轴孔长度 L=62 mm

(MT3 型弹性件硬度为 a)

1、3—半联轴器

2—梅花形弹性体

型号	公称转矩 T_n /(N·m) 弹性件硬度 a/H_A 80±5	公称转矩 T_n /(N·m) 弹性件硬度 b/H_D 90±5	许用转速[n] /(r/min)	轴孔直径 d_1、d_2、d_z /mm	轴孔长度/mm Y 型 L	轴孔长度/mm J_1、Z 型 L	$L_{推荐}$	L_0 /mm	D /mm	弹性件型号	质量 m /kg	转动惯量 I /(kg·m²)
LM3	100	200	10900	20, 22, 24	52	38	40	103	70	$MT3^{-a}_{-b}$	1.41	0.0009
				25, 28	62	44						
				30, 32	82	60						
LM4	140	280	9000	22, 24	52	38	45	114	85	$MT4^{-a}_{-b}$	2.18	0.0020
				25, 28	62	44						
				30, 32, 35, 38	82	60						
				40	112	84						
LM5	350	400	7300	25, 28	62	44	50	127	105	$MT5^{-a}_{-b}$	3.60	0.0050
				30, 32, 35, 38	82	60						
				40, 42, 45	112	84						
LM6	400	710	6100	30, 32, 35, 38	82	60	55	143	125	$MT6^{-a}_{-b}$	6.07	0.0114
				40, 42, 45, 48	112	84						
LM7	630	1120	5300	35*, 38*	82	60	60	159	145	$MT7^{-a}_{-b}$	9.09	0.0232
				40*, 42*, 45, 48, 50, 55	112	84						
LM8	1120	2240	4500	45*, 48*, 50, 55, 56			70	181	170	$MT8^{-a}_{-b}$	13.56	0.0468
				60, 63, 65*	142	107						
LM9	1800	3550	3800	50*, 55*, 56*	112	84	80	208	200	$MT9^{-a}_{-b}$	21.40	0.1041
				60, 63, 65, 70, 71, 75	142	107						
				80	172	132						
LM10	2800	5600	3300	60*, 63*, 65*, 70, 71, 75	142	107	90	230	230	$MT10^{-a}_{-b}$	32.03	0.2105
				80, 85, 90, 95	172	132						
				100	212	167						

注：1. 带“*”者轴孔直径可用于 Z 型轴孔。

2. 表中 a、b 为弹性件的硬度代号。

3. 表中质量为联轴器的最大质量。

第 14 章　减速器附件

14.1　轴承盖与套杯

表 14-1　凸缘式轴承盖　　mm

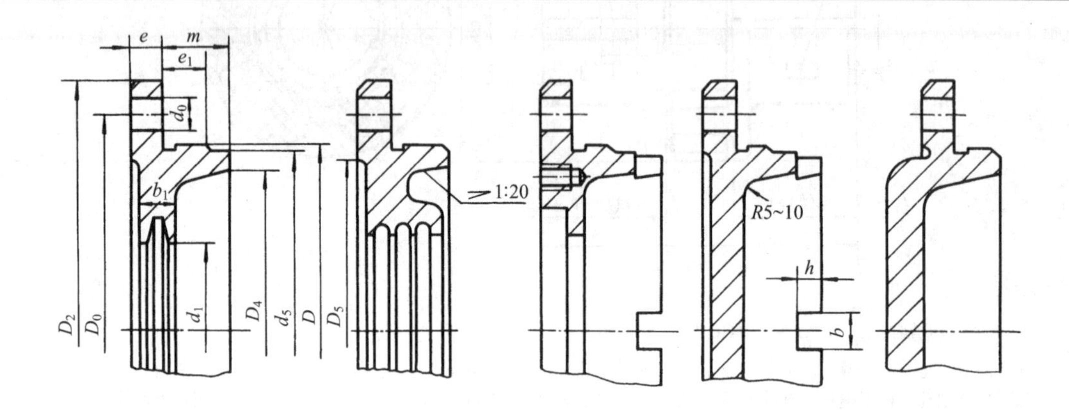

$d_0=d_3+1$；$d_5=D-(2\sim4)$；
$D_0=D+2.5d_3$；$D_5=D_0-3d_3$；
$D_2=D_0+2.5d_3$；b_1、d_1 由密封尺寸确定；
$e=(1\sim1.2)d_3$；$b=5\sim10$；
$e_1\geq e$；$h=(0.8\sim1)b$；
m 由结构确定；$D_4=D-(10\sim15)$；
d_3 为端盖的连接螺钉直径，尺寸见右表。
当端盖与套杯相配时，图中 D_0 和 D_2 应与套杯相一致(见表 14-3 中的 D_0 和 D_2)。

轴承盖连接螺钉直径 d_3

轴承外径 D	螺钉直径 d_3	螺钉数目
45～65	M6～M8	4
70～100	M8～M10	4～6
110～140	M10～M12	6
150～230	M12～M16	6

注：材料为 HT150。

表 14-2　嵌入式轴承盖　　mm

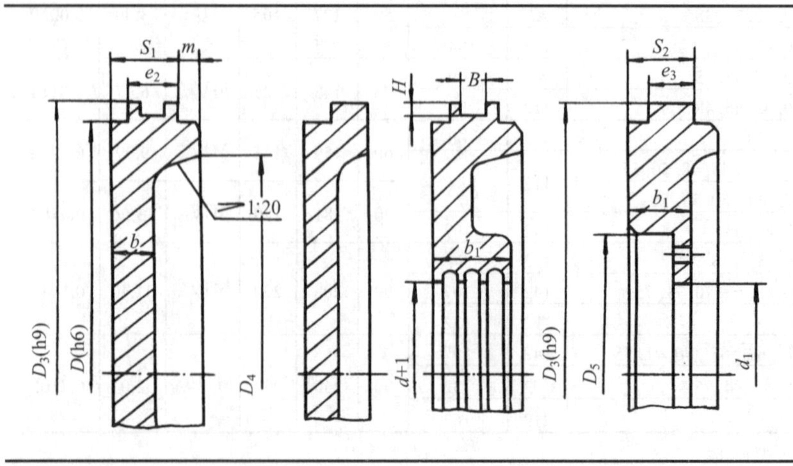

$e_2=8\sim12$；$S_1=15\sim20$；
$e_3=5\sim8$；$S_2=10\sim15$；
m 由结构确定；
$b=8\sim10$；
$D_3=D+e_2$，装有 O 形圈的，按 O 形圈外径取整(参见第 15 章表 15-12)；
D_5、d_1、b_1 等由密封尺寸确定；
H、B 按 O 形圈的沟槽尺寸确定(参见第 15 章表 15-12)

注：材料为 HT150。

表 14-3　套杯　　　　　　　　　　　　　　　　　　　　　mm

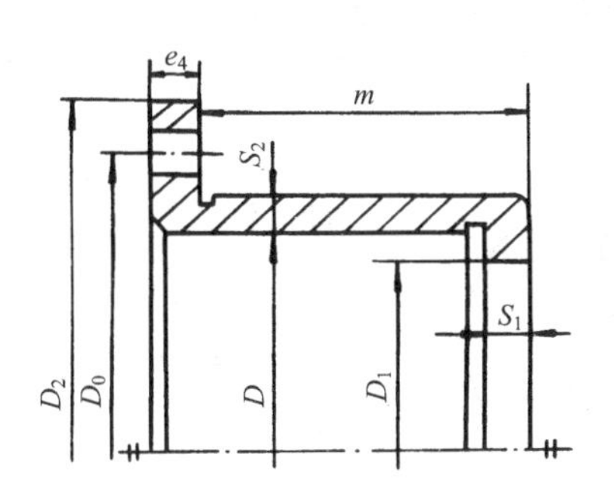

D 为轴承外径；

$S_1 \approx S_2 \approx e_4 = 7 \sim 12$；

m 由结构确定；

$D_0 = D + 2S_2 + 2.5d_3$；

$D_2 = D_0 + 2.5d_3$；

D_1 由轴承安装尺寸确定；

d_3 见表 14-1

注：材料为 HT150。

14.2　窥视孔及视孔盖

表 14-4　窥视孔及视孔盖　　　　　　　　　　　　　　　　mm

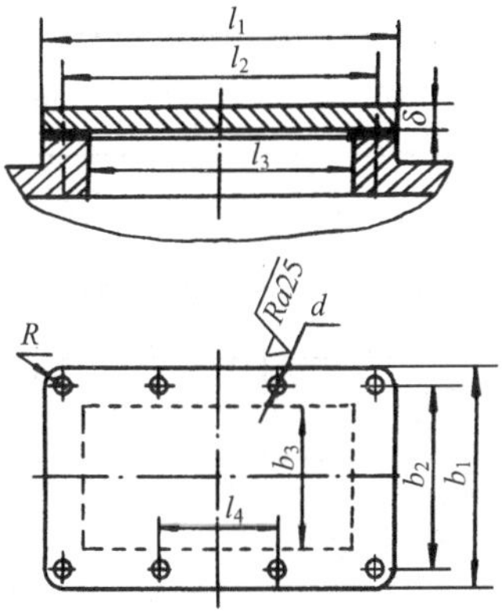

l_1	l_2	l_3	l_4	b_1	b_2	b_3	d		δ	R	可用的减速器中心距 a_Σ
							直径	孔数			
90	75	60	—	70	55	40	7	4	4	5	单级 $a \leqslant 150$
120	105	90	—	90	75	60	7	4	4	5	单级 $a \leqslant 250$
180	165	150	—	140	125	110	7	8	4	5	单级 $a \leqslant 350$
200	180	160	—	180	160	140	11	8	4	10	单级 $a \leqslant 450$
220	200	180	—	200	180	160	11	8	4	10	单级 $a \leqslant 500$
270	240	210	—	220	190	160	11	8	6	15	单级 $a \leqslant 700$
140	125	110	—	120	105	90	7	8	4	5	两级 $a_\Sigma \leqslant 250$，三级 $a_\Sigma \leqslant 350$
180	165	150	—	140	125	110	7	8	4	5	两级 $a_\Sigma \leqslant 425$，三级 $a_\Sigma \leqslant 500$
220	190	160	—	160	130	100	11	8	4	15	两级 $a_\Sigma \leqslant 500$，三级 $a_\Sigma \leqslant 650$
270	240	210	—	180	150	120	11	8	6	15	两级 $a_\Sigma \leqslant 650$，三级 $a_\Sigma \leqslant 825$
350	320	290		220	190	160	11	8	10	15	两级 $a_\Sigma \leqslant 850$，三级 $a_\Sigma \leqslant 1000$
420	390	350		260	230	200	13	10	10	15	两级 $a_\Sigma \leqslant 1100$，三级 $a_\Sigma \leqslant 1250$
500	460	420		300	260	220	13	10	10	20	两级 $a_\Sigma \leqslant 1150$，三级 $a_\Sigma \leqslant 1650$

注：视孔盖材料为 Q235-A。

14.3　油面指示装置

表 14-5　压配式圆形油标(摘自 JB/T 7941.1—1995)　　mm

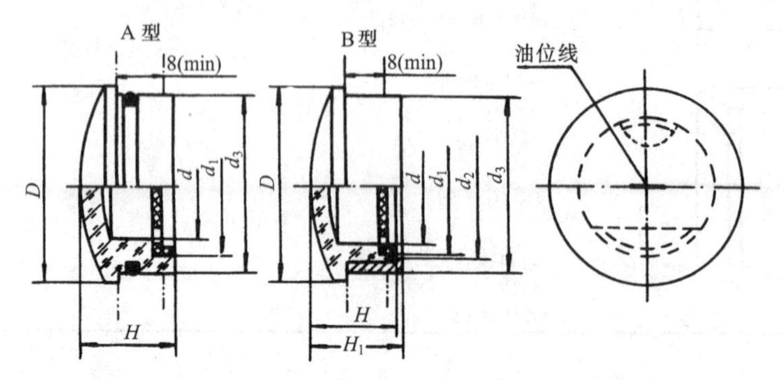

标记示例

视孔直径 d=32、A 型压配式圆形油标的标记：

油标 A32 JB/T 7941.1—1995

d	D	d_1		d_2		d_3		H	H_1	O 形橡胶密封圈（按 GB 3452. 1—1982)
		基本尺寸	极限偏差	基本尺寸	极限偏差	基本尺寸	极限偏差			
12	22	12	−0.050 −0.160	17	−0.050 −0.160	20	−0.065 −0.195	14	16	15×2.65
16	27	18		22	−0.065 −0.195	25				20×2.65
20	34	22	−0.065 −0.195	28		32	−0.080 −0.240	16	18	25×3.55
25	40	28		34	−0.080 −0.240	38				31.5×3.55
32	48	35	−0.080 −0.240	41		45		18	20	38.7×3.55
40	58	45		51	−0.100 −0.290	55	−0.100 −0.290			48.7×3.55
50	70	55	−0.100 −0.290	61		65		22	24	—
63	85	70		76		80				

表 14-6　管状油标(摘自 JB/T 7941.4—1995)　　mm

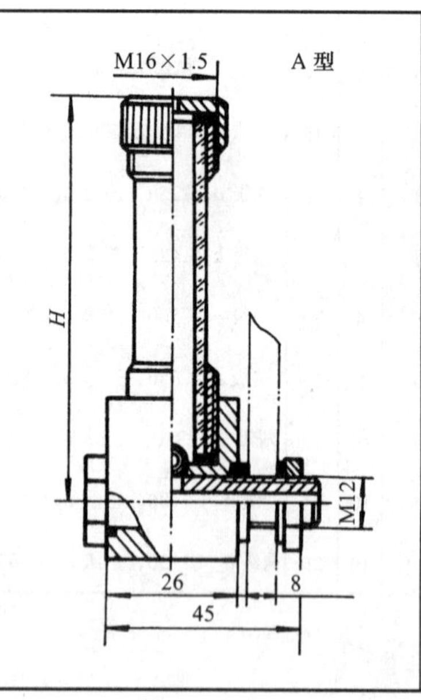

H	O 形橡胶密封圈（按 GB 3452. 1—1982)	六角薄螺母（按 GB 6172—1986)	弹性垫圈（按 GB 861—1989)
80, 100, 125, 160, 200	11.8×2.65	M12	12

标记示例

H=200、A 型管状油标的标记：

油标 A200 JB/T 7941.4—1995

注：B 型管状油标尺寸参见 JB/T 7941.4—1995。

表 14-7　长形油标(摘自 JB/T 7941.3—1995)　　　　mm

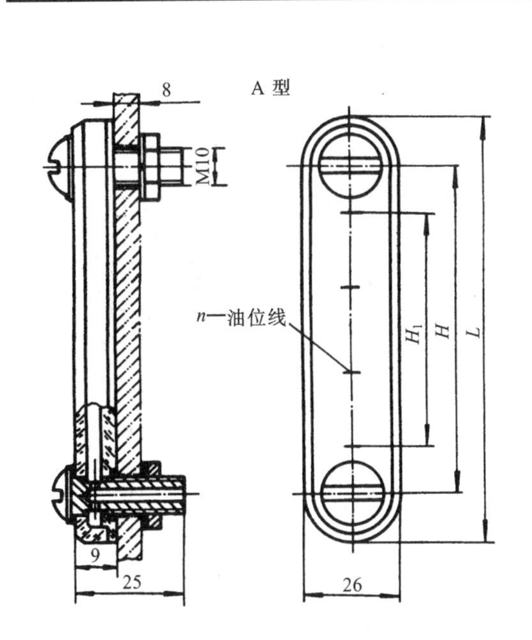

H 基本尺寸	H 极限偏差	H_1	L	n (条数)
80	±0.17	40	110	2
100		60	130	3
125	±0.20	80	155	4
160		120	190	6

O 形橡胶密封圈 (按 GB 3452. 1)	六角螺母 (按 GB 6172)	弹性垫圈 (按 GB 861)
10×2.65	M10	10

标记示例

H=80、A 型长形油标的标记：

油标 A80 JB/T 7941.3—1995

注：B 型长形油标尺寸参见 JB/T 7941.3—1995。

表 14-8　油标尺　　　　mm

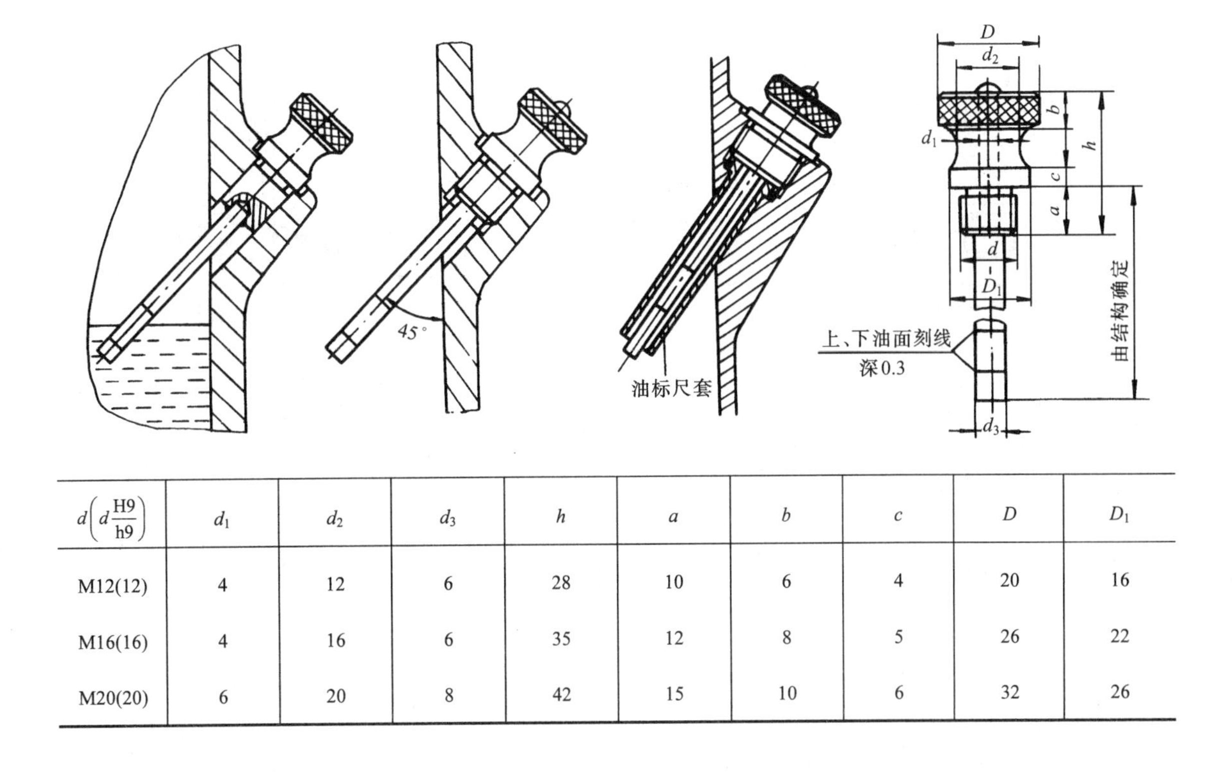

$d\left(d\frac{H9}{h9}\right)$	d_1	d_2	d_3	h	a	b	c	D	D_1
M12(12)	4	12	6	28	10	6	4	20	16
M16(16)	4	16	6	35	12	8	5	26	22
M20(20)	6	20	8	42	15	10	6	32	26

14.4　通气器

表 14-9　通气塞及手提式通气器　　mm

手提式通气器

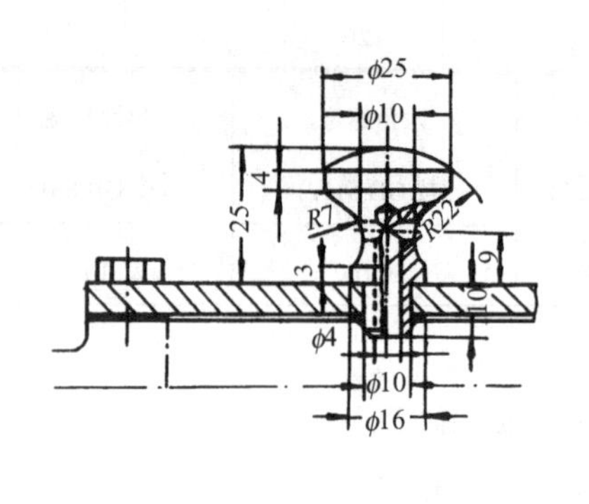

通气塞

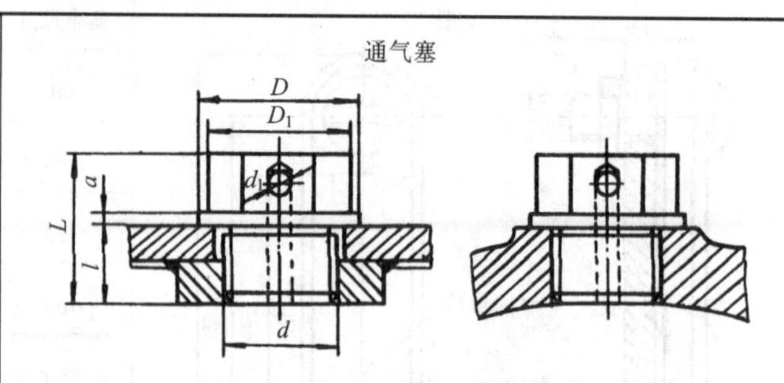

S—螺母扳手开口宽度(下同)

d	D	D_1	S	L	l	a	d_1
M12×1.25	18	16.5	14	19	10	2	4
M16×1.5	22	19.6	17	23	12	2	5
M20×1.5	30	25.4	22	28	15	4	6
M22×1.5	32	25.4	22	29	15	4	7
M27×1.5	38	31.2	27	34	18	4	8
M30×2	42	36.9	32	36	18	4	8

表 14-10　通气罩　　mm

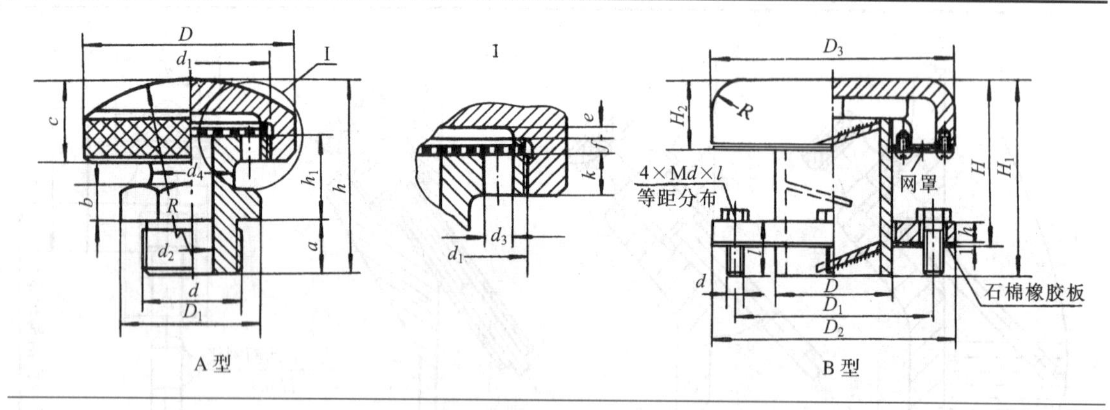

A 型

d	d_1	d_2	d_3	d_4	D	h	a	b	c	h_1	R	D_1	S	k	e	f
M18×1.5	M33×1.5	8	3	16	40	40	12	7	16	18	40	26.4	22	6	2	2
M27×1.5	M48×1.5	12	4.5	24	60	54	15	10	22	24	60	36.9	32	7	2	2
M36×1.5	M64×1.5	16	6	30	80	70	20	13	28	32	80	53.1	41	7	3	3

B 型

序号	D	D_1	D_2	D_3	H	H_1	H_2	R	h	d×l
1	60	100	125	125	77	95	35	20	6	M10×25
2	114	200	250	260	165	195	70	40	10	M20×50

表 14-11　通气帽　　mm

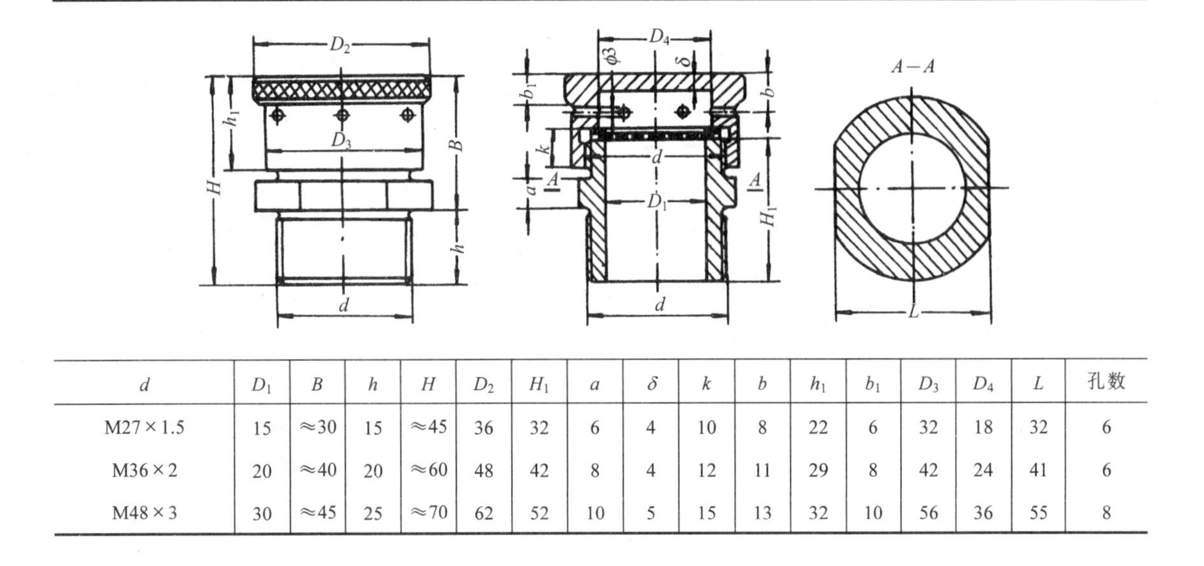

d	D_1	B	h	H	D_2	H_1	a	δ	k	b	h_1	b_1	D_3	D_4	L	孔数
M27×1.5	15	≈30	15	≈45	36	32	6	4	10	8	22	6	32	18	32	6
M36×2	20	≈40	20	≈60	48	42	8	4	12	11	29	8	42	24	41	6
M48×3	30	≈45	25	≈70	62	52	10	5	15	13	32	10	56	36	55	8

14.5　起吊装置

表 14-12　吊耳和吊钩

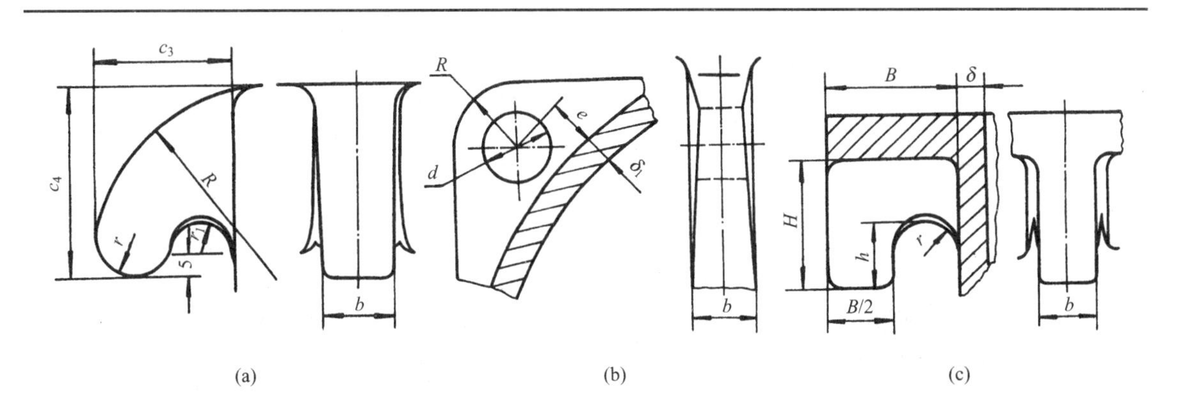

(a) 吊耳(起吊箱盖用)

$c_3=(4\sim5)\delta_1$

$c_4=(1.3\sim1.5)c_3$

$b=2\delta_1$

$R=c_4$

$r_1=0.225c_3$

$r=0.275c_3$

δ_1 为箱盖壁厚

(b) 吊耳环(起吊箱盖用)

$d=(1.8\sim2.5)\delta_1$

$R=(1\sim1.2)d$

$e=(0.8\sim1)d$

$b=2\delta_1$

(c) 吊钩(起吊整机用)

$B=c_1+c_2$

$H\approx0.8B$

$h\approx0.5H$

$r\approx0.25B$

$b=2\delta$

δ为箱座壁厚

c_1、c_2 为扳手空间尺寸

表 14-13　吊环螺钉(摘自 GB/T 825—1988)　　　　mm

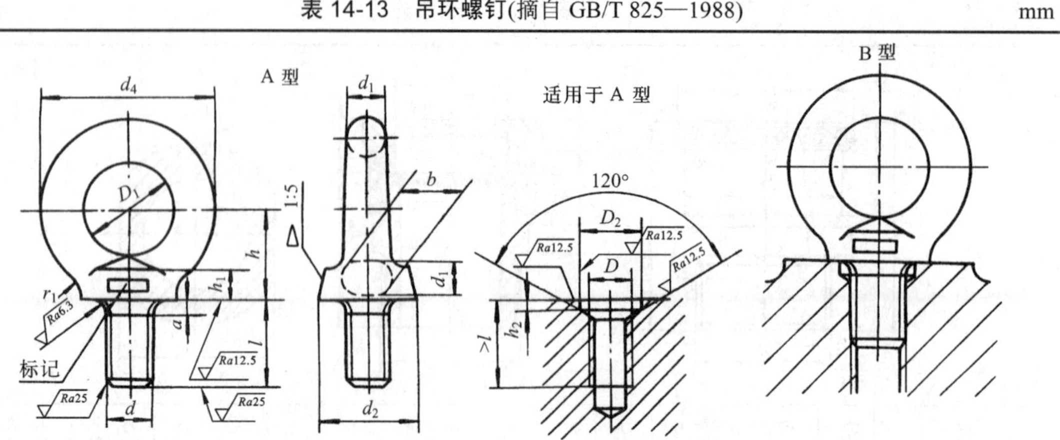

标记示例　螺纹规格 d=M20、材料为 20 钢、经正火处理、不经表面处理的 A 型吊环螺钉：螺钉 GB 825—1988 M20

螺纹规格 d	M8	M10	M12	M16	M20	M24	M30
d_1 最大	9.1	11.1	13.1	15.2	17.4	21.4	25.7
D_1 公称	20	24	28	34	40	48	56
d_2 最大	21.1	25.1	29.1	35.2	41.4	49.4	57.7
h_1 最大	7	9	11	13	15.1	19.1	23.2
h	18	22	26	31	36	44	53
d_4 参考	36	44	52	62	72	88	104
r_1	4	4	6	6	8	12	15
r 最小	1	1	1	1	1	2	2
l 公称	16	20	22	28	35	40	45
a 最大	2.5	3	3.5	4	5	6	7
b	10	12	14	16	19	24	28
D_2 公称最小	13	15	17	22	28	32	38
h_2 公称最小	2.5	3	3.5	4.5	5	7	8
最大起吊重量/kN　单螺钉起吊	1.6	2.5	4	6.3	10	16	25
最大起吊重量/kN　双螺钉起吊（90°（最大））	0.8	1.25	2	3.2	5	8	12.5

减速器重量 W(kN)与中心距 a 的关系(供参考)(软齿面减速器)

一级圆柱齿轮减速器						二级圆柱齿轮减速器					
a	100	160	200	250	315	a	100×140	140×200	180×250	200×280	250×355
W	0.26	1.05	2.1	4	8	W	1	2.6	4.8	6.8	12.5

注：1. 螺钉采用 20 或 25 钢制造，螺纹公差为 8g。

2. 表中 M8～M30 均为商品规格。

14.6　螺塞及封油垫

表 14-14　外六角螺塞(摘自 JB/ZQ 4450—2006)、封油垫　　mm

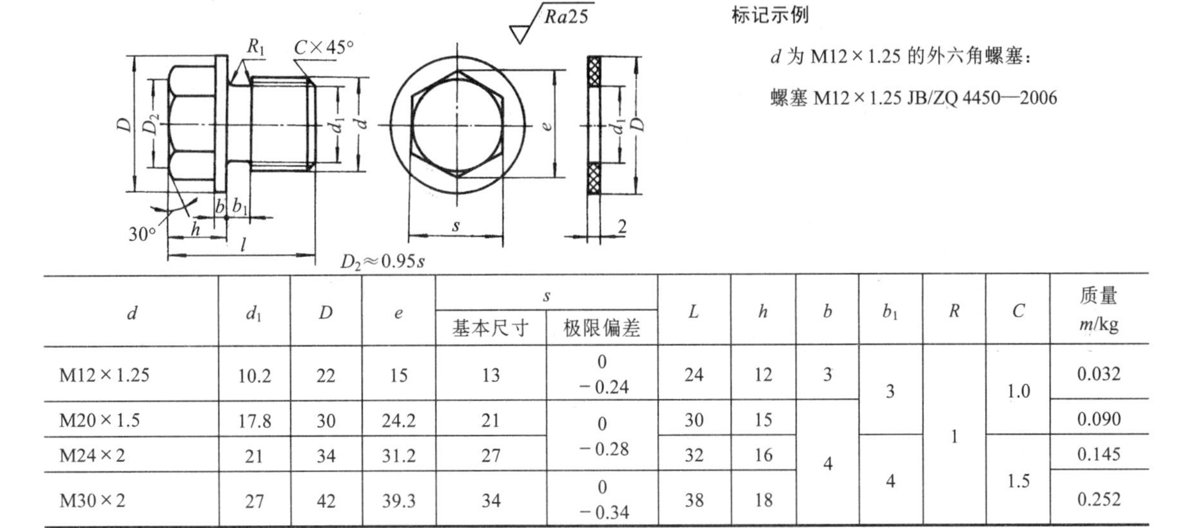

标记示例

d 为 M12×1.25 的外六角螺塞：

螺塞 M12×1.25 JB/ZQ 4450—2006

d	d_1	D	e	s		L	h	b	b_1	R	C	质量 m/kg
				基本尺寸	极限偏差							
M12×1.25	10.2	22	15	13	0 −0.24	24	12	3	3	1	1.0	0.032
M20×1.5	17.8	30	24.2	21	0 −0.28	30	15	4				0.090
M24×2	21	34	31.2	27		32	16		4		1.5	0.145
M30×2	27	42	39.3	34	0 −0.34	38	18					0.252

技术要求：表面发蓝处理。

表 14-15　55°非密封管螺纹外六角螺塞(摘自 JB/ZQ 4451—2006)　　mm

材料：35 钢

标记示例

螺纹直径 d 为 G1/2A 的 55°非密封管螺纹外六角螺塞：

螺塞 G1/2A JB/ZQ 4451—2006

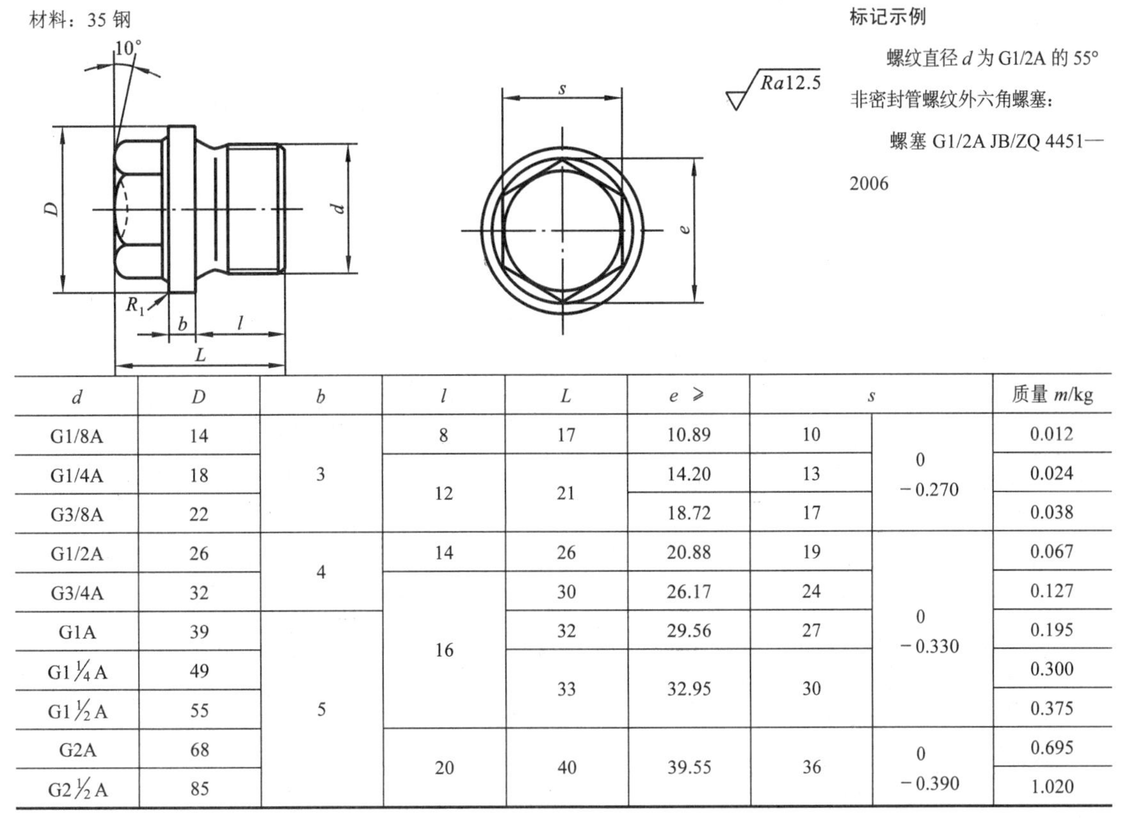

d	D	b	l	L	e ⩾	s		质量 m/kg
G1/8A	14	3	8	17	10.89	10	0 −0.270	0.012
G1/4A	18		12	21	14.20	13		0.024
G3/8A	22				18.72	17		0.038
G1/2A	26	4	14	26	20.88	19	0 −0.330	0.067
G3/4A	32		16	30	26.17	24		0.127
G1A	39	5		32	29.56	27		0.195
G1¼A	49			33	32.95	30		0.300
G1½A	55							0.375
G2A	68		20	40	39.55	36	0 −0.390	0.695
G2½A	85							1.020

技术要求：表面发蓝处理。

第 15 章　润滑与密封

15.1　润滑剂

1. 闭式齿轮传动、蜗杆传动中润滑油黏度的荐用值

表 15-1　齿轮传动中润滑油黏度荐用值　mm^2/s

齿轮材料	齿面硬度	圆周速度/(m/s)						
		＜0.5	0.5～1	1～2.5	2.5～5	5～12.5	12.5～25	＞25
调质钢	＜280HBS	266(32)	177(21)	118(11)	82	59	44	32
	280～350HBS	266(32)	266(32)	177(21)	118(11)	82	59	44
渗碳或表面淬火钢	40～64HRC	444(52)	266(32)	266(32)	177(21)	118(11)	82	59
塑料、青铜、铸铁		177	118	82	59	44	32	—

注：1. 多级齿轮传动，润滑油黏度按各级传动的圆周速度平均值来选取。

2. 表内数值为温度 50℃时的黏度，而括号内的数值为温度 100℃时的黏度。

表 15-2　蜗杆传动中润滑油黏度荐用值　mm^2/s

滑动速度 v_s /(m/s)	≤1	≤2.5	≤5	＞5～10	＞10～15	＞15～25	＞25
工作条件	重	重	中	—	—	—	—
运动黏度	444(52)	266(32)	177(21)	118(11)	82	59	44
润滑方法	油池润滑			油池或喷油润滑	喷油润滑，喷油压力/(N/mm^2)		
					0.07	0.2	0.3

注：括号外的为温度 t=50℃时的黏度值，括号内的为温度 t=100℃时的黏度值。

2. 常用润滑剂的主要性能和用途

表 15-3　常用润滑油的主要性能和用途

名　称	代　号	运动黏度/(mm^2/s)		凝点/℃ ≤	闪点(开口)/℃ ≥	主 要 用 途
		40℃	50℃			
全损耗系统用　油 (GB/T 443—1989)	AN46	41.4～50.6	26.1～31.3	−5	160	用于轻载、普通机械的全损耗系统润滑，不适用于循环润滑系统。(新标准的黏度按 40℃取值)
	AN68	61.2～74.8	37.1～44.4	−5	160	
	AN100	90.0～110	52.4～56.0	−5	180	
	AN150	135～165	75.9～91.2	−5	180	
工业闭式齿轮油 (GB/T 5903—2011)	L-CKC68	61.2～74.8	37.1～44.4	−12	180	用于中负荷、无冲击、工作温度−16~100℃的齿轮副的润滑
	L-CKC100	90.0～110	52.4～63.0	−12	200	
	L-CKC150	135～165	75.9～91.2	−9	200	
	L-CKC220	198～242	108～129	−9	200	
	L-CKC320	288～352	151～182	−9	200	
	L-CKC460	414～506	210～252	−9	200	
	L-CKC680	612～748	300～360	−5	200	

续表

名　称	代　号	运动黏度/(mm^2/s) 40℃	运动黏度/(mm^2/s) 50℃	凝点/℃ ≤	闪点(开口)/℃ ≥	主 要 用 途
工业闭式齿轮油 (GB/T 5903—2011)	CKD68	61.2～74.8	37.1～44.4	－12	180	用于高负荷，工作温度 100~120℃，接触应为大于 500 MPa、有冲击的齿轮副的润滑
	CKD100	90～110	52.4～63.0	－12	200	
	CKD150	135～165	75.9～91.2	－9	200	
	CKD220	198～242	108～129	－9	200	
	CKD320	288～352	151～182	－9	200	
	CKD460	414～506	210～252	－9	200	
	CKD680	612～748	300～360	－5	220	
蜗杆蜗轮油 SH 0094—1991	CKE220,CKE/P220	198～242	108～129	－6	200	用于蜗杆蜗轮传动的润滑
	CKE320,CKE/P320	288～352	151～182	－6	200	
	CKE460,CKE/P460	414～506	210～252	－6	220	
	CKE680,CKE/P680	612～748	300～360	－6	220	
	CKE1000,CKE/P1000	900～1100	425～509	－6	220	

表 15-4　常用润滑脂的主要性能和用途

名　称	代　号	针入度 (25℃,150g) 1/10 mm	滴点/℃ 不低于	主 要 用 途
钙基润滑脂 (GB/T 491—2008)	1 号	310～340	80	耐水性能好。适用于工作温度≤55～60℃的工业、农业和交通运输等机械设备的轴承润滑，特别适用于有水或潮湿的场合
	2 号	265～295	85	
	3 号	220～250	90	
	4 号	175～205	95	
钠基润滑脂 (GB 492—1989)	2 号	265～295	160	耐水性能差。适用于工作温度≤110℃的一般机械设备的轴承润滑
	3 号	220～250	160	
钙钠基润滑脂 (SH/T 0368—1992)	1 号	250～290	120	用在工作温度 80～100℃、有水分或较潮湿环境中工作的机械润滑，多用于铁路机车、列车、小电动机、发电机的滚动轴承(温度较高者)润滑，不适于低温工作
	2 号	200～240	135	
滚珠轴承脂 (SH/T 0386—1992)	ZG 69-2	250～290 －40℃时为 30	120	用于各种机械的滚动轴承润滑
通用锂基润滑脂 (GB/T 7324—2010)	1 号	310～340	170	用于工作温度在－20～120℃范围内的各种机械的滚动轴承、滑动轴承的润滑
	2 号	265～295	175	
	3 号	220～250	180	
7407 号齿轮润滑脂 (SH/T 0469—1994)		75～90	160	用于各种低速齿轮、中或重载齿轮、链和联轴器等的润滑，使用温度≤120℃，承受冲击载荷≤25 000 MPa

15.2 常用润滑装置

表 15-5　直通式压注油杯(摘自 JB/T 7940.5—1995)　mm

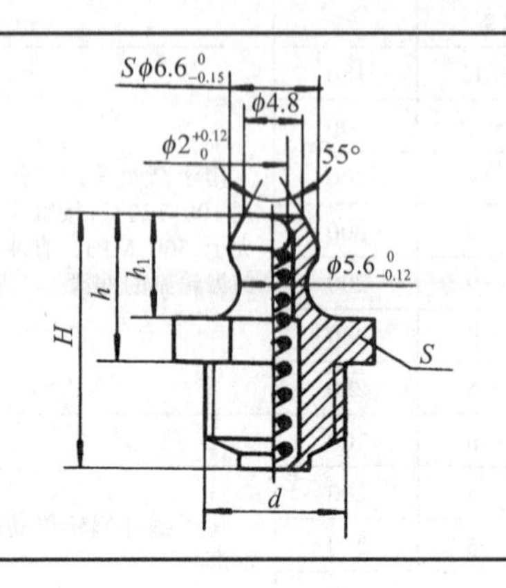

d	H	h	h_1	S	钢　球 (按 GB 308—1989)
M6	13	8	6	$8_{-0.22}^{0}$	3
M8×1	16	9	6.5	$10_{-0.22}^{0}$	
M10×1	18	10	7	$11_{-0.22}^{0}$	

标记示例

连接螺纹 M8×1、直通式压注油杯的标记：

油杯 M8×1 JB/T 7940.5—1995

表 15-6　压配式压注油杯(摘自 JB/T 7940.4—1995)　mm

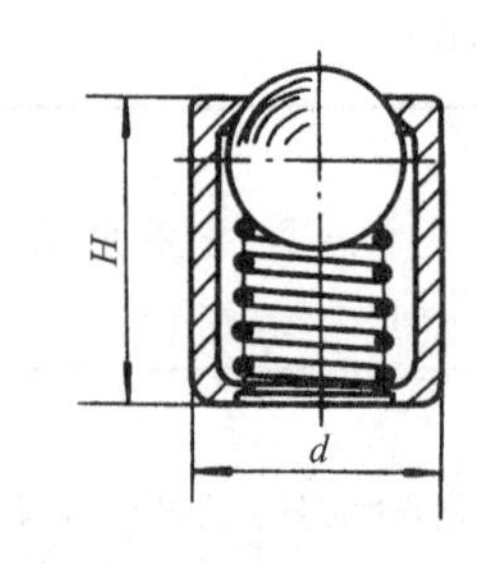

d		H	钢　球 (按 GB 308—1989)
基本尺寸	极限偏差		
6	+0.040 +0.028	6	4
8	+0.049 +0.034	10	5
10	+0.058 +0.040	12	6
16	+0.063 +0.045	20	11
25	+0.085 +0.064	30	13

标记示例

d= 8 mm、压配式压注油杯的标记：

油杯 8 JB/T 7940.4—1995

表 15-7　旋盖式油杯(摘自 JB/T 7940.3—1995)　mm

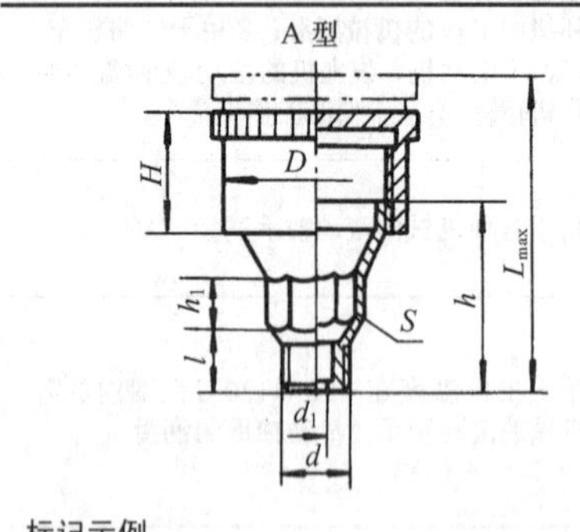

最小容量 /cm^3	d	l	H	h	h_1	d_1	D	L_{max}	S
1.5	M8×1	8	14	22	7	3	16	33	$10_{-0.22}^{0}$
3	M10×1		15	23	8	4	20	35	$13_{-0.27}^{0}$
6			17	26			26	40	
12	M14×1.5	12	20	30	10	5	32	47	$18_{-0.27}^{0}$
18			22	32			36	50	
25			24	34			41	55	
50	M16×1.5		30	44			51	70	$21_{-0.33}^{0}$
100			38	52			68	85	

标记示例

最小容量 18 cm³、A 型旋盖式油杯的标记：

油杯 A18 JB/T 7940.3—1995

注：B 型旋盖式油杯参见 JB/T 7940.3—1995。

15.3　密封装置

1. 接触式密封

表 15-8　毡圈油封及槽(摘自 JB/ZQ 4606—1997)　　　　mm

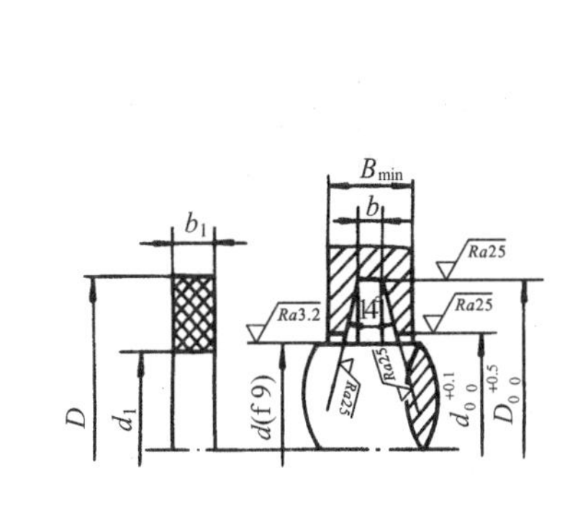

标记示例

d=30 mm 的毡圈油封的标记：

毡圈 30 JB/ZQ 4606—1997

(材料为半粗羊毛毡)

轴径	毡圈			槽				
d	D	d_1	b_1	D_0	d_0	b	B_{min} 钢	B_{min} 铸铁
15	29	14	6	28	16	5	10	12
20	33	19		32	21			
25	39	24	7	38	26	6	12	15
30	45	29		44	31			
35	49	34		48	36			
40	53	39		52	41			
45	61	44	8	60	46	7		
50	69	49		68	51			
55	74	53		72	56			
60	80	58		78	61			
65	84	63		82	66			
70	90	68		88	71			
75	94	73		92	77			
80	102	78	9	100	82	8	15	18

表 15-9　J 形无骨架橡胶油封(摘自 HG 4-338—1986)　　　　mm

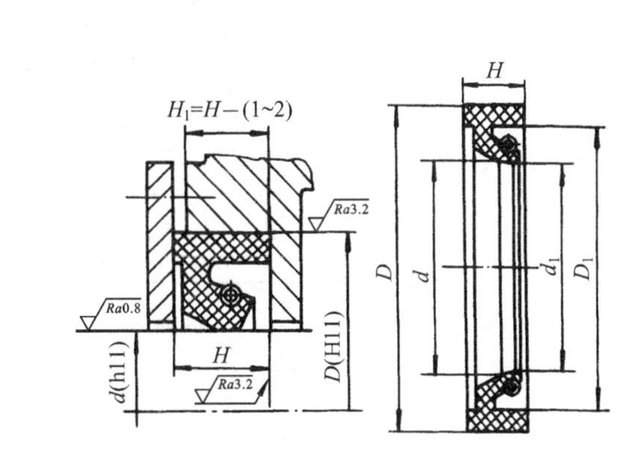

标记示例

d=45mm、D=70mm、H=12mm 的 J 形无骨架橡胶油封的标记：

J 形油封 45×70×12 HG 4-338—1986

轴径 d	D	D_1	d_1	H
30	55	46	29	12
35	60	51	34	
40	65	56	39	
45	70	61	44	
50	75	66	49	
55	80	71	54	
60	85	76	59	
65	90	81	64	
70	95	86	69	
75	100	91	74	
80	105	96	79	
85	110	101	84	
90	115	106	89	
95	120	111	94	

注：此标准于 1986 年确认，继续执行。

表 15-10　U 形无骨架橡胶油封(摘自 GB 13871—1992)　　mm

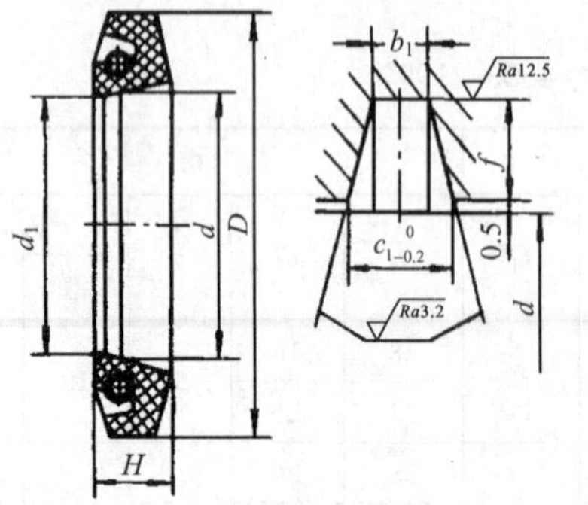

轴径 d	D	d_1	H	b_1	c_1	f
30	55	29	12.5	9.6	13.8	12.5
35	60	34				
40	65	39				
45	70	44				
50	75	49				
55	80	54				
60	85	59				
65	90	64				
70	95	69				
75	100	74				
80	105	79				
85	110	84				
90	115	89				
95	120	94				

标记示例

d=45 mm、D=70 mm、H=12.5 mm 的 U 形无骨架橡胶油封的标记：

U 形油封 45×70×12.5 GB 13871—1992

注：此标准于 1986 年确认，继续执行。

表 15-11　内包骨架旋转轴唇形密封圈(摘自 GB/T 13871.1—2007)　　mm

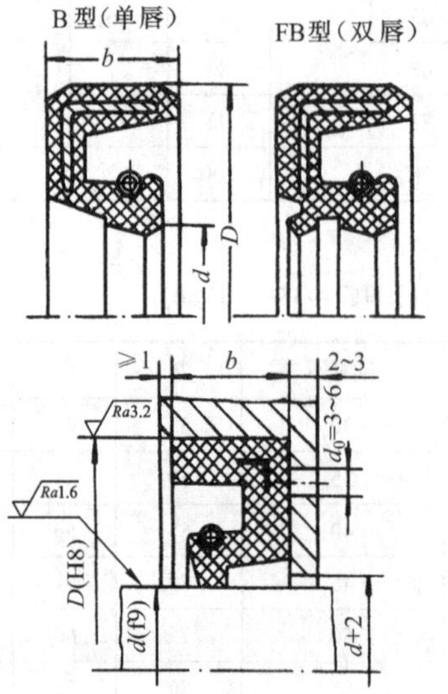

B型（单唇）　　FB型（双唇）

d	D	b
20	35，40，(45)	7
22	35，40，47	
25	40，47，52	
28	40，47，52	
30	42，47，(50)，52	
32	45，47，52	8
35	50，52，55	
38	55，58，62	
40	55，(60)，62	
42	55，62	
45	62，65	
50	68，(70)，72	
55	72，(75)，80	
60	80，85	
65	85，90	10
70	90，95	
75	95，100	
80	100，110	
85	110，120	12
90	(115)，120	
95	120	

标记示例

(F)B　50　72　8　×　××

- ××——制造单位或代号
- ×——胶种代号
- 8——b=8 mm
- 72——D=72 mm
- 50——d=50 mm
- (F)B——(有副唇)内包骨架旋转轴唇形密封圈

注：1. 括号内尺寸尽量不采用。

2. 为便于拆卸密封圈，在壳体上应有 d_0 孔 3～4 个。

3. 在一般情况下(中速)，采用材料为 B-丙烯酸酯橡胶(ACM)。

表 15-12 O 形橡胶密封圈(摘自 GB/T 3452.1—2005) mm

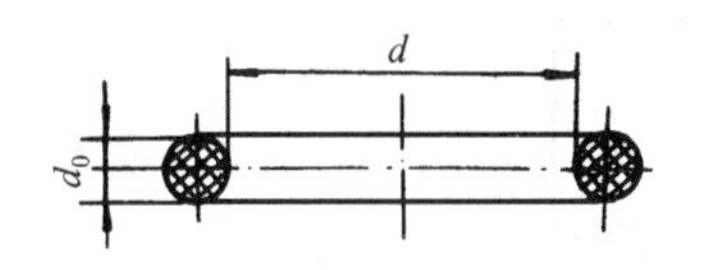

标记示例

内径 d=50 mm、截面直径 d_0=3.55 mm 的通用 O 形密封圈的标记：

O 形密封圈 50×3.55G GB/T 3452.1—2005

内径 d	截面直径 d_0			内径 d	截面直径 d_0		
	2.65±0.09	3.55±0.10	5.30±0.13		2.65±0.09	3.55±0.10	5.30±0.13
45.0	*	*	*	67.0	*	*	*
46.2	*	*	*	69.0	*	*	*
47.5	*	*	*	71.0	*	*	*
48.7	*	*	*	73.0	*	*	*
50.0	*	*	*	75.0	*	*	*
51.5	*	*	*	77.5	*	*	*
53.0	*	*	*	80.0	*	*	*
54.5	*	*	*	82.5	*	*	*
56.0	*	*	*	85.0	*	*	*
58.0	*	*	*	87.5	*	*	*
60.0	*	*	*	90.0	*	*	*
61.5	*	*	*	92.5	*	*	*
63.0	*	*	*	95.0	*	*	*
65.0	*	*	*	97.5	*	*	*

注：1. d 的极限偏差：45.0～50.0 为±0.30,51.5～63.0 为±0.44,65.0～80.0 为±0.53,82.5～97.5 为±0.65。

2. 有*者为适合选用。

3. 标记中的 G 代表通用 O 形密封圈。

2. 非接触式密封

表 15-13 迷宫式密封槽(摘自 JB/ZQ 4245—2006) mm

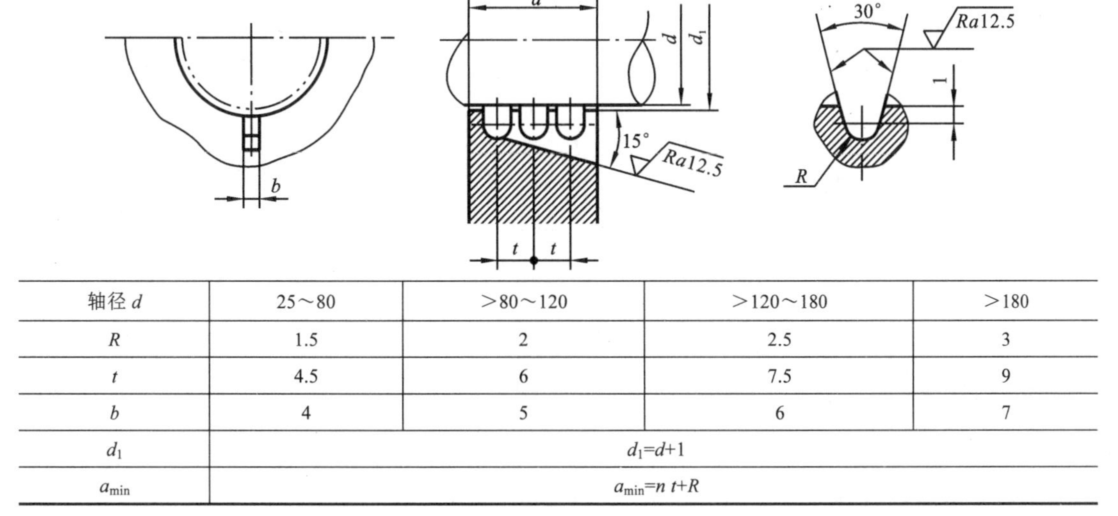

轴径 d	25～80	>80～120	>120～180	>180
R	1.5	2	2.5	3
t	4.5	6	7.5	9
b	4	5	6	7
d_1	$d_1=d+1$			
a_{min}	$a_{min}=n\,t+R$			

注：1. 表中 R、t、b 尺寸，在个别情况下可用于与表中不相对应的轴径上。

2. 一般 n=2～4 个，使用 3 个的较多。

表 15-14　迷宫密封槽　　mm

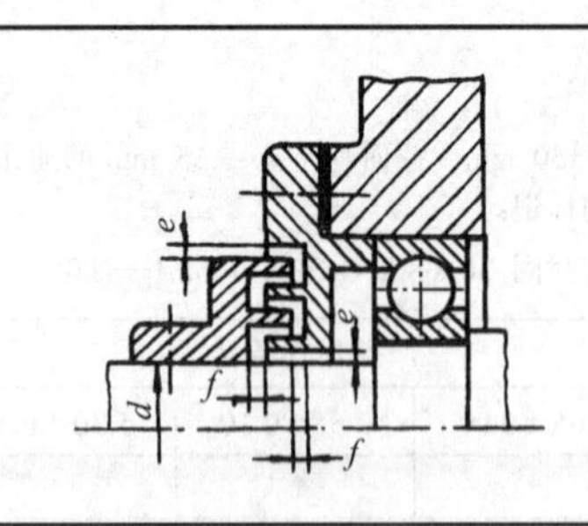

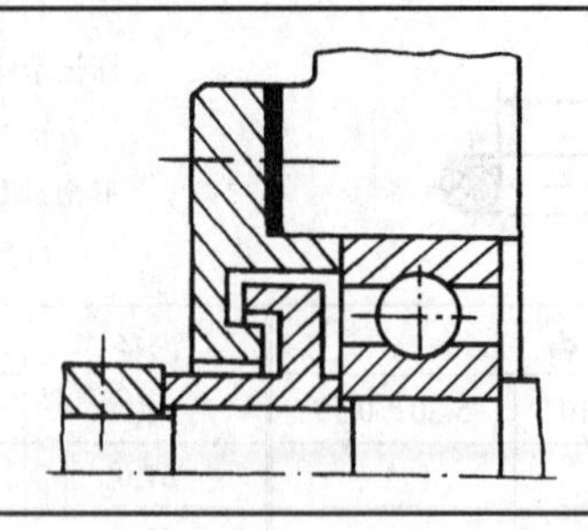

轴径 d	e	f
15～50	0.2	1
50～80	0.3	1.5
80～110	0.4	2
110～180	0.5	2.5

3. 组合式密封

表 15-15　组合式密封

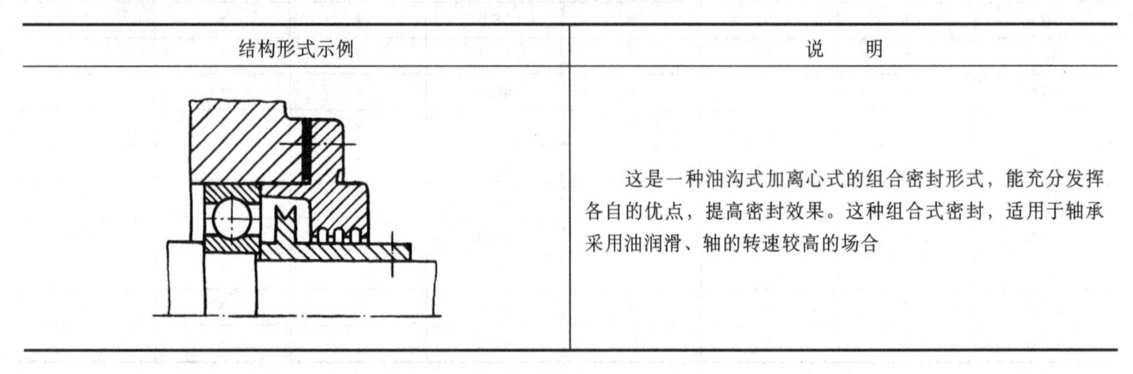

结构形式示例	说　明
（图）	这是一种油沟式加离心式的组合密封形式，能充分发挥各自的优点，提高密封效果。这种组合式密封，适用于轴承采用油润滑、轴的转速较高的场合

第16章 电 动 机

16.1 Y系列(IP44)三相异步电动机(摘自JB/T 10391—2008)

Y系列电动机为全封闭自扇冷式笼型三相异步电动机，是按照国际电工委员会(IEC)标准设计的，具有国际互换性的特点。用于空气中不含易燃、易爆或腐蚀性气体的场所。适用于电源电压为380 V无特殊要求的机械上，如机床、泵、风机、运输机、搅拌机、农业机械等。也用于某些需要高启动转矩的机器上，如压缩机。

表16-1 Y系列三相异步电动机的技术数据(JB/T 10391—2008)

电动机型号	额定功率/kW	满载转速/(r/min)	堵转转矩/额定转矩	最大转矩/额定转矩	电动机型号	额定功率/kW	满载转速/(r/min)	堵转转矩/额定转矩	最大转矩/额定转矩
同步转速 3000 r/min, 2 极					同步转速 1500 r/min, 4 极				
Y80M1	0.75	2830	2.2	2.3	Y80M1	0.55	1390	2.3	2.3
Y80M2	1.1	2830	2.2	2.3	Y80M2	0.75	1390	2.3	2.3
Y90S	1.5	2840	2.2	2.3	Y90S	1.1	1400	2.3	2.3
Y90L	2.2	2840	2.2	2.3	Y90L	1.5	1400	2.3	2.3
Y100L	3	2870	2.2	2.3	Y100L1	2.2	1430	2.2	2.3
Y112M	4	2890	2.2	2.3	Y100L2	3	1430	2.2	2.3
Y132S1	5.5	2900	2.0	2.3	Y112M	4	1440	2.2	2.3
Y132S2	7.5	2900	2.0	2.3	Y132S	5.5	1440	2.2	2.3
Y160M1	11	2930	2.0	2.3	Y132M	7.5	1440	2.2	2.3
Y160M2	15	2930	2.0	2.3	Y160M	11	1460	2.2	2.3
Y160L	18.5	2930	2.0	2.2	Y160L	15	1460	2.2	2.3
Y180M	22	2940	2.0	2.2	Y180M	18.5	1470	2.0	2.2
Y200L1	30	2950	2.0	2.2	Y180L	22	1470	2.0	2.2
同步转速 1000 r/min，6 极					Y200L	30	1470	2.0	2.2
Y90S	0.75	910	2.0	2.2	同步转速 750 r/min，8 极				
Y90L	1.1	910	2.0	2.2	Y132S	2.2	710	2.0	2.0
Y100L	1.5	940	2.0	2.2	Y132M	3	710	2.0	2.0
Y112M	2.2	940	2.0	2.2	Y160M1	4	720	2.0	2.0
Y132S	3	960	2.0	2.2	Y160M2	5.5	720	2.0	2.0
Y132M1	4	960	2.0	2.2	Y160L	7.5	720	2.0	2.0
Y132M2	5.5	960	2.0	2.2	Y180L	11	730	1.7	2.0
Y160M	7.5	970	2.0	2.0	Y200L	15	730	1.8	2.0
Y160L	11	970	2.0	2.0	Y225S	18.5	730	1.7	2.0
Y180L	15	970	2.0	2.0	Y225M	22	730	1.8	2.0
Y200L1	18.5	970	2.0	2.0	Y250M	30	730	1.8	2.0
Y200L2	22	970	2.0	2.0					
Y225M	30	980	1.7	2.0					

注：电动机型号意义：以Y132S2-2-B3为例，Y表示系列代号，132表示机座中心高，S2表示短机座和第二种铁心长度(M表示中机座，L表示长机座)，2表示电动机的极数，B3表示安装形式。

表 16-2　机座带底脚、端盖无凸缘 Y 系列电动机的安装及外形尺寸(JB/T 10391—2008)　　mm

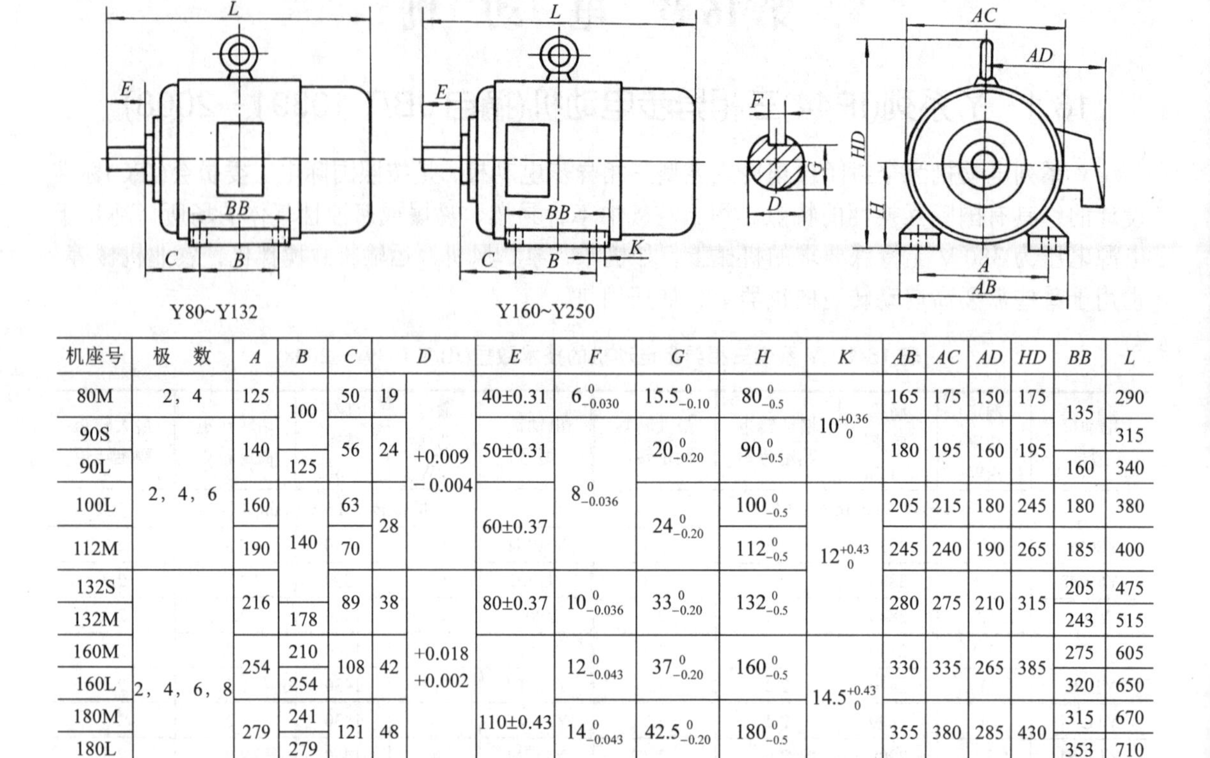

机座号	极　数	A	B	C	D		E	F	G	H	K	AB	AC	AD	HD	BB	L
80M	2，4	125	100	50	19	+0.009 − 0.004	40±0.31	$6_{-0.030}^{0}$	$15.5_{-0.10}^{0}$	$80_{-0.5}^{0}$	$10_{0}^{+0.36}$	165	175	150	175	135	290
90S	2，4，6	140		56	24		50±0.31	$8_{-0.036}^{0}$	$20_{-0.20}^{0}$	$90_{-0.5}^{0}$		180	195	160	195		315
90L			125													160	340
100L		160	140	63	28		60±0.37		$24_{-0.20}^{0}$	$100_{-0.5}^{0}$	$12_{0}^{+0.43}$	205	215	180	245	180	380
112M		190		70						$112_{-0.5}^{0}$		245	240	190	265	185	400
132S	2，4，6，8	216		89	38	+0.018 +0.002	80±0.37	$10_{-0.036}^{0}$	$33_{-0.20}^{0}$	$132_{-0.5}^{0}$		280	275	210	315	205	475
132M			178													243	515
160M		254	210	108	42		110±0.43	$12_{-0.043}^{0}$	$37_{-0.20}^{0}$	$160_{-0.5}^{0}$	$14.5_{0}^{+0.43}$	330	335	265	385	275	605
160L			254													320	650
180M		279	241	121	48			$14_{-0.043}^{0}$	$42.5_{-0.20}^{0}$	$180_{-0.5}^{0}$		355	380	285	430	315	670
180L			279													353	710
200L		318	305	133	55	+0.030 +0.011		$16_{-0.043}^{0}$	$49_{-0.20}^{0}$	$200_{-0.5}^{0}$	$18.5_{0}^{+0.52}$	395	420	315	475	380	775
225S	4，8	356	286	149	60		140±0.50	$18_{-0.043}^{0}$	$53_{-0.20}^{0}$	$225_{-0.5}^{0}$		435	475	345	530	375	820
225M	2		311		55		110±0.50	$16_{-0.043}^{0}$	$49_{-0.20}^{0}$								
	4，6，8				60		140±0.50	$18_{-0.043}^{0}$	$53_{-0.20}^{0}$							400	815
																	845
250M	2	406	349	168						$250_{-0.5}^{0}$	$24_{0}^{+0.52}$	490	515	385	575	460	930
	4，6，8				65				$58_{-0.20}^{0}$								

16.2　YZ 和 YZR 系列冶金及起重用三相异步电动机(摘自 JB/T 10104—2011 和 JB/T 10105—1999)

冶金及起重用三相异步电动机是用于驱动各种形式的起重机械和冶金设备中的辅助机械的专用系列产品。它具有较大的过载能力和较高的机械强度，特别适用于短时或断续周期运行、频繁启动和制动、有时过负荷及有显著的振动与冲击的设备。

YZ 系列为笼型转子电动机，YZR 系列为绕线转子电动机。冶金及起重用电动机大多采用绕线转子，但对于 30 kW 以下电动机及在启动不是很频繁而电网容量又许可满压启动的场所，也可采用笼型转子。

根据负荷的不同性质，电动机常用的工作制分为 S2(短时工作制)、S3(断续周期工作制)、S4(包括启动的断续周期性工作制)、S5(包括电制动的断续周期工作制)四种。电动机的额定工作制为 S3，每一工作周期为 10 min。电动机的基准负载持续率 FC 为 40%。

表 16-3　YZ 系列电动机技术数据(JB/T 10104—2011)

型号	S2 30 min 额定功率/kW	S2 30 min 转速/(r/min)	S2 60 min 额定功率/kW	S2 60 min 转速/(r/min)	S3 6次/小时(热等效启动次数) 15% 额定功率/kW	15% 转速/(r/min)	25% 额定功率/kW	25% 转速/(r/min)	40% 额定功率/kW	40% 转速/(r/min)	40% 最大转矩/额定转矩	40% 堵转转矩/额定转矩	40% 堵转电流/额定电流	40% 效率/(%)	40% 功率因数	60% 额定功率/kW	60% 转速/(r/min)	100% 额定功率/kW	100% 转速/(r/min)
YZ112M-6	1.8	892	1.5	920	2.2	810	1.8	892	1.5	920	2.0	2.0	4.47	69.5	0.765	1.1	946	0.8	980
YZ132M1-6	2.5	920	2.2	935	3.0	804	2.5	920	2.2	935	2.0	2.0	5.16	74	0.745	1.8	950	1.5	960
YZ132M2-6	4.0	915	3.7	912	5.0	890	4.0	915	3.7	912	2.0	2.0	5.54	79	0.79	3.0	940	2.8	945
YZ160M1-6	6.3	922	5.5	933	7.5	903	6.3	922	5.5	933	2.0	2.0	4.9	80.6	0.83	5.0	940	4.0	953
YZ160M2-6	8.5	943	7.5	948	11	926	8.5	943	7.5	948	2.3	2.3	5.52	83	0.86	6.3	956	5.5	961
YZ160L-6	15	920	11	953	15	920	13	936	11	953	2.3	2.3	6.17	84	0.852	9	964	2.5	972
YZ160L-8	9	694	7.5	705	11	675	9	694	7.5	705	2.3	2.3	5.1	82.4	0.766	6	717	5	724
YZ180L-8	13	675	11	694	15	654	13	675	11	694	2.3	2.3	4.9	80.9	0.811	9	710	7.5	718
YZ200L-8	18.5	697	15	710	22	686	18.5	697	15	710	2.5	2.5	6.1	86.2	0.80	13	714	11	720
YZ225M-8	26	701	22	712	33	687	26	701	22	712	2.5	2.5	6.2	87.5	0.834	18.5	718	17	720
YZ250M1-8	35	681	30	694	42	663	35	681	30	694	2.5	2.5	5.47	85.7	0.84	26	702	22	717

表 16-4　YZ 系列电动机的安装及外形尺寸(IM1001、IM1003 及 IM1002、IM1004 型)　　mm

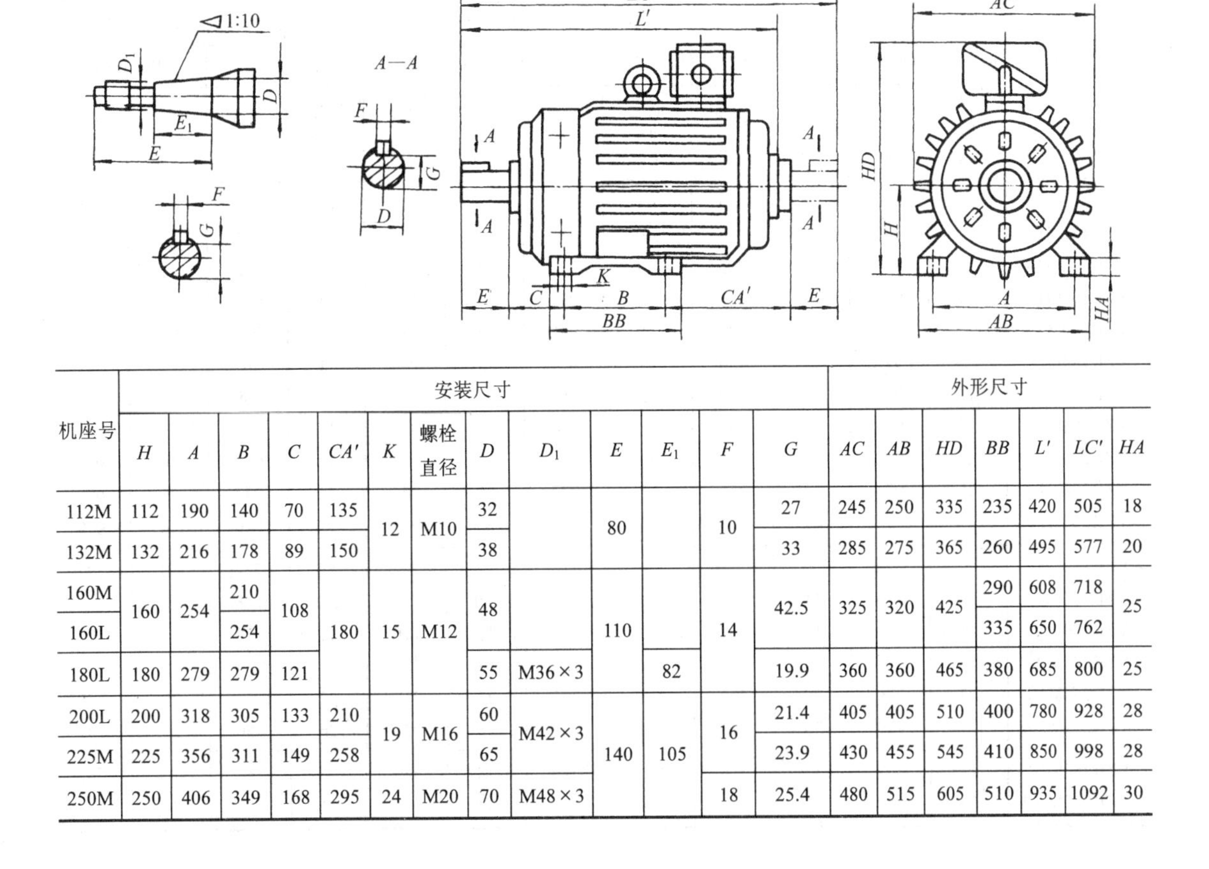

机座号	安装尺寸 H	A	B	C	CA′	K	螺栓直径	D	D_1	E	E_1	F	G	外形尺寸 AC	AB	HD	BB	L′	LC′	HA
112M	112	190	140	70	135	12	M10	32		80		10	27	245	250	335	235	420	505	18
132M	132	216	178	89	150			38					33	285	275	365	260	495	577	20
160M	160	254	210	108	180	15	M12	48		110		14	42.5	325	320	425	290	608	718	25
160L			254														335	650	762	
180L	180	279	279	121				55	M36×3		82		19.9	360	360	465	380	685	800	25
200L	200	318	305	133	210	19	M16	60	M42×3	140	105	16	21.4	405	405	510	400	780	928	28
225M	225	356	311	149	258			65					23.9	430	455	545	410	850	998	28
250M	250	406	349	168	295	24	M20	70	M48×3			18	25.4	480	515	605	510	935	1092	30

表 16-5　YZR 系列电动机技术数据(JB/T 10105—1999)

型　号	S2				S3							
					6 次/小时(热等效启动次数)							
	30 min		60 min		FC=15%		FC=25%		FC=40%		FC=60%	
	额定功率/kW	转速/(r/min)	额定功率/kW	转速/(r/min)	额定功率/kW	转速/(r/min)	额定功率/kW	转速/(r/min)	额定功率/kW	转速/(r/min)	额定功率/kW	转速/(r/min)
YZR112M-6	1.8	815	1.5	866	2.2	725	1.8	815	1.5	866	1.1	912
YZR132M1-6	2.5	892	2.2	908	3.0	855	2.5	892	2.2	908	1.3	924
YZR132M2-6	4.0	900	3.7	908	5.0	875	4.0	900	3.7	908	3.0	937
YZR160M1-6	6.3	921	5.5	930	7.5	910	6.3	921	5.5	930	5.0	935
YZR160M2-6	8.5	930	7.5	940	11	908	8.5	930	7.5	940	6.3	949
YZR160L-6	13	942	11	957	15	920	13	942	11	945	9.0	952
YZR180L-6	17	955	15	962	20	946	17	955	15	962	13	963
YZR200L-6	26	956	22	964	33	942	26	956	22	964	19	969
YZR225M-6	34	957	30	962	40	947	34	957	30	962	26	968
YZR160L-8	9	694	7.5	705	11	676	9	694	7.5	705	6	717
YZR180L-8	13	700	11	700	15	690	13	700	11	700	9	720
YZR200L-8	18.5	701	15	712	22	690	18.5	701	15	712	13	718
YZR225M-8	26	708	22	715	33	696	26	708	22	715	18.5	721
YZR250M1-8	35	715	30	720	42	710	35	715	30	720	26	725

型　号	S3		S4 及 S5									
			150 次/小时(热等效启动次数)						300 次/小时(热等效启动次数)			
	FC=100%		FC=25%		FC=40%		FC=60%		FC=40%		FC=60%	
	额定功率/kW	转速/(r/min)	额定功率/kW	转速/(r/min)	额定功率/kW	转速/(r/min)	额定功率/kW	转速/(r/min)	额定功率/kW	转速/(r/min)	额定功率/kW	转速/(r/min)
YZR112M-6	0.8	940	1.6	845	1.3	890	1.1	920	1.2	900	0.9	930
YZR132M1-6	1.5	940	2.2	908	2.0	913	1.7	931	1.8	926	1.6	936
YZR132M2-6	2.5	950	3.7	915	3.3	925	2.8	940	3.4	925	2.8	940
YZR160M1-6	4.0	944	5.8	927	5.0	935	4.8	937	5.0	935	4.8	937
YZR160M2-6	5.5	956	7.5	940	7.0	945	6.0	954	6.0	954	5.5	959
YZR160L-6	7.5	970	11	950	10	957	8.0	969	8.0	969	7.5	971
YZR180L-6	11	975	15	960	13	965	12	969	12	969	11	972
YZR200L-6	17	973	21	965	18.5	970	17	973	17	973	—	—
YZR225M-6	22	975	28	965	25	969	22	973	22	973	20	977
YZR250M1-6	28	975	33	970	30	973	28	975	26	977	25	978
YZR250M2-6	33	974	42	967	37	971	33	975	31	976	30	977
YZR160L-8	5	724	7.5	712	7	716	5.8	724	6.0	722	50	727
YZR180L-8	7.5	726	11	711	10	717	8.0	728	8.0	728	7.5	729
YZR200L-8	11	723	15	713	13	718	12	720	12	720	11	724
YZR225M-8	17	723	21	718	18.5	721	17	724	17	724	15	727
YZR250M1-8	22	729	29	700	25	705	22	712	22	712	20	716
YZR250M2-8	27	729	33	725	30	727	28	728	26	730	25	731
YZR280S-10	27	582	33	578	30	579	28	580	26	582	25	583
YZR280M-10	33	587	42	—	37	—	33	—	31	—	28	—

表 16-6 YZR 系列电动机的安装及外形尺寸(IM1001、IM1003 及 IM1002、IM1004 型) mm

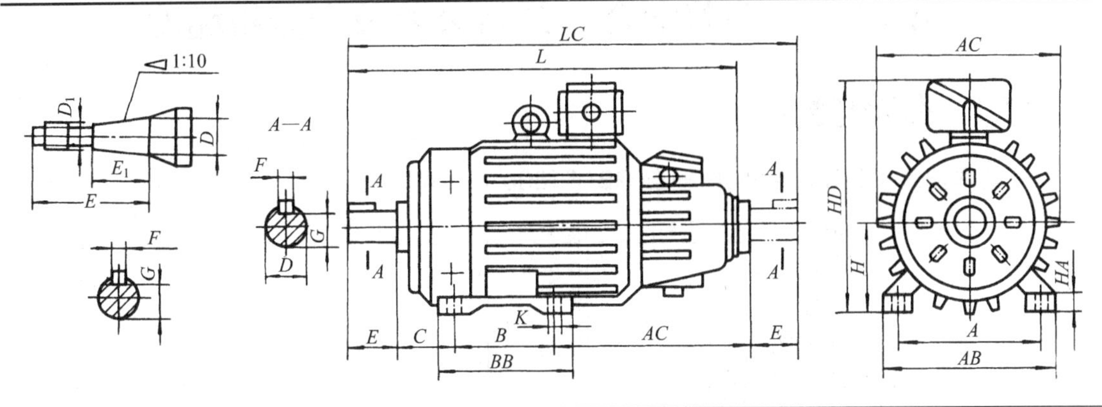

机座号	安装尺寸													外形尺寸						
	H	A	B	C	CA	K	螺栓直径	D	D_1	E	E_1	F	G	AC	AB	HD	BB	L	LC	HA
112M	112	190	140	70	300	12	M10	32		80		10	27	245	250	330	235	590	670	18
132M	132	216	178	89				38					33	285	275	360	260	645	727	20
160M	160	254	210	108	330	15	M12	48		110		14	42.5	325	320	420	290	758	858	25
160L			254														335	800	912	
180L	180	279	279	121	360			55	M36×3		82		19.9	360	360	460	380	870	980	25
200L	200	318	305	133	400	19	M16	60	M42×3	140	105	16	21.4	405	405	510	400	975	1118	28
225M	225	356	311	149	450			65					23.9	430	455	545	410	1050	1190	28
250M	250	406	349	168	540	24	M20	70	M48×3			18	25.4	480	515	605	510	1195	1337	30
280S	280	457	368	190				85	M56×3	170	130	20	31.7	535	575	665	530	1265	1438	32
280M			419														580	1315	1489	

第 17 章　公差配合、几何公差及表面粗糙度

17.1　公差与配合

1. 基本偏差系列及配合种类(摘自 GB/T 1800.1—2009)

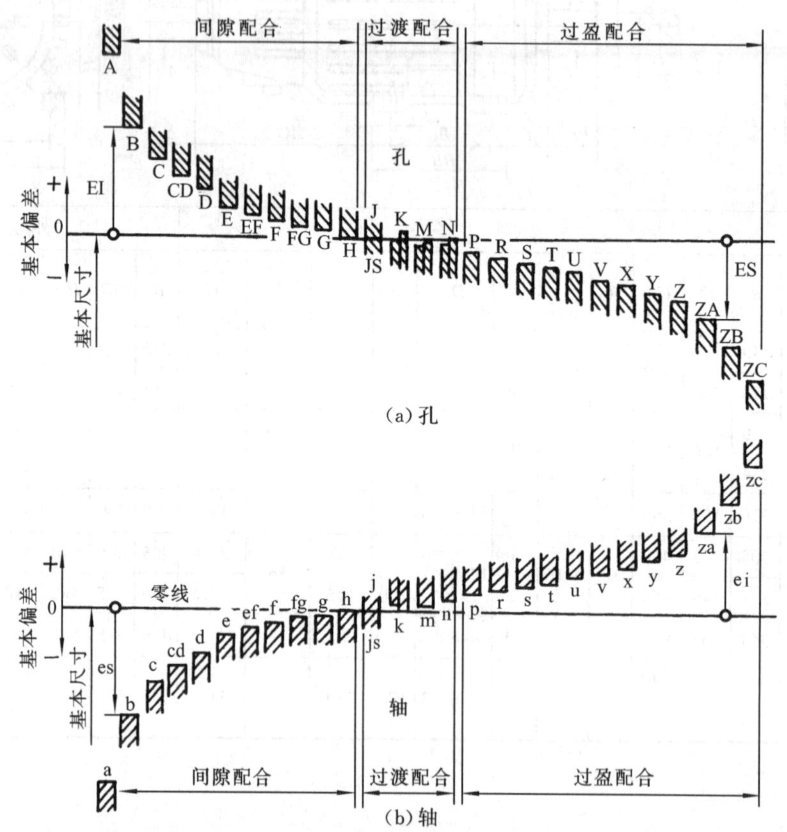

2. 标准公差值及孔和轴的极限偏差值(摘自 GB/T 1800.1—2009)

表 17-1　标准公差值(基本尺寸由大于 6 至 1000 mm)　μm

基本尺寸/mm	公差等级							
	IT5	IT6	IT7	IT8	IT9	IT10	IT11	IT12
>6～10	6	9	15	22	36	58	90	150
>10～18	8	11	18	27	43	70	110	180
>18～30	9	13	21	33	52	84	130	210
>30～50	11	16	25	39	62	100	160	250
>50～80	13	19	30	46	74	120	190	300
>80～120	15	22	35	54	87	140	220	350
>120～180	18	25	40	63	100	160	250	400
>180～250	20	29	46	72	115	185	290	460
>250～315	23	32	52	81	130	210	320	520
>315～400	25	36	57	89	140	230	360	570
>400～500	27	40	63	97	155	250	400	630
>500～630	32	44	70	110	175	280	440	700
>630～800	36	50	80	125	200	320	500	800
>800～1000	40	56	90	140	230	360	560	900

注：1. 基本尺寸大于 500 mm 的 IT1 至 IT5 的标准公差数值为试行的。

2. 基本尺寸小于或等于 1 mm 时，无 IT14 至 IT18。

表 17-2　孔的极限偏差值(基本尺寸由大于 10 至 500 mm)(摘自 GB/T 1800.2—2009)　　μm

公差带	等级	基本尺寸/mm									
		>10～18	>18～30	>30～50	>50～80	>80～120	>120～180	>180～250	>250～315	>315～400	>400～500
D	8	+77 +50	+98 +65	+119 +80	+146 +100	+174 +120	+208 +145	+242 +170	+271 +190	+299 +210	+327 +230
	▼9	+93 +50	+117 +65	+142 +80	+174 +100	+207 +120	+245 +145	+285 +170	+320 +190	+350 +210	+385 +230
	10	+120 +50	+149 +65	+180 +80	+220 +100	+260 +120	+305 +145	+355 +170	+400 +190	+440 +210	+480 +230
	11	+160 +50	+195 +65	+240 +80	+290 +100	+340 +120	+395 +145	+460 +170	+510 +190	+570 +210	+630 +230
F	6	+27 +16	+33 +20	+41 +25	+49 +30	+58 +36	+68 +43	+79 +50	+88 +56	+98 +62	+108 +68
	7	+34 +16	+41 +20	+50 +25	+60 +30	+71 +36	+83 +43	+96 +50	+108 +56	+119 +62	+131 +68
	▼8	+43 +16	+53 +20	+64 +25	+76 +30	+90 +36	+106 +43	+122 +50	+137 +56	+151 +62	+165 +68
	9	+59 +16	+72 +20	+87 +25	+104 +30	+123 +36	+143 +43	+165 +50	+186 +56	+202 +62	+223 +68
G	6	+17 +6	+20 +7	+25 +9	+29 +10	+34 +12	+39 +14	+44 +15	+49 +17	+54 +18	+60 +20
	▼7	+24 +6	+28 +7	+34 +9	+40 +10	+47 +12	+54 +14	+61 +15	+69 +17	+75 +18	+83 +20
	8	+33 +6	+40 +7	+48 +9	+56 +10	+66 +12	+77 +14	+87 +15	+98 +17	+107 +18	+117 +20
H	5	+8 0	+9 0	+11 0	+13 0	+15 0	+18 0	+20 0	+23 0	+25 0	+27 0
	6	+11 0	+13 0	+16 0	+19 0	+22 0	+25 0	+29 0	+32 0	+36 0	+40 0
	▼7	+18 0	+21 0	+25 0	+30 0	+35 0	+40 0	+46 0	+52 0	+57 0	+63 0
	▼8	+27 0	+33 0	+39 0	+46 0	+54 0	+63 0	+72 0	+81 0	+89 0	+97 0
	▼9	+43 0	+52 0	+62 0	+74 0	+87 0	+100 0	+115 0	+130 0	+140 0	+155 0
	10	+70 0	+84 0	+100 0	+120 0	+140 0	+160 0	+185 0	+210 0	+230 0	+250 0
	▼11	+110 0	+130 0	+160 0	+190 0	+220 0	+250 0	+290 0	+320 0	+360 0	+400 0
J	7	+10 −8	+12 −9	+14 −11	+18 −12	+22 −13	+26 −14	+30 −16	+36 −16	+39 −18	+43 −20
	8	+15 −12	+20 −13	+24 −15	+28 −18	+34 −20	+41 −22	+47 −25	+55 −26	+60 −29	+66 −31
JS	6	±5.5	±6.5	±8	±9.5	±11	±12.5	±14.5	±16	±18	±20
	7	±9	±10	±12	±15	±17	±20	±23	±26	±28	±31
	8	±13	±16	±19	±23	±27	±31	±36	±40	±44	±48
	9	±21	±26	±31	±37	±43	±50	±57	±65	±70	±77
K	6	+2 −9	+2 −11	+3 −13	+4 −15	+4 −18	+4 −21	+5 −24	+5 −27	+7 −29	+8 −32
	▼7	+6 −12	+6 −15	+7 −18	+9 −21	+10 −25	+12 −28	+13 −33	+16 −36	+17 −40	+18 −45
	8	+8 −19	+10 −23	+12 −27	+14 −32	+16 −38	+20 −43	+22 −50	+25 −56	+28 −61	+29 −68
N	6	−9 −20	−11 −24	−12 −28	−14 −33	−16 −38	−20 −45	−22 −51	−25 −57	−26 −62	−27 −67
	▼7	−5 −23	−7 −28	−8 −33	−9 −39	−10 −45	−12 −52	−14 −60	−14 −66	−16 −73	−17 −80
	8	−3 −30	−3 −36	−3 −42	−4 −50	−4 −58	−4 −67	−5 −77	−5 −86	−5 −94	−6 −103
	9	0 −43	0 −52	0 −62	0 −74	0 −87	0 −100	0 −115	0 −130	0 −140	0 −155
P	6	−15 −26	−18 −31	−21 −37	−26 −45	−30 −52	−36 −61	−41 −70	−47 −79	−51 −87	−55 −95
	▼7	−11 −29	−14 −35	−17 −42	−21 −51	−24 −59	−28 −68	−33 −79	−36 −88	−41 −98	−45 −108
	8	−18 −45	−22 −55	−26 −65	−32 −78	−37 −91	−43 −106	−50 −122	−56 −137	−62 −151	−68 −165
	9	−18 −61	−22 −74	−26 −88	−32 −106	−37 −124	−43 −143	−50 −165	−56 −186	−62 −202	−68 −223

注：标注▼者为优先公差等级，应优先选用。

表 17-3　轴的极限偏差值(基本尺寸由大于 10 至 500 mm)(摘自 GB/T 1800.2—2009)　μm

公差带	等级	基本尺寸／mm									
		＞10～18	＞18～30	＞30～50	＞50～80	＞80～120	＞120～180	＞180～250	＞250～315	＞315～400	＞400～500
d	7	−50 −68	−65 −86	−80 −105	−100 −130	−120 −155	−145 −185	−170 −216	−190 −242	−210 −267	−230 −293
	8	−50 −77	−65 −98	−80 −119	−100 −146	−120 −174	−145 −208	−170 −242	−190 −271	−210 −299	−230 −327
	▼9	−50 −93	−65 −117	−80 −142	−100 −174	−120 −207	−145 −245	−170 −285	−190 −320	−210 −350	−230 −385
	10	−50 −120	−65 −149	−80 −180	−100 −220	−120 −260	−145 −305	−170 −355	−190 −400	−210 −440	−230 −480
	11	−50 −160	−65 −195	−80 −240	−100 −290	−120 −340	−145 −395	−170 −460	−190 −510	−210 −570	−230 −630
e	6	−32 −43	−40 −53	−50 −66	−60 −79	−72 −94	−85 −110	−100 −129	−110 −142	−125 −161	−135 −175
	7	−32 −50	−40 −61	−50 −75	−60 −90	−72 −107	−85 −125	−100 −146	−110 −162	−125 −182	−135 −198
	8	−32 −59	−40 −73	−50 −89	−60 −106	−72 −126	−85 −148	−100 −172	−110 −191	−125 −214	−135 −232
	9	−32 −75	−40 −92	−50 −112	−60 −134	−72 −159	−85 −185	−100 −215	−110 −240	−125 −265	−135 −290
f	5	−16 −24	−20 −29	−25 −36	−30 −43	−36 −51	−43 −61	−50 −70	−56 −79	−62 −87	−68 −95
	6	−16 −27	−20 −33	−25 −41	−30 −49	−36 −58	−43 −68	−50 −79	−56 −88	−62 −98	−68 −108
	▼7	−16 −34	−20 −41	−25 −50	−30 −60	−36 −71	−43 −83	−50 −96	−56 −108	−62 −119	−68 −131
	8	−16 −43	−20 −53	−25 −64	−30 −76	−36 −90	−43 −106	−50 −122	−56 −137	−62 −151	−68 −165
	9	−16 −59	−20 −72	−25 −87	−30 −104	−36 −123	−43 −143	−50 −165	−56 −186	−62 −202	−68 −223
g	5	−6 −14	−7 −16	−9 −20	−10 −23	−12 −27	−14 −32	−15 −35	−17 −40	−18 −43	−20 −47
	▼6	−6 −17	−7 −20	−9 −25	−10 −29	−12 −34	−14 −39	−15 −44	−17 −49	−18 −54	−20 −60
	7	−6 −24	−7 −28	−9 −34	−10 −40	−12 −47	−14 −54	−15 −61	−17 −69	−18 −75	−20 −83
	8	−6 −33	−7 −40	−9 −48	−10 −56	−12 −66	−14 −77	−15 −87	−17 −98	−18 −107	−20 −117
h	5	0 −8	0 −9	0 −11	0 −13	0 −15	0 −18	0 −20	0 −23	0 −25	0 −27
	▼6	0 −11	0 −13	0 −16	0 −19	0 −22	0 −25	0 −29	0 −32	0 −36	0 −40
	▼7	0 −18	0 −21	0 −25	0 −30	0 −35	0 −40	0 −46	0 −52	0 −57	0 −63
	8	0 −27	0 −33	0 −39	0 −46	0 −54	0 −63	0 −72	0 −81	0 −89	0 −97
	▼9	0 −43	0 −52	0 −62	0 −74	0 −87	0 −100	0 −115	0 −130	0 −140	0 −155
	10	0 −70	0 −84	0 −100	0 −120	0 −140	0 −160	0 −185	0 −210	0 −230	0 −250
	▼11	0 −110	0 −130	0 −160	0 −190	0 −220	0 −250	0 −290	0 −320	0 −360	0 −400
j	5	+5 −3	+5 −4	+6 −5	+6 −7	+6 −9	+7 −11	+7 −13	+7 −16	+7 −18	+7 −20
	6	+8 −3	+9 −4	+11 −5	+12 −7	+13 −9	+14 −11	+16 −13	±16	±18	±20
	7	+12 −6	+13 −8	+15 −10	+18 −12	+20 −15	+22 −18	+25 −21	±26	+29 −28	+31 −32
js	5	±4	±4.5	±5.5	±6.5	±7.5	±9	±10	±11.5	±12.5	±13.5
	6	±5.5	±6.5	±8	±9.5	±11	±12.5	±14.5	±16	±18	±20
	7	±9	±10	±12	±15	±17	±20	±23	±26	±28	±31

续表

公差带	等级	基本尺寸/mm									
		>10～18	>18～30	>30～50	>50～80	>80～120	>120～180	>180～250	>250～315	>315～400	>400～500
k	5	+9	+11	+13	+15	+18	+21	+24	+27	+29	+32
		+1	+2	+2	+2	+3	+3	+4	+4	+4	+5
	▼6	+12	+15	+18	+21	+25	+28	+33	+36	+40	+45
		+1	+2	+2	+2	+3	+3	+4	+4	+4	+5
	7	+19	+23	+27	+32	+38	+43	+50	+56	+61	+68
		+1	+2	+2	+2	+3	+3	+4	+4	+4	+5
m	5	+15	+17	+20	+24	+28	+33	+37	+43	+46	+50
		+7	+8	+9	+11	+13	+15	+17	+20	+21	+23
	6	+18	+21	+25	+30	+35	+40	+46	+52	+57	+63
		+7	+8	+9	+11	+13	+15	+17	+20	+21	+23
	7	+25	+29	+34	+41	+48	+55	+63	+72	+78	+86
		+7	+8	+9	+11	+13	+15	+17	+20	+21	+23
n	5	+20	+24	+28	+33	+38	+45	+51	+57	+62	+67
		+12	+15	+17	+20	+23	+27	+31	+34	+37	+40
	▼6	+23	+28	+33	+39	+45	+52	+60	+66	+73	+80
		+12	+15	+17	+20	+23	+27	+31	+34	+37	+40
	7	+30	+36	+42	+50	+58	+67	+77	+86	+94	+103
		+12	+15	+17	+20	+23	+27	+31	+34	+37	+40
p	▼6	+29	+35	+42	+51	+59	+68	+79	+88	+98	+108
		+18	+22	+26	+32	+37	+43	+50	+56	+62	+68
	7	+36	+43	+51	+62	+72	+83	+96	+108	+119	+131
		+18	+22	+26	+32	+37	+43	+50	+56	+62	+68

公差带	等级	基本尺寸/mm									
		>10～18	>18～30	>30～50	>50～65	>65～80	>80～100	>100～120	>120～140	>140～160	>160～180
r	6	+34	+41	+50	+60	+62	+73	+76	+88	+90	+93
		+23	+28	+34	+41	+43	+51	+54	+63	+65	+68
	7	+41	+49	+59	+71	+72	+86	+89	+103	+105	+108
		+23	+28	+34	+41	+43	+51	+54	+63	+65	+68
s	▼6	+39	+48	+59	+72	+78	+93	+101	+117	+125	+133
		+28	+35	+43	+53	+59	+71	+79	+92	+100	+108
	7	+46	+56	+68	+83	+89	+106	+114	+132	+140	+148
		+28	+35	+43	+53	+59	+71	+79	+92	+100	+108

公差带	等级	基本尺寸/mm								
		>180～200	>200～225	>225～250	>250～280	>280～315	>315～355	>355～400	>400～450	>450～500
r	6	+106	+109	+113	+126	+130	+144	+150	+166	+172
		+77	+80	+84	+94	+98	+108	+114	+126	+132
	7	+123	+126	+130	+146	+150	+165	+171	+189	+195
		+77	+80	+84	+94	+98	+108	+114	+126	+132
s	▼6	+151	+159	+169	+190	+202	+226	+244	+272	+292
		+122	+130	+140	+158	+170	+190	+208	+232	+252
	7	+168	+176	+186	+210	+222	+247	+265	+295	+315
		+122	+130	+140	+158	+170	+190	+208	+232	+252

注：标注▼者为优先公差等级，应优先选用。

表 17-4　线性尺寸的极限偏差(摘自 GB/T 1804—2000)　　mm

公差等级	基本尺寸分段						
	0.5～3	>3～6	>6～30	>30～120	>120～400	>400～1000	>1000～2000
f (精密级)	±0.05	±0.05	±0.1	±0.15	±0.2	±0.3	±0.5
m (中等级)	±0.1	±0.1	±0.2	±0.3	±0.5	±0.8	±1.2
c (粗糙级)	±0.2	±0.3	±0.5	±0.8	±1.2	±2	±3
v (最粗级)	—	±0.5	±1	±1.5	±2.5	±4	±6

注：线性尺寸未注公差值为设备一般加工能力可保证的公差，主要用于较低精度的非配合尺寸，一般不检验。

17.2　几何公差

表 17-5　几何公差分类与基本符号(摘自 GB/T 1182—2008)

分类	形状公差						方向公差					位置公差						跳动公差	
项目	直线度	平面度	圆度	圆柱度	线轮廓度	面轮廓度	平行度	垂直度	倾斜度	线轮廓度	面轮廓度	位置度	同心度	同轴度	对称度	线轮廓度	面轮廓度	圆跳动	全跳动
符号	—	⏥	○	⌭	⌒	⌓	//	⊥	∠	⌒	⌓	⌖	◎	◎	⌯	⌒	⌓	↗	⌰

表 17-6　同轴度、对称度、圆跳动和全跳动公差(摘自 GB/T 1184—2008)　　μm

主参数 $d(D)$、B、L 图例

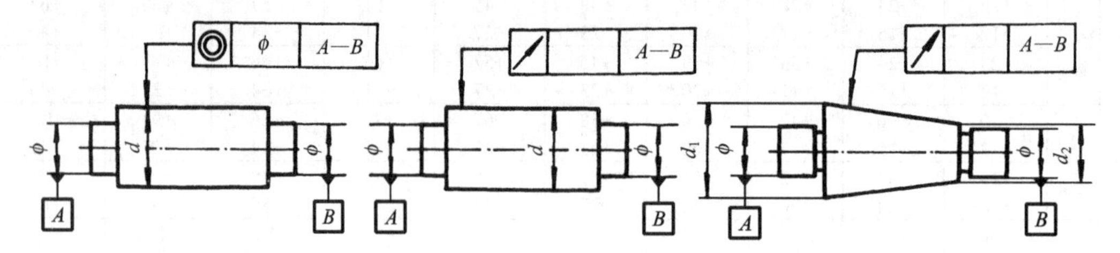

当被测要素为圆锥时，取 $d=(d_1+d_2)/2$

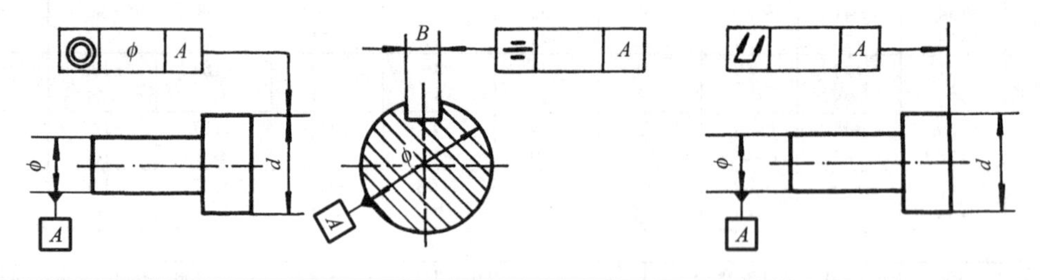

公差等级	主参数 $d(D)$、B、L/mm								应用举例
	>3～6	>6～10	>10～18	>18～30	>30～50	>50～120	>120～250	>250～500	
5	3	4	5	6	8	10	12	15	6 和 7 级精度齿轮轴的配合面，较高精度的高速轴，较高精度机床的轴套
6	5	6	8	10	12	15	20	25	
7	8	10	12	15	20	25	30	40	8 和 9 级精度齿轮轴的配合面，普通精度的高速轴(1000 r/min 以下)，长度在 1 m 以下的主传动轴，起重运输机的鼓轮配合孔和导轮的滚动面
8	12	15	20	25	30	40	50	60	
9	25	30	40	50	60	80	100	120	10 和 11 级精度齿轮轴的配合面；发动机汽缸套配合面；水泵叶轮离心泵泵件，摩托车活塞，自行车中轴
10	50	60	80	100	120	150	200	250	

表 17-7 平行度、垂直度和倾斜度公差(摘自 GB/T 1184—2008) μm

主参数 L、$d(D)$图例

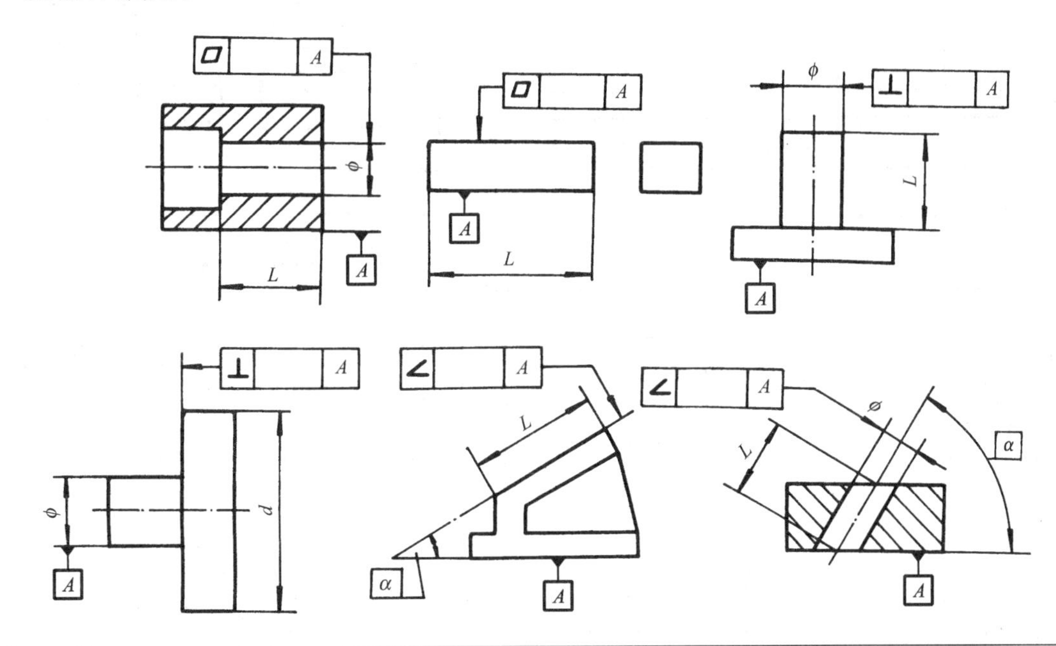

公差等级	主参数 L、d(D)/mm										应用举例
	≤10	>10～16	>16～25	>25～40	>40～63	>63～100	>100～160	>160～250	>250～400	>400～630	
5	5	6	8	10	12	15	20	25	30	40	垂直度用于发动机的轴和离合器的凸缘，装 5、6 级轴承和装 4、5 级轴承之箱体的凸肩
6	8	10	12	15	20	25	30	40	50	60	平行度用于中等精度钻模的工作面，7～10 级精度齿轮传动壳体孔的中心线
7	12	15	20	25	30	40	50	60	80	100	垂直度用于装 6、0 级轴承之壳体孔的轴线，按 h6 与 g6 连接的锥形轴减速器的机体孔中心线
8	20	25	30	40	50	60	80	100	120	150	平行度用于重型机械轴承盖的端面、手动传动装置中的传动轴
9	30	40	50	60	80	100	120	150	200	250	垂直度用于手动卷扬机及传动装置中的轴承端面，按 f7 和 d8 连接的锥形面减速器的箱体孔中心线
10	50	60	80	100	120	150	200	250	300	400	零件的非工作面，卷扬机、运输机上的壳体平面

表17-8　直线度和平面度公差(摘自GB/T 1184—2008)　　μm

主参数 L 图例

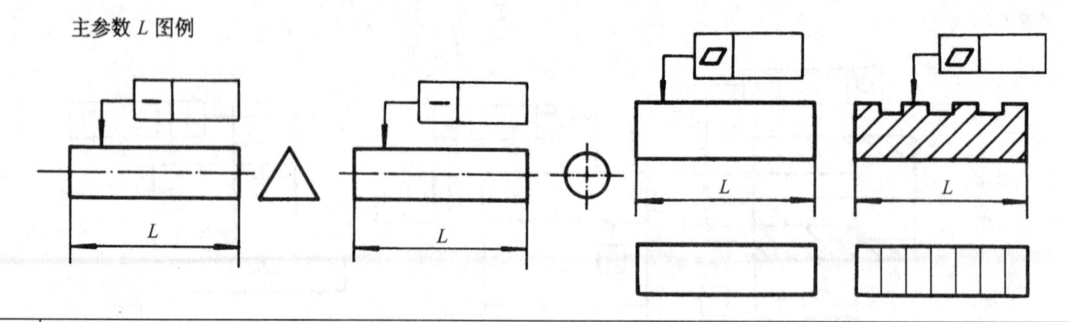

公差等级	主参数 L/ mm										应用举例
	≤10	>10～16	>16～25	>25～40	>40～63	>63～100	>100～160	>160～250	>250～400	>400～630	
5	2	2.5	3	4	5	6	8	10	12	15	普通精度的机床导轨，柴油机的进、排气门导杆直线度，柴油机机体上部的结合面等
6	3	4	5	6	8	10	12	15	20	25	
7	5	6	8	10	12	15	20	25	30	40	轴承体的支承面，减速器的壳体，轴系支承轴承的接合面，压力机导轨及滑块
8	8	10	12	15	20	25	30	40	50	60	
9	12	15	20	25	30	40	50	60	80	100	辅助机构及手动机械的支承面，液压管件和法兰的连接面
10	20	25	30	40	50	60	80	100	120	150	

表17-9　圆度和圆柱度公差(摘自GB/T 1184—2008)　　μm

主参数 $d(D)$图例

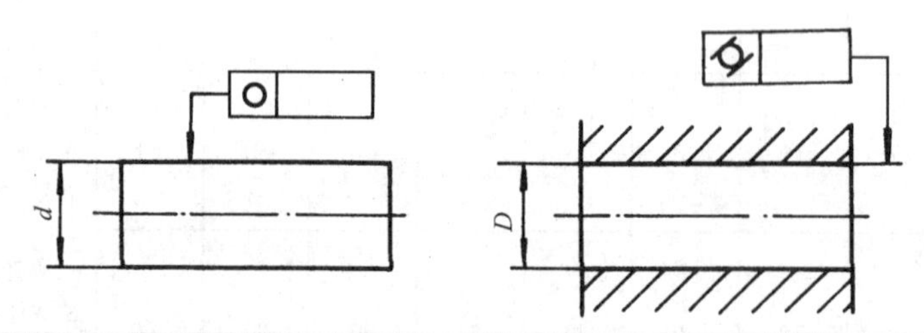

公差等级	主参数 $d(D)$/mm											应用举例
	>6～10	>10～18	>18～30	>30～50	>50～80	>80～120	>120～180	>180～250	>250～315	>315～400	>400～500	
5	1.5	2	2.5	2.5	3	4	5	7	8	9	10	安装6、0级滚动轴承的配合面，通用减速器的轴颈，一般机床的主轴
6	2.5	3	4	4	5	6	8	10	12	13	15	
7	4	5	6	7	8	10	12	14	16	18	20	千斤顶或压力油缸的活塞，水泵及减速器的轴颈，液压传动系统的分配机构
8	6	8	9	11	13	15	18	20	23	25	27	
9	9	11	13	16	19	22	25	29	32	36	40	起重机、卷扬机用滑动轴承等
10	15	18	21	25	30	35	40	46	52	57	63	

17.3　表面粗糙度

表 17-10　常用零件表面的表面粗糙度参数值 *Ra*　μm

	公差等级	表面	基本尺寸/mm	
			≤50	50~500
配合表面	IT5	轴	0.2	0.4
		孔	0.4	0.8
	IT6	轴	0.4	0.8
		孔	0.4~0.8	0.8~1.6
	IT7	轴	0.4~0.8	0.8~1.6
		孔	0.8	
	IT8	轴	0.8	
		孔	0.8~1.6	

		公差等级	表面	基本尺寸/mm		
				≤50	50~120	120~500
过盈配合	压入装配	IT5	轴	0.1~0.2	0.4	0.4
			孔	0.2~0.4	0.8	0.8
		IT6~IT7	轴	0.4	0.8	1.6
			孔	0.8	1.6	1.6
		IT8	轴	0.8	0.8~1.6	1.6~3.2
			孔			
	热装	—	轴	1.6		
			孔	1.6~3.2		

圆锥结合工作表面	密封结合	对中结合	其他
	0.1~0.4	0.4~1.6	1.6~6.3

键结合	结构名称		键	轴上键槽	毂上键槽
	不动结合	工作面	3.2	1.6~3.2	1.6~3.2
		非工作面	6.3~12.5	6.3~12.5	6.3~12.5
	用导向键	工作面	1.6~3.2	1.6~3.2	1.6~3.2
		非工作面	6.3~12.5	6.3~12.5	6.3~12.5

渐开线花键结合	结构名称	孔槽	轴齿	定心面		非定心面	
				孔	轴	孔	轴
	不动结合	1.6~3.2	1.6~3.2	0.8~1.6	0.4~0.8	3.2~6.3	1.6~6.3
	动结合	0.8~1.6	0.4~0.8	0.8~1.6	0.4~0.8	3.2	1.6~6.3

螺纹结合	精度等级	IT4、IT5	IT6、IT7	IT8、IT9
	紧固螺纹	1.6	3.2	3.2~6.3
	在轴上、杆上和套上螺纹	0.8~1.6	1.6	3.2
	丝杠和起重螺纹	—	0.4	0.8

链轮	应用精度	普通	提高
	工作表面	3.2~6.3	1.6~3.2
	根圆	6.3	3.2
	顶圆	3.2~12.5	3.2~12.5

齿轮、链轮和蜗轮的非工作端面	3.2~12.5
孔和轴的非工作表面	6.3~12.5
倒角、倒圆、退刀槽等	3.2~12.5
螺栓、螺钉等用的通孔	25
精制螺栓和螺母	3.2~12.5

第 18 章　齿轮及蜗杆、蜗轮的精度

18.1　渐开线圆柱齿轮的精度(摘自 GB/T 10095—2008)

渐开线圆柱齿轮的精度标准 GB/T 10095—2008 适用于平行轴传动的渐开线圆柱齿轮及其齿轮副。其法向模数大于或等于 1 mm，基本齿廓按 GB/T 1356—2001 的规定。

1. 精度等级及其选择

国家标准对轮齿同侧齿面公差规定了 13 个精度等级，其中 0 级最高，12 级最低。如果要求的齿轮精度等级为标准中的某一等级，而无其他规定时，则齿距、齿廓、螺旋线等各项偏差的允许值均按该精度等级确定。也可以按协议对工作和非工作齿面规定不同的精度等级，或对不同偏差项目规定不同的精度等级。另外，也可仅对工作齿面规定要求的精度等级。

GB/T 10095.2—2008 对径向综合公差偏差规定了 9 个精度等级，其中 4 级最高，12 级最低；对径向跳动规定了 13 个精度等级，其中 0 级最高，12 级最低。齿轮偏差及代号如表 18-1 所示。

表 18-1　齿轮偏差及其代号

名　称		代号
齿距偏差	单个齿距偏差	f_{pt}
	齿距累积偏差	F_{pk}
	齿距累积总偏差	F_p
齿廓偏差	齿廓总偏差	F_α
	齿廓形状偏差	$f_{f\alpha}$
	齿廓倾斜偏差	$f_{H\alpha}$
螺旋线偏差	螺旋线总偏差	F_β
	螺旋线形状偏差	$f_{f\beta}$
	螺旋线倾斜偏差	$f_{H\beta}$
切向综合偏差	切向综合总偏差	F_i'
	一齿切向综合偏差	f_i'
径向综合偏差	径向综合总偏差	F_i''
	一齿径向综合偏差	f_i''
径向跳动公差		F_r

齿轮的精度等级应根据传动的用途、使用条件、传递功率和圆周速度及其他经济、技术条件来确定。表 18-2 给出了各类机械传动中所应用的齿轮精度等级。

表 18-2　机械传动中所用齿轮精度等级

产品类型	精度等级	产品类型	精度等级
测量齿轮	2~5	航空发动机	4~8
透平齿轮	3~6	拖拉机	6~9
金属切削机床	3~8	通用减速器	6~9
内燃机车	6~7	轧钢机	6~10
汽车底盘	5~8	矿用铰车	8~10
轻型汽车	5~8	起重机械	7~10
载重汽车	6~9	农业机械	8~11

2. 齿轮检验组的选择

国标没有规定齿轮的公差组和检验组，能明确评定齿轮精度等级的是单个齿距偏差 f_{pt}、齿距累积总偏差 F_p、齿廓总偏差 F_α、螺旋线总偏差 F_β的允许值。建议根据齿轮的使用要求和生产批量，在下述检验组中选取一个来评定齿轮质量。

① f_{pt}、F_p、F_α、F_β、F_r；

② F_{pk}、f_{pt}、F_p、F_α、F_β、F_r；

③ F_i''、f_i''；

④ f_{pt}、F_r(10~12 级)；

⑤ F_i'、f_i'(有协议要求时)。

(以上偏差数值查表 18-9、表 18-10)

3. 齿轮副的检验与侧隙

齿轮副的要求包括齿轮副的接触斑点位置和大小以及侧隙等，具体检验项目见表 18-3。

表 18-3　齿轮副的检验项目及公差数值

检验项目		公差数值	对传动性能的影响
传动误差	接触斑点	见表 18-12	影响载荷分布的均匀性
	侧隙	根据工作条件用 $j_{n\,max}$(或 $j_{t\,max}$)和 $j_{n\,min}$(或 $j_{t\,min}$)来规定	保证齿轮传动的正常润滑，避免因热变形、制造及安装误差等使啮合的齿轮被卡住
安装误差	中心距偏差 Δf_a	$\pm f_a$ (见表 18-11)	影响侧隙及啮合角的大小，影响接触精度
	轴线的平行度误差 $f_{\Sigma\delta}$和$f_{\Sigma\beta}$	$f_{\Sigma}\delta=(\frac{L}{b})F_\beta$ (F_β见表 18-10) $f_{\Sigma\beta}=\frac{1}{2}f_{\Sigma\delta}$	影响接触斑点面积及齿轮副的载荷分布均匀性，影响侧隙大小

齿轮副的侧隙受一对齿轮的中心距及每个齿轮的实际齿厚所控制。运行时还因速度、温度、载荷等的变化而变化，因此齿轮副在静态可测量状态下，必须要有足够的侧隙。对于中、大模数齿轮，最小法向侧隙 j_{bnmin} 可按式(18-1)计算。

$$j_{bnmin}=\frac{2}{3}(0.06+0.0005a_i+0.03m_n) \tag{18-1}$$①

式中：a_i 为允许的最小中心距。

齿厚的选择基本上与轮齿的精度无关，在很多应用场合，允许用较宽的齿厚公差或工作侧隙。这样做既不影响齿轮的性能和承载能力，还可以降低制造成本。齿厚上偏差 E_{sns} 和下偏差 E_{sni} 的数值应根据传动要求，在齿轮设计时进行计算，计算方式可参考有关文献。表 18-4 列出了齿厚极限偏差 E_{sn} 的参考值。

当齿厚减薄时，公法线长度也变小，因此齿厚偏差也可用公法线长度偏差 E_{bn} 代替。公法线长度偏差可由式(18-2)求出。

$$\left.\begin{aligned}&\text{公法线长度上偏差}\ E_{bns}=E_{sns}\cos\alpha_n\\&\text{公法线长度下偏差}\ E_{bni}=E_{sni}\cos\alpha_n\end{aligned}\right\} \tag{18-2}$$②

表 18-5~表 18-7 列出了公法线长度及其修正值，表 18-8 列出了分度圆弦齿厚的测量值。

①②式(18-1)、式(18-2)摘自 GB/Z 18620—2008。

表 18-4　齿厚极限偏差 E_{sn} 的参考值

μm

分度圆直径 d/mm	偏差名称	精度6级			精度7级			精度8级			精度9级		
		法面模数/mm			法面模数/mm			法面模数/mm			法面模数/mm		
		≥1～3.5	>3.5～6.3	>6.3～10	≥1～3.5	>3.5～6.3	>6.3～10	≥1～3.5	>3.5～6.3	>6.3～10	≥1～3.5	>3.5～6.3	>6.3～10
≤80	E_{sns}	−80	−78	−84	−112	−108	−120	−120	−100	−112	−112	−144	−160
	E_{sni}	−120	−104	−112	−168	−180	−160	−200	−150	−168	−224	−216	−240
>80～125	E_{sns}	−100	−104	−112	−112	−108	−120	−120	−150	−112	−168	−144	−160
	E_{sni}	−160	−130	−140	−168	−180	−160	−200	−200	−168	−280	−216	−240
>125～180	E_{sns}	−110	−112	−128	−128	−120	−132	−132	−168	−128	−192	−160	−180
	E_{sni}	−176	−168	−192	−192	−200	−220	−220	−280	−256	−320	−320	−270
>180～250	E_{sns}	−132	−140	−128	−128	−160	−132	−176	−168	−192	−192	−160	−180
	E_{sni}	−176	−224	−192	−192	−240	−220	−264	−280	−256	−320	−320	−270
>250～315	E_{sns}	−132	−140	−128	−160	−160	−176	−176	−168	−192	−192	−240	−180
	E_{sni}	−176	−224	−192	−256	−240	−264	−264	−280	−256	−320	−400	−270
>315～400	E_{sns}	−176	−168	−160	−192	−160	−176	−176	−168	−192	−256	−240	−270
	E_{sni}	−220	−224	−256	−256	−240	−264	−264	−280	−256	−384	−400	−360
>400～500	E_{sns}	−208	−168	−180	−180	−200	−200	−200	−224	−216	−288	−240	−300
	E_{sni}	−260	−224	−288	−288	−320	−300	−300	−336	−288	−432	−400	−400
>500～630	E_{sns}	−208	−224	−180	−216	−200	−200	−200	−224	−216	−288	−240	−300
	E_{sni}	−260	−280	−288	−360	−320	−300	−300	−336	−360	−432	−400	−400
>630～800	E_{sns}	−208	−224	−216	−216	−240	−250	−250	−224	−288	−288	−320	−300
	E_{sni}	−325	−280	−288	−360	−320	−400	−400	−336	−432	−432	−480	−400

注：1. 本表不属于 GB/T 10095—2008，仅供参考。

2. 按本表选择齿厚极限偏差时，可以使齿轮副在齿轮和壳体温度为 25℃时不会因发热而卡住。

3. 精度等级按齿轮的最高精度等级查表。

表 18-5　公法线长度 W'(m_n=1 mm, α_n= 20°)　　mm

齿轮齿数 Z	跨测齿数 K	公法线长度 W'	齿轮齿数 Z	跨测齿数 K	公法线长度 W'	齿轮齿数 Z	跨测齿数 K	公法线长度 W'	齿轮齿数 Z	跨测齿数 K	公法线长度 W'	齿轮齿数 Z	跨测齿数 K	公法线长度 W'
11	2	4.5823	46	6	16.8810	81	10	29.1797	116	13	38.5263	151	17	50.8250
12	2	5963	47	6	8950	82	10	1937	117	14	41.4924	152	17	8390
13	2	6103	48	6	9090	83	10	2077	118	14	5064	153	18	53.8051
14	2	6243	49	6	9230	84	10	2217	119	14	5204	154	18	8192
15	2	6383	50	6	9370	85	10	2357	120	14	5344	155	18	8332
16	2	6523	51	6	9510	86	10	2497	121	14	5484	156	18	8472
17	2	6663	52	6	9660	87	10	2637	122	14	5625	157	18	8612
18	3	7.6324	53	6	9790	88	10	2777	123	14	5765	158	18	8752
19	3	6464	54	7	19.9452	89	10	2917	124	14	5905	159	18	8892
20	3	6604	55	7	9592	90	11	32.2579	125	14	6045	160	18	9032
21	3	6744	56	7	9732	91	11	2719	126	15	44.5706	161	18	9172
22	3	6885	57	7	9872	92	11	2859	127	15	5846	162	19	56.8833
23	3	7025	58	7	20.0012	93	11	2999	128	15	5986	163	19	8973
24	3	7165	59	7	0152	94	11	3139	129	15	6126	164	19	9113
25	3	7305	60	7	0292	95	11	3279	130	15	6266	165	19	9253
26	3	7445	61	7	0432	96	11	3419	131	15	6406	166	19	9394
27	4	10.7106	62	7	0572	97	11	3559	132	15	6546	167	19	9534
28	4	7246	63	8	23.0233	98	11	3699	133	15	6686	168	19	9674
29	4	7386	64	8	0373	99	12	35.3361	134	15	6826	169	19	9814
30	4	7526	65	8	0513	100	12	3501	135	16	47.6488	170	19	9954
31	4	7666	66	8	0654	101	12	3641	136	16	6628	171	20	59.9615
32	4	7806	67	8	0794	102	12	3781	137	16	6768	172	20	9755
33	4	7946	68	8	0934	103	12	3921	138	16	6908	173	20	9895
34	4	8086	69	8	1074	104	12	4061	139	16	7048	174	20	60.0035
35	4	8227	70	8	1214	105	12	4201	140	16	7188	175	20	0175
36	5	13.7888	71	8	1354	106	12	4341	141	16	7328	176	20	0315
37	5	8028	72	9	26.1015	107	12	4481	142	16	7468	177	20	0455
38	5	8168	73	9	1155	108	13	38.4142	143	16	7608	178	20	0595
39	5	8308	74	9	1295	109	13	4282	144	17	50.7270	179	20	0736
40	5	8448	75	9	1435	110	13	4423	145	17	7410	180	21	63.0397
41	5	8588	76	9	1575	111	13	4563	146	17	7550	181	21	0537
42	5	8728	77	9	1715	112	13	4703	147	17	7690	182	21	0677
43	5	8868	78	9	1855	113	13	4843	148	17	7830	183	21	0817
44	5	9008	79	9	1996	114	13	4983	149	17	7970	184	21	0957
45	6	16.8670	80	9	2136	115	13	5123	150	17	8110	185	21	1097

注：1. 对于标准直齿圆柱齿轮，公法线长度 $W=W'm_n$，其中 W' 为 m_n=1mm、α_n=20°时的公法线长度，可查本表；跨测齿数 K 可查本表。

2. 对于标准斜齿圆柱齿轮，先由 β 从表 18-6 查出 K_β 值，计算出 $Z'=ZK_\beta$（Z' 取到小数点后两位），再按 Z' 的整数部分查表 18-5 得 W'，按 Z' 的小数部分由表 18-7 查出对应的 $\Delta W'$，则 $W=(W'+\Delta W')m_n$；$K=0.1111Z'+0.5$，K 值应四舍五入成整数。

3. 对于变位直齿圆柱齿轮，$W=[2.9521\times(K-0.5)+0.0140Z+0.6840x]m$；$K=0.1111Z+0.5-0.2317x$，$K$ 值应四舍五入成整数。

4. 本表不属于 GB/T 10095—2008。

表 18-6　当量齿数系数 $K_\beta(\alpha_n=20^\circ)$

β	K_β	差　值	β	K_β	差　值	β	K_β	差　值	β	K_β	差　值
1°	1.000	0.002	9°	1.036	0.009	17°	1.136	0.018	25°	1.323	0.031
2°	1.002	0.002	10°	1.045	0.009	18°	1.154	0.019	26°	1.354	0.034
3°	1.004	0.003	11°	1.054	0.011	19°	1.173	0.021	27°	1.388	0.036
4°	1.007	0.004	12°	1.065	0.012	20°	1.194	0.022	28°	1.424	0.038
5°	1.011	0.005	13°	1.077	0.013	21°	1.216	0.024	29°	1.462	0.042
6°	1.016	0.006	14°	1.090	0.014	22°	1.240	0.026	30°	1.504	0.044
7°	1.022	0.006	15°	1.104	0.015	23°	1.266	0.027	31°	1.548	0.047
8°	1.028	0.008	16°	1.119	0.017	24°	1.293	0.030	32°	1.595	

注：对于β为中间值的系数 K_β 和差值，可按内插法求出。

表 18-7　公法线长度的修正值$\Delta W'$

mm

$\Delta Z'$	0.00	0.01	0.02	0.03	0.04	0.05	0.06	0.07	0.08	0.09
0.0	0.000	0.0001	0.0003	0.0004	0.0006	0.0007	0.0008	0.0010	0.0011	0.0013
0.1	0.0014	0.0015	0.0017	0.0018	0.0020	0.0021	0.0022	0.0024	0.0025	0.0027
0.2	0.0028	0.0029	0.0031	0.0032	0.0034	0.0035	0.0036	0.0038	0.0039	0.0041
0.3	0.0042	0.0043	0.0045	0.0046	0.0048	0.0049	0.0051	0.0052	0.0053	0.0055
0.4	0.0056	0.0057	0.0059	0.0060	0.0061	0.0063	0.0064	0.0066	0.0067	0.0069
0.5	0.0070	0.0071	0.0073	0.0074	0.0076	0.0077	0.0079	0.0080	0.0081	0.0083
0.6	0.0084	0.0085	0.0087	0.0088	0.0089	0.0091	0.0092	0.0094	0.0095	0.0097
0.7	0.0098	0.0099	0.0101	0.0102	0.0104	0.0105	0.0106	0.0108	0.0109	0.0111
0.8	0.0112	0.0114	0.0115	0.0116	0.0118	0.0119	0.0120	0.0122	0.0123	0.0124
0.9	0.0126	0.0127	0.0129	0.0130	0.0132	0.0133	0.0135	0.0136	0.0137	0.0139

注：例如，当$\Delta Z'$=0.65 时，由此表查得$\Delta W'$=0.0091。

表 18-8 标准外齿轮的分度圆弦齿厚 $\bar{S}$ (或 $\bar{S}_n$)和分度圆弦齿高 $\bar{h}$ (或 $\bar{h}_n$) ($m=m_n=1, h_a^*=h_{an}^*=1$) mm

Z (或 Z_n)	$\bar{S}$ (或 $\bar{S}_n$)	$\bar{h}$ (或 $\bar{h}_n$)	Z (或 Z_n)	$\bar{S}$ (或 $\bar{S}_n$)	$\bar{h}$ (或 $\bar{h}_n$)	Z (或 Z_n)	$\bar{S}$ (或 $\bar{S}_n$)	$\bar{h}$ (或 $\bar{h}_n$)	Z (或 Z_n)	$\bar{S}$ (或 $\bar{S}_n$)	$\bar{h}$ (或 $\bar{h}_n$)
8	1.5607	1.0769	42	1.5704	1.0147	76	1.5707	1.0081	110	1.5707	1.0056
9	1.5628	1.0684	43	1.5705	1.0143	77	1.5707	1.0080	111	1.5707	1.0056
10	1.5643	1.0616	44	1.5705	1.0140	78	1.5707	1.0079	112	1.5707	1.0055
11	1.5654	1.0559	45	1.5705	1.0137	79	1.5707	1.0078	113	1.5707	1.0055
12	1.5663	1.0513	46	1.5705	1.0134	80	1.5707	1.0077	114	1.5707	1.0054
13	1.5670	1.0474	47	1.5705	1.0131	81	1.5707	1.0076	115	1.5707	1.0054
14	1.5675	1.0440	48	1.5705	1.0129	82	1.5707	1.0075	116	1.5707	1.0053
15	1.5679	1.0411	49	1.5705	1.0126	83	1.5707	1.0074	117	1.5707	1.0053
16	1.5683	1.0385	50	1.5705	1.0123	84	1.5707	1.0074	118	1.5707	1.0053
17	1.5686	1.0363	51	1.5706	1.0121	85	1.5707	1.0073	119	1.5707	1.0052
18	1.5688	1.0342	52	1.5706	1.0119	86	1.5707	1.0072	120	1.5707	1.0052
19	1.5690	1.0324	53	1.5706	1.0117	87	1.5707	1.0071	121	1.5707	1.0051
20	1.5692	1.0308	54	1.5706	1.0114	88	1.5707	1.0070	122	1.5707	1.0051
21	1.5694	1.0294	55	1.5706	1.0112	89	1.5707	1.0069	123	1.5707	1.0050
22	1.5695	1.0281	56	1.5706	1.0110	90	1.5707	1.0068	124	1.5707	1.0050
23	1.5696	1.0268	57	1.5706	1.0108	91	1.5707	1.0068	125	1.5707	1.0049
24	1.5697	1.0257	58	1.5706	1.0106	92	1.5707	1.0067	126	1.5707	1.0049
25	1.5698	1.0247	59	1.5706	1.0105	93	1.5707	1.0067	127	1.5707	1.0049
26	1.5698	1.0237	60	1.5706	1.0102	94	1.5707	1.0066	128	1.5707	1.0048
27	1.5699	1.0228	61	1.5706	1.0101	95	1.5707	1.0065	129	1.5707	1.0048
28	1.5700	1.0220	62	1.5706	1.0100	96	1.5707	1.0064	130	1.5707	1.0047
29	1.5700	1.0213	63	1.5706	1.0098	97	1.5707	1.0064	131	1.5708	1.0047
30	1.5701	1.0205	64	1.5706	1.0097	98	1.5707	1.0063	132	1.5708	1.0047
31	1.5701	1.0199	65	1.5706	1.0095	99	1.5707	1.0062	133	1.5708	1.0047
32	1.5702	1.0193	66	1.5706	1.0094	100	1.5707	1.0061	134	1.5708	1.0046
33	1.5702	1.0187	67	1.5706	1.0092	101	1.5707	1.0061	135	1.5708	1.0046
34	1.5702	1.0181	68	1.5706	1.0091	102	1.5707	1.0060	140	1.5708	1.0044
35	1.5702	1.0176	69	1.5707	1.0090	103	1.5707	1.0060	145	1.5708	1.0042
36	1.5703	1.0171	70	1.5707	1.0088	104	1.5707	1.0059	150	1.5708	1.0041
37	1.5703	1.0167	71	1.5707	1.0087	105	1.5707	1.0059	200	1.5708	1.0031
38	1.5703	1.0162	72	1.5707	1.0086	106	1.5707	1.0058	∞	1.5708	1.0000
39	1.5704	1.0158	73	1.5707	1.0085	107	1.5707	1.0058			
40	1.5704	1.0154	74	1.5707	1.0084	108	1.5707	1.0057			
41	1.5704	1.0150	75	1.5707	1.0083	109	1.5707	1.0057			

注：1. 当模数 m(或 m_n)≠1 时，应将查得的结果乘以 m(或 m_n)，对于直齿锥齿轮，乘以中点模数 m_m。

2. 当 h_a^* (或 h_{an}^*)≠1 时，应将查得的弦齿高减去($1-h_a^*$)或($1-h_{an}^*$)，弦齿厚不变。

3. 对斜齿圆柱齿轮和直齿圆锥齿轮，用当量齿数 Z_v 查表，Z_v 有小数时，按插值法计算。

4. 本表不属于 GB/T 10095—2008。

4. 齿轮和齿轮副各项误差的偏差值(见表 18-9～表 18-12)

表 18-9　圆柱齿轮偏差值

μm

项目		径向跳动公差 F_r				齿距累计总偏差 F_p				齿廓总偏差 F_α			
分度圆直径 d/mm	法向模数 m_n/mm	精度等级				精度等级				精度等级			
		6	7	8	9	6	7	8	9	6	7	8	9
$20<d\leqslant50$	$0.5<m_n\leqslant2$	16	23	32	46	20	29	41	57	7.5	10	15	21
	$2<m_n\leqslant3.5$	17	24	34	47	21	30	42	59	10	14	20	29
	$3.5<m_n\leqslant6$	17	25	35	49	22	31	44	62	12	18	25	35
	$6<m_n\leqslant10$	19	26	37	52	23	33	46	65	15	22	31	43
$50<d\leqslant125$	$0.5<m_n\leqslant2$	21	29	42	59	26	37	52	74	8.5	12	17	23
	$2<m_n\leqslant3.5$	21	30	43	61	27	38	53	76	11	16	22	31
	$3.5<m_n\leqslant6$	22	31	44	62	28	39	55	78	13	19	27	38
	$6<m_n\leqslant10$	23	33	46	65	29	41	58	82	16	23	33	46
$125<d\leqslant280$	$0.5<m_n\leqslant2$	28	39	55	78	35	49	69	98	10	14	20	28
	$2<m_n\leqslant3.5$	28	40	56	80	35	50	70	100	13	18	25	36
	$3.5<m_n\leqslant6$	29	41	58	82	36	51	72	102	15	21	30	42
	$6<m_n\leqslant10$	30	42	60	85	37	53	75	106	18	25	36	50
$280<d\leqslant560$	$0.5<m_n\leqslant2$	36	51	73	103	46	64	91	129	12	17	23	33
	$2<m_n\leqslant3.5$	37	52	74	105	46	65	92	131	15	21	29	41
	$3.5<m_n\leqslant6$	38	53	75	106	47	66	94	133	17	24	34	48
	$6<m_n\leqslant10$	39	55	77	109	48	68	97	137	20	28	40	56

项目		单个齿距偏差 $\pm f_{pt}$				径向综合总偏差 F_i''				
分度圆直径 d/mm	法向模数 m_n/mm	精度等级				法向模数 m_n/mm	精度等级			
		6	7	8	9		6	7	8	9
$20<d\leqslant50$	$0.5<m_n\leqslant2$	7	10	14	20	$1.5<m_n\leqslant2.5$	26	37	52	73
	$2<m_n\leqslant3.5$	7.5	11	15	22	$2.5<m_n\leqslant4.0$	31	44	63	89
	$3.5<m_n\leqslant6$	8.5	12	17	24	$4.0<m_n\leqslant6.0$	39	56	79	111
	$6<m_n\leqslant10$	10	14	20	28	$6.0<m_n\leqslant10$	52	74	104	147
$50<d\leqslant125$	$0.5<m_n\leqslant2$	7.5	11	15	21	$1.5<m_n\leqslant2.5$	31	43	61	86
	$2<m_n\leqslant3.5$	8.5	12	17	23	$2.5<m_n\leqslant4.0$	36	51	72	102
	$3.5<m_n\leqslant6$	9	13	18	26	$4.0<m_n\leqslant6.0$	44	62	88	124
	$6<m_n\leqslant10$	10	15	21	30	$6.0<m_n\leqslant10$	57	80	114	161
$125<d\leqslant280$	$0.5<m_n\leqslant2$	8.5	12	17	24	$1.5<m_n\leqslant2.5$	37	53	75	106
	$2<m_n\leqslant3.5$	9	13	18	26	$2.5<m_n\leqslant4.0$	43	61	86	121
	$3.5<m_n\leqslant6$	10	14	20	28	$4.0<m_n\leqslant6.0$	51	72	102	144
	$6<m_n\leqslant10$	11	16	23	32	$6.0<m_n\leqslant10$	64	90	127	180
$280<d\leqslant560$	$0.5<m_n\leqslant2$	9.5	13	19	27	$1.5<m_n\leqslant2.5$	46	65	92	131
	$2<m_n\leqslant3.5$	10	14	20	29	$2.5<m_n\leqslant4.0$	52	73	104	146
	$3.5<m_n\leqslant6$	11	16	22	31	$4.0<m_n\leqslant6.0$	60	84	119	169
	$6<m_n\leqslant10$	12	17	25	35	$6.0<m_n\leqslant10$	73	103	145	205

表 18-10　螺旋线总偏差 F_β值　　　　μm

分度圆直径 d/mm		20＜d≤50			50＜d≤125				125＜d≤280			
齿宽 b/mm		20＜b≤40	40＜b≤80	80＜b≤160	20＜b≤40	40＜b≤80	80＜b≤160	160＜b≤250	20＜b≤40	40＜b≤80	80＜b≤160	160＜b≤250
精度等级	6	11.0	13.0	16.0	12.0	14.0	17.0	20.0	13.0	15.0	17.0	20.0
	7	16.0	19.0	23.0	17.0	20.0	24.0	28.0	18.0	21.0	25.0	29.0
	8	23.0	27.0	32.0	24.0	28.0	33.0	40.0	25.0	29.0	35.0	41.0
	9	32.0	38.0	46.0	34.0	39.0	47.0	56.0	36.0	41.0	49.0	58.0

表 18-11　齿轮副中心距极限偏差±f_a值　　　　μm

项　目		精度等级			
		6	7	8	9
齿轮副的中心距/mm	＞50～80	15	23		37
	＞80～120	17.5	27		43.5
	＞120～180	20	31.5		50
	＞180～250	23	36		57.5
	＞250～315	26	40.5		65
	＞315～400	28.5	44.5		70
	＞400～500	31.5	48.5		77.5
	＞500～630	35	55		87

表 18-12　齿轮装配后的接触斑点(摘自 GB/Z 18620.4—2008)

精度等级	占齿宽的百分比	占有效齿面高度的百分比
4 级及更高	50%	70%(50%)
5 和 6 级	45%	50%(40%)
7 和 8 级	35%	50%(40%)
9~12 级	25%	50%(40%)

注：括号内的数值为斜齿轮的接触斑点。

5. 齿坯的要求与公差

齿坯的加工精度对齿轮的加工、检验及安装精度影响很大。因此，应控制齿坯的精度，以保证齿轮的精度。齿轮在加工、检验和安装时的径向基准面和轴向辅助基准面应尽可能一致，并在零件图上予以标注。齿坯公差见表 18-13。

表 18-13　齿坯公差

齿轮精度等级[①]		6	7 和 8	9
孔	尺寸公差	IT6	IT7[③]	IT8
	形状公差			
轴	尺寸公差	IT5	IT6	IT7
	形状公差			
顶圆直径	作测量基准	IT8		IT9
	不作测量基准	按 IT11 给定，但不大于 0.1m_n		

续表

齿轮精度等级①			6	7 和 8		9
基准面的径向圆跳动②和端面圆跳动 /μm	分度圆直径 /mm	≤125	11	18	28	
		>125～400	14	22	36	
		>400～800	20	32	50	

注：①当齿轮各项精度等级不同时，按最高的精度等级确定公差值。

②当以顶圆作基准面时，基准面的径向圆跳动就是顶圆的径向圆跳动。

③表中 IT 为标准公差，其值查第 17 章表 17-1。

④本表不属于国家标准，仅供参考。

6. 标注示例

在齿轮零件图上应标注齿轮的精度等级。

(1) 若齿轮的各检验项目精度等级相同，如同为 7 级精度，其标注为：

7 GB/T 10095

(2) 若齿轮的各检验项目精度等级不同，如齿廓总偏差 F_α为 6 级，齿距累积总偏差 F_p 和螺旋线总偏差均为 7 级，其标注为：

$6(F_\alpha)$、$7(F_p$、$F_\beta)$GB/T 10095

18.2　锥齿轮的精度(摘自 GB 11365—1989)

锥齿轮精度标准 GB 11365—1989 适用于齿宽中点法向模数 $m_{mn}\geqslant1$ mm 的直齿、斜齿、曲线齿锥齿轮和准双曲面齿轮(以下简称齿轮)。

1. 精度等级及其选择

标准中对齿轮及其齿轮副规定了 12 个精度等级，第 1 级的精度最高，其余的依次降低。这里仅介绍课程设计中常用的 7、8、9 级精度。

按照误差特性及其对传动性能的影响，将锥齿轮及其齿轮副的公差项目分成三个公差组(见表 18-14)。选择精度时，应考虑圆周速度、使用条件及其他技术要求等有关因素。选用时，允许各公差组选用相同或不同的精度等级。但对齿轮副中大、小齿轮的同一公差组，应规定相同的精度等级。

锥齿轮第 II 公差组的精度等级主要根据圆周速度的大小进行选择(见表 18-15)。

表 18-14　齿轮和齿轮副各项公差与极限偏差分组

类别	公差组	公差与极限偏差项目		类别	公差组	公差与极限偏差项目	
		代　号	名　称			代　号	名　称
齿轮	I	F_i'	切向综合公差	齿轮副	I	F_{ic}'	齿轮副切向综合公差
		$F_{i\Sigma}''$	轴交角综合公差			$F_{i\Sigma c}''$	齿轮副轴交角综合公差
		F_p	齿距累积公差			F_{vj}	齿轮副侧隙变动公差
		F_{pK}	K 个齿距累积公差		V	f_{ic}'	齿轮副一齿切向综合公差
		F_r	齿圈跳动公差			$f_{i\Sigma c}''$	齿轮副一齿轴交角综合公差
	II	f_i'	一齿切向综合公差			f_{ZKc}'	齿轮副周期误差的公差
		$f_{i\Sigma}''$	一齿轴交角综合公差			f_{ZZc}'	齿轮副齿频周期误差的公差
		f_{ZK}'	周期误差的公差			$\pm f_{AM}$	齿圈轴向位移极限偏差
		$\pm f_{pt}$	齿距极限偏差		III	$\pm f_a$	齿轮副轴间距极限偏差
		f_c	齿形相对误差的公差				接触斑点
	III		接触斑点			$\pm E_\Sigma$	齿轮副轴交角极限偏差

表 18-15 齿轮第Ⅱ公差组精度等级与圆周速度的关系

类 别	齿面硬度/HBS	第Ⅱ公差组精度等级			备 注
		7	8	9	
		圆周速度/(m/s) ≤			
直齿	≤350	7	4	3	1. 圆周速度按齿宽中点分度圆直径计算； 2. 此表不属于国家标准，仅供参考
	>350	6	3	2.5	
非直齿	≤350	16	9	6	
	>350	13	7	5	

2. 齿轮和齿轮副的检验与公差

齿轮和齿轮副精度包括第Ⅰ、Ⅱ、Ⅲ公差组的要求。此外，齿轮副还有对侧隙的要求。当齿轮副安装在实际装置上时，还应检验安装误差项目Δf_{AM}、Δf_a、ΔE_Σ。根据齿轮和齿轮副的工作要求、生产规模和检测手段，对于 7～9 级直齿锥齿轮，可在表 18-16 中任选一个检验组组合来评定齿轮和齿轮副的精度及验收齿轮。

表 18-16 推荐的直齿锥齿轮、齿轮副检验组组合

类 别	齿 轮				齿轮副		
公差组	适用精度等级						
	7～8	7～9	7～8	7～9	7～8	7～9	9
Ⅰ	$\Delta F'_i$	$\Delta F''_{i\Sigma}$	ΔF_p	ΔF_r①	$\Delta F'_{ic}$	$\Delta F''_{i\Sigma c}$	ΔF_{vj}
Ⅱ	$\Delta f'_i$	$\Delta f''_{i\Sigma}$	Δf_{pt}		$\Delta f'_{ic}$	$\Delta f''_{i\Sigma c}$	
Ⅲ	接触斑点 (查表 18-21)						
其他	齿厚偏差ΔE_s				侧隙j_t或j_n；安装误差Δf_{AM}、Δf_a、ΔE_Σ		
公差或极限偏差值	$F'_i=F_p+1.15f_c$；$F''_{i\Sigma}=0.7F''_{i\Sigma c}$ $f'_i=0.8(f_{pt}+1.15f_c)$；$f''_{i\Sigma}=0.7f''_{i\Sigma c}$ F_p查表 18-17；F_r、$\pm f_{pt}$、f_c查表 18-18 T_s查表 18-23；$E_{\bar{s}s}$ 查表 18-24				F'_{ic}②$=F'_{i1}+F'_{i2}$；$f'_{ic}=f'_{i1}+f'_{i2}$ $F''_{i\Sigma c}$、F_{vj}、$f''_{i\Sigma c}$查表 18-19 $j_{n\min}$查表 18-22；$j_{n\max}$查表 18-25 $\pm f_{AM}$、$\pm f_a$、$\pm E_\Sigma$查表 18-20		

注：1. 其中 7～8 级用于中点分度圆直径>1600 mm 的圆锥齿轮。

2. 当两齿轮的齿数比为不大于 3 的整数，且采用选配时，应将F'_{ic}值压缩 25%或更多。

3. 齿轮副的侧隙

标准中规定了齿轮副的最小法向侧隙种类为六种：a、b、c、d、e 和 h，其中以 a 为最大，h 为零。最小法向侧隙种类与精度等级无关。标准中规定了齿轮副的法向侧隙公差种类为五种，即 A、B、C、D 和 H。推荐的法向侧隙公差种类与最小法向侧隙种类的对应关系如图 18-2 所示。最大法向侧隙可按下式计算：

$$j_{n\max} = (|E_{\bar{s}s1} + E_{\bar{s}s2}| + T_{\bar{s}1} + T_{\bar{s}2} + E_{\bar{s}\Delta 1} + E_{\bar{s}\Delta 2})\cos\alpha_n$$

式中：$E_{\bar{s}s}$为齿厚上偏差；$T_{\bar{s}}$为齿厚公差；$E_{\bar{s}\Delta}$为制造误差的补偿部分。$j_{n\min}$、$T_{\bar{s}}$、$E_{\bar{s}\Delta}$和$E_{\bar{s}s}$值分别见表 18-22～表 18-25。

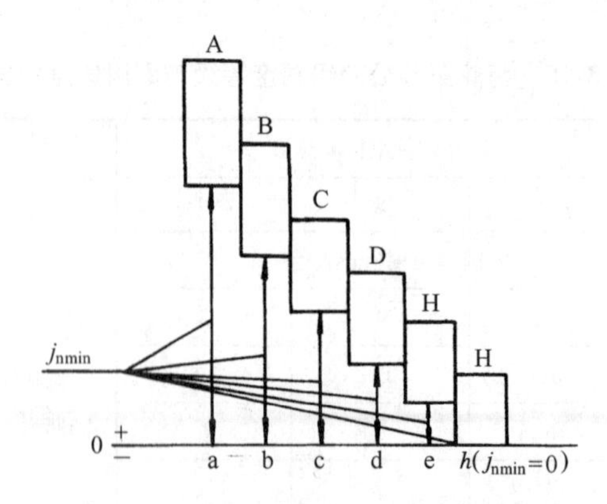

图 18-2　锥齿轮副的最小法向侧隙种类

4. 齿轮和齿轮副各项误差的公差及极限偏差值

表 18-17　齿距累积公差 F_p 和 K 个齿距累积公差 F_{pK} 值　μm

中点分度圆弧长 L_m/mm	第 I 公差组精度等级		
	7	8	9
≤11.2	16	22	32
>11.2～20	22	32	45
>20～32	28	40	56
>32～50	32	45	63
>50～80	36	50	71
>80～160	45	63	90
>160～315	63	90	125
>315～630	90	125	180
>630～1000	112	160	224

F_p 和 F_{pK} 按中点分度圆弧长 L_m 查表：

查 F_p 时，取 $L_m=\frac{1}{2}\pi d_m=\frac{\pi m_{mn}Z}{2\cos\beta}$；

查 F_{pK} 时，取 $L_m=\frac{K\pi m_{mn}}{\cos\beta}$(没有特殊要求时，$K$ 值取 $Z/6$ 或最接近的整齿数)。

式中：m_{mn} 为中点法向模数；β 为中点螺旋角

表 18-18　齿轮齿圈径向跳动公差 F_r、齿距极限偏差 $\pm f_{pt}$ 及齿形相对误差的公差 f_c 值　μm

中点分度圆直径 d_m/mm		中点法向模数 m_{mn}/mm	F_r			$\pm f_{pt}$			f_c	
			第 I 组精度等级			第 II 组精度等级				
大于	到		7	8	9	7	8	9	7	8
—	125	≥1～3.5	36	45	56	14	20	28	8	10
		>3.5～6.3	40	50	63	18	25	36	9	13
		>6.3～10	45	56	71	20	28	40	11	17
125	400	≥1～3.5	50	63	80	16	22	32	9	13
		>3.5～6.3	56	71	90	20	28	40	11	15
		>6.3～10	63	80	100	22	32	45	13	19
400	800	≥1～3.5	63	80	100	18	25	36	12	18
		>3.5～6.3	71	90	112	20	28	40	14	20
		>6.3～10	80	100	125	25	36	50	16	24

表 18-19　齿轮副轴交角综合公差 $F''_{i\Sigma c}$、侧隙变动公差 F_{vj} 及一齿轴交角综合公差 $f''_{i\Sigma c}$ 值　　μm

中点分度圆直径[①] d_m/mm		中点法向模数 m_{mn}/mm	$F''_{i\Sigma c}$			F_{vj}[②]			$f''_{i\Sigma c}$		
			第Ⅰ组精度等级						第Ⅱ组精度等级		
大于	到		7	8	9	9	10	11	7	8	9
—	125	≥1～3.5	67	85	110	75	90	120	28	40	53
		>3.5～6.3	75	95	120	80	100	130	36	50	60
		>6.3～10	85	105	130	90	120	150	40	56	71
125	400	≥1～3.5	100	125	160	110	140	170	32	45	60
		>3.5～6.3	105	130	170	120	150	180	40	56	67
		>6.3～10	120	150	180	130	160	200	45	63	80
400	800	≥1～3.5	130	160	200	140	180	220	36	50	67
		>3.5～6.3	140	170	220	150	190	240	40	56	75
		>6.3～10	150	190	240	160	200	260	50	71	85

注：① 查 F_{vj} 值时，取大、小轮中点分度圆直径之和的一半作为查表直径。

② 当两齿轮的齿数比为不大于 3 的整数，且采用选配时，可将表中 F_{vj} 值压缩 25%或更多。

表 18-20　齿圈轴向位移极限偏差 $\pm f_{AM}$、轴间距极限偏差 $\pm f_a$ 和轴交角极限偏差 $\pm E_\Sigma$ 值　　μm

中点锥距 R_m/mm		分锥角 δ/(°)		$\pm f_{AM}$									$\pm f_a$			$\pm E_\Sigma$						
				第Ⅱ组精度等级									第Ⅲ组精度等级			小轮分锥角 δ/(°)		最小法向侧隙种类				
				7			8			9												
				中点法向模数 m_{mn}/mm																		
大于	到	大于	到	≥1～3.5	>3.5～6.3	>6.3～10	≥1～3.5	>3.5～6.3	>6.3～10	≥1～3.5	>3.5～6.3	>6.3～10	7	8	9	大于	到	h、e	d	c	b	a
—	50	—	20	20	11	—	28	16	—	40	22	—	18	28	36	—	15	7.5	11	18	30	45
		20	45	17	9.5	—	24	13	—	34	19	—				15	25	10	16	26	42	63
		45	—	7.1	4	—	10	5.6	—	14	8	—				25	—	12	19	30	50	80
50	100	—	20	67	38	24	95	53	34	140	75	50	20	30	45	—	15	10	16	26	42	63
		20	45	56	32	21	80	45	30	120	63	42				15	25	12	19	30	50	80
		45	—	24	13	8.5	34	17	12	48	26	17				25	—	15	22	32	60	95
100	200	—	20	150	80	53	200	120	75	300	160	105	25	36	55	—	15	12	19	30	50	80
		20	45	130	71	45	180	100	63	260	140	90				15	25	17	26	45	71	110
		45	—	53	30	19	75	40	26	105	60	38				25	—	20	32	50	80	125
200	400	—	20	340	180	120	480	250	170	670	360	240	30	45	75	—	15	15	22	32	60	95
		20	45	280	150	100	400	210	140	560	300	200				15	25	24	36	56	90	140
		45	—	120	63	40	170	90	60	240	130	85				25	—	26	40	63	100	160
400	800	—	20	750	400	250	1050	560	360	1500	800	500	36	60	90	—	15	20	32	50	80	125
		20	45	630	340	210	900	480	300	1300	670	440				15	25	28	45	71	110	180
		45	—	270	140	90	380	200	125	530	280	180				25	—	34	56	85	140	220

注：见下页。

表 18-20 注：

1. 表中 $\pm f_{AM}$ 值用于 α=20°的非修形齿轮；对于修形齿轮，允许采用低一级的 $\pm f_{AM}$ 值；当 $\alpha \neq 20°$时，表中数值乘以 $\sin 20°/\sin\alpha$。
2. 表中 $\pm f_a$ 值用于无纵向修形的齿轮副；对于纵向修形的齿轮副允许采用低一级的 $\pm f_a$ 值；对准双曲面的齿轮副按大轮中点锥距查表。
3. $\pm E_{\Sigma}$的公差带位置相对于零线，可以不对称或取在一侧；表中数值用于 α=20°的正交齿轮副；当 $\alpha \neq 20°$时，表中数值乘以 $\sin 20°/\sin\alpha$。

表 18-21　接触斑点

第Ⅲ公差组精度等级	7	8，9
沿齿长方向/(%)	50～70	35～65
沿齿高方向/(%)	55～75	40～70

注：表中数值用于齿面修形的齿轮；对于齿面不修形的齿轮，其接触斑点不小于其平均值。

表 18-22　最小法向侧隙 $j_{n\,min}$ 值　　μm

中点锥距 R_m/mm		小轮分锥角 δ_1/(°)		最小法向侧隙种类					
大于	到	大于	到	h	e	d	c	b	a
—	50	—	15	0	15	22	36	58	90
		15	25	0	21	33	52	84	130
		25	—	0	25	39	62	100	160
50	100	—	15	0	21	33	52	84	130
		15	25	0	25	39	62	100	160
		25	—	0	30	46	74	120	190
100	200	—	15	0	25	39	62	100	160
		15	25	0	35	54	87	140	220
		25	—	0	40	63	100	160	250
200	400	—	15	0	30	46	74	120	190
		15	25	0	46	72	115	185	290
		25	—	0	52	81	130	210	320
400	800	—	15	0	40	63	100	160	250
		15	25	0	57	89	140	230	360
		25	—	0	70	110	175	280	440

注：1. 表中数值用于正交齿轮副；非正交齿轮副按 R'查表，$R'=R_m(\sin 2\delta_1+\sin 2\delta_2)/2$，式中：$R_m$ 为中点锥距；δ_1 和 δ_2 分别为小、大轮的分锥角。

2. 准双曲面齿轮副按大轮中点锥距查表。

表 18-23　齿厚公差 $T_{\bar{s}}$ 值　　μm

齿圈跳动公差 F_r		法向侧隙公差种类				
大于	到	H	D	C	B	A
25	32	38	48	60	75	95
32	40	42	55	70	85	110
40	50	50	65	80	100	130
50	60	60	75	95	120	150
60	80	70	90	110	130	180
80	100	90	110	140	170	220
100	125	110	130	170	200	260

注：对于标准直齿锥齿轮，有

齿宽中点分度圆弦齿厚

$$\bar{s}_m = \frac{\pi m_m}{2} - \frac{\pi^3 m_m}{48Z^2}$$

齿宽中点分度圆弦齿高

$$\bar{h}_m = m_m + \frac{\pi^2 m_m}{16Z}\cos\delta$$

式中：m_m 为中点模数，$m_m=(1-0.5\varphi_R)m$，φ_R 为齿宽系数；δ为分度圆锥角；Z 为齿数。

表 18-24　齿厚上偏差 $E_{\bar{s}s}$ 值　　μm

基本值	中点分度圆直径 d_m/mm								
	≤125			>125～400			>400～800		
中点法向模数 m_{mn}/mm	分锥角 δ/(°)								
	≤20	>20～45	>45	≤20	>20～45	>45	≤20	>20～45	>45
≥1～3.5	−20	−20	−22	−28	−32	−30	−36	−50	−45
>3.5～6.3	−22	−22	−25	−32	−32	−30	−38	−55	−45
>6.3～10	−25	−25	−28	−36	−36	−34	−40	−55	−50

系数	最小法向侧隙种类					
第 II 组精度等级	h	e	d	c	b	a
7	1.0	1.6	2.0	2.7	3.8	5.5
8	—	—	2.2	3.0	4.2	6.0
9	—	—	—	3.2	4.6	6.6

注：最小法向侧隙种类和各精度等级齿轮的 $E_{\bar{s}s}$ 值由基本值一栏查出的数值乘以系数得出。

表 18-25　最大法向侧隙($j_{n\,max}$)中的制造误差补偿部分 $E_{\bar{s}\Delta}$ 值　　μm

第 II 公差组精度等级				7			8			9		
中点法向模数 m_{mn}/mm				≥1～3.5	>3.5～6.3	>6.3～10	≥1～3.5	>3.5～6.3	>6.3～10	≥1～3.5	>3.5～6.3	>6.3～10
中点分度圆直径 d_m/mm	≤125	分锥角 δ/(°)	≤20	20	22	25	22	24	28	24	25	30
			>20～45	20	22	25	22	24	28	24	25	30
			>45	22	25	28	24	28	30	25	30	32
	>125～400		≤20	28	32	36	30	36	40	32	38	45
			>20～45	32	32	36	36	36	40	38	38	45
			>45	30	30	34	32	32	38	36	36	40
	>400～800		≤20	36	38	40	40	42	45	45	45	48
			>20～45	50	55	55	55	60	60	65	65	65
			>45	45	45	50	50	50	55	55	55	60

5. 齿坯的要求与公差

齿轮在加工、检验和安装时的定位基准面应尽量一致，并在零件图上予以标注。有关齿坯的各项公差值见表 18-26～表 18-28。

表 18-26　齿坯尺寸公差

精度等级	7，8	9～12
轴径尺寸分差	IT6	IT7
孔径尺寸公差	IT7	IT8
外径尺寸极限偏差	0 −IT8	0 −IT9

注：1. 当三个公差组精度等级不同时，公差值按最高精度等级查取。
2. IT 为标准公差，其值查第 17 章表 17-1。

表 18-27　齿坯轮冠距和顶锥角极限偏差值

中点法向模数 m_{mn}/mm	轮冠距极限偏差 /μm	顶锥角极限偏差 /(′)
≤1.2	0 −50	+15 0
>1.2～10	0 −75	+8 0

表 18-28　齿坯顶锥母线跳动和基准端面跳动公差值　μm

公差项目		顶锥母线跳动公差						基准端面跳动公差					
参　数		外径/mm						基准端面直径/mm					
尺寸范围	大于	—	30	50	120	250	500	—	30	50	120	250	500
	到	30	50	120	250	500	800	30	50	120	250	500	800
精度等级	7，8	25	30	40	50	60	80	10	12	15	20	25	30
	9～12	50	60	80	100	120	150	15	20	25	30	40	50

注：当三个公差组的精度等级不同时，按最高的精度等级确定公差值。

6. 标注示例

在齿轮工作图上应标注齿轮的精度等级、最小法向侧隙种类及法向侧隙公差种类的数字(字母)代号。

(1) 齿轮的三个公差组精度同为 7 级，最小法向侧隙种类为 b，法向侧隙公差种类为 B，其标注为：

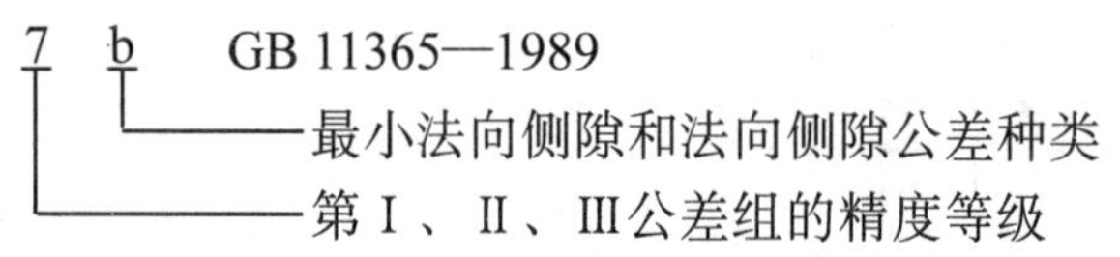

(2) 齿轮的三个公差组同为 7 级，最小法向侧隙为 400μm，法向侧隙公差种类为 B，其标注为：

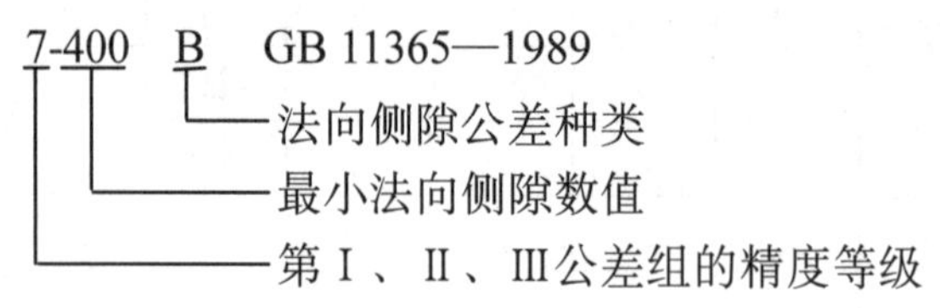

(3) 齿轮的第Ⅰ公差组精度为 8 级，第Ⅱ、Ⅲ公差组精度为 7 级，最小法向侧隙种类为 c，法向侧隙公差种类为 B，其标注为：

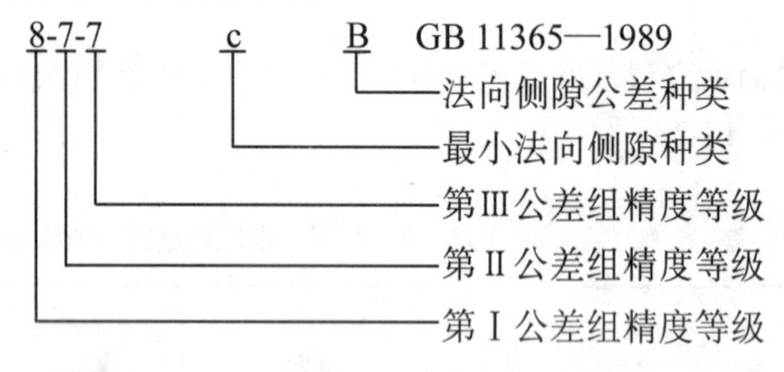

18.3　圆柱蜗杆、蜗轮的精度(摘自 GB 10089—1988)

圆柱蜗杆、蜗轮的精度标准 GB 10089—1988 适用于轴交角Σ为 90°、模数 $m\geqslant 1$ mm 的圆柱蜗杆、蜗轮及其传动，其蜗杆分度圆直径 $d_1\leqslant 400$ mm，蜗轮分度圆直径 $d_2\leqslant 4000$ mm；基本蜗杆可为阿基米德蜗杆(ZA 蜗杆)、渐开线蜗杆(ZI 蜗杆)、法向直廓蜗杆(ZN 蜗杆)、锥面包络圆柱蜗杆(ZK 蜗杆)和圆弧圆柱蜗杆(ZC 蜗杆)。

1. 精度等级及其选择

GB 10089—1988 对蜗杆、蜗轮和蜗杆传动规定了 12 个精度等级，第 1 级的精度最高，第 12 级的精度最低。蜗杆和配对蜗轮的精度等级一般相同(也允许不同)。对于有特殊要求的蜗杆传动，除F_r、F_i'、f_r、f_i'项目外，其蜗杆、蜗轮左右齿面的精度等级也可不同。

按公差特性对传动性能的影响，将蜗杆、蜗轮和蜗杆传动的公差(或极限偏差)分成三个公差组，见表 18-29。根据使用要求的不同，允许各公差组选用不同的精度等级组合，但在同一公差组中，各项公差与极限偏差值应保持相同的精度等级。

表 18-29　蜗杆、蜗轮和蜗杆传动公差的分组

公差组	类　别	公差与极限偏差项目		公差组	类　别	公差与极限偏差项目	
		代号	名　称			代号	名　称
I	蜗轮	F_i'	蜗轮切向综合公差	II	蜗轮	f_i'	蜗轮一齿切向综合公差
		F_i''	蜗轮径向综合公差			f_i''	蜗轮一齿径向综合公差
		F_p	蜗轮齿距累积公差			$\pm f_{pt}$	蜗轮齿距极限偏差
		F_{pK}	蜗轮 K 个齿距累积公差		传动	f_{ic}'	传动一齿切向综合公差
		F_r	蜗轮齿圈径向跳动公差	III	蜗杆	f_{f1}	蜗杆齿形公差
	传动	F_{ic}'	传动切向综合公差		蜗轮	f_{f2}	蜗轮齿形公差
II	蜗杆	f_h	蜗杆一转螺旋线公差		传动	接触斑点	
		f_{hL}	蜗杆螺旋线公差			$\pm f_a$	传动中心距极限偏差
		$\pm f_{px}$	蜗杆轴向齿距极限偏差			$\pm f_\Sigma$	传动轴交角极限偏差
		f_{pxL}	蜗杆轴向齿距累积公差			$\pm f_x$	传动中间平面极限偏差
		f_r	蜗杆齿槽径向跳动公差				

蜗杆、蜗轮的精度等级可参考表 18-30 进行选择。

表 18-30　蜗杆、蜗轮精度等级与圆周速度的关系

精度等级	7	8	9
适用范围	用于运输和一般工业中的中等速度的动力传动	用于每天只有短时工作的次要传动	用于低速传动或手动机构
蜗轮圆周速度 v/(m/s)	≤7.5	≤3	≤1.5

注：本表内容不属于 GB 10089—1988。

2. 蜗杆、蜗轮和蜗杆传动的检验与公差

对于 7～9 级精度的圆柱蜗杆传动，推荐的蜗杆、蜗轮和蜗杆传动检验项目见表 18-31。

表 18-31　推荐的圆柱蜗杆、蜗轮和蜗杆传动的检验项目

公差组	I	II		III		
类别 精度等级	蜗轮	蜗杆	蜗轮	蜗杆	蜗轮	传动
7～9	ΔF_p	Δf_{px}、Δf_{pxL} 或 Δf_{px}、Δf_{pxL}、Δf_r	Δf_{pt}	Δf_{f1}	Δf_{f2}	接触斑点 Δf_a Δf_x Δf_Σ
9	ΔF_r					

注：当对蜗杆副的接触斑点有要求时，可不检验蜗轮的齿形误差Δf_{f2}。

表 18-32　蜗杆的公差和极限偏差值

μm

第Ⅱ公差组													第Ⅲ公差组		
蜗杆齿槽径向跳动公差 f_r					模　数 m/mm	蜗杆轴向齿距极限偏差 $\pm f_{px}$			蜗杆轴向齿距累积公差 f_{pxL}				蜗杆齿形公差 f_{f1}		
分度圆直径 d_1/mm	模　数 m/mm	精度等级				精度等级									
		7	8	9		7	8	9	7	8	9		7	8	9
＞31.5～50	≥1～10	17	23	32	≥1～3.5	11	14	20	18	25	36		16	22	32
＞50～80	≥1～16	18	25	36	＞3.5～6.3	14	20	25	24	34	48		22	32	45
＞80～125	≥1～16	20	28	40	＞6.3～10	17	25	32	32	45	63		28	40	53
＞125～180	≥1～25	25	32	45	＞10～16	22	32	46	40	56	80		36	53	75

表 18-33　蜗轮的公差和极限偏差值

μm

第Ⅰ公差组									第Ⅱ公差组			第Ⅲ公差组		
分度圆弧长 L/mm	蜗轮齿距累积公差 F_p			分度圆直　径 d_2/mm	模　数 m/mm	蜗轮齿圈径向跳动公差 F_r			蜗轮齿距极限偏差 $\pm f_{pt}$			蜗轮齿形公差 f_{f2}		
	精度等级					精度等级								
	7	8	9			7	8	9	7	8	9	7	8	9
＞11.2～20	22	32	45	≤125	≥1～3.5	40	50	63	14	20	28	11	14	22
＞20～32	28	40	56		＞3.5～6.3	50	63	80	18	25	36	14	20	32
＞32～50	32	45	63		＞6.3～10	56	71	90	20	28	40	17	22	36
＞50～80	36	50	71	＞125～400	≥1～3.5	45	56	71	16	22	32	13	18	28
＞80～160	45	63	90		＞3.5～6.3	56	71	90	20	28	40	16	22	36
＞160～315	63	90	125		＞6.3～10	63	80	100	22	32	45	19	28	45
＞315～630	90	125	180		＞10～16	71	90	112	25	36	50	22	32	50
＞630～1000	112	160	224	＞400～800	≥1～3.5	63	80	100	18	25	36	17	25	40
＞1000～1600	140	200	280		＞3.5～6.3	71	90	112	20	28	40	20	28	45
＞1600～2500	160	224	315		＞6.3～10	80	100	125	25	36	50	24	36	56
					＞10～16	100	125	160	28	40	56	26	40	63

注：1. F_p 按分度圆弧长查表，查 F_p 时，取 $L=\frac{1}{2}\pi d_2=\frac{1}{2}\pi mZ_2$。

2. 当基本蜗杆齿形角 $\alpha\neq 20^\circ$ 时，F_r 的公差值应为表中公差值乘以 $\sin20^\circ/\sin\alpha$。

表 18-34　传动接触斑点

精度等级	接触面积的百分比/(%)		接触位置
	沿齿高不小于	沿齿长不小于	
7，8	55	50	接触斑点的痕迹应偏于啮出端，但不允许在齿顶和啮入、啮出端的棱边接触处
9	45	40	

注：对于采用修形齿面的蜗杆传动，接触斑点的要求可不受本表的限制。

表 18-35　与传动有关的极限偏差 f_a、f_x 及 f_Σ 值　　　μm

传动中心距 a/mm	传动中心距极限偏差 $\pm f_a$			传动中间平面极限偏差 $\pm f_x$			蜗轮齿宽 B/mm	传动轴交角极限偏差 $\pm f_\Sigma$		
	精度等级							精度等级		
	7	8	9	7	8	9		7	8	9
>30～50	31		50	25		40	≤30	12	17	24
>50～80	37		60	30		48	>30～50	14	19	28
>80～120	44		70	36		56	>50～80	16	22	32
>120～180	50		80	40		64	>80～120	19	24	36
>180～250	58		92	47		74	>120～180	22	28	42
>250～315	65		105	52		85	>180～250	25	32	48
>315～400	70		115	56		92	>250	28	36	53

3. 蜗杆传动副的侧隙

蜗杆传动副的侧隙种类按传动的最小法向侧隙大小分为八种：a、b、c、d、e、f、g 和 h，其中以 a 为最大，h 为零，如图 18-3 所示。侧隙种类与精度等级无关。传动的最小法向侧隙由蜗杆齿厚的减薄量来保证。有关侧隙的各项内容见表 18-36～表 18-39。

表 18-36　齿厚偏差计算公式

项目名称		计算公式
蜗杆	齿厚上偏差	$E_{ss1}=-(j_{n\min}/\cos\alpha_n+E_{s\Delta})$
	齿厚下偏差	$E_{si1}=E_{ss1}-T_{s1}$
蜗轮	齿厚上偏差	$E_{ss2}=0$
	齿厚下偏差	$E_{si2}=-T_{s2}$

注：$E_{s\Delta}$为制造误差的补偿部分。

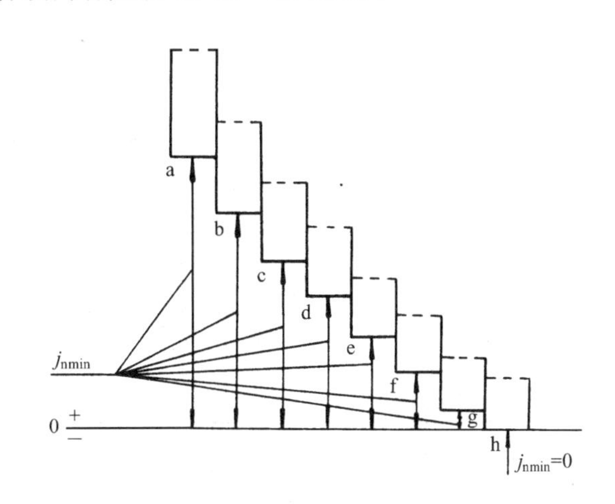

图 18-3　蜗杆副的最小法向侧隙种类

表 18-37　传动的最小法向侧隙 $j_{n\min}$ 值　　　μm

传动中心距 a/mm	侧隙种类							
	h	g	f	e	d	c	b	a
>30～50	0	11	16	25	39	62	100	160
>50～80	0	13	19	30	46	74	120	190
>80～120	0	15	22	35	54	87	140	220
>120～180	0	18	25	40	63	100	160	250
>180～250	0	20	29	46	72	115	185	290
>250～315	0	23	32	52	81	130	210	320
>315～400	0	25	36	57	89	140	230	360
第Ⅰ组精度等级*	1～6				3～8	3～9	5～12	

注：1. 带*一项的内容不属于 GB 10089—1988，仅供参考。

2. 表中数值是蜗杆传动在工作温度为 20℃的情况下，未计入传动发热和传动弹性变形的影响。

3. 传动最小圆周侧隙 $j_{t\min}\approx\dfrac{j_{n\min}}{\cos\gamma'\cos\alpha_n}$。其中，$\gamma'$为蜗杆节圆柱导程角，$\alpha_n$为蜗杆法向齿形角。

表 18-38　蜗杆齿厚公差 T_{S1} 和蜗轮齿厚公差 T_{S2} 值　　μm

模数 m/mm	蜗杆齿厚公差 T_{S1} 第Ⅱ组精度等级 7	8	9
≥1～3.5	45	53	67
＞3.5～6.3	56	71	90
＞6.3～10	71	90	110
＞10～16	95	120	150

蜗轮分度圆直径 d_2/mm	模数 m/mm	蜗轮齿厚公差 T_{S2} 第Ⅱ组精度等级 7	8	9
≤125	≥1～3.5	90	110	130
	＞3.5～6.3	110	130	160
	＞6.3～10	120	140	170
＞125～400	≥1～3.5	100	120	140
	＞3.5～6.3	120	140	170
	＞6.3～10	130	160	190
	＞10～16	140	170	210
＞400～800	≥1～3.5	110	130	160
	＞3.5～6.3	120	140	170
	＞6.3～10	130	160	190
	＞10～16	160	190	230

注：1. 对传动最大法向侧隙 $j_{n\,max}$ 无要求时，允许 T_{S1} 增大，最大不超过两倍。
2. 在 $j_{n\,min}$ 能保证的条件下，T_{S2} 公差带允许采用对称分布。
3. 蜗轮分度圆齿厚：$S_2=(0.5\pi+2x_2\tan\alpha_x)m$

表 18-39　蜗杆齿厚上偏差(E_{ss1})中的制造误差补偿部分 $E_{S\Delta}$ 值　　μm

传动中心距 a/mm	第Ⅱ组精度等级 7				8				9			
模数 m/mm	≥1～3.5	＞3.5～6.3	＞6.3～10	＞10～16	≥1～3.5	＞3.5～6.3	＞6.3～10	＞10～16	≥1～3.5	＞3.5～6.3	＞6.3～10	＞10～16
＞50～80	50	58	65	—	58	75	90	—	90	100	120	—
＞80～120	56	63	71	80	63	78	90	110	95	105	125	160
＞120～180	60	68	75	85	68	80	95	115	100	110	130	165
＞180～250	71	75	80	90	75	85	100	115	110	120	140	170
＞250～315	75	80	85	95	80	90	100	120	120	130	145	180
＞315～400	80	85	90	100	85	95	105	125	130	140	155	185

4. 蜗杆、蜗轮齿坯的要求与公差

蜗杆、蜗轮在加工、检验、安装时的径向、轴向基准面应尽可能一致，并应在相应的零件工作图上标注。其具体公差值见表 18-40 和表 18-41。

表 18-40　蜗杆、蜗轮齿坯尺寸和形状公差

精度等级		7	8	9
孔	尺寸公差	IT7		IT8
	形状公差	IT6		IT7
轴	尺寸公差	IT6		IT7
	形状公差	IT5		IT6
齿顶圆直径公差		IT8		IT9

注：1. 当三个公差组的精度等级不同时，按最高精度等级确定公差。
2. 当齿顶圆不作为测量齿厚的基准时，尺寸公差按 IT11 确定，但不得大于 0.1 mm。
3. IT 为标准公差，其值查第 17 章表 17-1。

表 18-41　蜗杆、蜗轮齿坯基准面径向和端面跳动公差值　　μm

基准面直径 d/mm	精度等级 7，8	9
≤31.5	7	10
＞31.5～63	10	16
＞63～125	14	22
＞125～400	18	28
＞400～800	22	36

注：1. 当三个公差组的精度等级不同时，按最高精度等级确定公差。
2. 当齿顶圆作为测量齿厚的基准时，齿顶圆也即为蜗杆、蜗轮和齿坯基准面。

5. 标注示例

(1) 在蜗杆和蜗轮的工作图上，应分别标注精度等级、齿厚极限偏差或相应的侧隙种类代号和标准代号，其标注示例如下。

① 蜗杆的第Ⅱ、Ⅲ公差组的精度等级为 5 级，齿厚极限偏差为标准值，相配的侧隙种类为 f，其标注为：

蜗杆　5　f　GB 10089—1988

f——侧隙种类代号

5——第Ⅱ、Ⅲ公差组的精度等级

② 若①中蜗杆的齿厚极限偏差为非标准值，如上偏差为－0.27 mm、下偏差为－0.40 mm，则标注为：

蜗杆　$5(^{-0.27}_{-0.40})$　GB 10089—1988

③ 蜗轮的三个公差组精度同为 5 级，齿厚极限偏差为标准值，相配的侧隙种类为 f，其标注为：

5　f　GB 10089—1988

f——侧隙种类代号

5——第Ⅰ、Ⅱ、Ⅲ公差组的精度等级

④ 蜗轮的第Ⅰ公差组的精度为 5 级，第Ⅱ、Ⅲ公差组的精度为 6 级，齿厚极限偏差为标准值，相配的侧隙种类为 f，其标注为：

⑤ 若④中蜗轮的齿厚极限偏差为非标准值，如上偏差为+0.10 mm、下偏差为－0.10 mm，则标注为：

$5\text{-}6\text{-}6(^{+0.10}_{-0.10})$　GB 10089—1988

(2) 对传动应标注出相应的精度等级、侧隙种类代号和本标准代号，其标准示例如下。

① 传动的第Ⅰ公差组的精度为 5 级，第Ⅱ、Ⅲ公差组的精度为 6 级，侧隙种类为 f，其标注为：

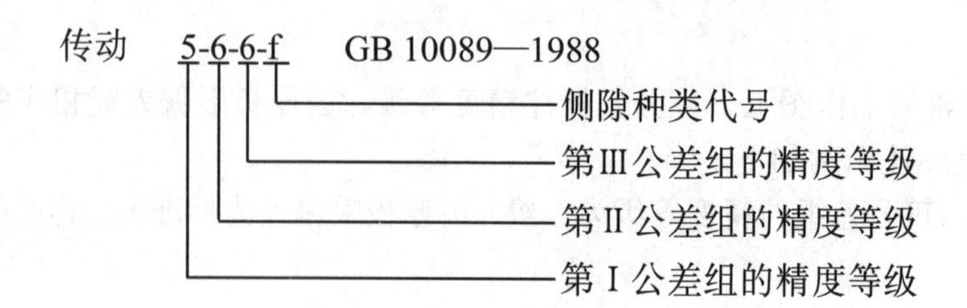

② 若①中的侧隙为非标准值，如 $j_{n\,min}$=0.03 mm，$j_{n\,max}$=0.06 mm，则标注为：

传动　5-6-6$\binom{0.03}{0.06}$　GB 10089—1988

第3篇　减速器零、部件的结构及参考图例

第19章　减速器零、部件的结构

19.1　传动零件的结构尺寸

1. 普通V带轮

1) **带轮的典型结构及尺寸**

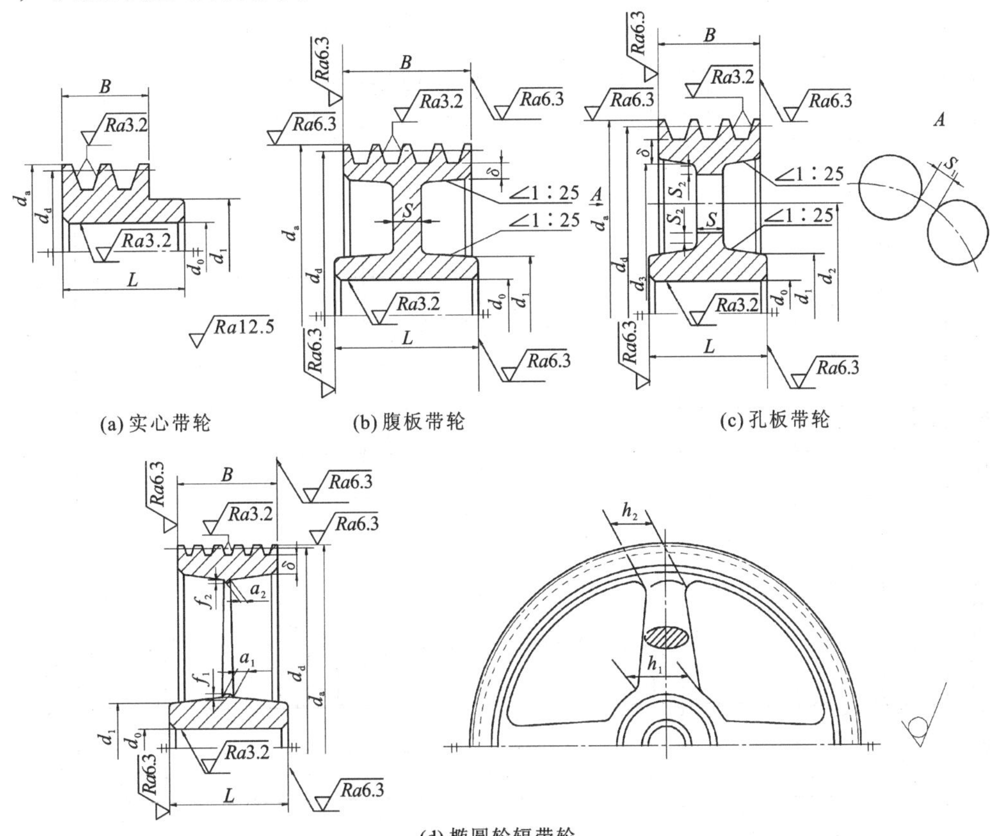

(a) 实心带轮　(b) 腹板带轮　(c) 孔板带轮

(d) 椭圆轮辐带轮

$d_1=(1.8\sim2)d_0$；S查表19-1；d_0、L、B查表19-2；$S_1\geqslant1.5S$；$S_2\geqslant0.5S$；

$h_1=290\sqrt[3]{\dfrac{P}{nA}}$ mm，式中：P为传递的功率(kW)；n为带轮的转速(r/min);A为轮辐数；

$h_2=0.8h_1$；$a_1=0.4h_1$；$a_2=0.8a_1$；$f_1=0.2h_1$；$f_2=0.2h_2$；$d_2=\dfrac{d_1+d_3}{2}$

图19-1　V带轮的典型结构

表19-1　V带轮腹板厚度 S　　mm

V带轮型号	A	B	C
腹板厚度 S	10～18	14～24	18～30

注：带轮槽数多时取大值，槽数少时取小值。

表 19-2　V 带轮轮缘宽度 B、轮毂孔径 d_0 与轮毂长度 L(摘自 GB/T 10412—2002)　mm

槽型	A							
槽数 Z	2		3		4		5	
轮缘宽 B	35		50		65		80	
基准直径 d_d	孔径 d_0	毂长 L	孔径 d_0	毂长 L	孔径 d_0	毂长 L	孔径 d_0	毂长 L
75					38		38	
(80)						45		50
(85)	32							
90								
(95)			33					
100							42	
(106)		45						
112					42			
(118)						50		60
125				50				
(132)	38							
140			42				48	
150								
160					48			
180								
200	42						55	
224		50	48					65
250					55	60		
280	48							
315			55	60			60	
355								
400	55	60			60	65		70
450			60	65				
500					65	70	65	
560								

槽型	B									
槽数 Z	2		3		4		5		6	
轮缘宽 B	44		63		82		101		120	
基准直径 d_d	孔径 d_0	毂长 L	孔径 d_0	毂长 L	孔径 d_0	毂长 L	孔径 d_0	毂长 L	孔径 d_0	毂长 L
125							42	50		
(132)	38		42		43	50			48	60
140		45					48	60		
150										
160				50					55	65
(170)	42		48		48					70
180						55	55		60	
200		50			50					
224			50		55		60			
250	48							70	65	80
280			55	60	60	65	65			
315										
355	55	60								90
400			60	65	65	70	70		75	100
450										
500	60	65								
560			65	75	70	85	75	90	80	105
(600)										
630					75	90	80	105	90	115
710			70	85						
(750)			75	90						
800					80	105	90	115	100	125
(900)										
1000					90	115	100	125	110	140
1120										

槽型	C									
槽数 Z	3		4		5		6		7	
轮缘宽 B	85		110.5		136		161.5		187	
基准直径 d_d	孔径 d_0	毂长 L	孔径 d_0	毂长 L	孔径 d_0	毂长 L	孔径 d_0	毂长 L	孔径 d_0	毂长 L
200	55		60	70	65	80	70	90	75	
212		70								
224	60		65	80	70	90	75			100
236									80	
250	65	80	70	90						
(265)								100		
280	70	90	75		75	100	80		85	110
300				100						
315					80		85	110	90	
(335)			80		85	110	90			
355	75							120	95	120
400		100	85	100	90	120	95			
450	80				95				100	
500	85	110	90	120	100	140	100	140	105	140
560			95				105		110	
600	90									160
630		120	100		105		110		115	
710				140		160		160		
750	95								120	
800			105		110		115			180
900	100	140	110		115		120	180	125	
1000				160	120	180	125		130	200
1120			115						135	
1250			120		125		130	200		220
1400					130	200	135	220	140	

注：1. 表中毂孔直径 d_0 的值是最大值，其具体数值可根据需要按标准直径选择。

2. 括号内的基准直径尽量不予选用。

2) **带轮的技术要求**

(1) 带轮的平衡按 GB/T 11357—2008 的规定进行，轮槽表面粗糙度值 Ra=1.6 μm 或 3.2 μm，轮槽的棱边要倒圆或倒钝。

(2) 带轮外圆的径向圆跳动和基准圆的斜向圆跳动公差 t 不得大于表 19-3 的规定(标注方法参见第 20 章图 20-12 普通 V 带轮零件工作图)。

(3) 带轮各轮槽间距的累积误差不得超过 ± 0.8 mm。

(4) 轮槽槽形的检验按 GB/T 11356.1—2008 的规定进行。

表 19-3　带轮的圆跳动公差 t (摘自 GB/T 10412—2002)　　mm

带轮基准直径 d_d	径向圆跳动	斜向圆跳动	带轮基准直径 d_d	径向圆跳动	斜向圆跳动
≥20～100	0.2		≥425～630	0.6	
≥106～160	0.3		≥670～1000	0.8	
≥170～250	0.4		≥1060～1600	1.0	
≥265～400	0.5		≥1800～2500	1.2	

2. 同步带轮(摘自 GB/T 11361—2008)

1) **带轮及带轮挡圈**

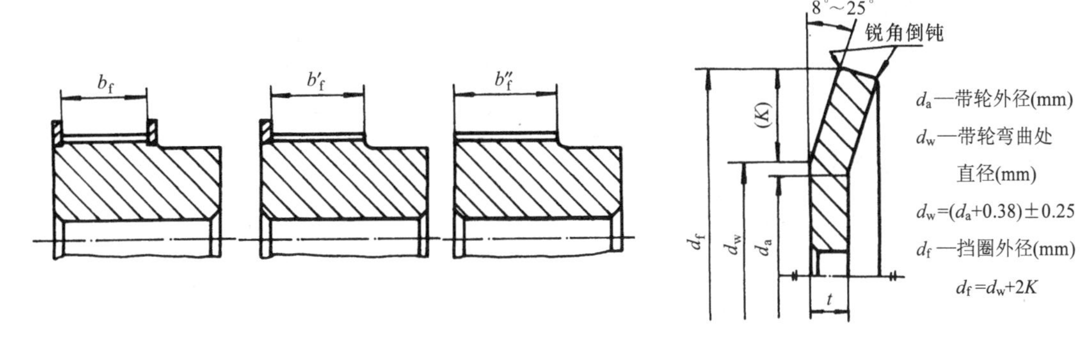

图 19-2　同步带轮　　　　图 19-3　带轮挡圈

表 19-4　同步带轮宽度及挡圈尺寸　　mm

型　号	轮宽代号	轮宽基本尺寸	双边挡圈带轮最小宽度 b_f	单边挡圈带轮最小宽度 b'_f	无挡圈带轮最小宽度 b''_f	挡圈最小高度 K	挡圈厚度 t
MXL	012 019 025	3.2 4.8 6.4	3.8 5.3 7.1	4.7 6.2 8.0	5.6 7.1 8.9	0.5	0.5～1.0
XXL	012 019 025	3.2 4.8 6.4	3.8 5.3 7.1	4.7 6.2 8.0	5.6 7.1 8.9	0.8	0.5～1.5
XL	025 031 037	6.4 7.9 9.5	7.1 8.6 10.4	8.0 9.5 11.1	8.9 10.4 12.2	1.0	1.0～1.5
L	050 075 100	12.7 19.1 25.4	14.0 20.3 26.7	15.5 21.8 28.2	17.0 23.3 29.7	1.5	1.0～2.0

续表

型　号	轮宽代号	轮宽 基本尺寸	双边挡圈带轮 最小宽度 b_f	单边挡圈带轮 最小宽度 b'_f	无挡圈带轮 最小宽度 b''_f	挡圈最小高度 K	挡圈厚度 t
H	075	19.1	20.3	22.6	24.8	2.0	1.5～2.5
	100	25.4	26.7	29.0	31.2		
	150	38.1	39.4	41.7	43.9		
	200	50.8	52.8	55.1	57.3		
	300	76.2	79.0	81.3	83.5		
XH	200	50.8	56.6	59.6	62.6	4.8	4.0～5.0
	300	76.2	83.8	86.9	89.8		
	400	101.6	110.7	113.7	116.7		
XXH	200	50.8	56.6	60.4	64.1	6.1	5.0～6.5
	300	76.2	83.8	87.3	91.3		
	400	101.6	110.7	114.5	118.2		
	500	127.0	137.7	141.5	145.2		

表 19-5　同步带轮直径(摘自 GB/T 11361—2008)　　mm

带轮齿数	带轮直径													
	MXL		XXL		XL		L		H		XH		XXH	
	节径	外径	节径	外径	节径	外径	节径	外径	节径	外径	节径	外径	节径	外径
10	6.47	5.96	10.11	9.60	16.17	15.66								
11	7.11	6.61	11.12	10.61	17.79	17.28								
12	7.76	7.25	12.13	11.62	19.40	18.90	36.38	35.62						
13	8.41	7.90	13.14	12.63	21.02	20.51	39.41	38.65						
14	9.06	8.55	14.15	13.64	22.64	22.13	42.45	41.69	56.60	55.23				
15	9.70	9.19	15.16	14.65	24.26	23.75	45.48	44.72	60.64	59.27				
16	10.35	9.84	16.17	15.66	25.87	25.36	48.51	47.75	64.68	63.31				
17	11.00	10.49	17.18	16.67	27.49	26.98	51.54	50.78	68.72	67.35				
18	11.64	11.13	18.19	17.68	29.11	28.60	54.57	53.81	72.77	71.39	127.34	124.55	181.91	178.86
19	12.29	11.78	19.20	18.69	30.72	30.22	57.61	56.84	76.81	75.44	134.41	131.62	192.02	188.97
20	12.94	12.43	20.21	19.70	32.34	31.83	60.64	59.88	80.85	79.48	141.49	138.69	202.13	199.08
(21)	13.58	13.07	21.22	20.72	33.96	33.45	63.67	62.91	84.89	83.52	148.56	145.77	212.23	209.18
22	14.23	13.72	22.23	21.73	35.57	35.07	66.70	65.94	88.94	87.56	155.64	152.84	222.34	219.29
(23)	14.88	14.37	23.24	22.74	37.19	36.68	69.73	68.97	92.98	91.61	162.71	159.92	232.45	229.40
(24)	15.52	15.02	24.26	23.75	38.81	38.30	72.77	72.00	97.02	95.65	169.79	166.99	242.55	239.50
25	16.17	15.66	25.27	24.76	40.43	39.92	75.80	75.04	101.06	99.69	176.86	174.07	252.66	249.61
(26)	16.82	16.31	26.28	25.77	42.04	41.53	78.83	78.07	105.11	103.73	183.94	181.14	262.76	259.72
(27)	17.46	16.96	27.29	26.78	43.66	43.15	81.86	81.10	109.15	107.78	191.01	188.22	272.87	269.82
28	18.11	17.60	28.30	27.79	45.28	44.77	84.89	84.13	113.19	111.82	198.08	195.29	282.98	279.93
(30)	19.40	18.90	30.32	29.81	48.51	48.00	90.96	90.20	121.28	119.90	212.23	209.44	303.19	300.14
32	20.70	20.19	32.34	31.83	51.74	51.24	97.02	96.26	129.36	127.99	226.38	223.59	323.40	320.35
36	23.29	22.78	36.38	35.87	58.21	57.70	109.15	108.39	145.53	144.16	254.68	251.89	363.83	360.78
40	25.37	25.36	40.43	39.92	64.68	64.17	121.28	120.51	161.70	160.33	282.98	280.18	404.25	401.21
48	31.05	30.54	48.51	48.00	77.62	77.11	145.53	144.77	194.04	192.67	339.57	336.78	485.10	482.06
60	38.81	38.30	60.64	60.13	97.02	96.51	181.91	181.15	242.55	241.18	424.47	421.67	606.38	603.33
72	46.57	46.06	72.77	72.26	116.43	115.92	218.30	217.53	291.06	289.69	509.36	506.57	727.66	724.61
84							254.68	253.92	339.57	338.20	594.25	591.46	848.93	845.88
96							291.06	290.30	388.08	386.71	679.15	676.35	970.21	967.16
120							363.83	363.07	485.10	483.73	848.93	846.14	1212.76	1209.71
156									630.64	629.26				

注：括号内的尺寸尽量不采用。

2) 带轮齿廓及有关尺寸

梯形齿同步带轮的齿有渐开线齿形和直边齿形两种。通常推荐采用渐开线齿形。

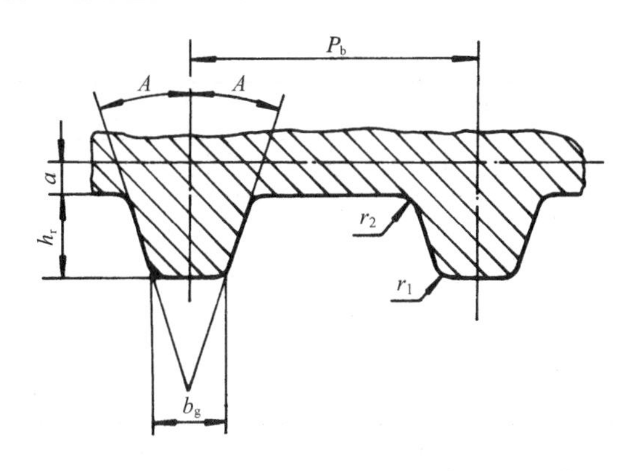

图 19-4 加工渐开线齿形的齿条刀具尺寸

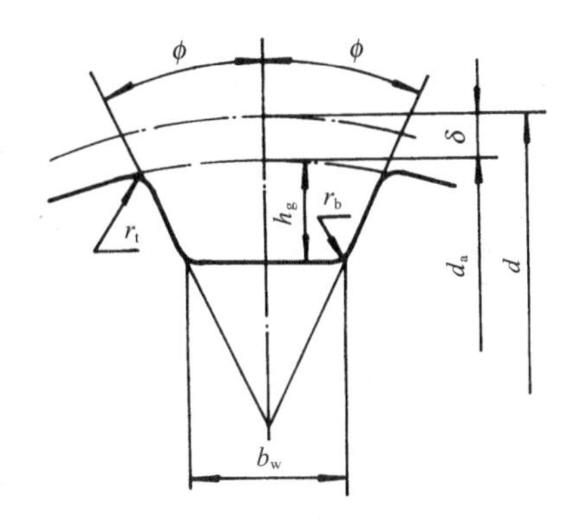

图 19-5 直边齿廓带轮的轮齿

表 19-6 渐开线齿形带轮加工刀具——齿条的尺寸及极限偏差(摘自 GB/T 11361—2008) mm

型号	MXL		XXL	XL	L	H		XH	XXH
带轮齿数 Z	≥10	≥24	≥10	≥10	≥10	14～19	≥20	≥18	≥18
节距 $P_b \pm 0.003$	2.032		3.175	5.080	9.525	12.700		22.225	31.750
齿半角 $A \pm 0.12^\circ$	28	20	25	25	20	20		20	20
齿高 $h_{r\ 0}^{+0.05}$	0.64		0.84	1.40	2.13	2.59		6.88	10.29
齿顶厚 $b_{g\ 0}^{+0.05}$	0.61	0.67	0.96	1.27	3.10	4.24		7.59	11.61
齿顶圆角半径 $r_1 \pm 0.03$	0.30		0.30	0.61	0.86	1.47		2.01	2.69
齿根圆角半径 $r_2 \pm 0.03$	0.23		0.28	0.61	0.53	1.04	1.42	1.93	2.82
两倍节根距 $2a$	0.508		0.508	0.508	0.762	1.372		2.794	3.048

表 19-7 直边齿廓带轮的尺寸及偏差(摘自 GB/T 11361—2008) mm

型号	MXL	XXL	XL	L	H	XH	XXH
齿槽底宽 b_w	0.84±0.05	0.96±0.05	1.32±0.05	3.05±0.10	4.19±0.13	7.90±0.15	12.17±0.18
齿槽深 h_g	$0.69_{-0.05}^{0}$	$0.84_{-0.05}^{0}$	$1.65_{-0.08}^{0}$	$2.67_{-0.10}^{0}$	$3.05_{-0.13}^{0}$	$7.14_{-0.13}^{0}$	$10.31_{-0.13}^{0}$
齿槽半角 $\phi \pm 1.5^\circ$	20°	25°	25°	20°	20°	20°	20°
齿根圆角半径 r_b	0.25	0.35	0.41	1.19	1.60	1.98	3.96
齿顶圆角半径 r_t	$0.13_{0}^{+0.05}$	$0.30_{0}^{+0.05}$	$0.64_{0}^{+0.05}$	$1.17_{0}^{+0.13}$	$1.6_{0}^{+0.13}$	$2.39_{0}^{+0.13}$	$3.18_{0}^{+0.13}$
两倍节顶距 2δ	0.508	0.508	0.508	0.762	1.372	2.794	3.048

3) 同步带轮的技术要求及有关公差

同步带轮的工作图上应标有节距偏差、外径极限偏差、形位公差和表面粗糙度，其值见表 19-8 和表 19-9。

表 19-8 同步带轮的形位公差和表面粗糙度(摘自 GB/T 11361—2008) mm

项目	带轮外径 d_a			
	≤101.6	>101.6～203.2	>203.2～254.0	>254.0
外圆径向圆跳动	0.13		$0.13+(d_a-203.2)\times0.0005$	
端面圆跳动	0.10	$0.001d_a$		$0.25+(d_a-254.0)\times0.0005$

续表

项目	带轮外径 d_a			
	≤101.6	>101.6～203.2	>203.2～254.0	>254.0
轮齿与轴孔平行度	<0.001B(B 为轮宽)；当 B≤10 mm 时,<0.01			
外圆锥度	<0.001B；当 B≤10 mm 时,<0.01			
轴孔直径极限偏差	H7 或 H8			
外圆、齿面的表面粗糙度	Ra=3.2 μm			

表 19-9 同步带轮的节距偏差及带轮外径极限偏差 mm

外径 d_a	≤25.40	>25.40～50.80	>50.80～101.60	>101.60～177.80	>177.80～304.80	>304.80～508.00	>508.00～762.00	>762.00～1016.00
相邻齿间节距偏差	±0.03							
90°弧内累积偏差	±0.05	±0.08	±0.10	±0.13	±0.15	±0.18	±0.20	
带轮外径极限偏差	+0.05 0	+0.08 0	+0.10 0	+0.13 0	+0.15 0	+0.18 0	+0.20 0	+0.23 0

3. 滚子链链轮

1) 链轮结构(摘自 GB/T 1243—2006)

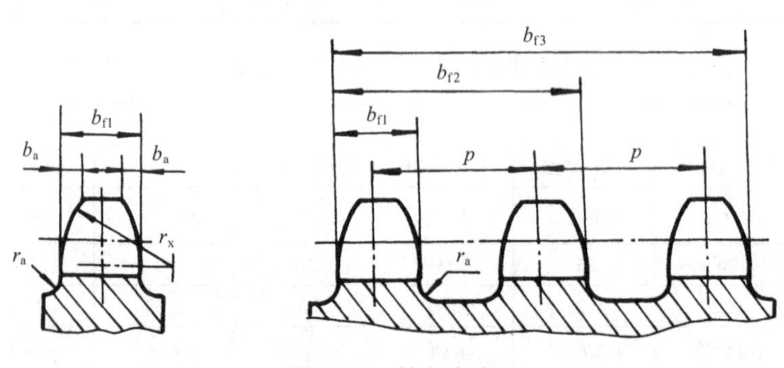

图 19-6 轴向齿廓

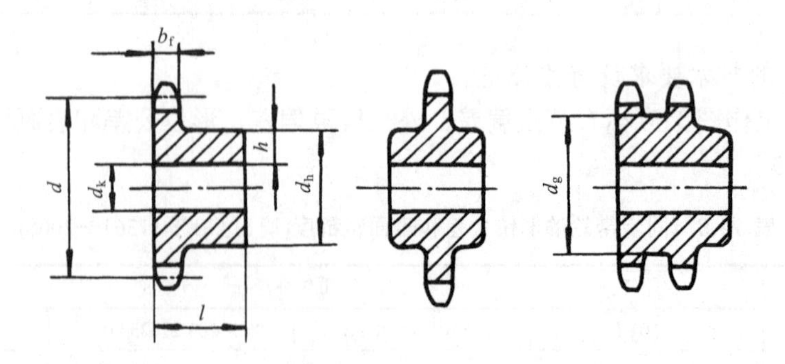

图 19-7 整体式钢制小链轮结构图

表 19-10　链轮轴向齿廓参数表(摘自 GB/T 1243—2006)

mm

名　称		代　号	计算公式		备　注
			$p \leq 12.7$	$p > 12.7$	
齿　宽	单排	b_{f1}	$0.93b_1$	$0.95b_1$	$p>12.7$ 时，经制造厂同意，也可使用 $p \leq 12.7$ 时的齿宽。b_1 为内链节内宽
	双排、三排		$0.91b_1$	$0.93b_1$	
	四排以上		$0.88b_1$		
齿边倒角宽		b_a	$b_{a\,nom}=0.06p$		适用于 081、083、084 规格链条
			$b_{a\,nom}=0.13p$		适用于其余系列链条
齿侧半径		r_x	$r_{x\,nom}=p$		
齿侧凸缘(或排间槽)圆角半径		r_a	$r_a \approx 0.04p$		
链轮总齿宽		b_{fm}	$b_{fm}=(m-1)p+b_{f1}$		m 为排数

表 19-11　整体式钢制小链轮主要结构尺寸

mm

<table>
<tr><th>名　称</th><th>符　号</th><th colspan="6">结构尺寸(参考)</th></tr>
<tr><td>分度圆直径</td><td>d</td><td colspan="6">$d=\dfrac{p}{\sin\dfrac{180°}{z}}$　z为链轮齿数</td></tr>
<tr><td rowspan="3">轮毂厚度</td><td rowspan="3">h</td><td colspan="6">$h=K+\dfrac{d_k}{6}+0.01d$，式中 d_k 为轴孔直径</td></tr>
<tr><td rowspan="2">常数 K：</td><td>d</td><td><50</td><td>50～100</td><td>100～150</td><td>>150</td></tr>
<tr><td>K</td><td>3.2</td><td>4.8</td><td>6.4</td><td>9.5</td></tr>
<tr><td>轮毂长度</td><td>l</td><td colspan="6">$l=3.3h$；　$l_{min}=2.6h$</td></tr>
<tr><td>轮毂直径</td><td>d_h</td><td colspan="6">$d_h=d_k+2h$；　$d_{h\,max}<d_g$，其中 d_g 为排间槽底直径</td></tr>
<tr><td>齿宽</td><td>b_f</td><td colspan="6">见表 19-10</td></tr>
</table>

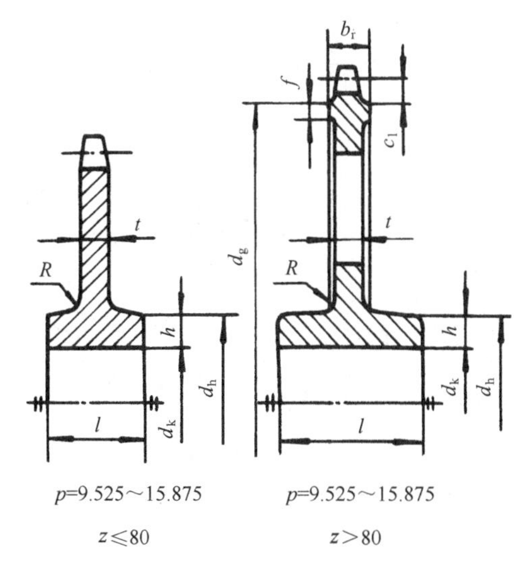

图 19-8　腹板式单排铸造链轮结构

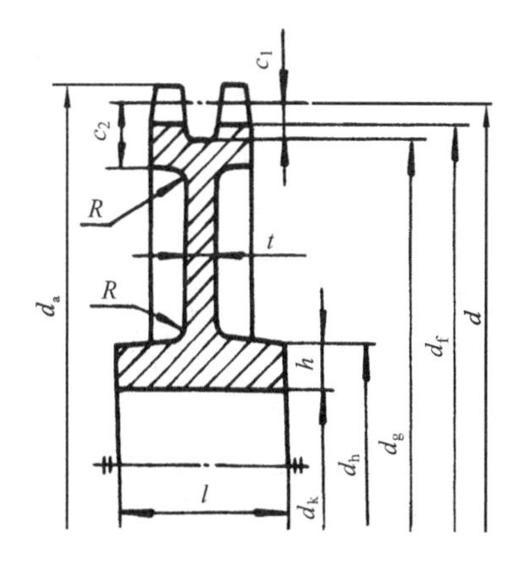

图 19-9　腹板式多排铸造链轮结构

表 19-12　腹板式铸造链轮主要结构尺寸　　　mm

名　称	符　号	结构尺寸	
		单　排	多　排
轮毂厚度	h	$h=9.5+\dfrac{d_k}{6}+0.01d$	
轮毂长度	l	$l=4h$；对四排链，$l_m=b_{f4}$，b_{f4} 见表 19-10	
轮毂直径	d_h	$d_h=d_k+2h$；　$d_{h\,max}<d_g$	
齿侧凸缘宽度	b_r	$b_r=0.625p+0.93b_1$，b_1 为内链节内宽	同单排链轮
轮缘部分尺寸	c_1	$c_1=0.5p$	
	c_2	$c_2=0.9p$	
	f	$f=4+0.25p$	
齿顶圆直径	d_a	$d_{a\,max}=d+1.25p-d_1$　$d_{a\,min}=d+p(1-\dfrac{1.6}{z})-d_1$　d_1 为滚子外径	
圆角半径	R	$R=0.04p$	$R=0.5t$

表 19-13　腹板式铸造链轮腹板厚度 t　　　mm

节　距 p		9.525	12.7	15.875	19.05	25.4	31.75	38.1	44.45	50.8
腹板厚度 t	单排	7.9	9.5	10.3	11.1	12.7	14.3	15.9	19.1	22.2
	多排	9.5	10.3	11.1	12.7	14.3	15.9	19.1	22.2	25.4

2) 链轮公差(**摘自** GB/T 1243—2006)

对于一般用途的滚子链链轮，其轮齿经机械加工后，表面粗糙度 $Ra\leqslant 6.3\ \mu m$。链轮齿根圆径向跳动和端面圆跳动见表 19-15，链轮齿坯公差：孔径 d_k 的公差为 H8，齿顶圆直径 d_a 的公差为 h11、齿宽 b_f 的公差为 h14。

表 19-14　齿根圆直径公差及检验

齿根圆直径	极限偏差	检验方法	
		偶数齿	奇数齿
$d_f\leqslant 127$	0 −0.25	$M_R=d+d_{R\,min}$	$M_R=d\cos\dfrac{90°}{z}+d_{R\,min}$
$127<d_f\leqslant 250$	0 −0.30		
$d_f>250$	h_{11}		

注：1. 量柱直径 $d_R=d_1{}^{+0.01}_{\ \ 0}$ (d_1 为滚子外径)；量柱表面粗糙度 $Ra\leqslant 1.6\ \mu m$，表面硬度为 55～60HRC。

2. M_R 的极限偏差为 h11。

3. 齿根圆直径 $d_f=d-d_1$。

表 19-15　滚子链链轮齿根圆径向圆跳动和端面圆跳动(摘自 GB/T 1243—2006)

项　　目	要　　求
轴孔和根圆之间的径向圆跳动量	不应超过下列两数值中的较大值：0.0008 d_f+ 0.08 mm 或 0.15 mm，最大到 0.76 mm
轴孔到链轮齿侧平面部分的端面圆跳动量	不应超过下列计算值：0.0009 d_f+ 0.08 mm，最大到 1.14 mm。对焊接链轮，如果上式计算值小，可采用 0.25 mm

4. 圆柱齿轮

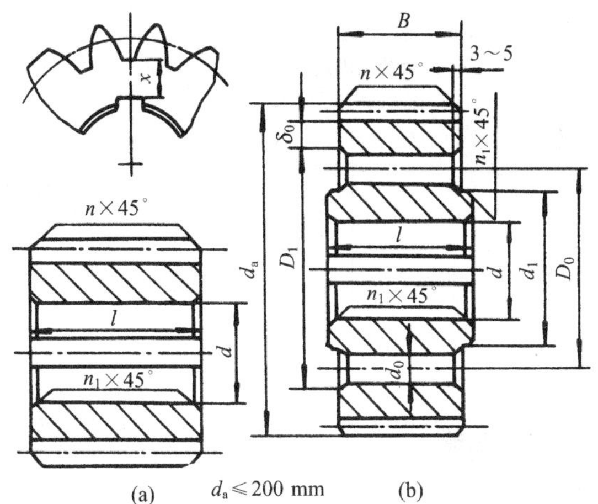

当 $x \leqslant 2.5m_t$ 时，应将齿轮与轴做成一体

当 $x > 2.5m_t$ 时，应将齿轮做成如图(a)或图(b)所示的结构

$d_1 \approx 1.6d$

$l=(1.2 \sim 1.5)d \geqslant B$

$\delta_0=2.5m_n \geqslant 8 \sim 10$ mm

$D_0=0.5(D_1+d_1)$

$d_0=0.2(D_1-d_1)$，当 $d_0<10$ mm 时，不必作孔

$n=0.5m_n$

n_1 根据轴的过渡圆角确定

图 19-10　锻造实体圆柱齿轮

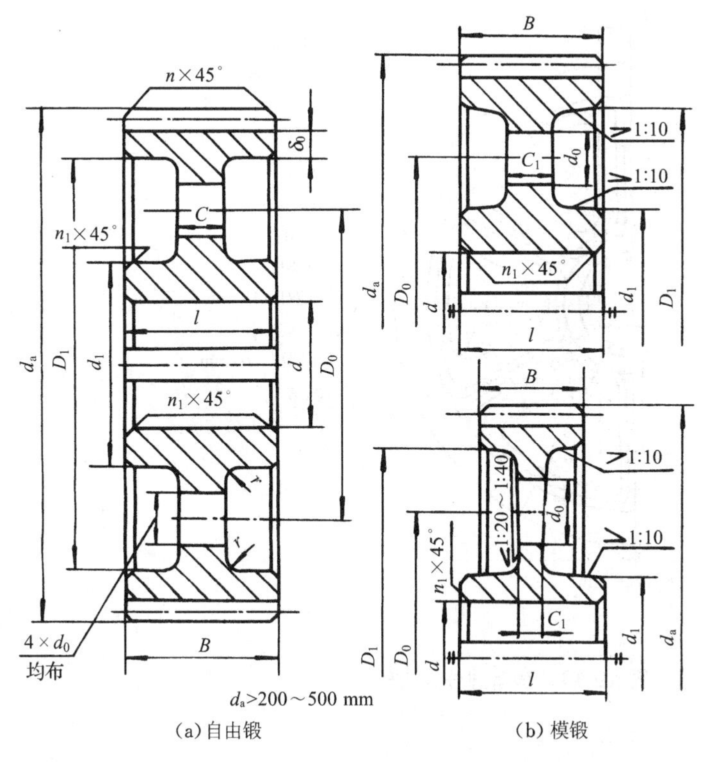

$d_1 \approx 1.6d$

$l=(1.2 \sim 1.5)d \geqslant B$

$D_0=0.5(D_1+d_1)$

$d_0=0.25(D_1-d_1) \geqslant 10$ mm

$C=0.3B$

$C_1=(0.2 \sim 0.3)B$

$n=0.5m_n$，$r=5$

n_1 根据轴的过渡圆角确定

$\delta_0=(2.5 \sim 4)m_n \geqslant 8 \sim 10$ mm

$D_1=d_f-2\delta_0$

图(a)为自由锻：所有表面都需机械加工

图(b)为模锻：轮缘内表面、轮毂外表面及辐板表面都不需机械加工

图 19-11　锻造腹板圆柱齿轮

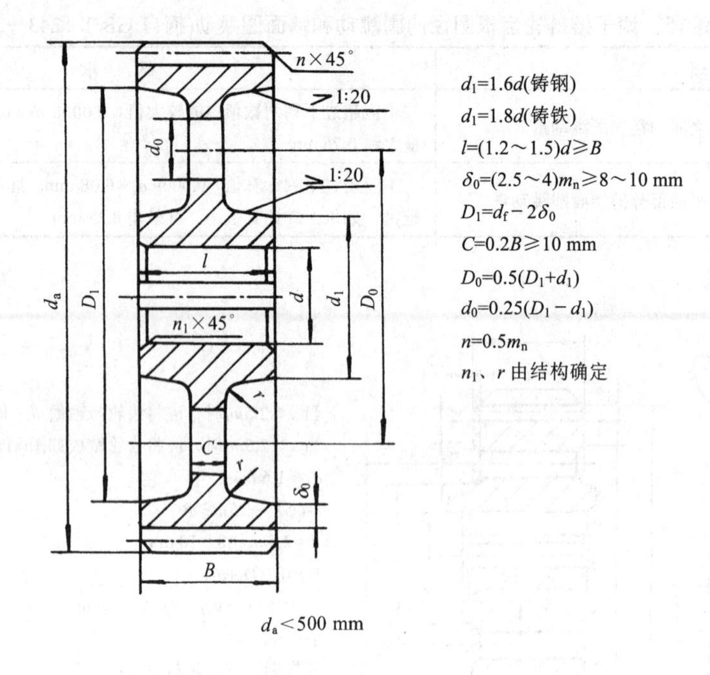

图 19-12　铸造圆柱大齿轮

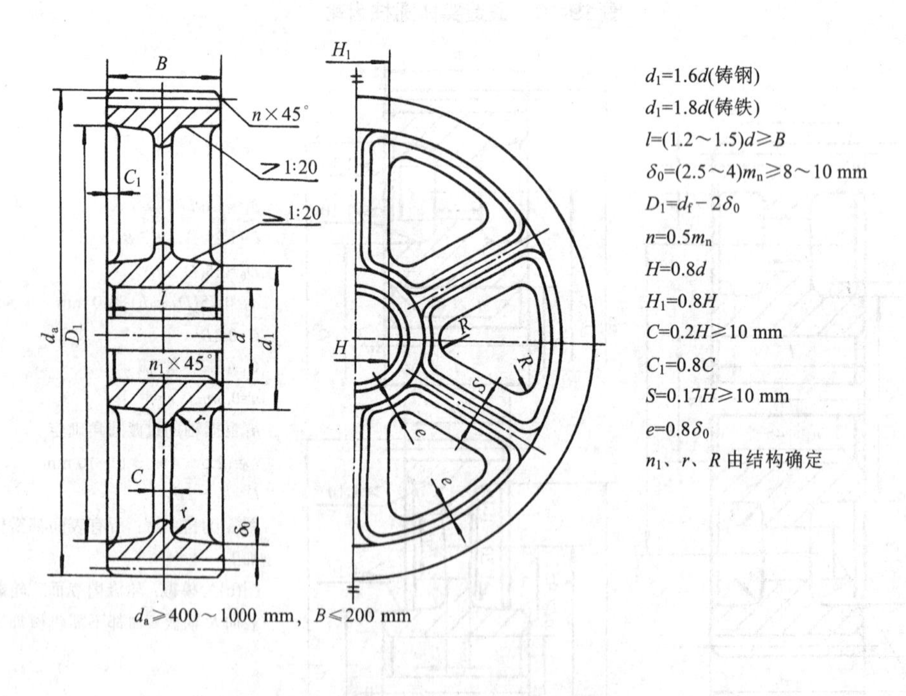

图 19-13　铸造圆柱大齿轮

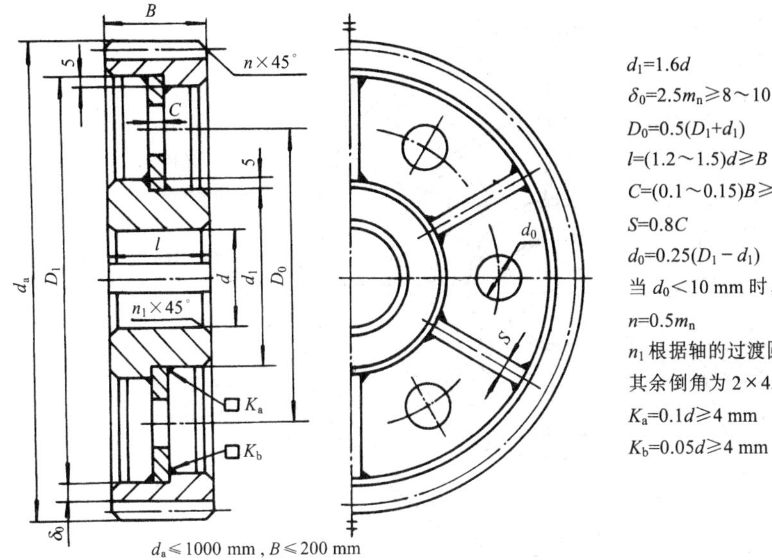

d_1=1.6d
δ_0=2.5m_n≥8～10 mm
D_0=0.5(D_1+d_1)
l=(1.2～1.5)d≥B
C=(0.1～0.15)B≥8 mm
S=0.8C
d_0=0.25(D_1-d_1)
当 d_0<10 mm 时，不必作孔
n=0.5m_n
n_1 根据轴的过渡圆角确定
其余倒角为 2×45°
K_a=0.1d≥4 mm
K_b=0.05d≥4 mm

图 19-14　焊接齿轮

5. 锥齿轮

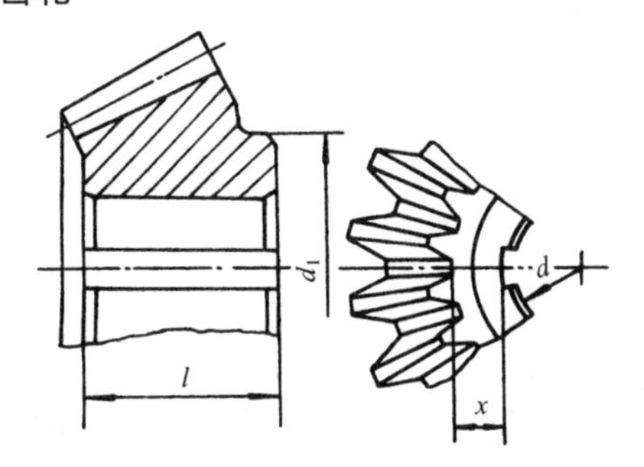

当 x≤1.6m_t时，应将齿轮与轴做成一体
l=(1～1.2)d

图 19-15　小锥齿轮

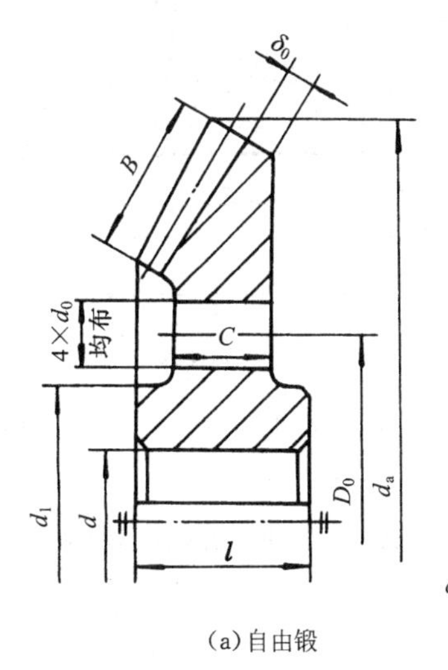

(a) 自由锻

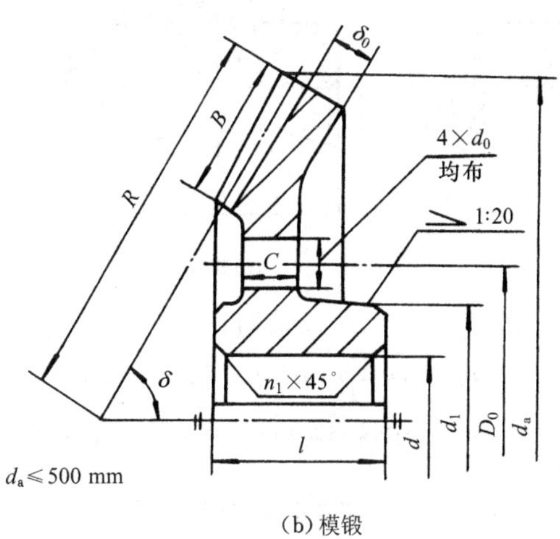

(b) 模锻

d_1=1.6d,
l=(1.0～1.2)d,
δ_0=(3～4)m_n≥10 mm,
C=(0.1～0.17)R≥10,
D_0、d_0、n_1 由结构确定

图 19-16　锻造大锥齿轮

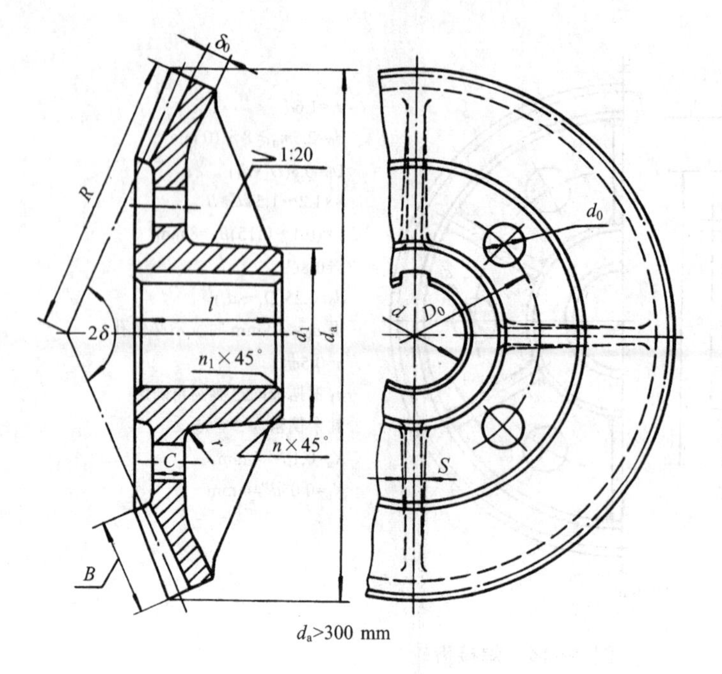

$d_1=1.6d$(铸钢)

$d_1=1.8d$(铸铁)

$l=(1\sim1.2)d$

$\delta_0=(3\sim4)m_n\geqslant10$ mm

$C=(0.1\sim0.17)R\geqslant10$ mm

$S=0.8C\geqslant10$ mm

D_0、n、d_0由结构确定

2δ为锥顶角

$r=3\sim10$ mm

图 19-17　铸造锥齿轮

6. 蜗轮与蜗杆

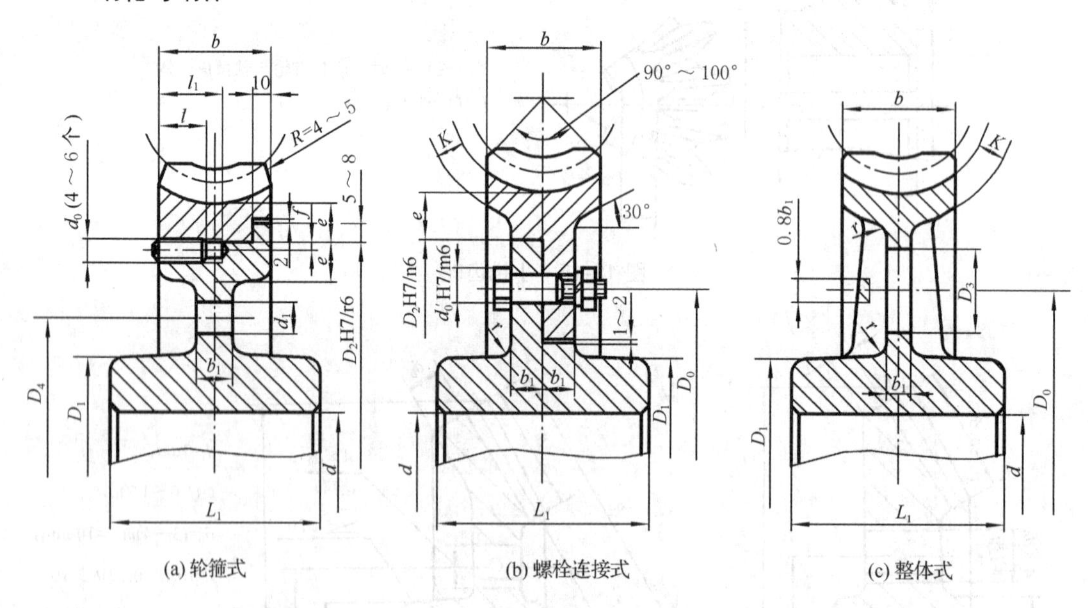

(a) 轮箍式　　(b) 螺栓连接式　　(c) 整体式

$D_1=(1.6\sim2)d$，$d_0\approx(1.2\sim1.5)m$，$L_1=(1.2\sim1.8)d$，$l\approx3d_0\approx(0.3\sim0.4)b$，$l_1\approx l+0.5d_0$；$b_1\geqslant1.7m$，$f\approx2\sim3$ mm，$K=e=2m\geqslant10$ mm，$D_0\approx\dfrac{D_2+D_1}{2}$，$d'_0$由螺栓组的计算确定，$D_3\approx\dfrac{D_0}{4}$，$D_2$、$D_4$、$d_1$、$r$由结构确定。

对于轮箍式的蜗轮，轴向力的方向尽量与装配时轮缘压入的方向一致。轮缘和轮芯的结合形式及轮芯辐板的结构形式可根据具体情况选择。

整体式蜗轮适用于直径＜100 mm 的青铜蜗轮和任意直径的铸铁蜗轮。

图 19-18　蜗轮

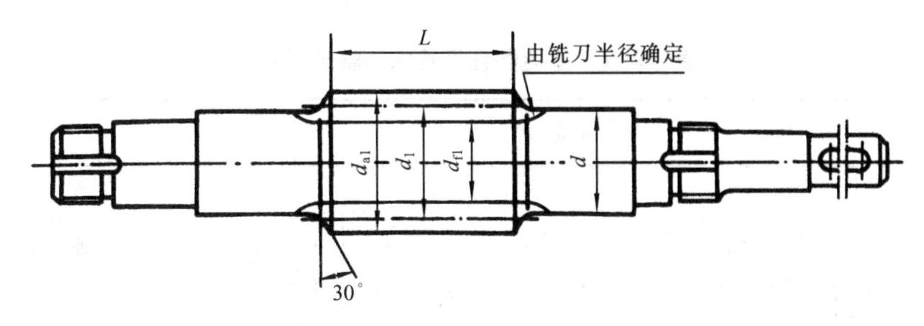

(a) 铣制蜗杆 ($d_{f1}<d$)

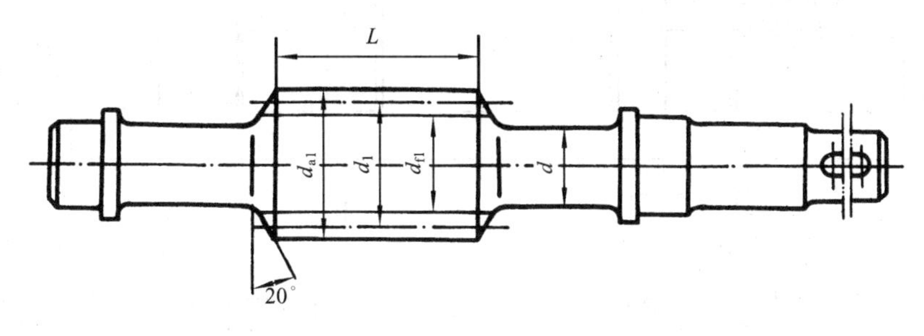

(b) 车制蜗杆 ($d_{f1}>d$)

图 19-19　蜗杆

蜗杆一般与轴做成一体(图 19-19)，只在 $d_{f1}/d_1 \geqslant 1.7$ 时才采用套装式蜗杆。铣制的蜗杆，轴径 d 可大于 d_{f1}(图 19-19(a))；车制的蜗杆，轴径 $d=d_{f1}-(2\sim4)$ mm(图 19-19(b))。蜗杆螺纹部分长度 L 见表 19-16。

表 19-16　蜗杆螺纹部分长度 L

变位系数 x	$Z_1=1\sim2$	$Z_2=3\sim4$	
−1	$L\geqslant(10.5+Z_1)m$	$L\geqslant(10.5+Z_1)m$	当变位系数 x 为中间值时，L 按相邻两值中的较大者确定
−0.5	$L\geqslant(8+0.06Z_2)m$	$L\geqslant(9.5+0.09Z_2)m$	
0	$L\geqslant(11+0.06Z_2)m$	$L\geqslant(12.5+0.09Z_2)m$	
0.5	$L\geqslant(11+0.1Z_2)m$	$L\geqslant(12.5+0.1Z_2)m$	
1	$L\geqslant(12+0.1Z_2)m$	$L\geqslant(13+0.1Z_2)m$	

19.2　常用滚动轴承的组合结构

表 19-17～表 19-21 列出了常用滚动轴承的组合结构。

表 19-17　直齿圆柱齿轮轴的轴承部件

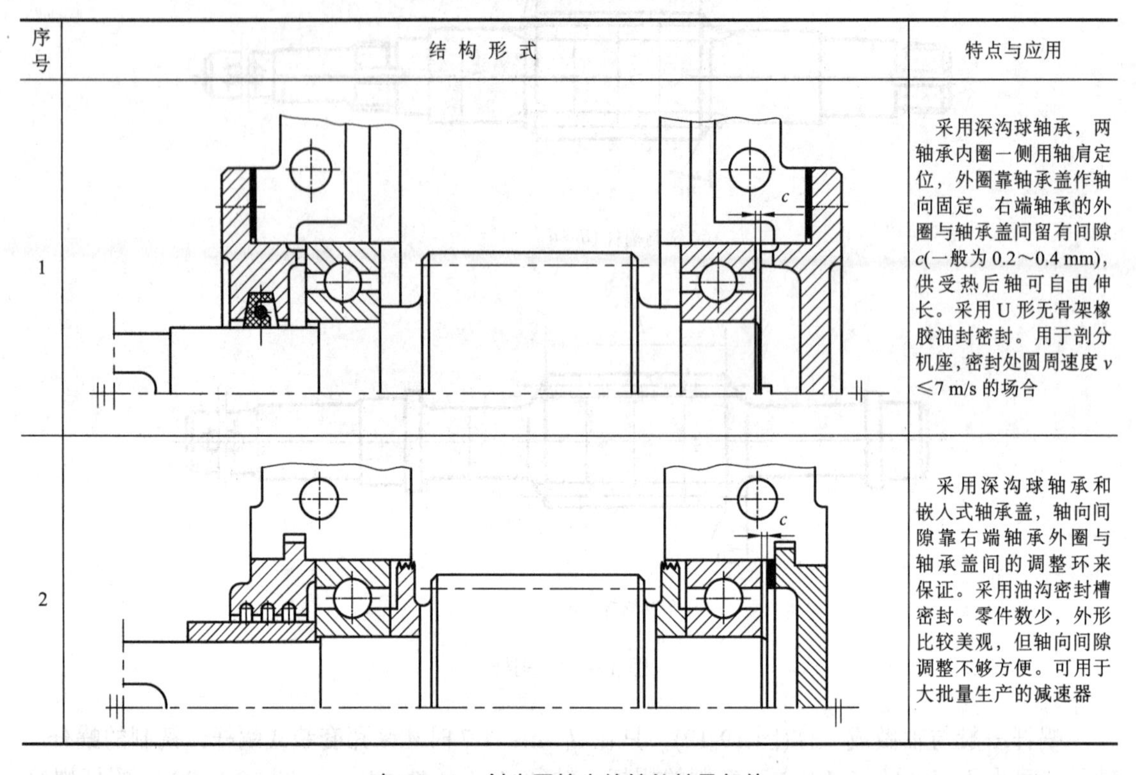

序号	结构形式	特点与应用
1		采用深沟球轴承，两轴承内圈一侧用轴肩定位，外圈靠轴承盖作轴向固定。右端轴承的外圈与轴承盖间留有间隙 c(一般为 0.2～0.4 mm)，供受热后轴可自由伸长。采用 U 形无骨架橡胶油封密封。用于剖分机座，密封处圆周速度 v ≤7 m/s 的场合
2		采用深沟球轴承和嵌入式轴承盖，轴向间隙靠右端轴承外圈与轴承盖间的调整环来保证。采用油沟密封槽密封。零件数少，外形比较美观，但轴向间隙调整不够方便。可用于大批量生产的减速器

表 19-18　斜齿圆柱齿轮轴的轴承部件

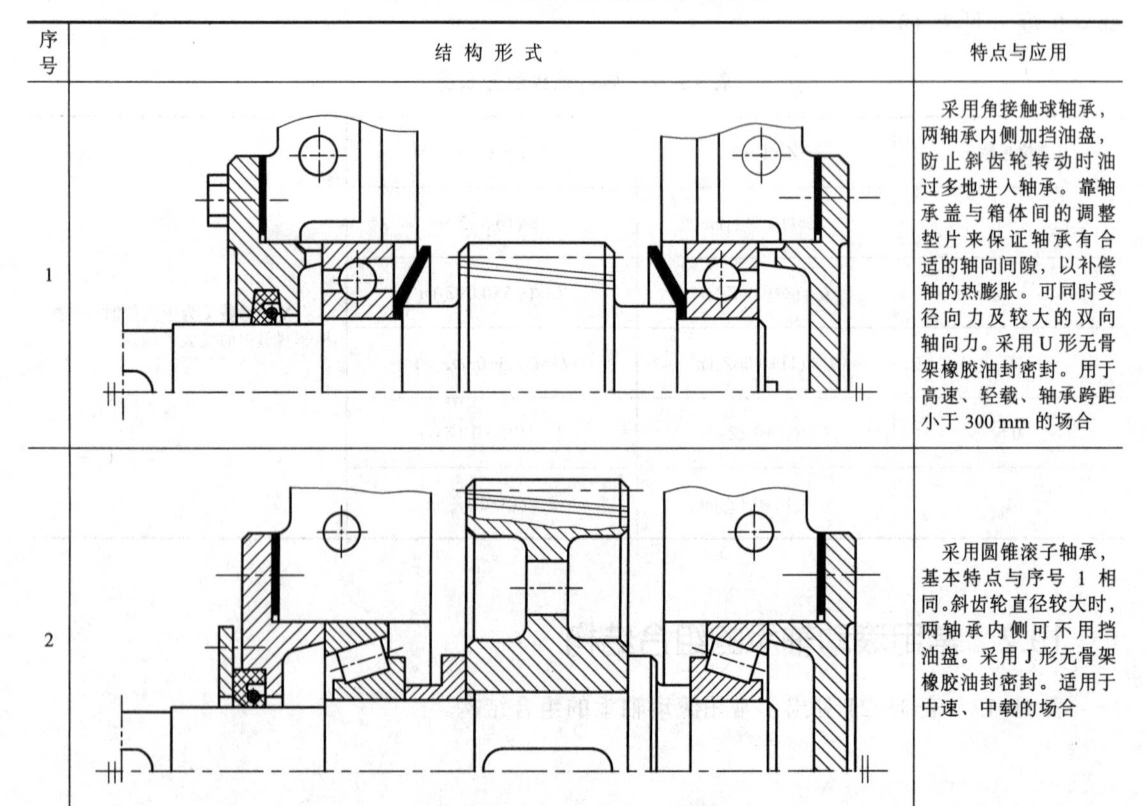

序号	结构形式	特点与应用
1		采用角接触球轴承，两轴承内侧加挡油盘，防止斜齿轮转动时油过多地进入轴承。靠轴承盖与箱体间的调整垫片来保证轴承有合适的轴向间隙，以补偿轴的热膨胀。可同时受径向力及较大的双向轴向力。采用 U 形无骨架橡胶油封密封。用于高速、轻载、轴承跨距小于 300 mm 的场合
2		采用圆锥滚子轴承，基本特点与序号 1 相同。斜齿轮直径较大时，两轴承内侧可不用挡油盘。采用 J 形无骨架橡胶油封密封。适用于中速、中载的场合

表 19-19　人字齿轮轴的轴承部件

结构形式	特点与应用
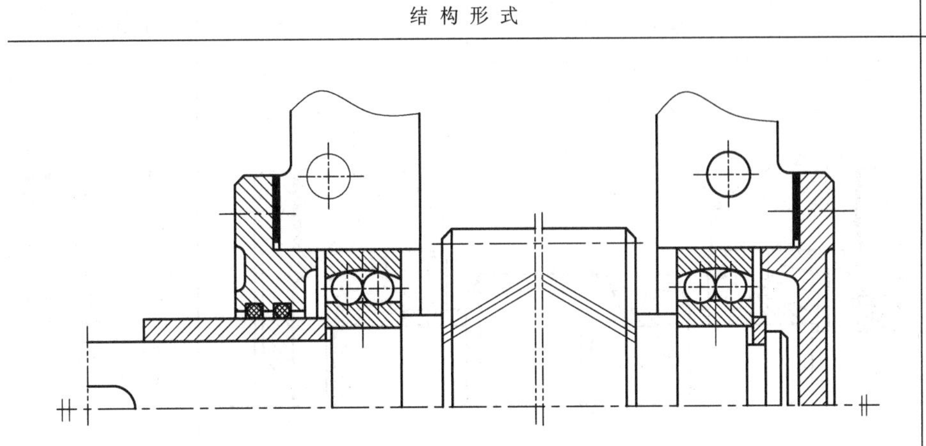	采用调心球轴承，端盖与轴承外圈之间留有间隙，轴可以双向游动，以保证正确啮合。承载能力高。透盖轴孔处采用 O 形橡胶密封圈密封

表 19-20　小锥齿轮轴的轴承部件

序号	结构形式	特点与应用
1	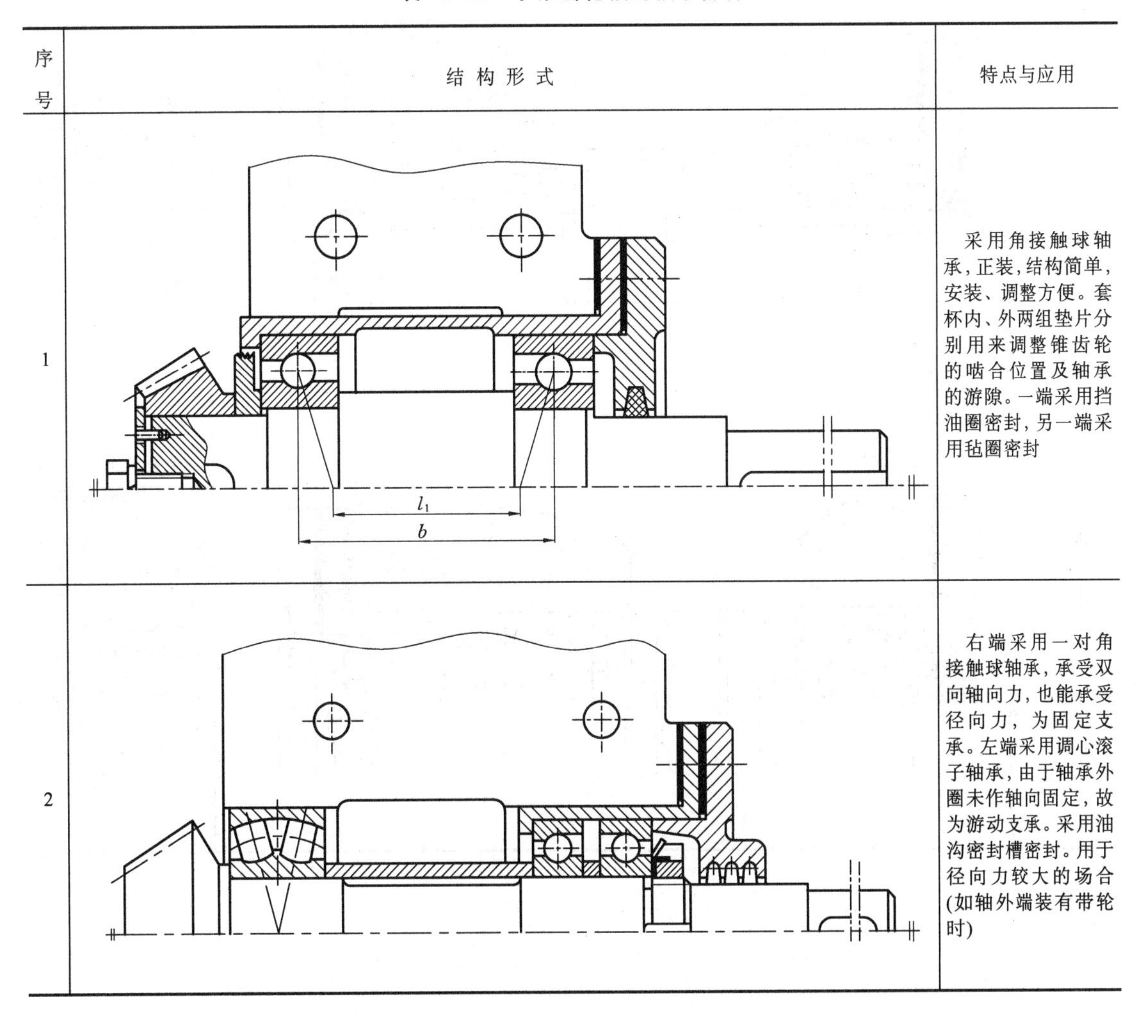	采用角接触球轴承，正装，结构简单，安装、调整方便。套杯内、外两组垫片分别用来调整锥齿轮的啮合位置及轴承的游隙。一端采用挡油圈密封，另一端采用毡圈密封
2		右端采用一对角接触球轴承，承受双向轴向力，也能承受径向力，为固定支承。左端采用调心滚子轴承，由于轴承外圈未作轴向固定，故为游动支承。采用油沟密封槽密封。用于径向力较大的场合(如轴外端装有带轮时)

表19-21　蜗杆轴的轴承部件

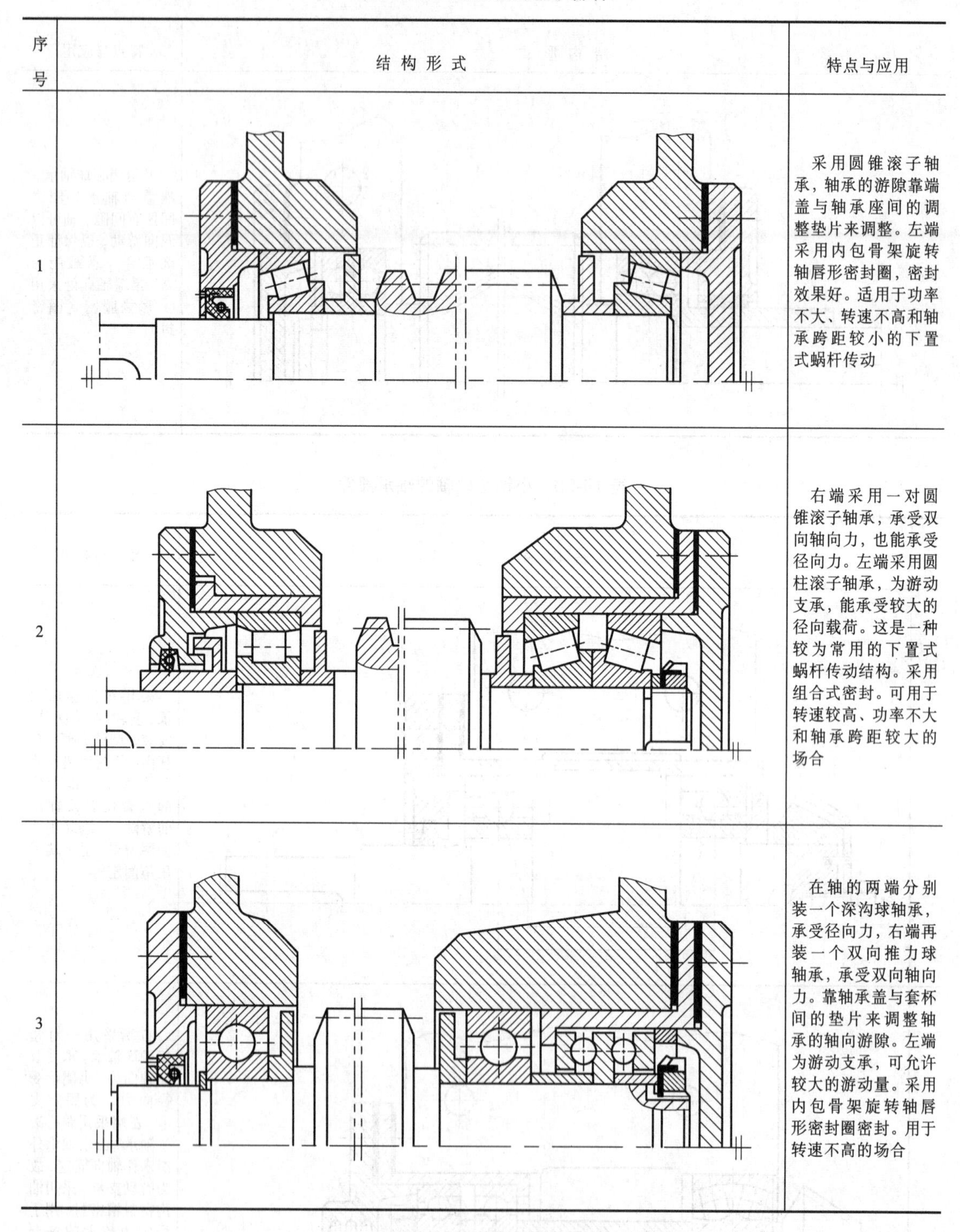

序号	结构形式	特点与应用
1		采用圆锥滚子轴承，轴承的游隙靠端盖与轴承座间的调整垫片来调整。左端采用内包骨架旋转轴唇形密封圈，密封效果好。适用于功率不大、转速不高和轴承跨距较小的下置式蜗杆传动
2		右端采用一对圆锥滚子轴承，承受双向轴向力，也能承受径向力。左端采用圆柱滚子轴承，为游动支承，能承受较大的径向载荷。这是一种较为常用的下置式蜗杆传动结构。采用组合式密封。可用于转速较高、功率不大和轴承跨距较大的场合
3		在轴的两端分别装一个深沟球轴承，承受径向力，右端再装一个双向推力球轴承，承受双向轴向力。靠轴承盖与套杯间的垫片来调整轴承的轴向游隙。左端为游动支承，可允许较大的游动量。采用内包骨架旋转轴唇形密封圈密封。用于转速不高的场合

第 20 章　参 考 图 例

20.1　减速器装配图

20.2　零件工作图

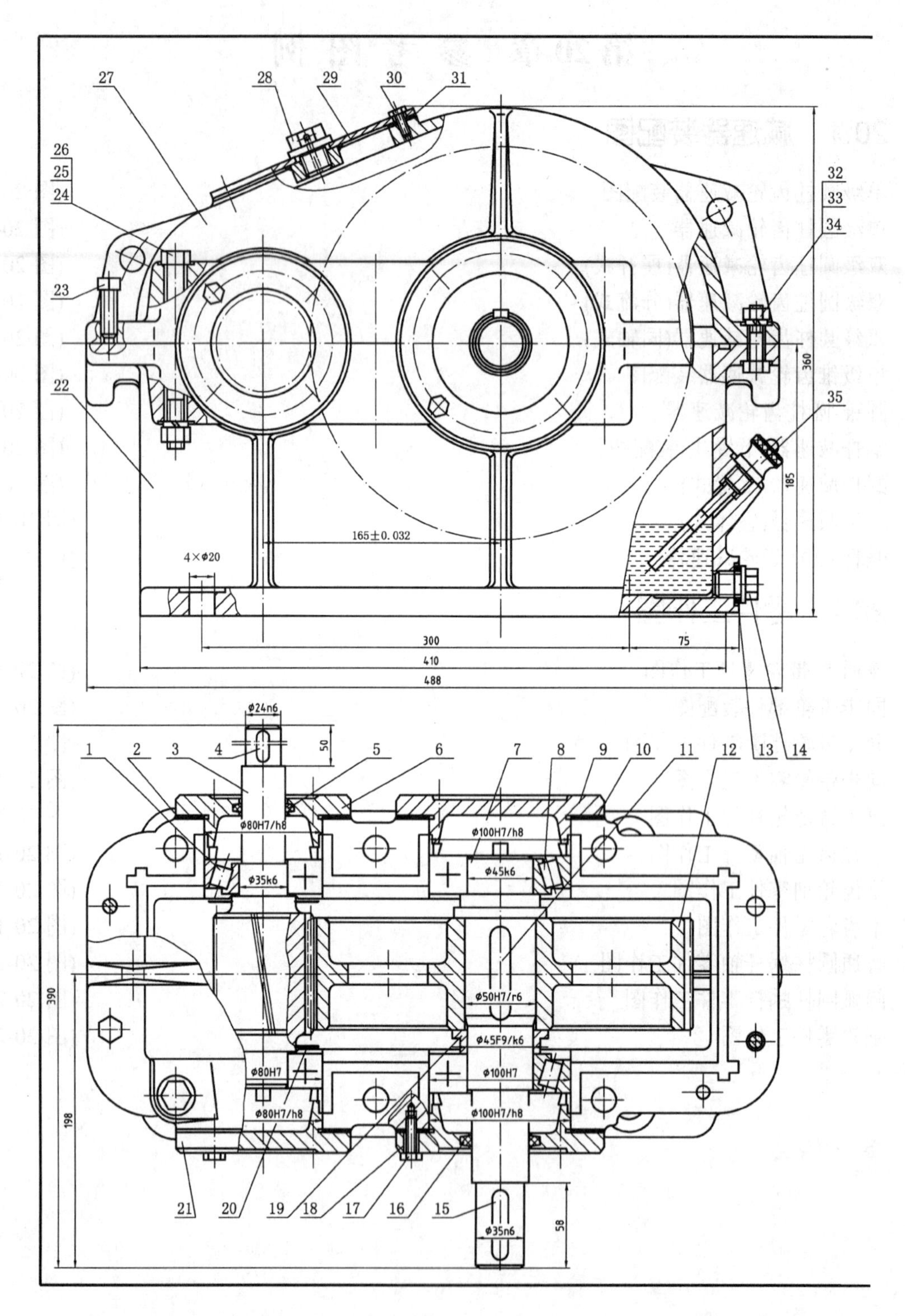

165±0.032
4×φ20
300
75
410
488
360
185
φ24n6
50
φ80H7/h8
φ35k6
φ100H7/h8
φ45k6
φ50H7/r6
φ45F9/k6
φ80H7
φ100H7
φ80H7/h8
φ100H7/h8
φ35n6
58
390
198

图 20-1　单级圆柱齿轮

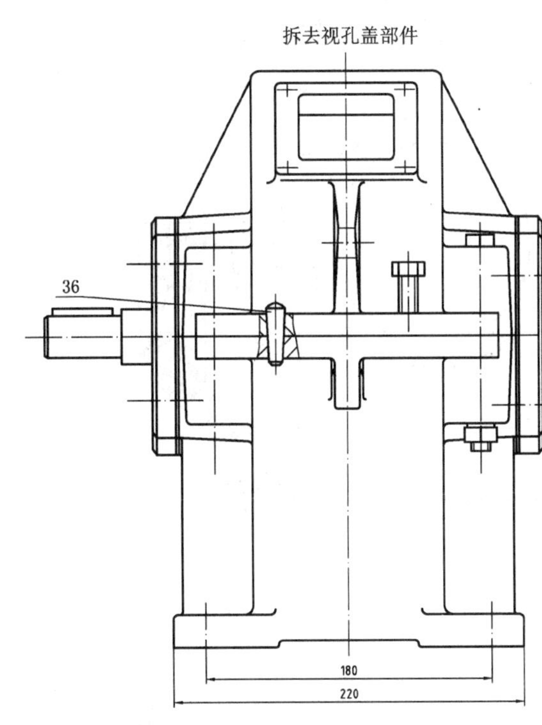

技术特性

输入功率/kW	输入转速/(r/min)	传动比 i	效率 η	传动特性				
				β	m_n	齿数		精度等级
3.42	720	4.15	0.95	12°14'19"	2.5	z_1	25	8 GB/T 10095—2008
						z_2	104	8 GB/T 10095—2008

技术要求

1. 装配前，所有零件需用煤油清洗，滚动轴承用汽油清洗，箱内不允许有任何杂物，内壁用耐油油漆涂刷两次。
2. 齿轮啮合侧隙用铅丝检验，其侧隙值不小于0.16 mm。
3. 检验齿面接触斑点，要求接触斑点占齿宽的35%，占齿面有效高度的40%。
4. 滚动轴承30207、30209的轴向调整游隙均为0.05～0.1 mm。
5. 箱内加注AN150全损耗系统用油（GB 443—1989）至规定油面高度。
6. 剖分面允许涂密封胶或水玻璃，但不允许使用任何填料。剖分面、各接触面及密封处均不得漏油。
7. 减速器外表面涂灰色油漆。
8. 按试验规范进行试验，并符合规范要求。

序号	名称	数量	材料	标准及规格	备注
36	圆锥销	2	35	销 GB/T 117 A8×30	
35	油标尺	1	Q235-A		组合件
34	弹簧垫圈	2	65Mn	垫圈 GB/T 93 10	
33	螺母	2	Q235-A	螺母 GB/T 6170 M10	
32	螺栓	2	Q235-A	螺栓 GB/T 5782 M10×40	
31	垫片	1	石棉橡胶纸		
30	螺钉	4	Q235-A	螺栓 GB/T 5781 M6×16	
29	视孔盖	1	Q235-A		
28	通气塞	1	Q235-A		
27	箱盖	1	HT200		
26	弹簧垫圈	6	65Mn	垫圈 GB/T 93 12	
25	螺母	6	Q235-A	螺母 GB/T 6170 M12	
24	螺栓	6	Q235-A	螺栓 GB/T 5782 M12×120	
23	启盖螺钉	1	Q235-A	螺栓 GB/T 5783 M10×35	
22	箱座	1	HT200		
21	轴承端盖	1	HT200		
20	挡油环	2	Q235-A		冲压件
19	轴套	1	45		
18	轴承端盖	1	HT200		
17	螺钉	16	Q235-A	螺栓 GB/T 5783 M8×25	
16	毡圈	1	半粗羊毛毡	毡圈 42JB/ZQ 4606	
15	键	1	45	键 10×50 GB/T 1096	
14	油塞	1	Q235-A	螺塞 M20×1.5JB/ZQ 4450	
13	封油垫	1	石棉橡胶纸		
12	齿轮	1	45	m_n=2.5，z=104	
11	键	1	45	键 14×63 GB/T 1096	
10	调整垫片	2组	08F		
9	轴承端盖	1	HT200		
8	圆锥滚子轴承	2		滚动轴承 30209 GB/T 297	
7	轴	1	45		
6	轴承端盖	1	HT200		
5	毡圈	1	半粗羊毛毡	毡圈 32JB/ZQ4606	
4	键	1	45	键 8×45 GB/T 1096	
3	齿轮轴	1	45	m_n=2.5，z=25	
2	调整垫片	2组	08F		
1	圆锥滚子轴承	2		滚动轴承 30207 GB/T 297	

单级圆柱齿轮减速器		比例	图号	重量	共 张
					第 张
设计		年 月	机械设计课程设计	(校名)	
绘图				(班名)	
审核					

减速器装配图

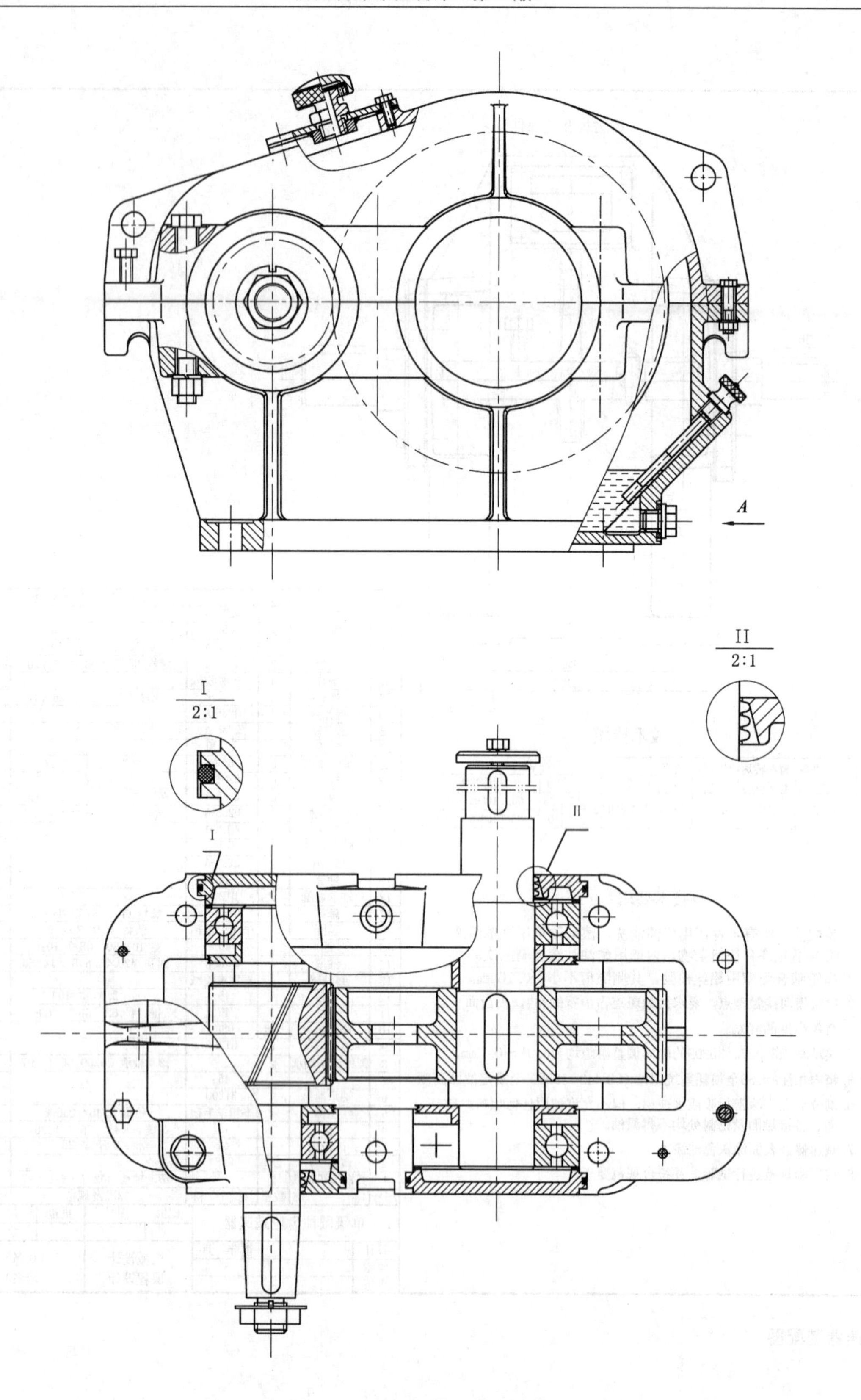

图 20-2　单级圆柱齿轮减速器

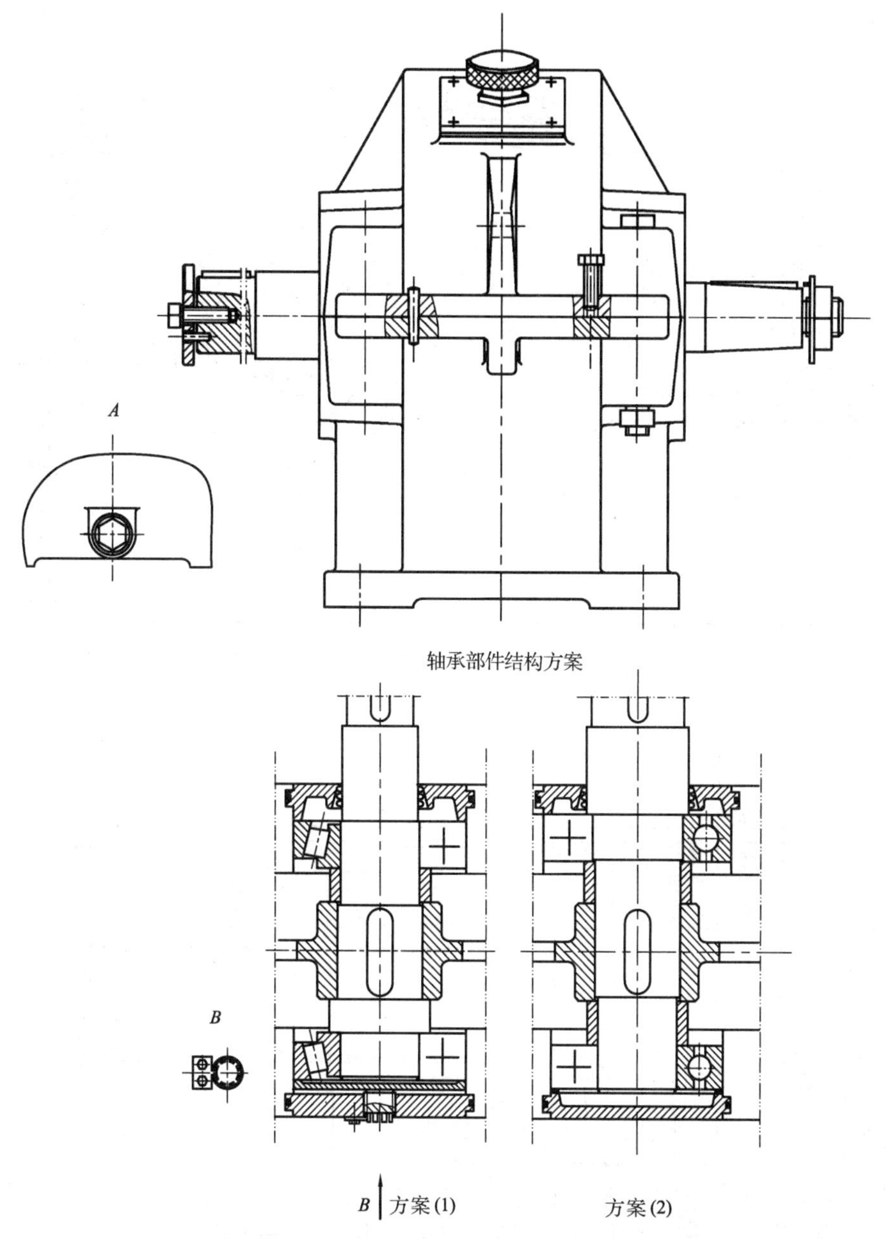

结构特点

本图所示为单级斜齿圆柱齿轮减速器结构图。因轴向力不大，故选用深沟球轴承。由于齿轮的圆周速度不高，轴承采用脂润滑。选用嵌入式轴承盖，结构简单，可减少轴向尺寸和重量，嵌入式轴承盖与轴承座孔嵌合处有O形橡胶密封圈。

外伸轴与轴承盖之间采用油沟式密封，可防止漏油。箱座侧面设计成倾斜式，不但减轻了重量，而且也减少了底部尺寸。高速轴外伸端采用圆锥形结构，目的是便于轴端上零部件的装拆。

轴承部件结构方案(1)采用了螺钉调节方式(并设计有螺纹防松装置)，可在不启开箱盖条件下方便地调节圆锥滚子轴承的游隙。轴承部件结构方案(2)系轴上零件必须从一端装入的情况，此种结构要求齿轮与轴的配合偏紧一些。这两种方案，轴承的润滑采用飞溅润滑方式 。

续图 20-2

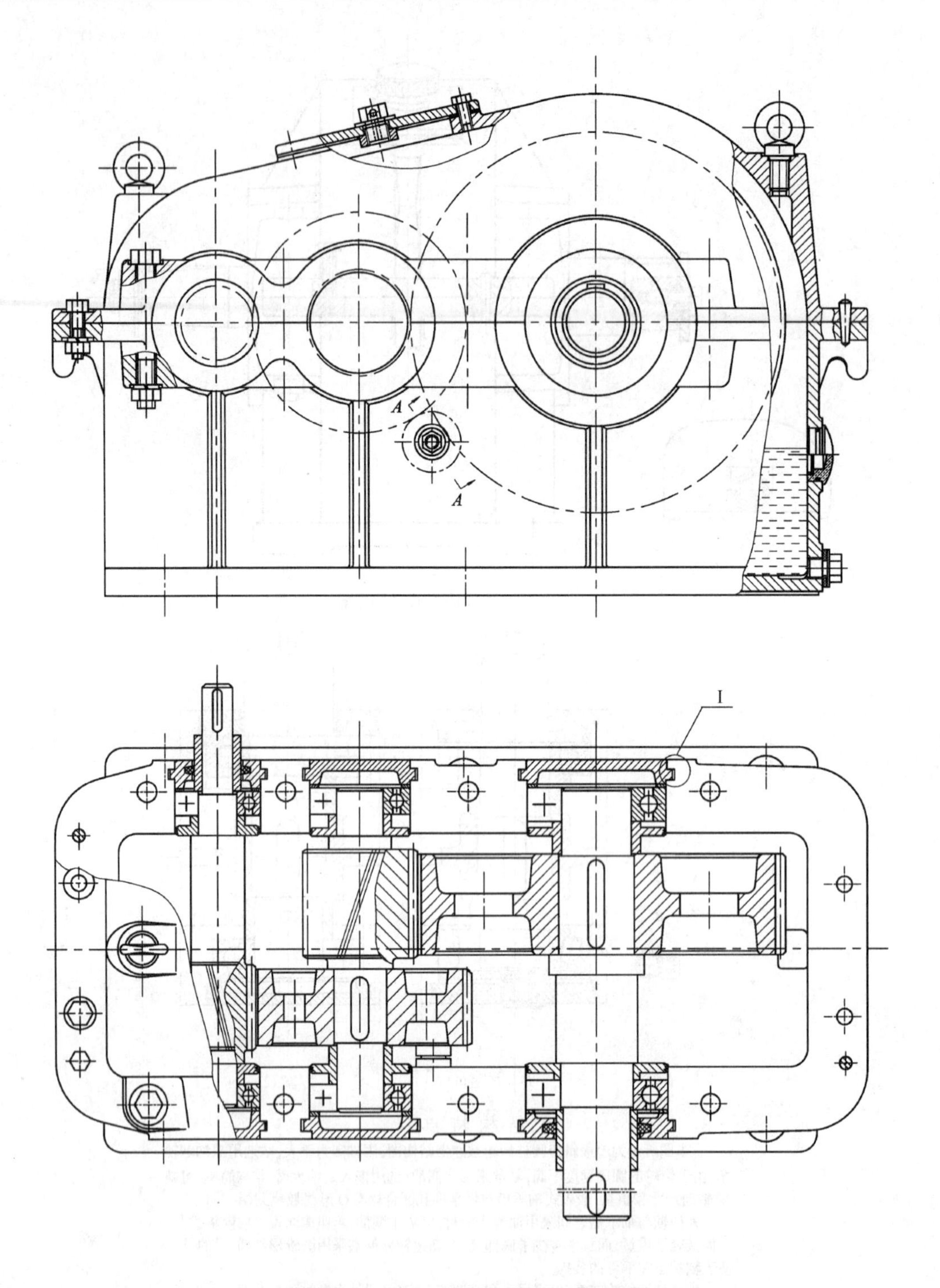

图 20-3　双级圆柱齿轮减速器(展开式)

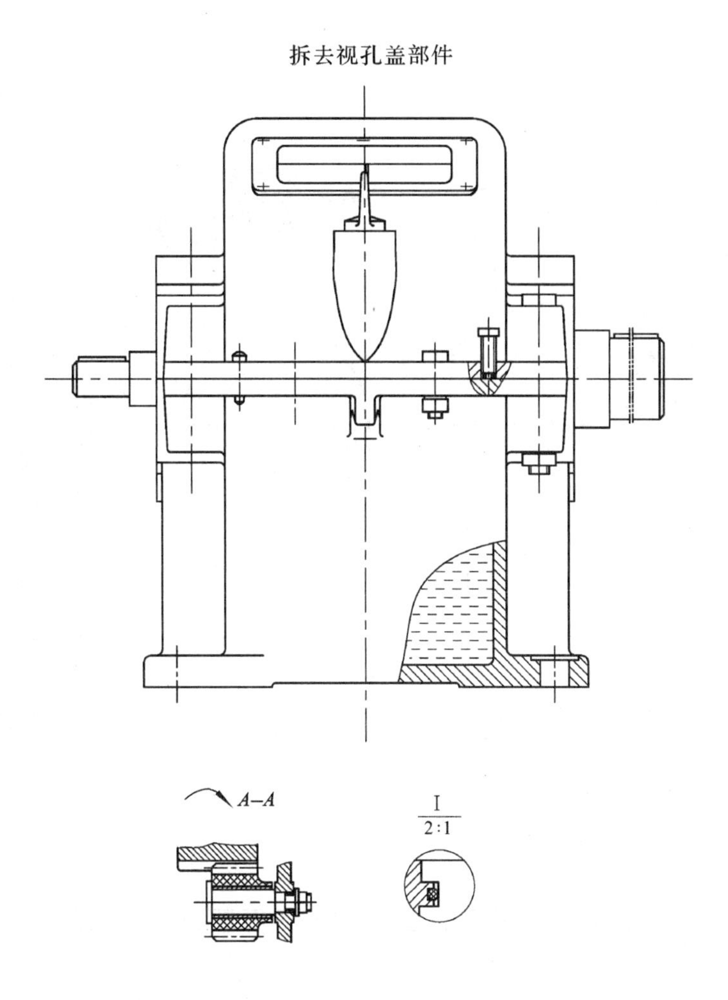

结 构 特 点

本图所示为展开式双级圆柱齿轮减速器结构图。双级圆柱齿轮减速器的不同分配方案，将影响减速器的质量、外观尺寸及润滑状况。本图所示结构能实现较大的传动比。*A–A* 剖视图上的小齿轮是为第一级两个齿轮的润滑而设置的。采用嵌入式端盖，结构简单。用垫片调整轴承的间隙。各轴承采用油脂润滑，用挡油盘防止稀油溅入轴承。

续图 20-3

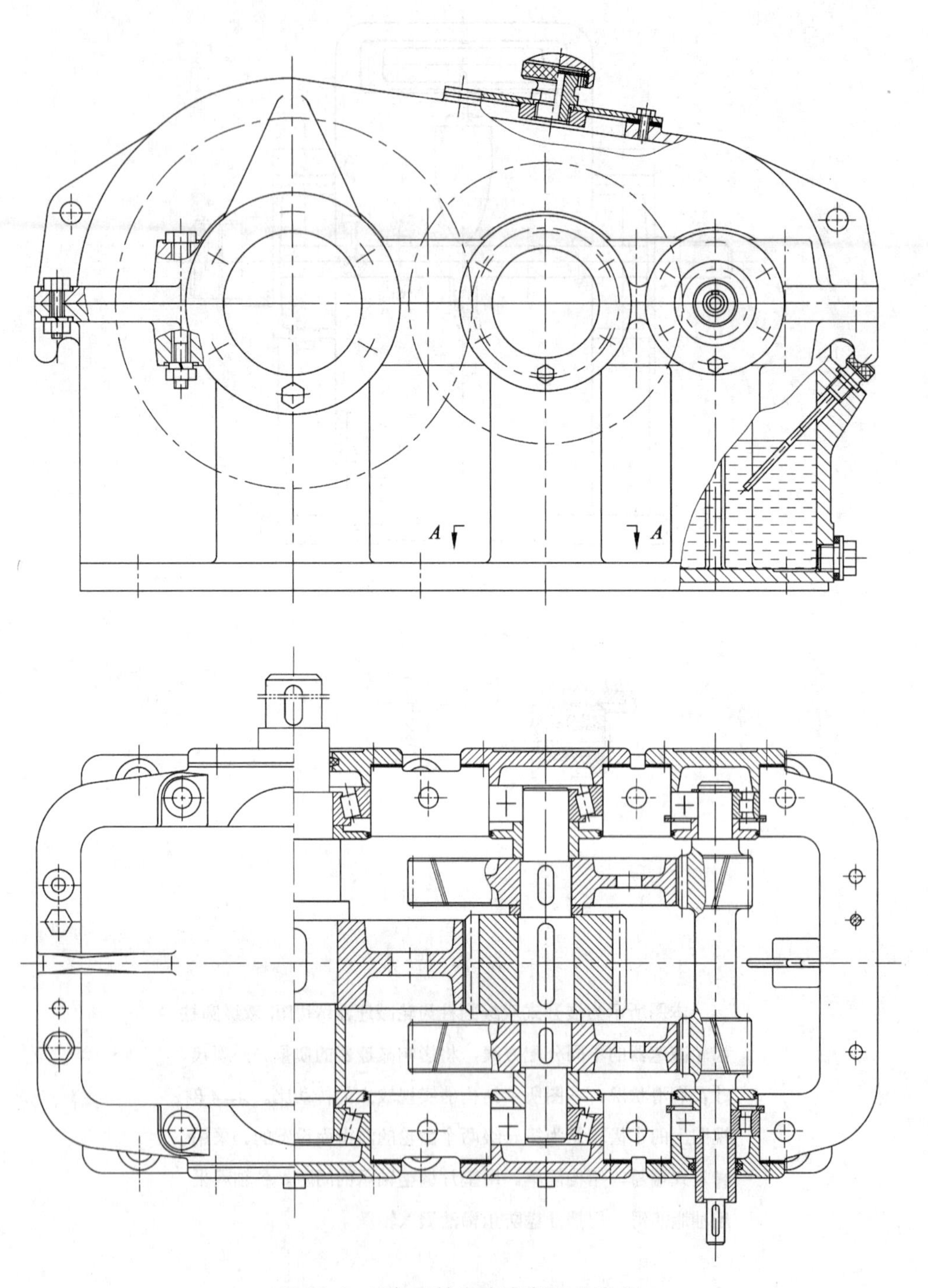

图 20-4　双级圆柱齿轮减速器(分流式)

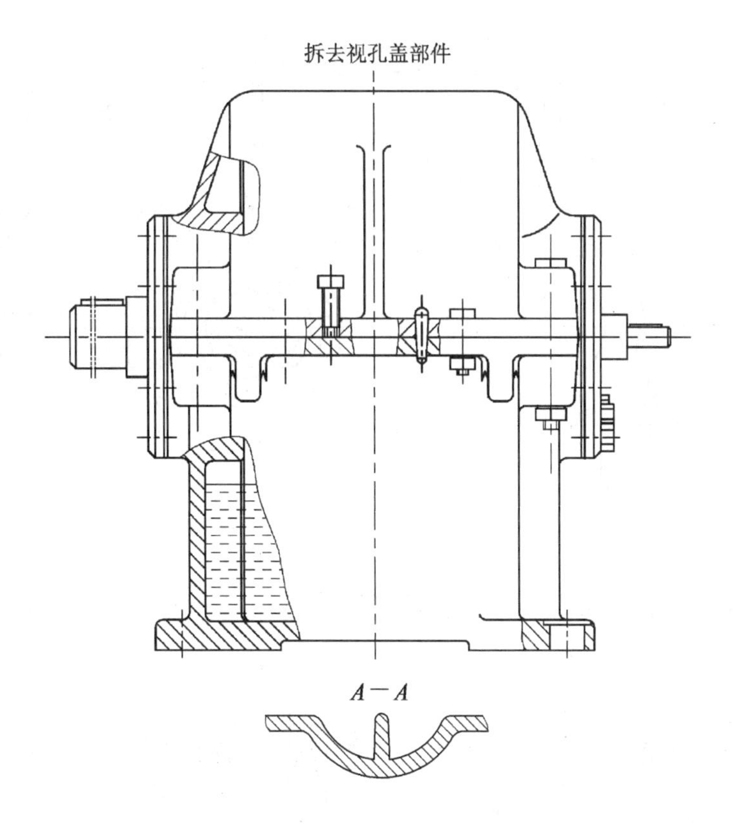

结 构 特 点

本图所示为分流式双级圆柱齿轮减速器结构图。其中第一级传动为分流式双斜齿轮传动，这种传动轴向受力是对称的，可以改善齿的接触状况和轴的受力状况。在双斜齿轮传动中，只能将一根轴上的轴承作轴向固定，其他轴上的轴承做成游动支点，以保证轮齿的正确位置。本图中将中间轴固定，高速轴游动。轴承采用油脂润滑，为了防止油池中稀油的溅入，各轴承处都加上了挡油盘。

续图 20-4

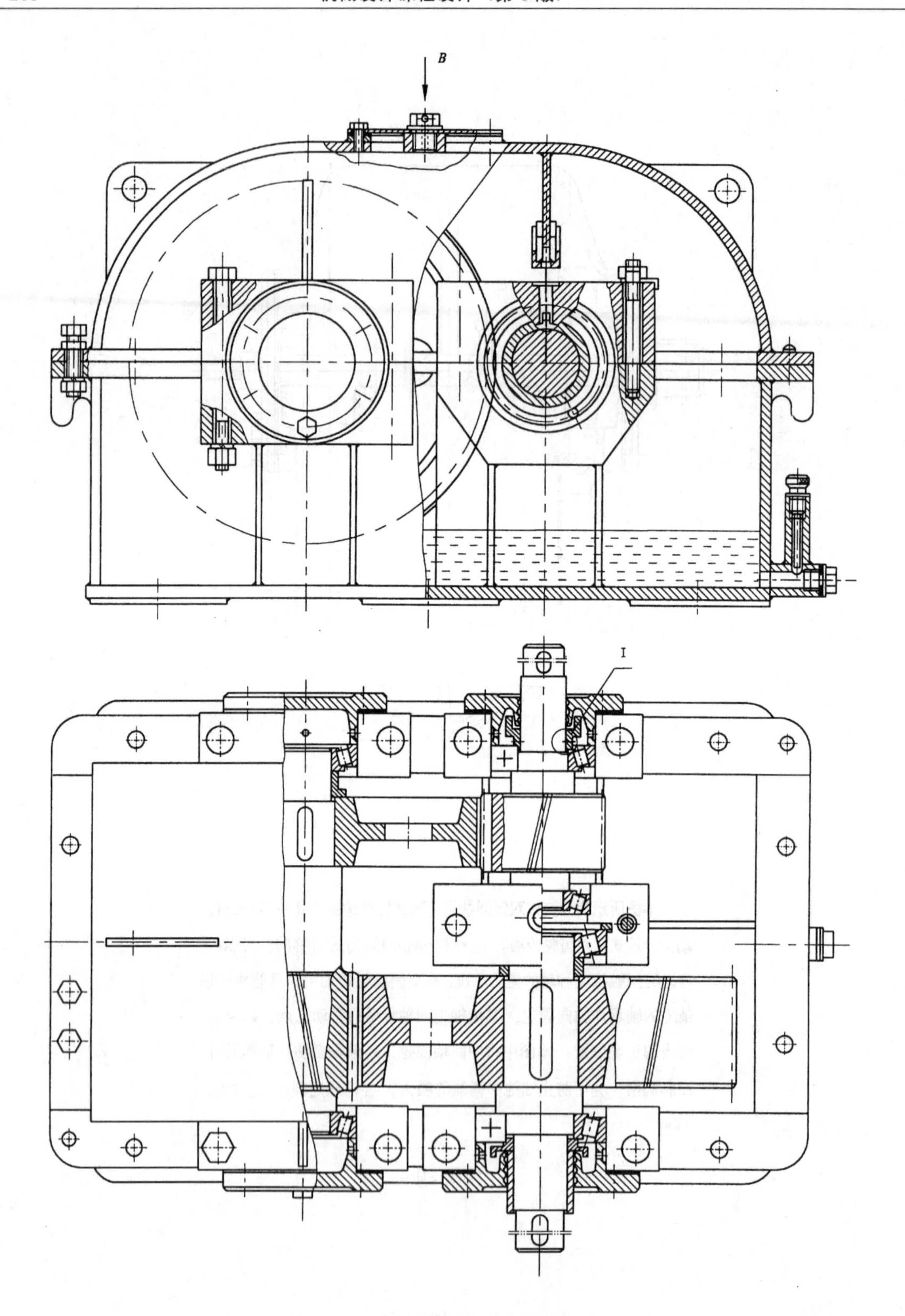

图 20-5　双级圆柱齿轮减速器(同轴式)

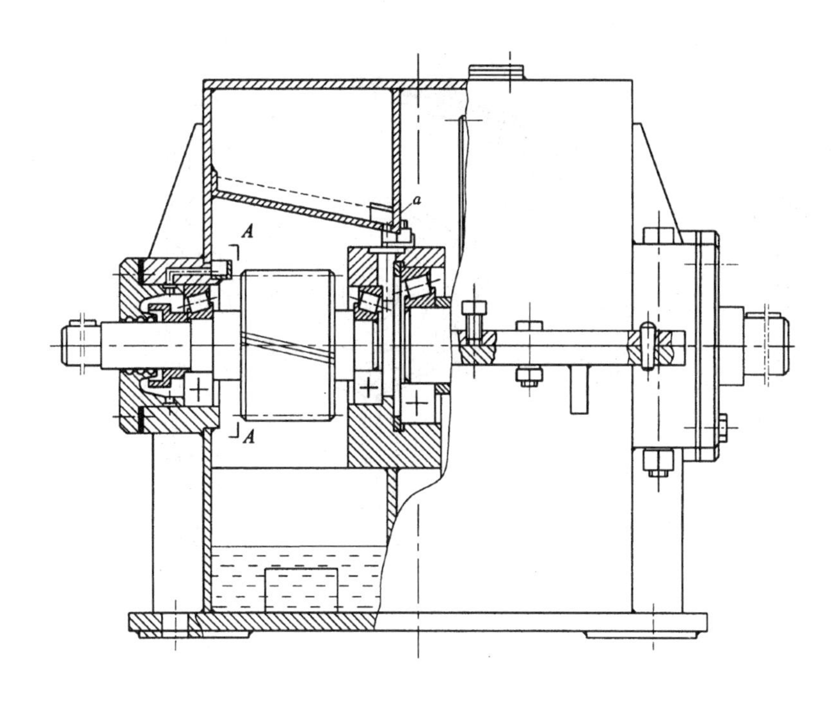

A–A

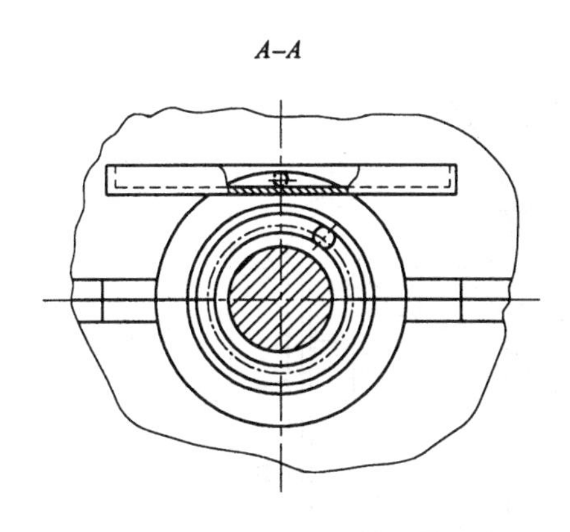

B

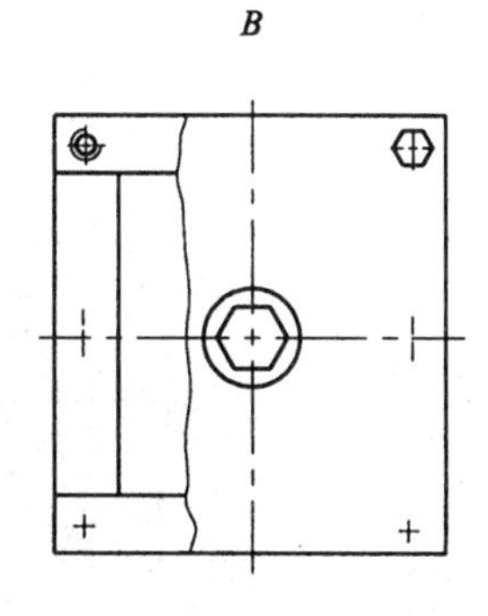

$\frac{\text{I}}{4:1}$

结 构 特 点

本图所示为同轴式双级圆柱齿轮减速器结构图。采用焊接箱体结构，适合于单件生产。中间轴承的润滑依靠油池中的油，由齿轮飞溅入特制的油槽中，再流入轴承，如图中*a*所示。其他轴承的润滑也靠齿轮飞溅的油，经内壁流入油斗进入轴承，如*A*–*A*视图所示。轴端采用迷宫式密封。轴承座锻造，经机加工后焊接在箱体上。

续图 20-5

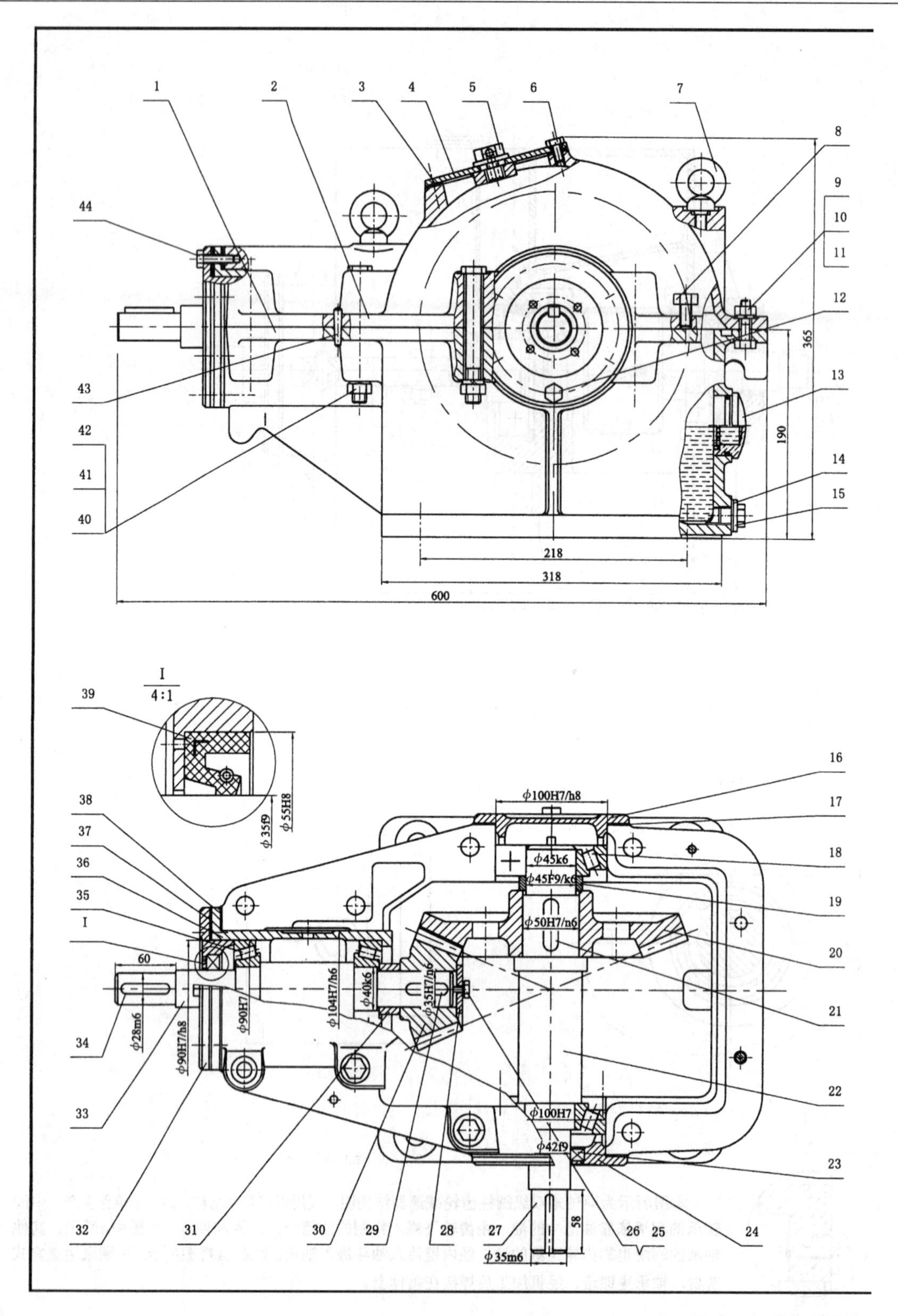

1
2
3
4
5
6
7
8
9
10
11
12
13
14
15
16
17
18
19
20
21
22
23
24
25
26
27
28
29
30
31
32
33
34
35
36
37
38
39
40
41
42
43
44
218
318
600
365
190
I
4:1
ϕ35f9
ϕ55H8
ϕ100H7/h8
ϕ45k6
ϕ45F9/k6
ϕ50H7/n6
60
ϕ28m6
ϕ90H7/h8
ϕ90H7
ϕ104H7/h6
ϕ40k6
ϕ35H7/n6
ϕ100H7
ϕ42f9
58
ϕ35m6

图 20-6　单级锥齿轮

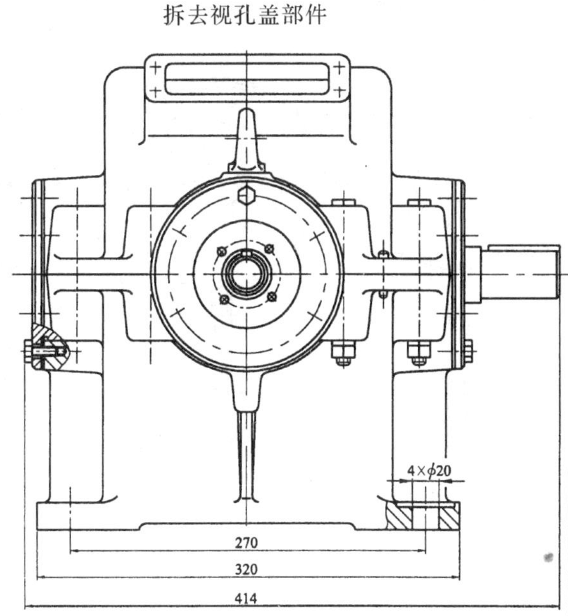

技术特性

输入功率/kW	输入转速/(r/min)	传动比 i	效率 η	传动特性			
				m	齿数		精度等级
4.0	480	2.38	0.93	5	Z_1	21	8c GB 11365—1989
					Z_2	52	8c GB 11365—1989

技术要求

1. 装配前，所有零件需进行清洗，箱体内壁涂耐油油漆，减速器外表面涂灰色油漆。
2. 齿轮啮合侧隙不得小于0.1 mm，用铅丝检查时其直径不得大于最小侧隙的两倍。
3. 齿面接触斑点沿齿面高度不得小于50%，沿齿长不得小于50%。
4. 齿轮副安装误差检验：齿圈轴向位移极限偏差$\pm f_{AM}$为0.1 mm，轴间距极限偏差$\pm f_a$为0.036 mm，轴交角极限偏差$\pm E_{\Sigma}$为0.045 mm。
5. 圆锥滚子轴承的轴向调整游隙为0.05～0.10 mm。
6. 箱盖与箱座接触面之间禁止使用任何垫片，允许涂密封胶和水玻璃，各密封处不允许漏油。
7. 减速器内装CKC150工业齿轮油至规定的油面高度。
8. 按减速器试验规程进行试验。

序号	名称	数量	材料	标准及规格	备注
44	螺栓	6	Q235-A	螺栓 GB/T 5783 M8×30	
43	锥销	2	35	销 GB/T 117 8×30	
42	螺栓	8	Q235-A	螺栓 GB/T 5782 M12×120	
41	弹簧垫圈	8	65Mn	垫圈 GB/T 93 12	
40	螺母	8	35	螺母 GB/T 6170 M12	
39	唇形密封圈	1		B 35 55 8 GB 13871	
38	调整垫片	1组	08F		
37	调整垫片	1组	08F		
36	套杯	1	HT200		
35	圆锥滚子轴承	2		滚动轴承 30308 GB/T 297	
34	键	1	45	键 8×50 GB/T 1096	
33	轴	1	45		
32	轴承盖	1	HT200		
31	套筒	1	45		
30	小锥齿轮	1	45		
29	键	1	45	键 10×40 GB/T 1096	
28	挡圈	1	Q235-A	挡圈 GB/T 892 B45	
27	键	1	45	键 C10×56 GB/T 1096	
26	螺栓	1	Q235-A	螺栓 GB/T 5783 M6×20	
25	弹簧垫圈	1	65Mn	垫圈 GB/T 93 16	
24	轴承盖	1	HT200		
23	唇形密封圈	1		B 42 62 8 GB 13871	
22	轴	1	45		
21	键	1	45	键 14×50 GB/T 1096	
20	大锥齿轮	1	45		
19	套筒	1	45		
18	圆锥滚子轴承	2		滚动轴承 30309 GB/T 297	
17	调整垫片	2组	08F		
16	轴承盖	1	HT200		
15	油塞	1	Q235-A	螺塞 M14×1.5 JB/ZQ 4450	
14	封油圈	1	工业用革	油圈 25×18 ZB70	
13	油标	1		油标 A32 JB/T 7941.1	组件
12	螺栓	6	Q235-A	螺栓 GB/T 5783 M8×20	
11	螺母	2	35	螺母 GB/T 6170 M12	
10	弹簧垫圈	2	65Mn	垫圈 GB/T 93 16	
9	螺栓	2	Q235-A	螺栓 GB/T 5783 M10×40	
8	启盖螺钉	1	Q235-A	螺栓 GB/T 5783 M10×25	
7	吊环螺钉	2	20	螺钉 GB/T 825 M10	
6	螺栓	4	Q235-A	螺栓 GB/T 5783 M6×16	
5	通气器	1	Q235-A		
4	视孔盖	1	Q235-A		
3	垫片	1	石棉橡胶纸		
2	箱盖	1	HT200		
1	箱座	1	HT200		

单级锥齿轮减速器			比例	图号	重量	共 张
						第 张
设计		年 月	机械设计 课程设计		（校 名） （班 名）	
绘图						
审核						

减速器装配图

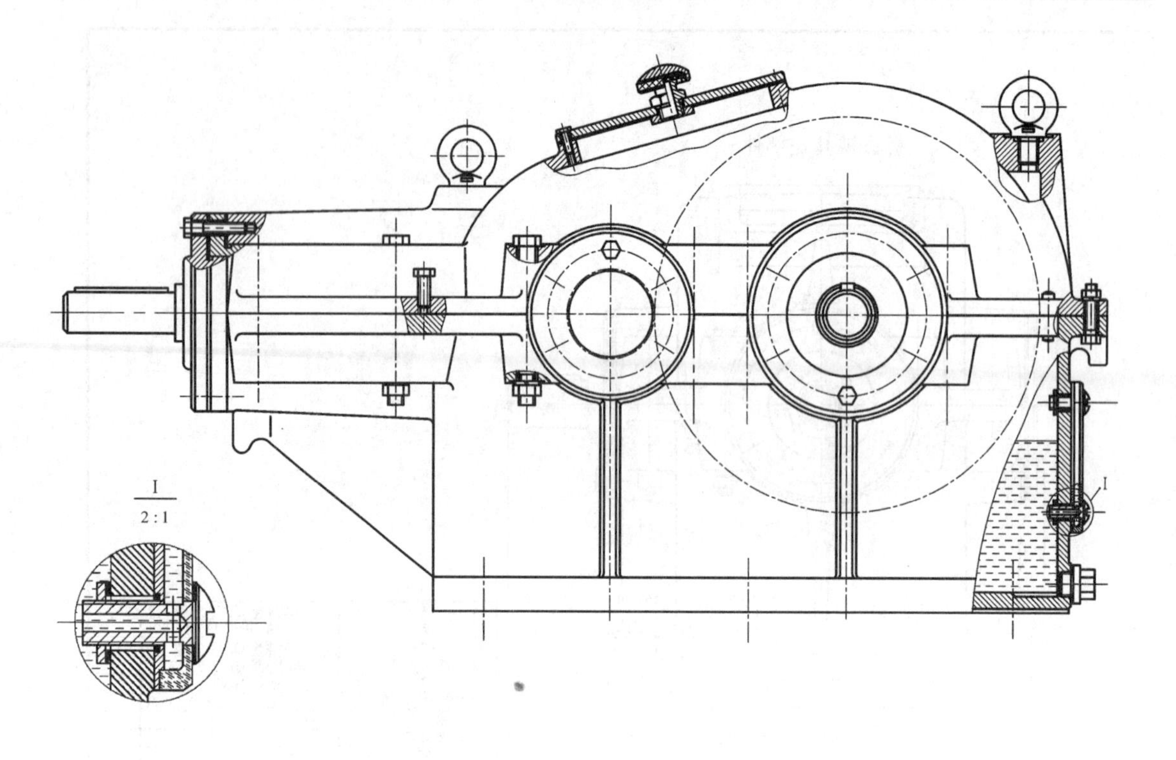

高速轴支承结构方案（1）

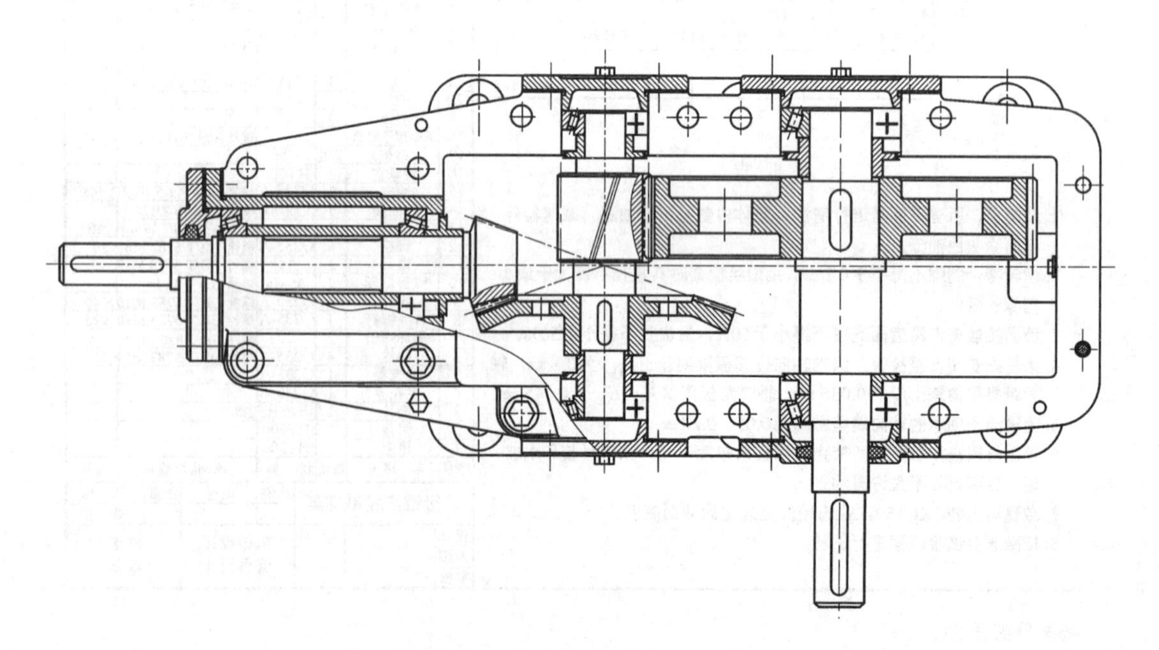

图 20-7　圆锥-圆柱齿轮减速器

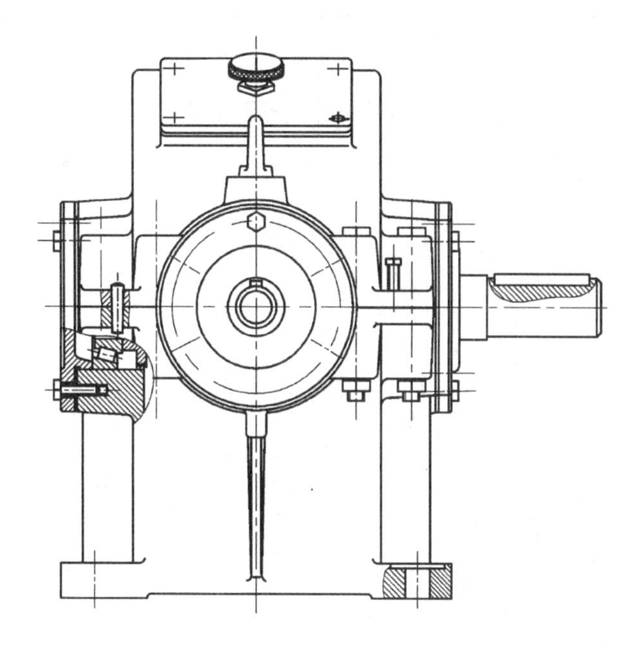

高速轴结构方案（2）

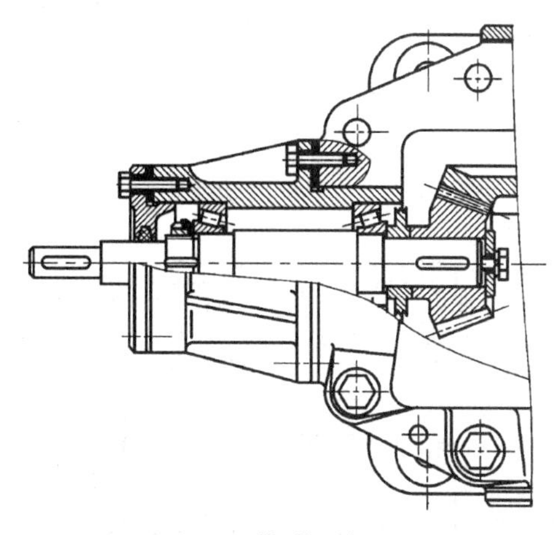

结构特点

1. 结构方案(1)中高速轴轴承装在轴承套杯内，支承部分与箱体连成为一个整体，支承刚度高。

2. 轴承采用油脂润滑，为了防止齿轮运转时溅起的润滑油进入轴承中稀释润滑脂，在小齿轮端面与轴承端面之间安装了挡油盘。

3. 箱体内的最低和最高油面，通过安装在箱体上的长形油标进行观察，既直观又方便。

4. 高速轴的支承也可采用结构方案(2)所示结构，高速轴轴承支承部分做成独立部件，用螺钉与减速器的机体连接。此种结构既减小了机体尺寸，又可简化机体结构，但支承的刚度较低 。

续图 20-7

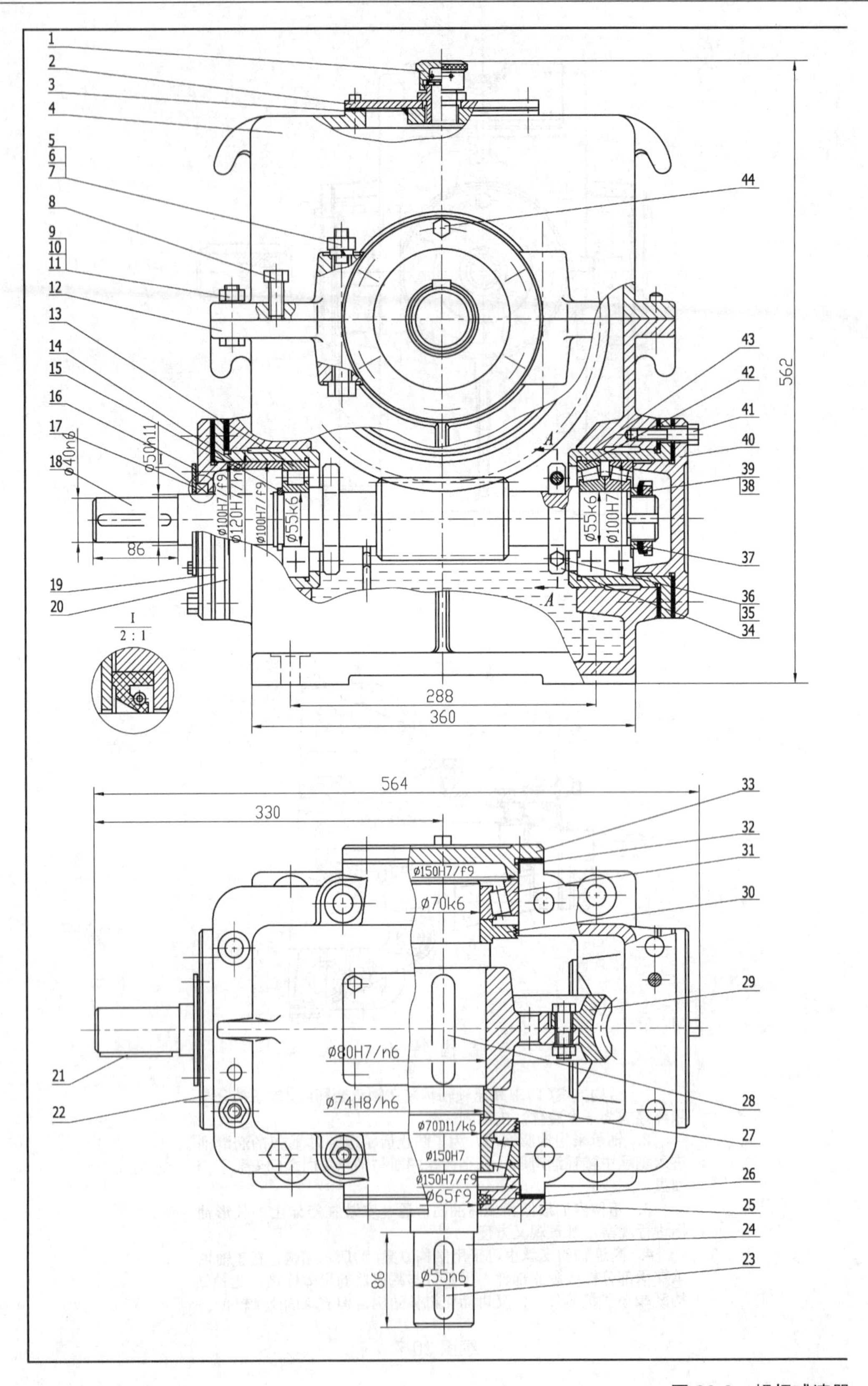
562
288
360
564
330
86
Ø40n6
Ø50h11
Ø100H7/f9
Ø120H7/h8
Ø55k6
Ø100H7
Ø150H7/f9
Ø70k6
Ø80H7/n6
Ø74H8/h6
Ø70D11/k6
Ø150H7
Ø65f9
Ø55n6
A
I
2:1

图20-8　蜗杆减速器

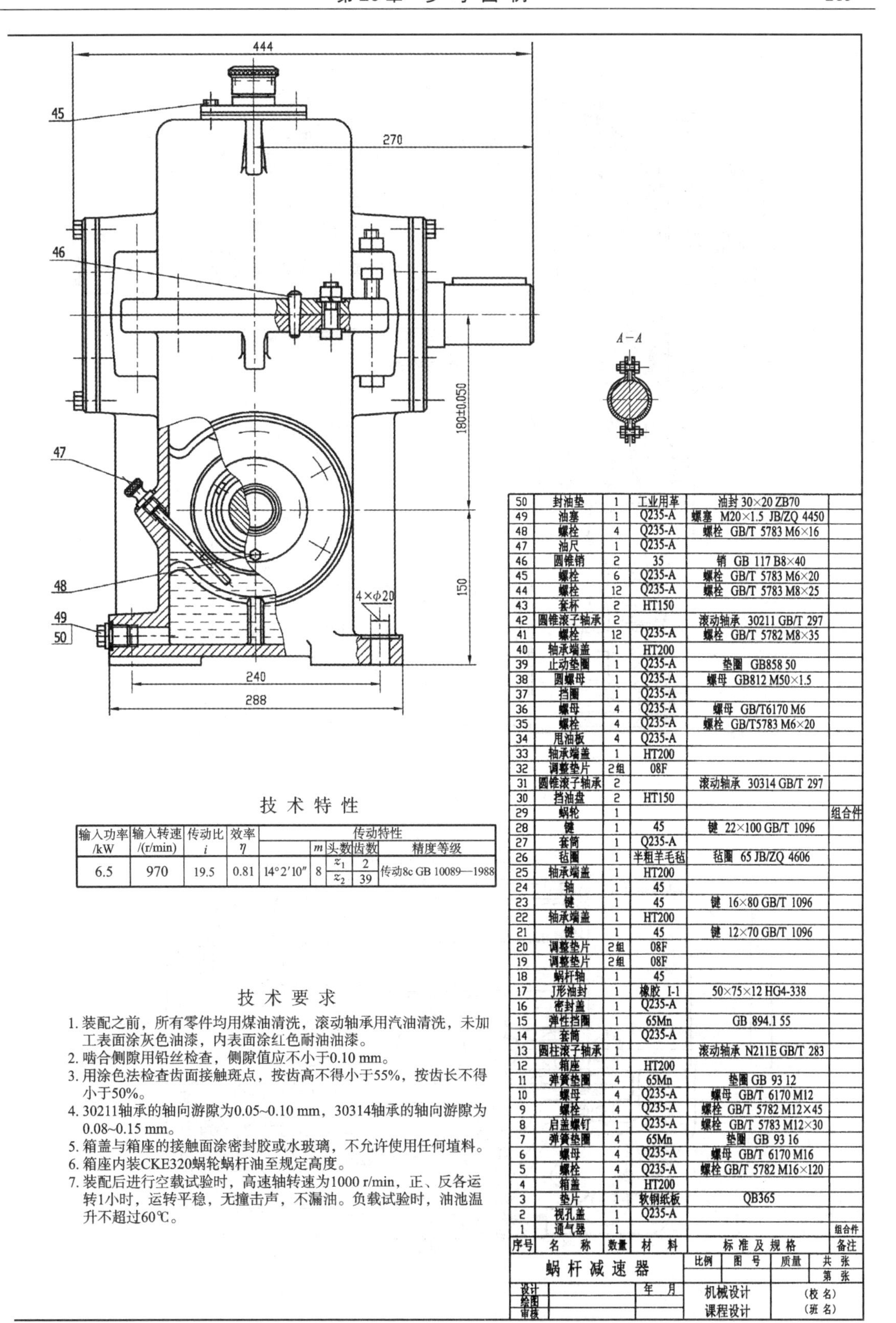

技 术 特 性

输入功率/kW	输入转速/(r/min)	传动比 i	效率 η	传动特性				
					m	头数	齿数	精度等级
6.5	970	19.5	0.81	14°2′10″	8	z_1	2	传动8c GB 10089—1988
						z_2	39	

技 术 要 求

1. 装配之前，所有零件均用煤油清洗，滚动轴承用汽油清洗，未加工表面涂灰色油漆，内表面涂红色耐油油漆。
2. 啮合侧隙用铅丝检查，侧隙值应不小于0.10 mm。
3. 用涂色法检查齿面接触斑点，按齿高不得小于55%，按齿长不得小于50%。
4. 30211轴承的轴向游隙为0.05~0.10 mm，30314轴承的轴向游隙为0.08~0.15 mm。
5. 箱盖与箱座的接触面涂密封胶或水玻璃，不允许使用任何填料。
6. 箱座内装CKE320蜗轮蜗杆油至规定高度。
7. 装配后进行空载试验时，高速轴转速为1000 r/min，正、反各运转1小时，运转平稳，无撞击声，不漏油。负载试验时，油池温升不超过60℃。

序号	名称	数量	材料	标准及规格	备注
50	封油垫	1	工业用革	油封 30×20 ZB70	
49	油塞	1	Q235-A	螺塞 M20×1.5 JB/ZQ 4450	
48	螺栓	4	Q235-A	螺栓 GB/T 5783 M6×16	
47	油尺	1	Q235-A		
46	圆锥销	2	35	销 GB 117 B8×40	
45	螺栓	6	Q235-A	螺栓 GB/T 5783 M6×20	
44	螺栓	12	Q235-A	螺栓 GB/T 5783 M8×25	
43	套杯	2	HT150		
42	圆锥滚子轴承	2		滚动轴承 30211 GB/T 297	
41	螺栓	12	Q235-A	螺栓 GB/T 5782 M8×35	
40	轴承端盖	1	HT200		
39	止动垫圈	1	Q235-A	垫圈 GB858 50	
38	圆螺母	1	Q235-A	螺母 GB812 M50×1.5	
37	挡圈	1	Q235-A		
36	螺母	4	Q235-A	螺母 GB/T6170 M6	
35	螺栓	4	Q235-A	螺栓 GB/T5783 M6×20	
34	甩油板	4	Q235-A		
33	轴承端盖	1	HT200		
32	调整垫片	2组	08F		
31	圆锥滚子轴承	2		滚动轴承 30314 GB/T 297	
30	挡油盘	2	HT150		
29	蜗轮	1			组合件
28	键	1	45	键 22×100 GB/T 1096	
27	套筒	1	Q235-A		
26	毡圈	1	半粗羊毛毡	毡圈 65 JB/ZQ 4606	
25	轴承端盖	1	HT200		
24	轴	1	45		
23	键	1	45	键 16×80 GB/T 1096	
22	轴承端盖	1	HT200		
21	键	1	45	键 12×70 GB/T 1096	
20	调整垫片	2组	08F		
19	调整垫片	2组	08F		
18	蜗杆轴	1	45		
17	J形油封	1	橡胶 I-1	50×75×12 HG4-338	
16	密封盖	1	Q235-A		
15	弹性挡圈	1	65Mn	GB 894.1 55	
14	套筒	1	Q235-A		
13	圆柱滚子轴承	1		滚动轴承 N211E GB/T 283	
12	箱座	1	HT200		
11	弹簧垫圈	4	65Mn	垫圈 GB 93 12	
10	螺母	4	Q235-A	螺母 GB/T 6170 M12	
9	螺栓	4	Q235-A	螺栓 GB/T 5782 M12×45	
8	启盖螺钉	1	Q235-A	螺栓 GB/T 5783 M12×30	
7	弹簧垫圈	4	65Mn	垫圈 GB 93 16	
6	螺母	4	Q235-A	螺母 GB/T 6170 M16	
5	螺栓	4	Q235-A	螺栓 GB/T 5782 M16×120	
4	箱盖	1	HT200		
3	垫片	1	软钢纸板	QB365	
2	视孔盖	1	Q235-A		
1	通气器	1			组合件

蜗杆减速器		比例	图号	质量	共 张
					第 张
设计	年 月	机械设计		(校名)	
绘图		课程设计		(班名)	
审核					

(下置式)装配图

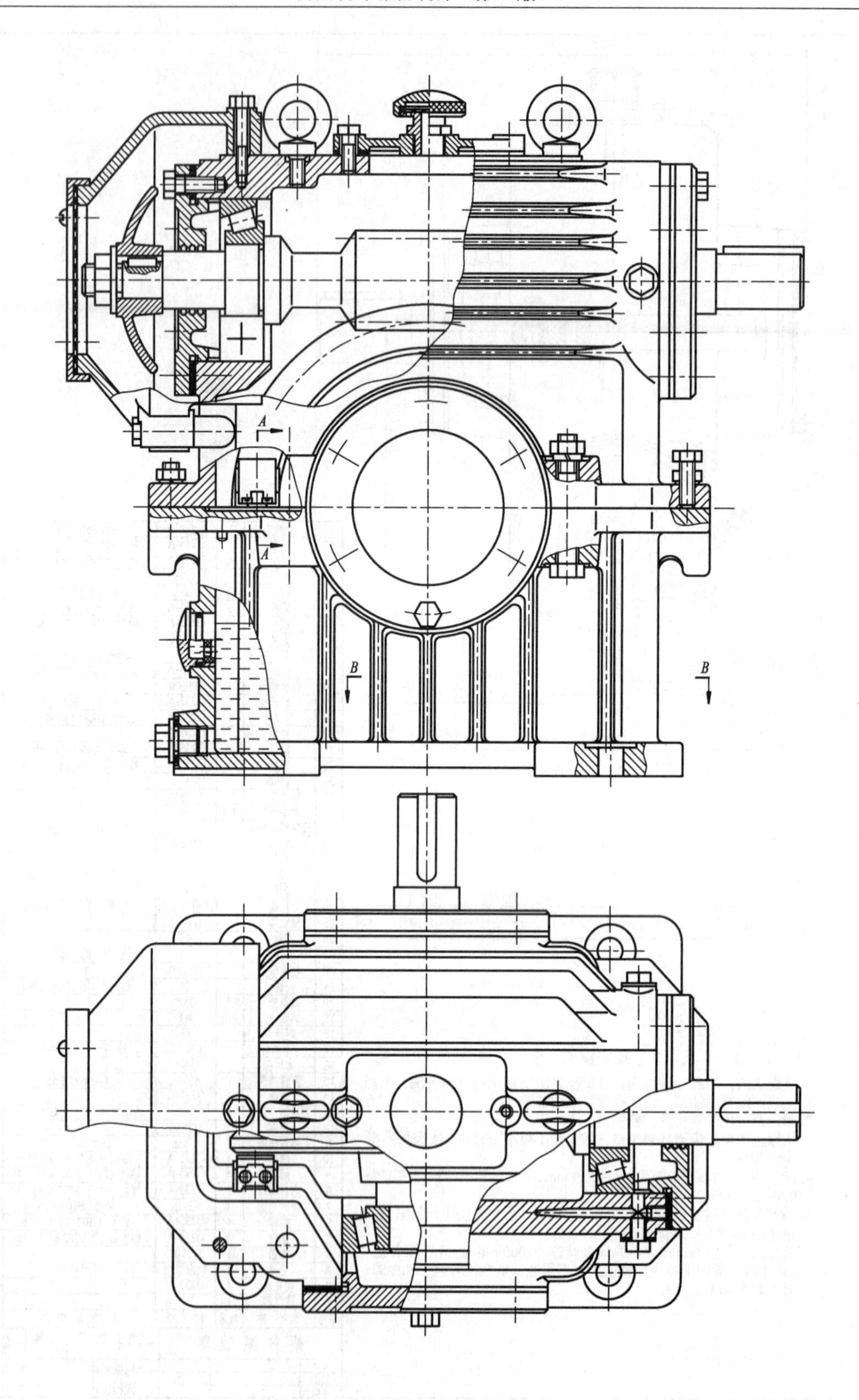

图 20-9　蜗杆减速器(上置式)

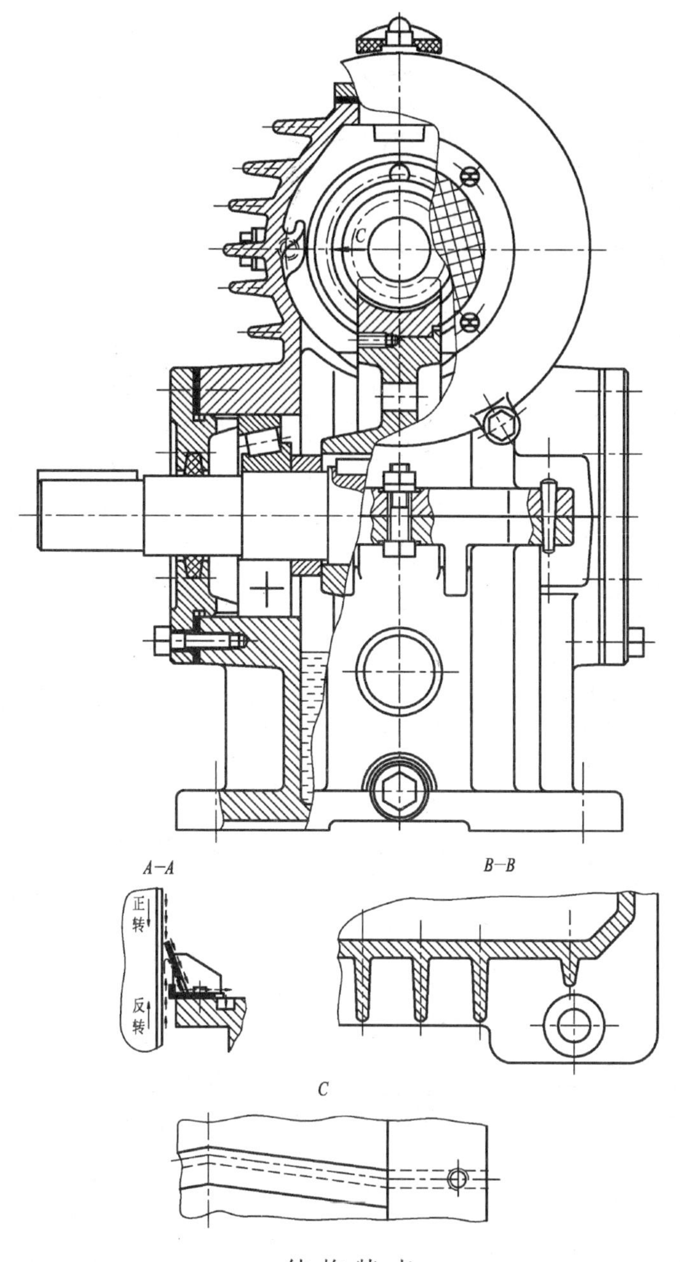

结构特点

图示为上置式蜗杆减速器结构图。当蜗杆圆周速度较高时，蜗杆上置可减少搅油损失。图中蜗杆轴端装有风扇，以加速空气流通，提高散热能力。箱体外壁铸有散热片，箱盖上的散热片水平布置，与气流方向一致，而箱座上的散热片锅垂布置，以利于热传导。由于蜗杆轴跨距较小，所以采用两端固定式支承结构，但安装时轴承应留有适当的热补偿间隙。上置式蜗杆减速器的缺点是蜗杆轴承润滑困难，需设计特殊的导油结构，如左视图及C向视图所示，蜗杆将油甩到箱盖内壁上的铸造油沟流入轴承。蜗轮轴轴承的润滑油是靠刮油板将油引入箱座上的油沟而进入轴承的，无论蜗轮转向如何，刮油板都能起作用(见A—A剖视图)。为使油量充足，应在箱体对角方向设置两块刮油板。

续图 20-9

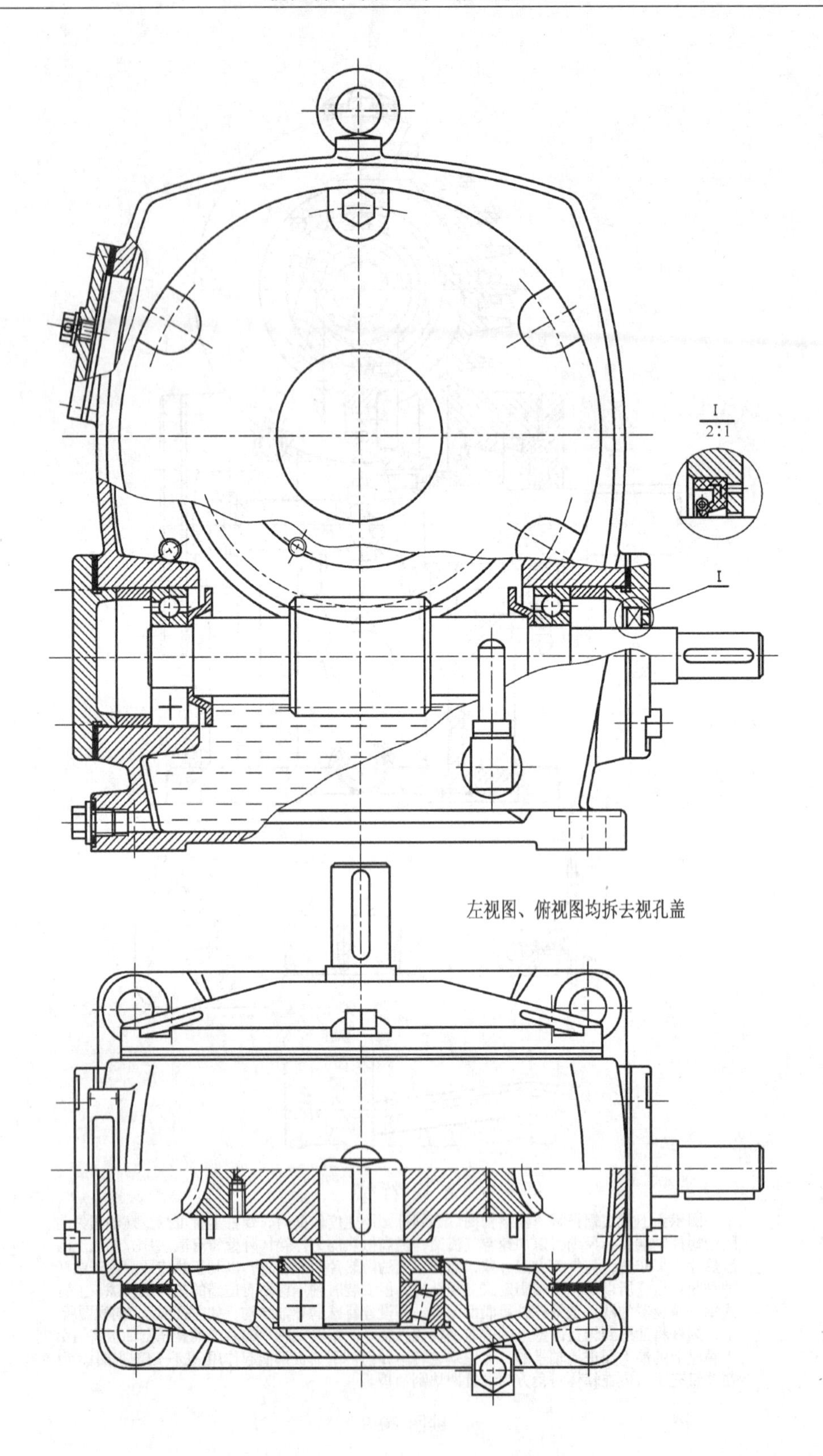

图 20-10　蜗杆减速器(整体式)

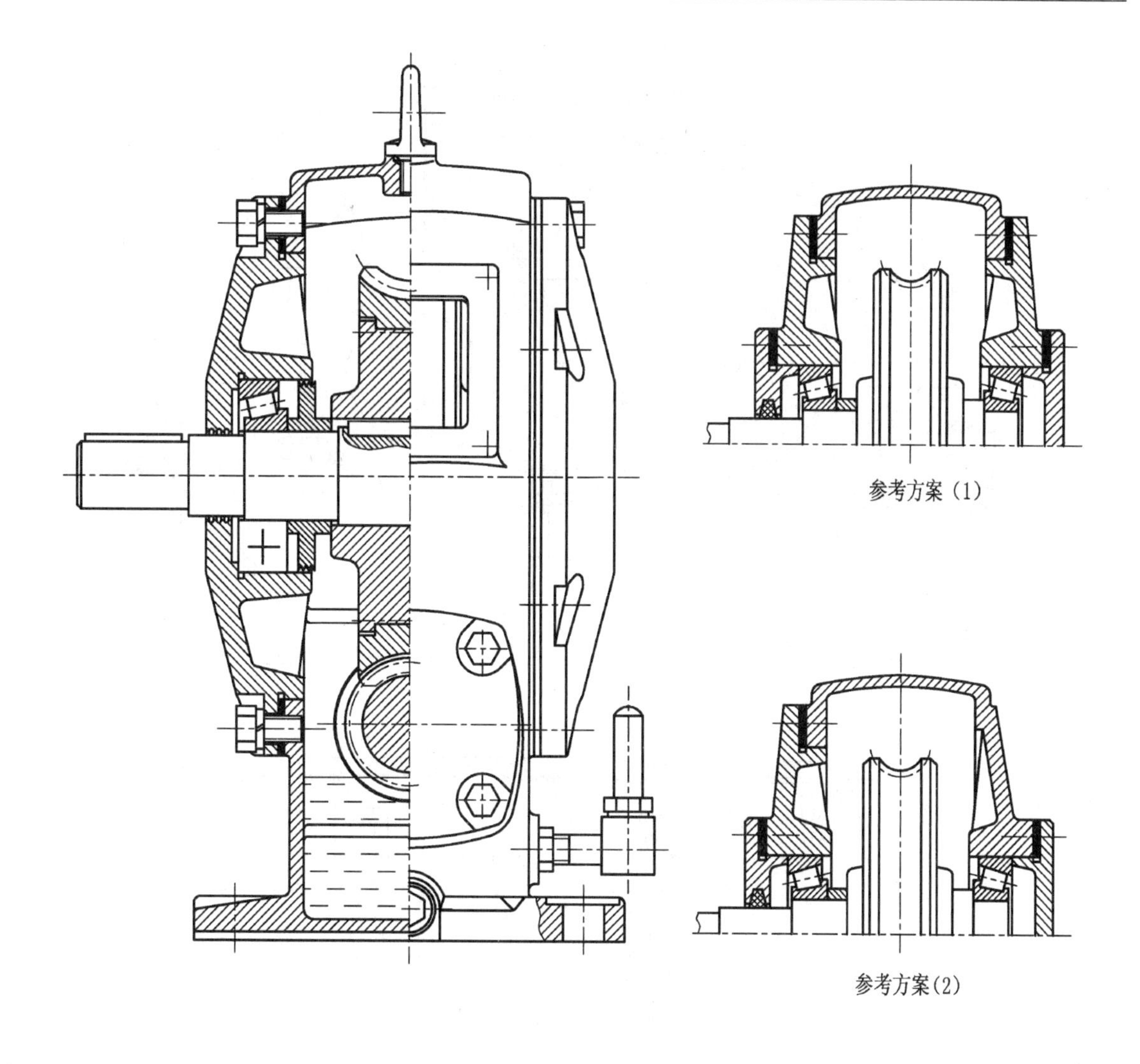

结构特点

图示为整体式蜗杆减速器结构图，特点是线条流畅，造型美观，结构紧凑。蜗轮轴的轴承安装在两个大端盖上，蜗轮轴的轴向位置及轴承间隙的调整是通过大端盖与机体间垫片来实现的。蜗轮与机体顶部之间必须有足够的距离，以利于安装时抬起蜗轮。由于导入稀油较困难，所以蜗轮轴的轴承通常采用脂润滑。参考方案(1)中增加了两个轴承盖，便于调整轴承间隙，但零件增多，结构较复杂。参考方案(2)中只有一个大端盖，结构简单，但安装较困难。

续图 20-10

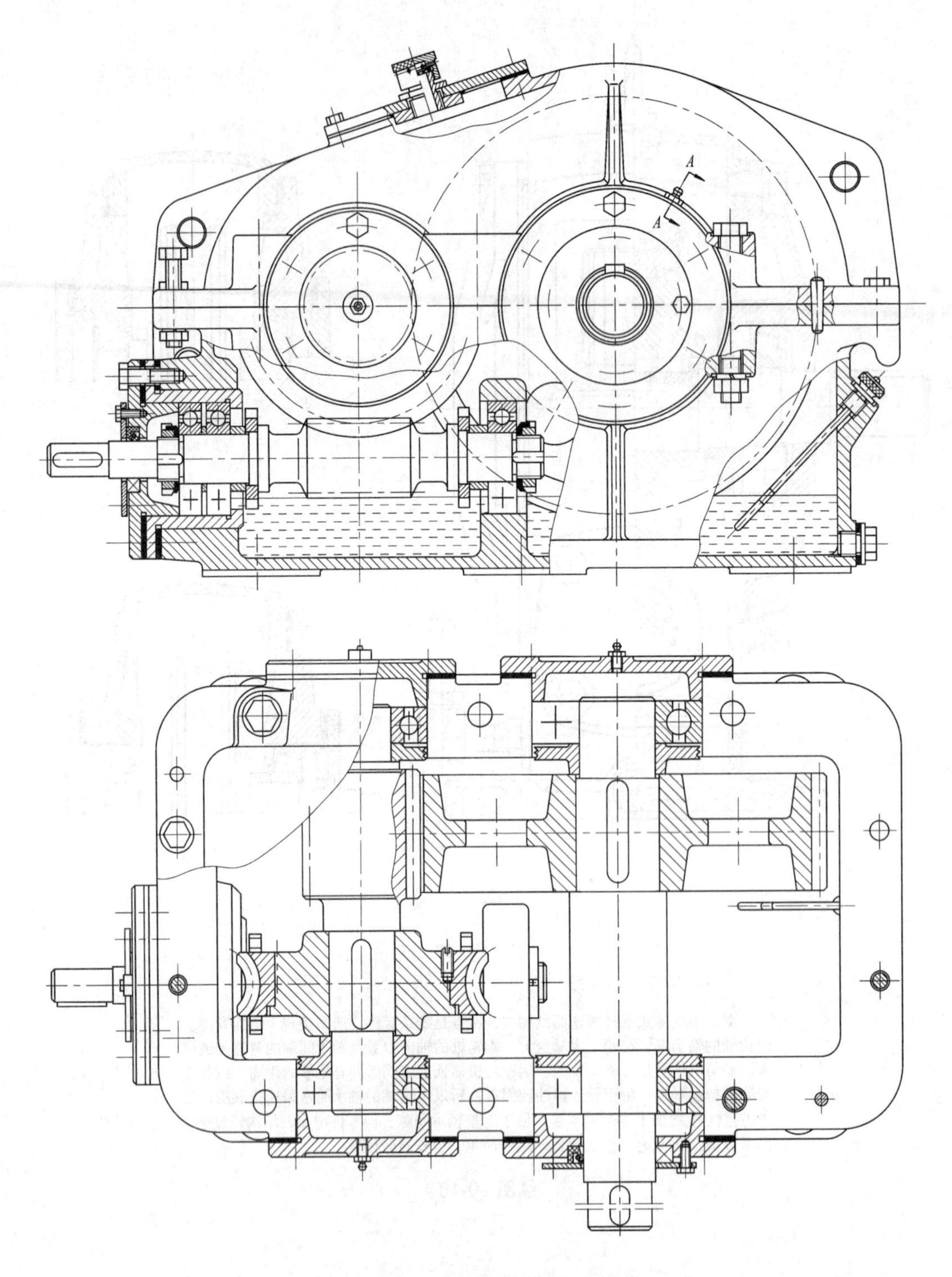

图 20-11　蜗杆-圆柱齿轮减速器

拆去视孔盖部件

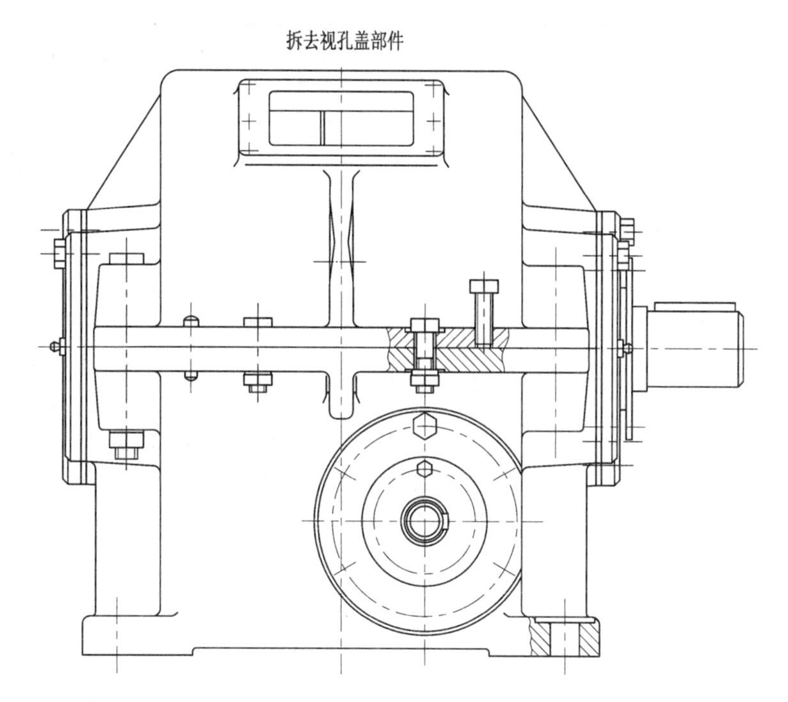

蜗杆轴支承结构参考方案

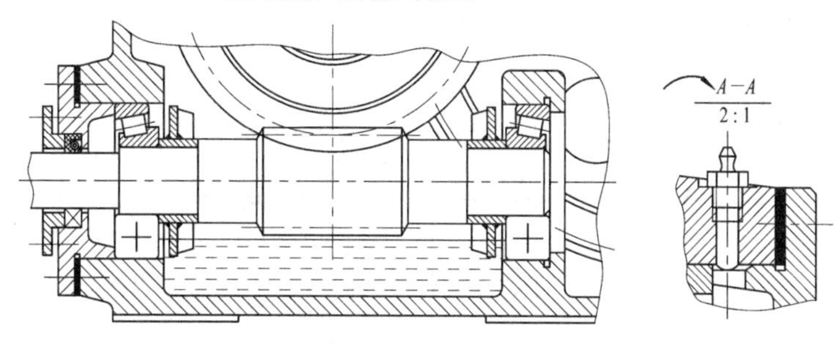

结构特点

图示为蜗杆-圆柱齿轮减速器结构图。蜗杆传动放在高速级，啮合齿面间易于形成油膜，可提高传动效率，但与圆柱齿轮-蜗杆减速器相比，本图所示结构尺寸较大。蜗杆轴采用一端固定一端游动的支承形式，工作温升较高时，游动端可保证轴受热伸长时能自由游动，避免轴承受到附加载荷的作用。为了防止轴承松脱，内圈应作轴向固定。当温升不高时，也可采用两端固定的支承结构，如参考方案图所示。

蜗杆轴承采用稀油润滑，而蜗轮轴、齿轮轴的轴承均采用脂润滑。为便于添加润滑脂，轴承盖、轴承座上开有注油孔，见俯视图及$A-A$剖视图。

续图 20-11

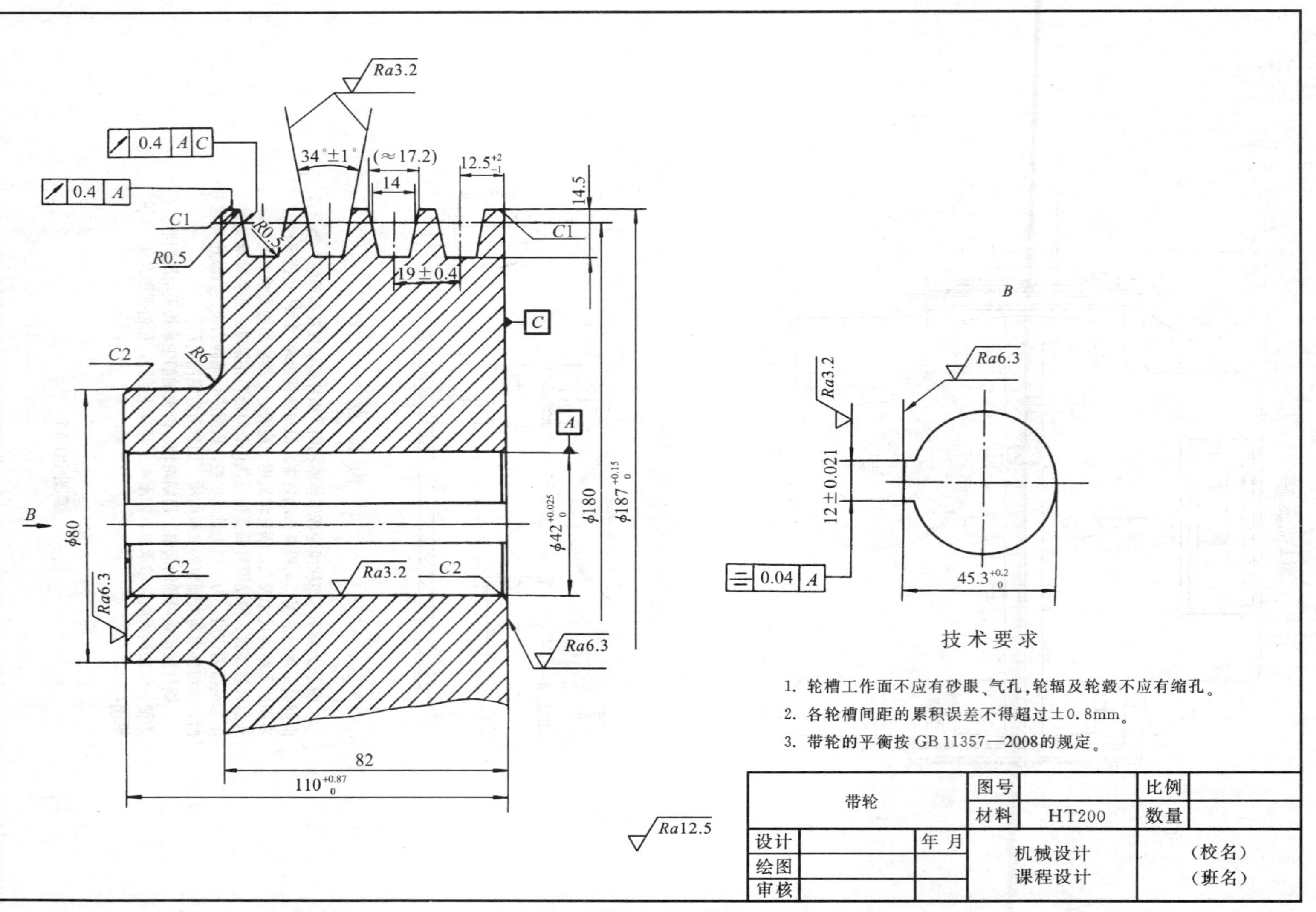

技术要求

1. 轮槽工作面不应有砂眼、气孔，轮辐及轮毂不应有缩孔。
2. 各轮槽间距的累积误差不得超过±0.8mm。
3. 带轮的平衡按GB 11357—2008的规定。

带轮			图号		比例	
			材料	HT200	数量	
设计		年 月	机械设计 课程设计		（校名） （班名）	
绘图						
审核						

图20-12　普通V带轮零件工作图

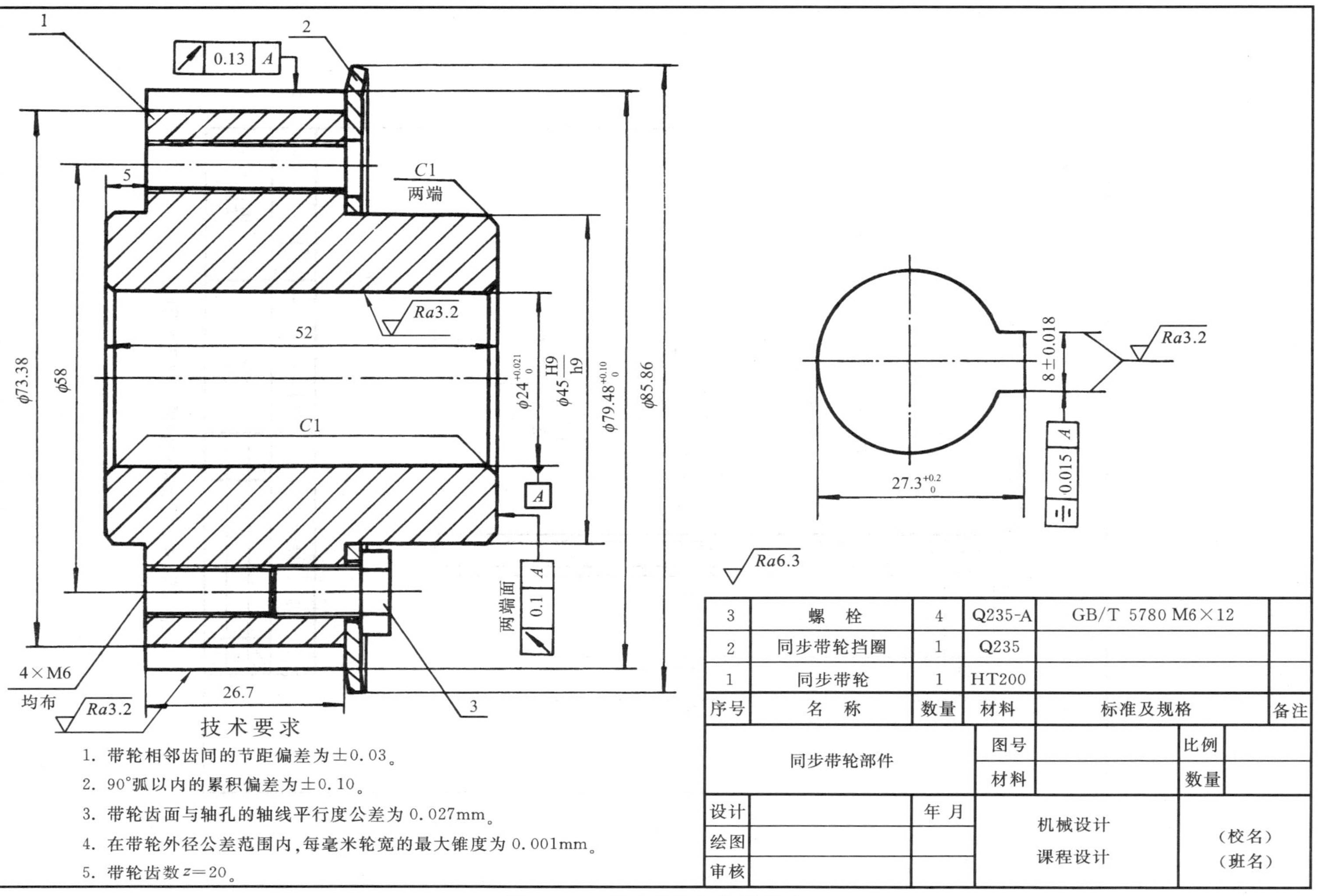
1
2
0.13 A
5
C1
两端
Ra3.2
52
C1
φ73.38
φ58
φ24 +0.021 0
φ45 H9/h9
φ79.48 +0.10 0
φ85.86
A
两端面
0.1 A
4×M6
均布
Ra3.2
26.7
3
Ra3.2
8±0.018
0.015 A
27.3 +0.2 0
Ra6.3
技术要求
1. 带轮相邻齿间的节距偏差为±0.03。
2. 90°弧以内的累积偏差为±0.10。
3. 带轮齿面与轴孔的轴线平行度公差为0.027mm。
4. 在带轮外径公差范围内，每毫米轮宽的最大锥度为0.001mm。
5. 带轮齿数z=20。
3 螺栓 4 Q235-A GB/T 5780 M6×12
2 同步带轮挡圈 1 Q235
1 同步带轮 1 HT200
序号 名称 数量 材料 标准及规格 备注
同步带轮部件
图号 比例
材料 数量
设计 年 月
绘图
审核
机械设计
课程设计
（校名）
（班名）

图 20-13 同步带轮部件装配图

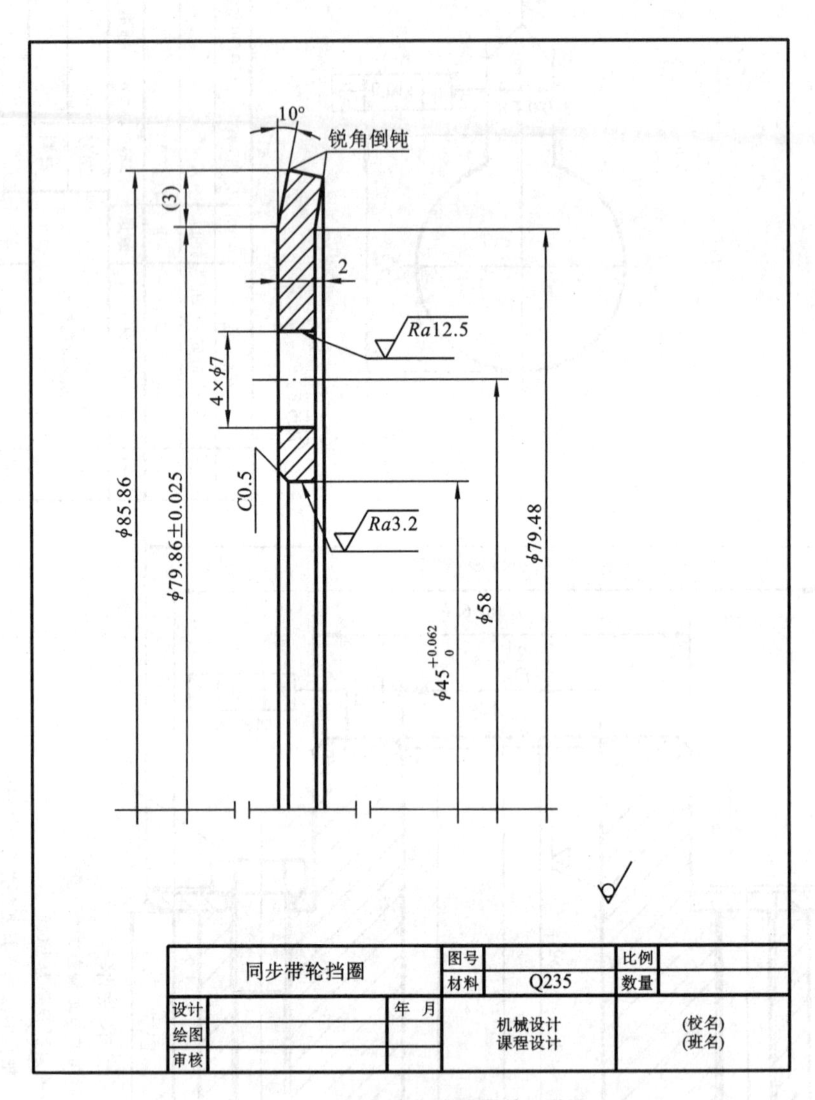

图 20-14　同步带轮挡圈零件工作图

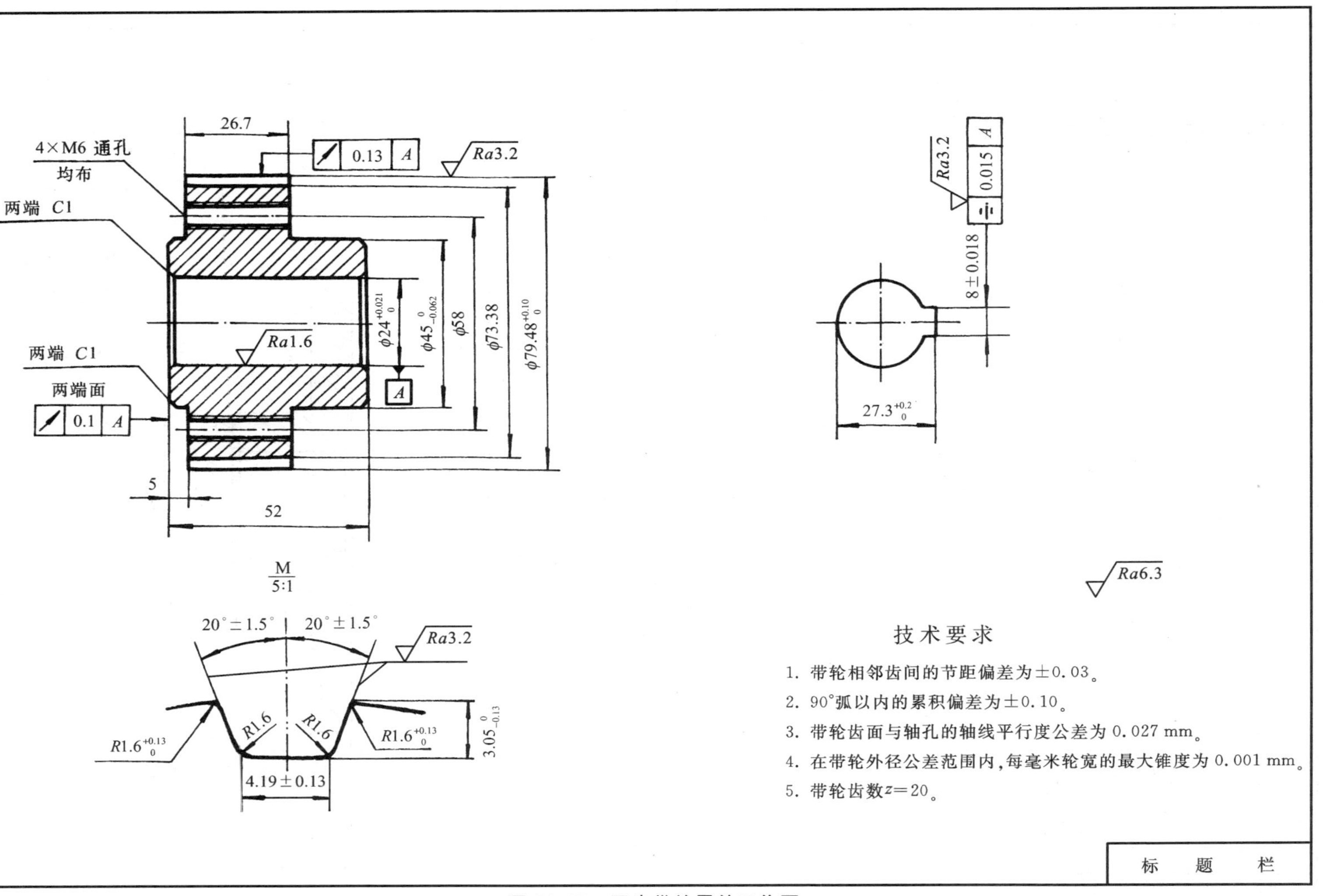

图 20-15　同步带轮零件工作图

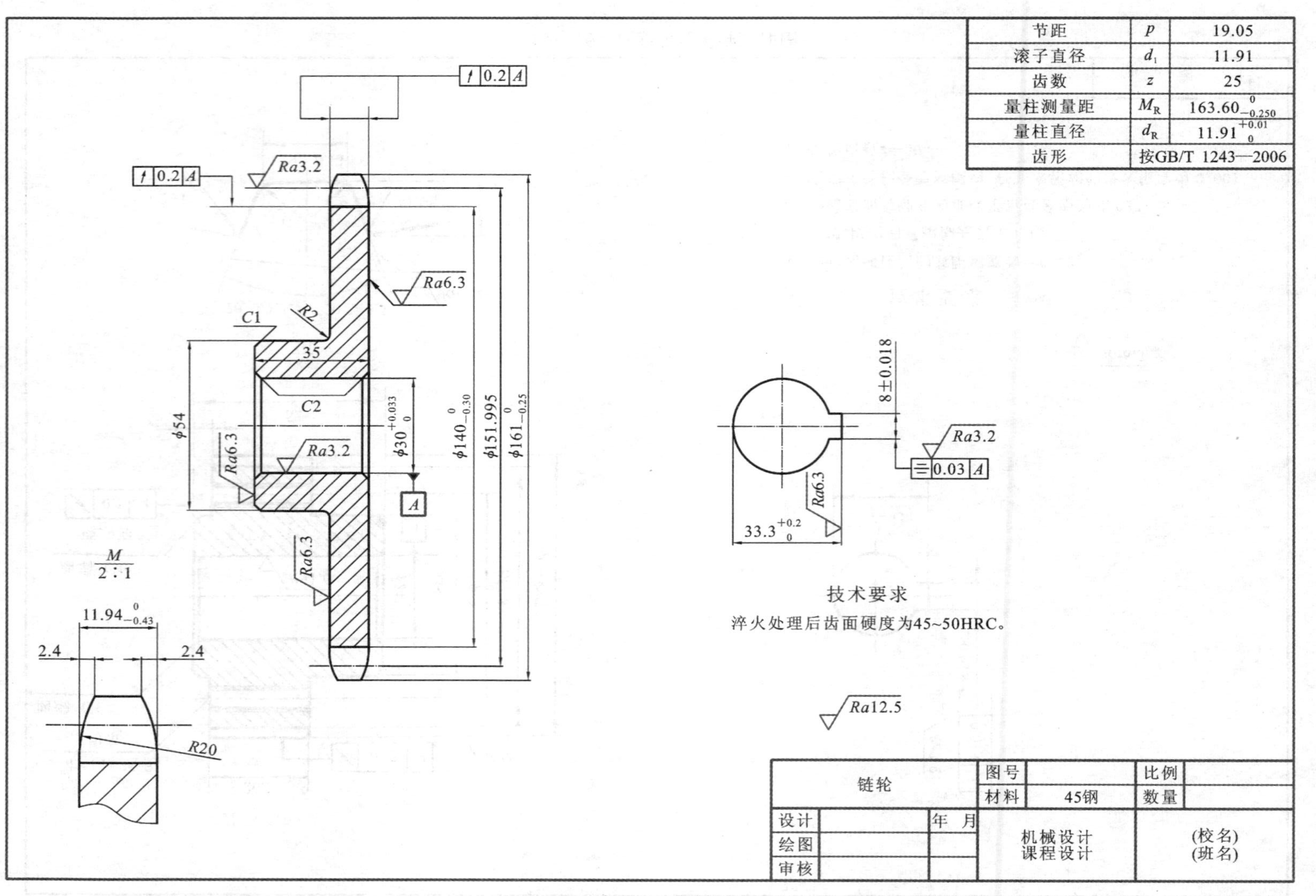

图20-16 滚子链链轮零件工作图

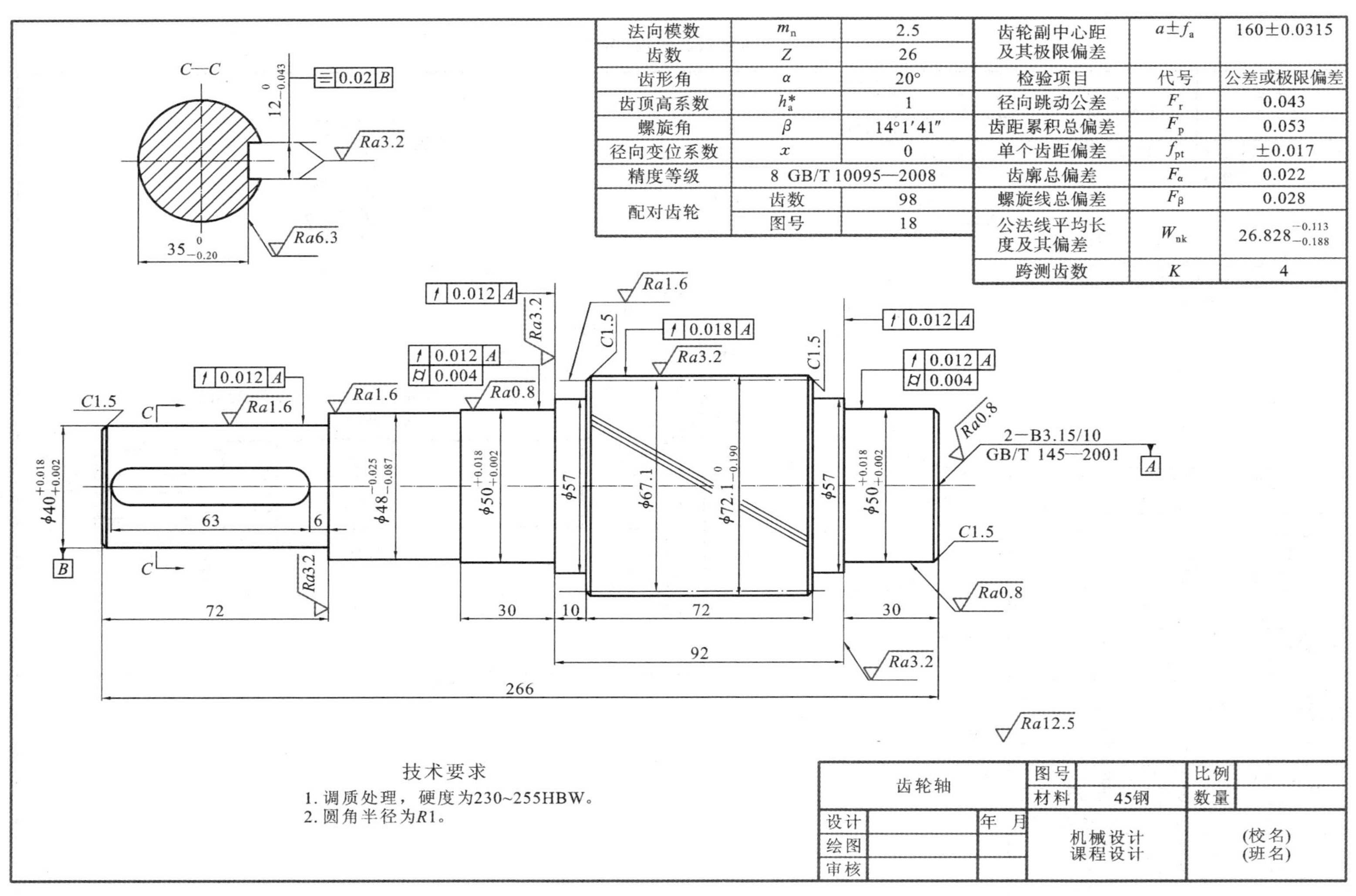

图20-17 圆柱齿轮轴零件工作图

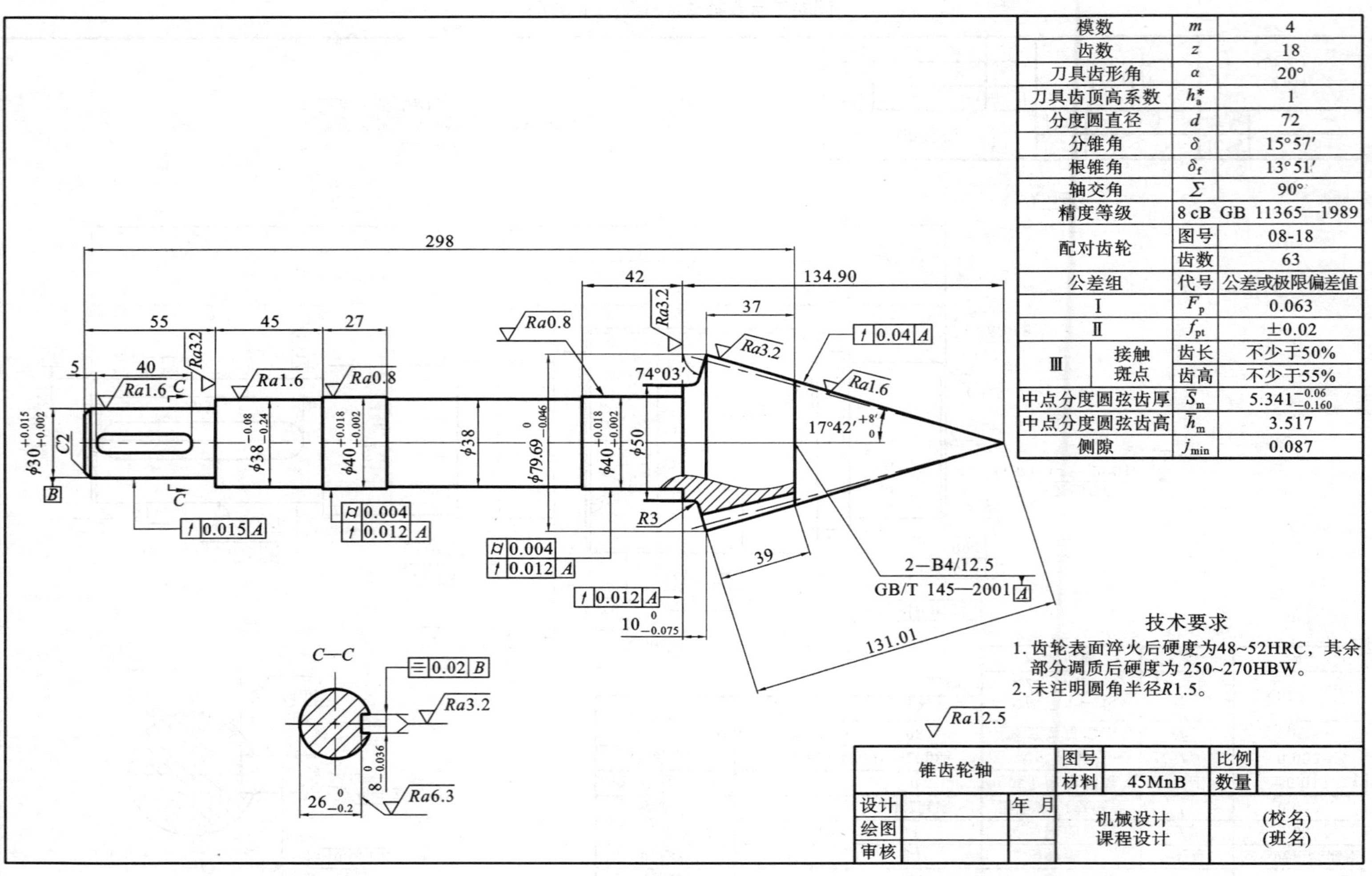

图20-18　锥齿轮轴零件工作图

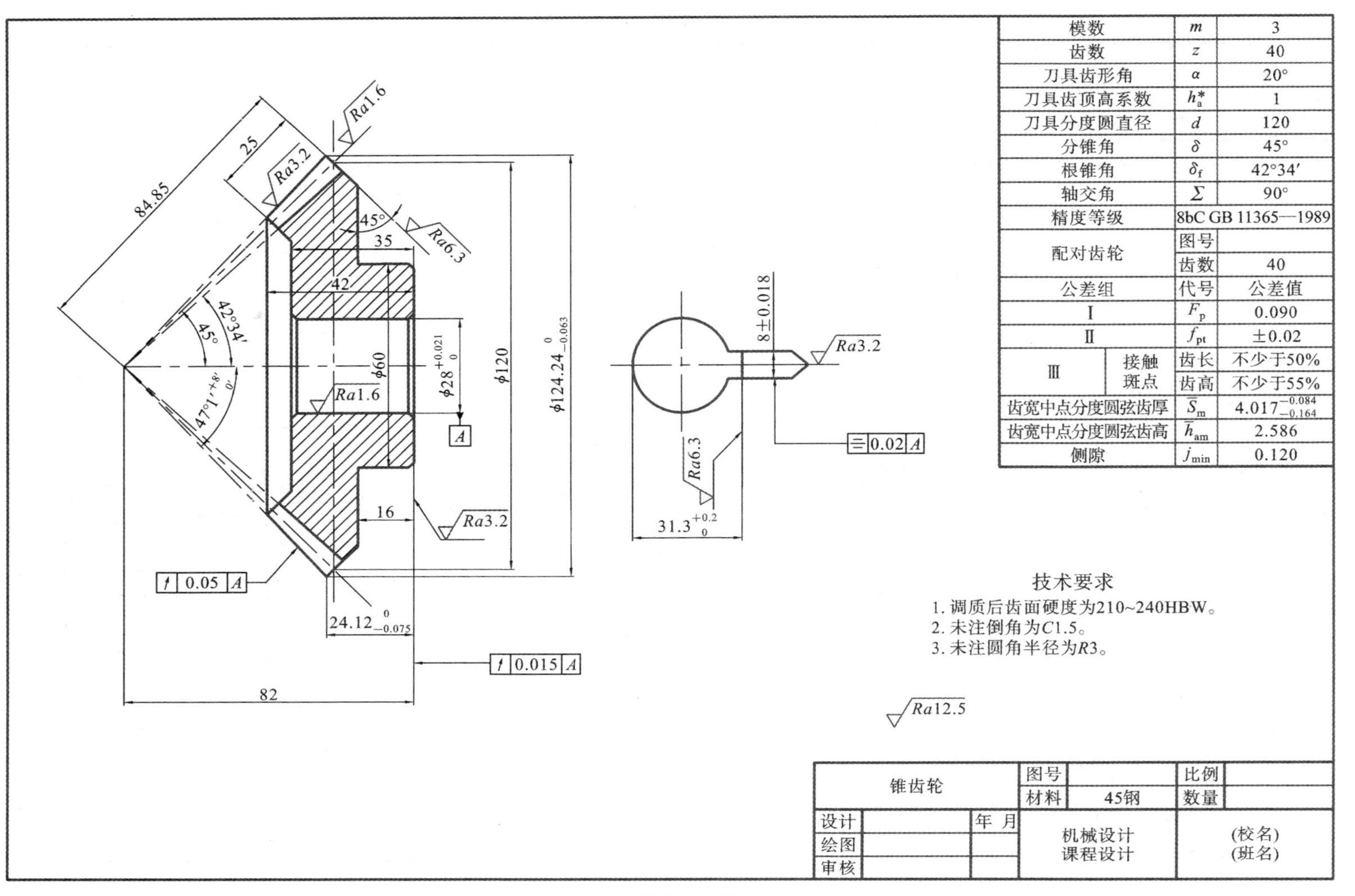

模数 m 3
齿数 z 40
刀具齿形角 α 20°
刀具齿顶高系数 h_a^* 1
刀具分度圆直径 d 120
分锥角 δ 45°
根锥角 δ_f 42°34′
轴交角 Σ 90°
精度等级 8bC GB 11365—1989
配对齿轮 图号
齿数 40
公差组 代号 公差值
Ⅰ F_p 0.090
Ⅱ f_{pt} ±0.02
Ⅲ 接触斑点 齿长 不少于50%
齿高 不少于55%
齿宽中点分度圆弦齿厚 $\bar{S}_m$ $4.017_{-0.164}^{-0.084}$
齿宽中点分度圆弦齿高 $\bar{h}_{am}$ 2.586
侧隙 j_{min} 0.120
技术要求
1. 调质后齿面硬度为210~240HBW。
2. 未注倒角为C1.5。
3. 未注圆角半径为R3。
Ra12.5
Ra3.2
0.02 A
8±0.018
Ra6.3
$31.3^{+0.2}_{0}$
$\phi124.24^{0}_{-0.063}$
ϕ120
$\phi28^{+0.021}_{0}$
A
0.015 A
Ra6.3
Ra3.2
Ra1.6
45°
35
42
ϕ60
Ra1.6
16
$24.12^{0}_{-0.075}$
Ra3.2
25
82
0.05 A
42°34′
45°
47°1′48″
84.85
锥齿轮
图号
材料 45钢
比例
数量
设计
绘图
审核
年 月
机械设计课程设计
(校名)
(班名)

图 20-19 锥齿轮零件工作图

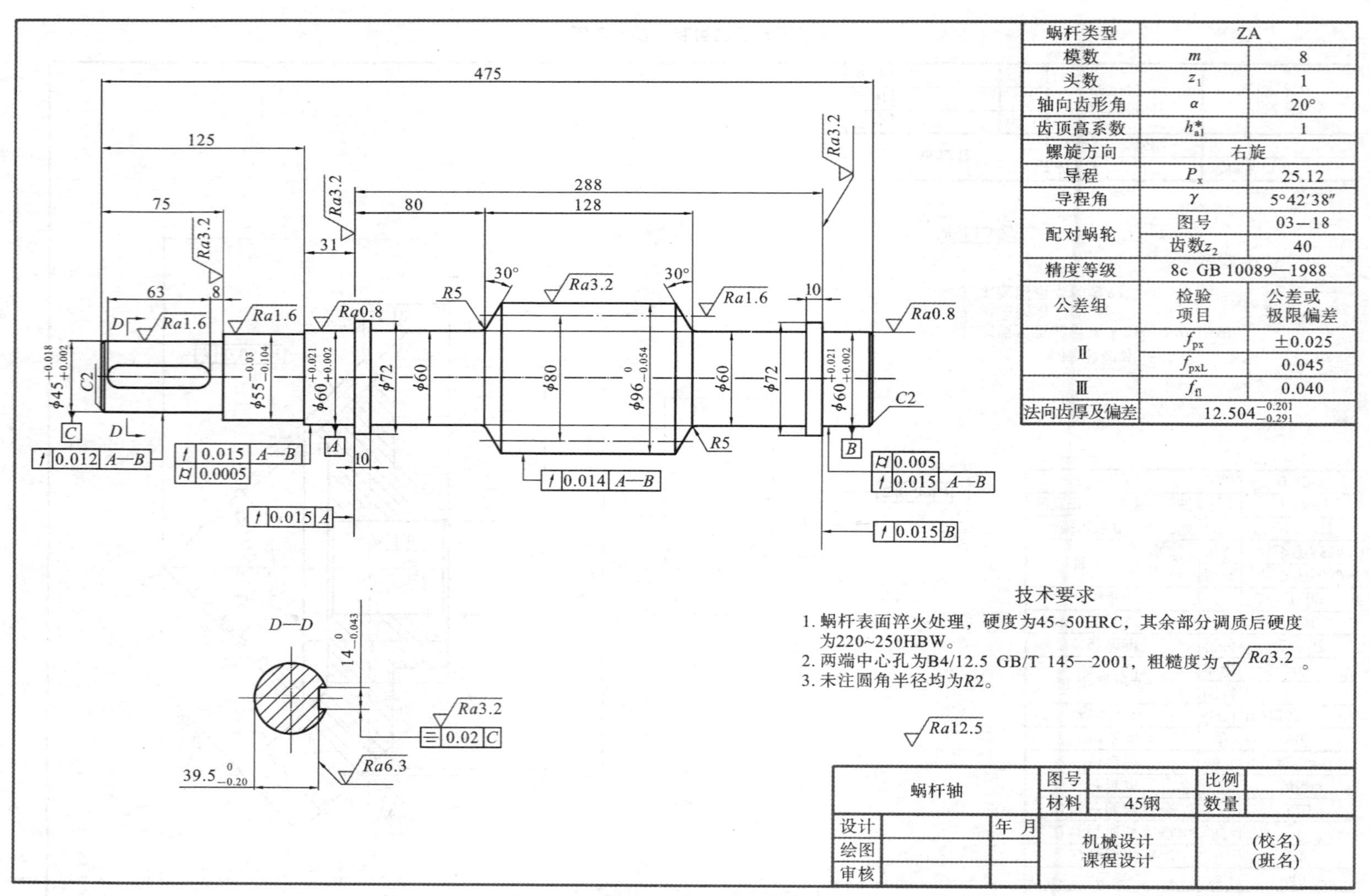

蜗杆类型	ZA	
模数	m	8
头数	z_1	1
轴向齿形角	α	20°
齿顶高系数	h_{a1}^*	1
螺旋方向	右旋	
导程	P_x	25.12
导程角	γ	5°42′38″
配对蜗轮	图号	03—18
	齿数z_2	40
精度等级	8c GB 10089—1988	
公差组	检验项目	公差或极限偏差
Ⅱ	f_{px}	±0.025
	f_{pxL}	0.045
Ⅲ	f_{f1}	0.040
法向齿厚及偏差	$12.504^{-0.201}_{-0.291}$	

图20-20　普通圆柱蜗杆轴零件工作图

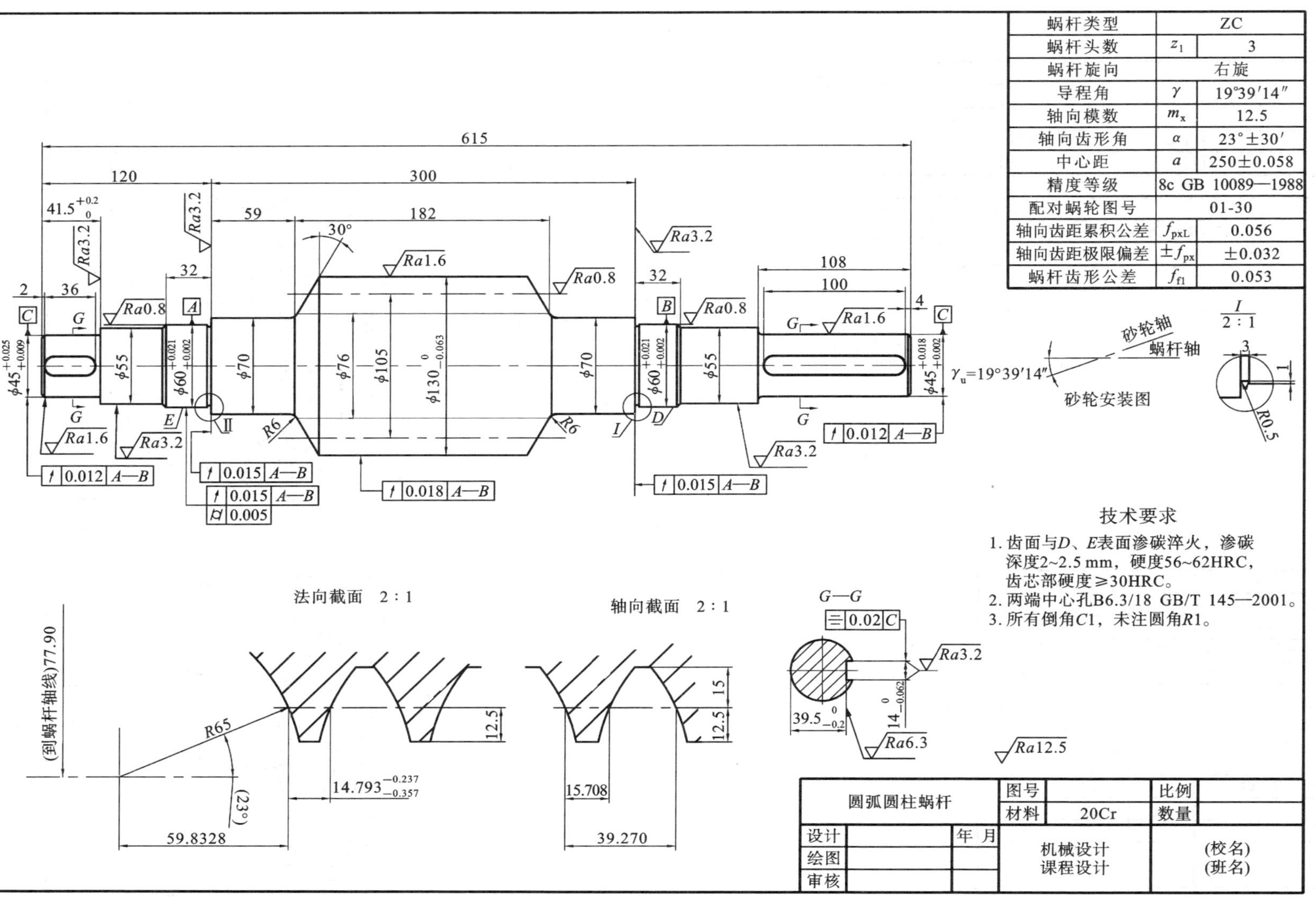

蜗杆类型 ZC
蜗杆头数 z_1 3
蜗杆旋向 右旋
导程角 γ 19°39′14″
轴向模数 m_x 12.5
轴向齿形角 α 23°±30′
中心距 a 250±0.058
精度等级 8c GB 10089—1988
配对蜗轮图号 01-30
轴向齿距累积公差 f_{pxL} 0.056
轴向齿距极限偏差 $\pm f_{px}$ ±0.032
蜗杆齿形公差 f_{f1} 0.053
砂轮轴
蜗杆轴
砂轮安装图
γ_u=19°39′14″
I 2∶1
R0.5
技术要求
1. 齿面与D、E表面渗碳淬火，渗碳深度2~2.5 mm，硬度56~62HRC，齿芯部硬度≥30HRC。
2. 两端中心孔B6.3/18 GB/T 145—2001。
3. 所有倒角C1，未注圆角R1。
Ra12.5
圆弧圆柱蜗杆
图号
材料 20Cr
比例
数量
设计
绘图
审核
年 月
机械设计
课程设计
(校名)
(班名)
G—G
法向截面 2∶1
轴向截面 2∶1
(到蜗杆轴线)77.90
615
120
300
182
108
100
59
32
36
41.5
R65
(23°)
59.8328
14.793
15.708
39.270

图 20-21　圆弧圆柱蜗杆零件工作图

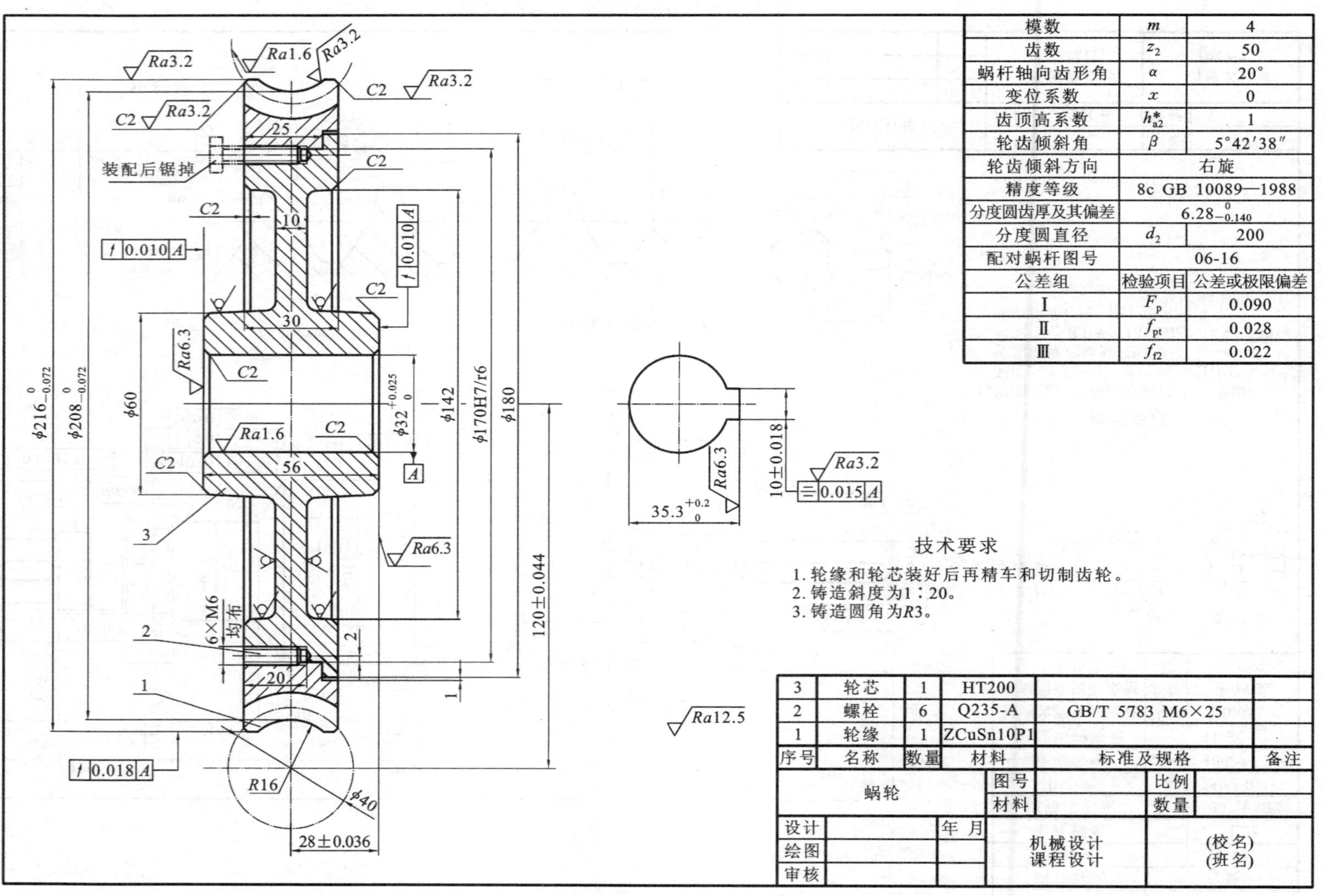

模数 m 4
齿数 z_2 50
蜗杆轴向齿形角 α 20°
变位系数 x 0
齿顶高系数 h_{a2}^* 1
轮齿倾斜角 β 5°42′38″
轮齿倾斜方向 右旋
精度等级 8c GB 10089—1988
分度圆齿厚及其偏差 $6.28_{-0.140}^{0}$
分度圆直径 d_2 200
配对蜗杆图号 06-16
公差组 检验项目 公差或极限偏差
Ⅰ F_p 0.090
Ⅱ f_{pt} 0.028
Ⅲ f_{f2} 0.022
技术要求
1. 轮缘和轮芯装好后再精车和切制齿轮。
2. 铸造斜度为1∶20。
3. 铸造圆角为R3。
3 轮芯 1 HT200
2 螺栓 6 Q235-A GB/T 5783 M6×25
1 轮缘 1 ZCuSn10P1
序号 名称 数量 材料 标准及规格 备注
蜗轮
图号 比例
材料 数量
设计 绘图 审核 年 月
机械设计课程设计
(校名)
(班名)
Ra12.5
Ra3.2
Ra6.3
Ra1.6
10±0.018
$35.3^{+0.2}_{0}$
0.015 A
0.010 A
0.018 A
120±0.044
φ180
φ170H7/r6
φ142
$φ32^{+0.025}_{0}$
φ60
$φ208^{0}_{-0.072}$
$φ216^{0}_{-0.072}$
φ40
R16
28±0.036
6×M6 均布
装配后锯掉
C2

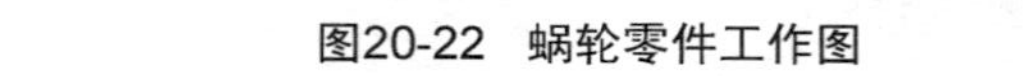
图20-22　蜗轮零件工作图

参 考 文 献

[1] 彭文生，黄华梁，李志明. 机械设计[M]. 2 版. 北京：高等教育出版社，2008.
[2] 钟毅芳，吴昌林，唐增宝. 机械设计[M]. 2 版. 武汉：华中科技大学出版社，2003.
[3] 黄华梁，彭文生. 机械设计基础[M]. 3 版. 北京：高等教育出版社，2001.
[4] 张松林. 最新轴承手册[M]. 北京：电子工业出版社，2007.
[5] 吴宗泽. 机械设计师手册(上册)[M]. 2 版. 北京：机械工业出版社，2009.
[6] 吴宗泽. 机械设计师手册(下册)[M]. 2 版. 北京：机械工业出版社，2009.
[7] 唐金松. 简明机械设计手册[M]. 3 版. 上海：上海科技出版社，2009.
[8] 成大先. 机械设计手册[M]. 6 版. 北京：化学工业出版社，2016.
[9] 吴宗泽. 机械设计实用手册[M]. 3 版. 北京：化学工业出版社，2010.
[10] 中国标准出版社第三编辑室. 中国机械工业标准汇编　滚动轴承卷(下)[M]. 3 版. 北京：中国标准出版社，2008.
[11] 全国链传动标准化技术委员会. 零部件及相关标准汇编　链传动卷[M]. 北京：中国标准出版社，2008.
[12] 机械设计编委会. 机械设计手册[M]. 4 版. 北京：机械工业出版社，2007.
[13] 王旭，王秀叶，王积森. 机械设计课程设计[M]. 3 版. 北京：机械工业出版社，2014.
[14] 朱文坚，黄平，翟敬梅. 机械设计课程设计[M]. 3 版. 北京：清华大学出版社，2016.